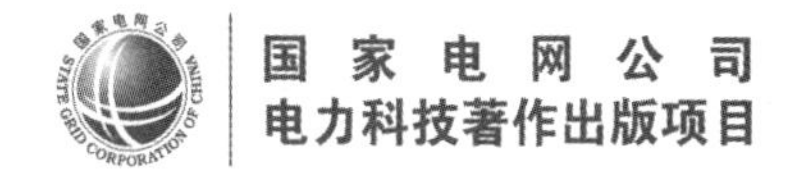

KEY TECHNOLOGY AND APPLICATION FOR POWER TRANSMISSION AND TRANSFORMATION EQUIPMENT

输变电装备关键技术与应用丛书

互感器 电力电容器

主　编 ◉ 刘水平

参　编 ◉ 董海健　任春阳　赵建洲　李涛昌　王仁焘
赵国庆　高　速　宋仁丰　魏朝晖　张俊伟
戴新仁　赵日东　杨育京　张春基　李　毅
雷　鹏　李　军　李　鹤　刘会利　周　浪

中国电力出版社
CHINA ELECTRIC POWER PRESS

内 容 提 要

本书分为上篇互感器和下篇电力电容器，共 16 章，主要内容为互感器、电力电容器（含成套装置）的原理、结构、关键制造技术、试验、安装、运行、故障诊断及处理，并结合当前的新技术、新产品，进行了较为全面的论述。上篇互感器方面，介绍了电磁式电压互感器、电容式电压互感器、电流互感器、电子式交流电流互感器、电子式交流电压互感器、电子式直流电流互感器、电子式直流电压互感器、直流工程用零磁通电流互感器等各种类型的互感器，特别是直流工程用零磁通电流互感器，目前主要依靠进口，相关资料很少，本书也进行了较为详细的介绍。下篇电力电容器方面，介绍了并联电容器、交流滤波电容器、直流滤波电容器、串联电容器等各种类型的电力电容器，以及并联电容器装置、交流滤波电容器装置、直流滤波电容器装置、串联电容器补偿装置、静止无功补偿装置（SVC）和静止无功发生器（SVG）等各种类型的成套装置。

本书可供电网企业从事生产运行和设备检测的技术人员、装备制造企业的技术人员、高等院校相关专业的师生等使用。

图书在版编目（CIP）数据

互感器　电力电容器 / 刘水平主编. —北京：中国电力出版社，2020.8（2020.10 重印）
（输变电装备关键技术与应用丛书）
ISBN 978-7-5198-4054-9

Ⅰ. ①互…　Ⅱ. ①刘…　Ⅲ. ①互感器②电力电容器　Ⅳ. ①TM45②TM531.4

中国版本图书馆 CIP 数据核字（2019）第 257099 号

出版发行：中国电力出版社
地　　址：北京市东城区北京站西街 19 号（邮政编码 100005）
网　　址：http://www.cepp.sgcc.com.cn
责任编辑：周　娟　杨淑玲（010-63412602）
责任校对：黄　蓓　常燕昆
装帧设计：王红柳
责任印制：杨晓东

印　　刷：北京盛通印刷股份有限公司
版　　次：2020 年 8 月第一版
印　　次：2020 年 10 月北京第二次印刷
开　　本：787 毫米×1092 毫米　16 开本
印　　张：24.25
字　　数：554 千字
定　　价：98.00 元

《输变电装备关键技术与应用丛书》

编　委　会

总　序

电力装备是实现能源安全稳定供给和国民经济持续健康发展的基础，包括发电设备、输变电设备和供配用电设备。经过改革开放40多年的发展，我国电力装备取得了巨大的成就，发生了极为可喜的变化，形成了门类齐全、配套完备、具有相当先进技术水平的产业体系。我国已成为名副其实的电力装备大国，电力装备的规模和产品质量已迈入世界先进行列。

我国电网建设在20世纪50～70年代经历了小机组、小容量、小电网时代，80年代后期开始经历了大机组、大容量、大电网时代。21世纪开始进入以特高压交直流输电为骨干网架，实现远距离输电，区域电网互联，各级电压、电网协调发展的坚强智能电网时代。按照党的十九大报告提出的构建清洁、低碳、安全、高效的能源体系精神，我国已经开始进入新一代电力系统与能源互联网时代。

未来的电力建设，将随着水电、核电、天然气等清洁能源的快速发展而发展，分布式发电系统也将大力发展。提高新能源发电比重，是实现我国能源转型最重要的举措。未来的电力建设，将推动新一轮城市和农村电网改造，将全面实施城市和农村电气化提升工程，以适应清洁能源的发展需求。

输变电装备是实现电能传输、转换及保护电力系统安全、可靠、稳定运行的设备。近年来，通过实施创新驱动战略，已建立了完整的研发、设计、制造、试验、检测和认证体系，重点研发生产制造了远距离1000kV特高压交流输电成套设备、±800kV和±1100kV特高压直流输电成套设备，以及±200kV及以上柔性直流输电成套设备。

为了充分展示改革开放40多年以来我国输变电装备领域取得的创新驱动成果，中国电力出版社与中国电工技术学会组织全国输变电装备制造企业及相关科研院所、高等院校百余位专家、学者，精心谋划、共同编写了《输变电装备关键技术与应用丛书》（简称《丛书》），旨在全面展示我国输变电装备制造领域在“市场导向，民族品牌，重点突破，引领行业”的科技发展方针指导下所取得的创新成果，进一步加快我国输变电装备制造业转型升级。

《丛书》由中国西电集团有限公司、南瑞集团有限公司、许继集团有限公司、中国电力科学研究院有限公司等国内知名企业的100多位行业技术领军人物、顶级专家共同参与编写和审稿。《丛书》内容体现了创新性和实用性，是我国输变电制造和应用领域中最高水平的代表之作。

《丛书》紧密围绕国家重大技术装备工程项目，涵盖了一度为国外垄断的特高压输电及终端用户供配电设备关键技术，以及我国自主研制的具有世界先进水平的特高压交直流输变电成套设备的核心关键技术及应用等内容。《丛书》共10个分册，包括《变压器　电抗器》《高压开关设备》《避雷器》《互感器　电力电容器》《高压电缆及附件》《换流阀及控制保护》《变电站自动化技术与应用》《电网继电保护技术与应用》《电力信息通信技术》《现代电网调度控制技术》。

《丛书》以输变电工程应用的设备和技术为主线，包括产品结构性能、关键技术、试验技术、安装调试技术、运行维护技术、在线检测技术、故障诊断技术、事故处理技术等，突出新技术、新材料、新工艺的技术创新成果。主要为从事输变电工程的相关科研设计、技术咨询、试验、施工、运行维护、检修等单位的工程技术人员、管理人员提供实际应用参考，也可供设备制造供应商生产、设计及高等院校的相关师生教学参考，也能满足社会各阶层对输变电设备技术感兴趣的非电力专业人士的阅读需求。

周鹤良

2020年7月

前　言

随着我国电力工业的迅速发展，电力设备技术水平也有很大的提升，总体而言，我国的互感器、电力电容器产品类型齐全，技术先进，已达到国际先进水平。为全面总结互感器、电力电容器的研制、生产及新技术、新产品的应用，以及产品在维护、使用过程中解决问题的方法，编写了本书，本书具有先进性、适用性和系统性的特点。

电力系统是由发电、输电、变电、配电和用电等环节组成的电能生产与消费系统。电力系统的安全稳定运行需要在各个环节和不同层次应具有相应的信息与控制系统，对电能的生产过程进行测量、调节、控制、保护、通信和调度，互感器是实现电力系统测量、保护和控制等功能的重要设备。

电力电容器及成套装置广泛应用在交直流电力系统、工业生产设备、高电压试验及现代化科学技术中，根据不同的使用要求，现已形成多种类型。如并联电容器是电网中必不可少的电气设备，产品量大面广，由于交流电力系统中大多数为感性设备，因此需要并联电容器补偿系统中感性负荷所需要的无功功率，以提高电网功率因数、降低线路损耗，从而节约电能。同时它还能提高输电线路的送电能力，释放系统容量。此外，也能在一定程度上起到辅助调压作用。交流输电系统中的串联电容器补偿技术是将电力电容器串联接入输电线路中，补偿输电线路的感抗，缩短交流输电线路的等效电气距离，减少功率输送引起的电压降和功率因数角差，提高电力系统稳定性及扩大线路输送容量。无源滤波器又称LC滤波器，是利用电容、电感和电阻的组合设计构成的滤波电路，可滤除某一次或多次谐波。

本书分为上篇互感器和下篇电力电容器，共16章，主要内容为互感器、电力电容器（含成套装置）的原理、结构、关键制造技术、试验、安装、运行、故障诊断及处理，并结合当前的新技术、新产品，进行了较为全面的论述。上篇互感器方面，介绍了电磁式电压互感器、电容式电压互感器、电流互感器、电子式交流电流互感器、电子式交流电压互感器、电子式直流电流互感器、电子式直流电压互感器、直流工程用零磁通电流互感器等各种类型的互感器，特别是直流工程用零磁通电流互感器，目前主要依靠进口，相关资料很少，本书也进行了较为详细的介绍。下篇电力电容器方面，介绍了并联电容器、交流滤波电容器、直流滤波电容器、串联电容器等各种类型的电力电容器，以及并联电容器装置、交流滤波电容器装置、直流滤波电容器装置、串联电容器补偿装置、静止无功补偿装置（SVC）和静止无功发生器（SVG）等各种类型的成套装置。

本书可供电网企业从事生产运行和设备检测的技术人员、装备制造企业的技术人员、高等院校相关专业的师生等使用。

本书的编写与审稿分工如下：

刘水平担任主编，负责全书的统稿。参加编写的单位和个人如下：西安西电电力电容器有限责任公司的刘水平、董海健、任春阳、赵建洲、刘会利、周浪编写第 4 章、第 5 章、第 6 章的试验部分、第 7 章、第 10 章～第 16 章；大连北方互感器集团有限公司的李涛昌、王仁焘、赵国庆、高速、宋仁丰、魏朝晖、张俊伟、戴新仁、赵日东编写第 1 章～第 3 章、第 6 章除试验之外的部分；西安西电高压开关有限责任公司的杨育京、张春基、李毅、雷鹏编写第 8 章；国家电网有限公司直流技术中心的李军、中国电力科学研究院有限公司的李鹤编写第 9 章。房金兰负责本书的审稿。

由于我们的水平有限，书中缺点和不足在所难免，欢迎读者批评指正。

编　者

2020 年 7 月

目　　录

上篇　互　感　器

下篇 电 力 电 容 器

上篇

互感器

第 1 章 互感器的发展概述

1.1 互感器的发展状况

1.1.1 互感器概述

电力系统是由发电、输电、变电、配电和用电等环节组成的电能生产与消费系统。电力系统的安全稳定运行需要在各个环节和不同层次应具有相应的信息与控制系统，对电能的生产过程进行测量、调节、控制、保护、通信和调度，互感器是实现电力系统测量、保护和控制等功能的重要设备。

第一台电压互感器于 1879 年开始应用，实用的电流互感器于 1885 年制成。1909 年德国人奥尔利希（E.orlich）对电流互感器和电压互感器做了较为全面的论述。互感器的发展与导磁材料的进步息息相关，在 1915 年以前互感器的导磁材料采用 0.5mm 厚的铁片叠成铁心，电能损耗较大，互感器运行时发热严重，误差大，精度低。1900 年英国人荷德菲尔发明了硅钢片，后来成为制作互感器铁心的主导材料，磁导率提高，损耗有所降低。1920 年出现了一种在弱磁场下具有较高磁导率的合金材料坡莫合金（含镍 78.5%的铁镍合金），尽管这种合金材料的研制是为了其他用途，但是它的特性特别适用于制作电流互感器，因而成为制作电流互感器等弱磁场器件的重要材料。铁镍合金磁性材料的研究和发展，使电流互感器的准确度得到很大的提高。

传统互感器和电力变压器相似，是用来转换线路的电压或电流。变压器的目的在于传递电能，而互感器转换电压、电流的目的在于测量和监视线路的电压或电流及对电能进行计量。变压器的容量较大，互感器的容量较小。在电力系统中互感器是必不可少的一种电气设备，主要用途有测量和保护两种。测量用互感器主要与测量仪器、仪表配合，在线路正常工作状态下，测量线路上的电压、电流、功率和电能等；而保护用互感器则与保护和控制装置配合，当线路发生过电压、欠电压、短路、过电流等故障时，向保护和控制装置提供信息信号，使保护和控制装置动作，以保护电力系统中的重要设备，保证电力系统的安全稳定运行。

仪用互感器是一种试验用的电工仪器，准确级较高，称为精密互感器。主要用来扩大电流和电压仪表的量限，所以又叫扩大量限装置，也可以作为标准互感器使用，与标准的电流表、电压表、功率表、电能表、校验装置及标准负载等配合，来检验准确度低的互感器。

电子式互感器是由传感单元和数据处理单元组成的互感器，用以测量和监控电流、电压等参数。电子式互感器具有传感机理先进、绝缘相对简单、动态范围大、频率响应宽、准确度高等优点，适应测量、电能计量和保护的数字化及自动化的发展需求。从技术上融合了高电压、电磁场、传感器、微处理器、光通信、以太网等多学科的技术成果，电子式互感器的核心技术是多学科技术成果的系统集成。

1.1.2 我国互感器的发展概况

新中国成立以来，互感器产品得到了迅速发展，20 世纪 50 年代初期，互感器制造仅是按照国外的样机及资料从基本参数、外形和结构等进行仿制，当时全国制造的互感器品种少、规格不全、结构简单，未形成系列，不能满足国内需求。沈阳变压器厂在 1953 年翻译了苏联图纸，建立起仿苏联的产品系列并开始试制，并于 1956 年试制成功仿苏联 220kV 油浸式绝缘电压互感器，1958 年试制成功仿苏联 220kV 油浸式绝缘电流互感器。到 20 世纪 50 年代末期，我国互感器从无到有，从 0.5kV 到 220kV 级的各种互感器均能批量生产，品种及数量基本上满足了当时电力系统的需要。

20 世纪 50 年代末，互感器行业对需求量大、使用面广的 10kV 等级的互感器进行改革，开始寻找新材料、新工艺，力求减少加工工序、工时并简化零部件数量和结构。采用当时国际上刚开发的人造树脂作为浇注材料的最新技术，发展了 10kV 级浇注绝缘电压互感器和电流互感器，铁心采用晶粒取向冷轧硅钢片，达到了缩小体积，减轻重量的目的，节约了原材料。

1963 年西安电力电容器厂（现西安西电力电容器有限责任公司）在国内首次自主研制成功 110kV、220kV 电容式电压互感器，后又在国内陆续率先自主研制成功 330～1000kV 电容式电压互感器。

1979 年沈阳变压器厂自主研制成功 500kV 油纸绝缘电磁式电流互感器。

各互感器制造厂也不断对产品进行改进和完善，技术水平不断提高，在互感器技术上我国已具有国际上互感器行业最高电压等级的产品制造能力。至此，我国已制造了 0.5～1000kV 电压等级的各种规格电流、电压互感器，并形成了比较完整的系列，还设计制造了各种特殊用途的互感器，如零序互感器、矿用互感器、中频互感器、直流电流互感器、SF_6 气体绝缘电压互感器和电流互感器等。

为了进一步提高互感器技术水平，我国开始引进国外先进的互感器制造技术。北京互感器厂引进了西门子油浸绝缘互感器制造技术。1993 年，上海互感器厂与德国 MWB 公司合资，成立了上海 MWB 互感器有限公司，引进的 72.5～750kV 独立式 SF_6 气体绝缘互感器制造技术，在国内制造并于 1995 年投入运行。2000 年，上海互感器厂与传奇集团（TRENCH）扩大合资，引进瑞士 HAEFELY 公司的 35～550kV 油浸绝缘电流互感器、油浸绝缘电压互感器、电容式电压互感器等的制造技术。引进的 SF_6 气体绝缘电流互感器和油浸绝缘电流互感器都是国际上最新、最先进的倒立式结构。引进的 SF_6 气体绝缘电压互感器和油浸绝缘电压互感器均采用单级铁心结构，消除了多年来制造的串级铁心结构电压互感器存在的缺陷。SF_6 气体绝缘互感器的绝缘特性研究、产品设计、制造工艺等，在 20 世纪 80 年代处于初始阶段，但通过自行开发、运行验证已积累了一定的经验。90 年代我国通过引进技术，使 SF_6 气体绝缘互感器制造技术达到了国际先进水平。

上海互感器厂于 1984 年从瑞士 BBC 公司引进了 10～35kV 浇注绝缘互感器制造技术。之后，天津互感器厂、沈阳互感器厂、江西互感器厂等先后从国外引进了浇注绝缘互感器制造技术。大连北方互感器集团有限公司等一些新兴的互感器生产企业也采用这一技术，尤其是我国电网改造对中压互感器推行无油化后，这一技术得到了迅速发展。互感器的环氧树脂真空浇注技术，早期的配料采用人工配料，工艺相对不稳定；后来的浇注设备引入了电子流量传感器技术实现了动态自动配料。现在国内又研制出自动化程度更高，适应批量生产的流水线浇注的静态混料设备。

电子式互感器的研发始于20世纪60年代，当时的工程技术人员寻求一种安全、可靠、性能优越的传感原理来实现电流、电压的测量。20世纪90年代中期，国际电工委员会（IEC）拟定了面向未来数字化变电站通信网络和系统的新标准，即IEC 61850《变电站通信网络和系统》系列标准。作为变电站最底层的测量设备，电子式互感器其测量数据必须符合IEC标准规定的数据格式。为了规范和推动电子式互感器的发展，IEC在1999年制定了IEC 60044－7《互感器　第7部分：电子式电压互感器》，2002年又制定了IEC 60044－8《互感器　第8部分：电子式电流互感器》。2007年我国互感器标准化技术委员会制定了电子式电压互感器标准、电子式电流互感器标准。这对我国电子式互感器的推广应用起到了有效的推动作用。

我国的电子式互感器研究从20世纪70年代开始起步，主要研究单位有中国电力科学研究院、清华大学、西安高压电器研究院有限责任公司、上海互感器厂、华中科技大学、哈尔滨工程大学、大连理工大学、华北电力大学等。国电南京自动化股份有限公司、南京南瑞继保电气有限公司、许继集团有限公司、西安同维电力技术有限责任公司、西安西电高压开关有限责任公司等，这些单位都有电子式互感器产品在电网上挂网试验运行。

电子式互感器的应用需要重点做好以下几方面的工作：电磁干扰的防护，恶劣环境的防护，通信环节差错控制，辅助电源的可靠性，与二次系统的适配性、通用性和互换性。随着智能电网建设的不断深化，实际应用信息的不断反馈，制造技术、装配工艺、通信连接等方面不断改进，技术方案日臻成熟，对于电子式互感器从关注原理的先进性转向可靠性和稳定性，从技术优势转向成本优势，从关注试验合格转向现场实用性、免维护和寿命周期。

回顾我国互感器发展历史，可以看出我国互感器的迅速发展，尤其是从20世纪末到现在，技术工艺水平大幅提高，加工设备及材料性能不断进步，产品种类发展很快，涉及各种应用领域，技术性能已经达到国际先进水平。

1.2 互感器的用途

1.2.1 互感器的作用

互感器是一种特殊的变压器，它被广泛应用于电力系统中，向测量仪器、仪表和保护、控制装置或类似电器传送信息信号，是电力系统供电气测量和电气保护用的重要设备。互感器分为电压互感器、电流互感器和组合互感器。电压互感器是一种专门用作传递、变换电压信息的特种变压器，将系统的高电压变换成标准值的低电压，一般是100V（或$100/\sqrt{3}$V、100/3V）；电流互感器是一种传递、变换电流信息的特种变压器，将高电压系统中的电流或低电压系统的大电流变换成低电压、标准值的小电流，一般是5A或1A，用以给测量仪器、仪表及保护或控制装置传送信息信号。

1. 电压互感器的作用

电压互感器的一次绕组并联在电力系统的线路中，二次绕组接测量仪器、仪表和保护、控制装置，以测量高电压回路的电压、电能及实现电力系统的保护和控制。

电压互感器的作用是：

（1）为测量仪器、仪表和继电保护、自动控制装置传递电压信息。

（2）使测量、保护和控制装置与高电压相隔离。

（3）有利于测量仪器、仪表和保护、控制装置小型化、标准化。

2. 电流互感器的作用

电流互感器的一次绕组串联在电力系统的线路中，线路电流就是互感器的一次电流。互感器的二次绕组外部回路接测量仪器、仪表和保护、控制装置，以测量高电压线路中的电流、电能及实现电力系统的保护和控制。

电流互感器作用是：

（1）为测量仪器、仪表和继电保护、自动控制装置传递电流信息。

（2）使测量、保护和控制装置与高电压相隔离。

（3）有利于测量仪器、仪表和保护、控制装置小型化、标准化。

1.2.2　互感器的用途

电力系统是由发电、输电、变电、配电和用电等环节组成的电能生产与消费系统。它的功能是将自然界的一次能源通过发电动力装置转化成电能，再经输电、变电和配电将电能供应到用户。为实现这一功能，电力系统在各个环节和不同层次还具有相应的信息与控制系统，电力系统的测量、调节、控制、保护、通信和调度等各个环节，都需要用互感器来提供信息和信号。互感器的用途很广泛，涉及电力系统的各个领域，还应用于地铁、机车供电系统，铁路、石化、矿山冶炼以及民用建筑领域等。

1. 用于不同交流电压等级的互感器

（1）低压互感器（1kV 以下）。

（2）中压互感器（3～35kV）。

（3）高压互感器（66～220kV）。

（4）超高压互感器（330～750kV）。

（5）特高压互感器（交流 1000kV）。

2. 测量及保护用互感器

（1）测量用电压互感器。向测量仪器、积分仪表和类似电器传送信息信号的电压互感器。

测量用电压互感器的准确级，以该准确级在额定电压和额定负荷下所规定的最大允许电压误差百分数来标称。测量用电压互感器的标准准确级为 0.1 级、0.2 级、0.5 级、1.0 级、3.0 级。通常，计量用不低于 0.5 级，计费计量则不低于 0.2 级，一般的指示仪表采用较低的准确级。

（2）保护用电压互感器。向继电保护和控制装置传送信息信号的电压互感器。

保护用电压互感器的准确级，以该准确级自5%额定电压到与额定电压因数相对应电压的范围内的最大允许电压误差百分数来标称，其后标以字母“P”（表示保护），如3P和6P。

（3）测量用电流互感器。向测量仪器和仪表传送信息信号的电流互感器。

测量用电流互感器的标准准确级为0.1级、0.2级、0.5级、1级、3级、5级，特殊用途的为0.2S级、0.5S级，测量用电流互感器又分为计量和监测两大类。

（4）保护用电流互感器。向保护和控制装置传送信息信号的电流互感器。

5P级、10P级规定了稳态对称一次电流下的复合误差，例如，5P10，后面的10是准确限值系数，5P10表示当一次电流是额定一次电流的10倍时，该绕组的复合误差在±5%以内，主要应用于相间故障的保护。根据实际情况需要，保护大致分为电流速断保护、过电流保护、差动保护，而差动保护又根据情况分为纵联差动保护和横联差动保护；TPX、TPY、TPZ级暂态特性保护用电流互感器用于有暂态特性要求的保护系统当中。

（5）零序保护用电流互感器。在三相线路上各装一个电流互感器，或让三相导线一起穿过一个零序电流互感器，也可在中性线N上安装一个零序电流互感器，利用其来检测三相电流矢量和。当电路中发生触电或漏电故障时，保护动作，切断电源。

（6）组合互感器。由电流互感器和电压互感器组合成一体的互感器。多用于计量，一般使用在电压等级为低压和中压的电力系统中。

1.3　互感器的分类

互感器是指在向测量仪器、仪表和保护或控制装置或类似电器传送信息信号的变压器。互感器分为电压互感器、电流互感器和组合互感器。

1.3.1　电压互感器

电压互感器是指在正常使用条件下，其二次电压与一次电压实际成正比，且在连接方法正确时其相位差接近于零的互感器。

1. 按用途分

（1）测量用电压互感器。向测量仪器、积分仪表和类似电器传送信息信号的电压互感器。

（2）保护用电压互感器。向继电保护和控制装置传送信息信号的电压互感器。

2. 按相数分

（1）单相电压互感器。

（2）三相电压互感器。供三相系统使用并形成一体的电压互感器。

3. 按电压变换原理分

（1）电磁式电压互感器。通过电磁感应将一次电压按比例变换成二次电压的电压互感器，这种互感器不附加其他改变一次电压的电气元件（如电容器）。

（2）电容式电压互感器。由电容分压器和电磁单元组成的电压互感器，其设计和相互连接使电磁单元的二次电压实质上正比于一次电压，且相位差在连接方向正确时接近于零。

（3）电子式电压互感器。一种电子式互感器，在正常使用条件下，其二次电压实质上正比于一次电压，且相位差在连接方向正确时接近于已知相位角。电子式电压互感器又可分为光学电压互感器、阻容分压型电压互感器。

4. 按绕组个数分

（1）双绕组电压互感器。其低压侧只有一个二次绕组的电压互感器。

（2）三绕组电压互感器。有两个分开的二次绕组的电压互感器。

（3）四绕组电压互感器。有三个分开的二次绕组的电压互感器。

5. 按一次绕组对地运行状态分

（1）接地电压互感器。一次绕组的一端直接接地的单相电压互感器，或一次绕组的星形联结点为直接接地的三相电压互感器。

（2）不接地电压互感器。包括接线端子在内的一次绕组各个部分都是按其额定绝缘水平对地绝缘的电压互感器。

6. 按使用环境分

（1）户内型电压互感器。安装使用属非暴露安装，一般安装在室内或封闭箱体内。多用于电压等级为低压或中压的电力系统。

（2）户外型电压互感器。安装使用属暴露安装，通常是通过一段导线与架空输电线路相连接。

7. 按结构形式分

（1）单级式电压互感器。一、二次绕组在同一个铁心上，绝缘不分级的电压互感器。

（2）串级式电压互感器。一种电磁式接地电压互感器，其一次绕组分成几个匝数相等的级绕组串联而成，由一个或多个各自独立的铁心组成，且铁心带有高电压，二次绕组处于最下一级铁心上。

8. 按绝缘介质分

（1）干式绝缘电压互感器。其绝缘主要由纸、纤维编织材料或薄膜绕包经浸漆干燥而成。

（2）浇注绝缘电压互感器。其绝缘主要是绝缘树脂混合胶，经固化成型。

（3）油浸绝缘电压互感器。其绝缘主要由绝缘纸、纸板等材料构成，并浸在绝缘油中。

（4）气体绝缘电压互感器。其绝缘主要是具有一定压力的绝缘气体，例如六氟化硫（SF_6）气体。

9. 按电压互感器的接线方式分

电压互感器的接线方式与变压器相类似，所不同的是它们大多是由单相产品连接而成的，有如下几种方式：

（1）单相电压互感器。该接法适用于测量相间电压。如果互感器一次绕组的一端接在线路上，另一端接地，互感器可测量某一相对地电压。

（2）三相 V/V 接线。一般由两个单相互感器接线形成不完全星形（V/V 形），用来测量各相间电压，但不能测量相对地电压，它广泛应用在 35kV 及以下中性点不接地或经消弧线圈接地的电网中。如果设备中用到的小功率电源也可以从此电压互感器上取得，如给断路器提供电源、报警、短时照明等，此电源的功率并不是很大，大约只有几百伏安或上千伏安。

（3）YNynd0或YNyd0的接线形式。用3台单相三绕组电压互感器构成YNynd0或YNyd0的接线方式，该接线方式其二次绕组用来测量相间电压和相对地电压，辅助二次绕组接成开口三角形检测零序电压。

（4）抗谐振的电压互感器。用4台电压互感器组成抗谐振的接线方式，是在星形接线的3台电压互感器或三相电压互感器的中性点与地之间接入第4台电压互感器来防止谐振的方法。当系统有激发条件导致三相电压不均衡时，零序电压分量主要加在第4台电压互感器上。无论是星形接线的电压互感器，还是新加装的零序电压互感器的电感量只产生较小的变化，从而避免了电感变化导致的谐振发生。

1.3.2 电流互感器

电流互感器是指在正常使用条件下，其二次电流与一次电流实际成正比且在连接方法正确时其相位差接近于零的互感器。

1. 按用途分

（1）测量用电流互感器。为测量仪器和仪表传送信息信号的电流互感器。

（2）保护用电流互感器。为保护和控制装置传送信息信号的电流互感器。

（3）零序电流互感器。零序保护用的电流互感器，零序电流互感器在电力系统产生零序接地电流时与继电保护装置配合使用，使装置元件动作，实现保护或监控。零序电流保护具体应用为可在三相线路上各装一个电流互感器，或让三相导线一起穿过一个零序电流互感器，也可在中性线N上安装一个零序电流互感器，利用这些电流互感器来检测三相的电流矢量和，即零序电流。

2. 按使用环境分

（1）户内型电流互感器。其安装属于非暴露安装，一般安装在室内或封闭箱体内。多用于电压等级为低压或中压的电力系统。

（2）户外型电流互感器。其安装属于暴露安装，通常是通过一段导体与架空输电线路相连。

3. 按绝缘介质分

（1）干式绝缘电流互感器。包括有塑料外壳（或瓷件）和无塑料外壳，由普通绝缘材料经浸漆处理的电流互感器。当用瓷件作主绝缘时，也称为瓷绝缘。

（2）浇注绝缘电流互感器。其绝缘主要是绝缘树脂混合胶浇注经固化成型。

（3）油浸绝缘电流互感器。其绝缘主要由绝缘纸绕包，并浸在绝缘油中。若在绝缘中配置均压电容屏，通常又称为油纸电容型绝缘。

（4）气体绝缘电流互感器。绝缘主要是具有一定压力的绝缘气体，例如，六氟化硫（SF_6）气体。

4. 按电流变换原理分

（1）电磁式电流互感器。根据电磁感应原理实现电流变换的电流互感器。

（2）电子式电流互感器。一种电子式互感器，在正常使用条件下，其二次转换器的输出电流实质上正比于一次电流，且相位差在连接方式正确时接近于已知相位角。

电子式互感器又可分为光学电流互感器、空心线圈电流互感器、铁心线圈式低功率电流互感器。

5. 按安装方式分

（1）套管式电流互感器。没有自身一次导体和一次绝缘，可直接套装在绝缘的套管上或导线上的电流互感器。

（2）母线式电流互感器。没有自身一次导体，但有一次绝缘，可直接套装在导线或母线上使用的电流互感器。

（3）电缆式电流互感器。没有自身一次导体和一次绝缘，可安装在绝缘电缆上使用的电流互感器。

（4）单匝贯穿式电流互感器。一次导体是由一根或多根并联的棒形导体构成的穿过屏板或墙壁的电流互感器。

（5）支柱式电流互感器。兼作一次电路导体支柱用的电流互感器。

6. 按铁心分

（1）单铁心电流互感器。只有一个铁心的电流互感器。

（2）多铁心电流互感器。有一个公共的一次绕组和多个铁心，每个铁心各有其二次绕组的电流互感器。

（3）分裂铁心电流互感器。没有自身一次导体和一次绝缘，其铁心可以按铰链方式打开（或以其他方式分离为两个部分），套在载有被测电流的绝缘导线上再闭合的电流互感器。“分裂铁心电流互感器”通常也称作“开合式电流互感器”。

7. 按电流比分

采用一次绕组线段换接或二次绕组抽头方式获得多种电流比的电流互感器，使用时电流比可选。

按电流比可分为单电流比、多电流比和复合电流比三种。多电流比可以通过不同的方式实现：通过一次串、并联的方式，其一次绕组分段，一次安匝数不变，通过改变连接方式得到不同的一次匝数，从而得到不同的电流比；通过二次绕组中间抽头的方式得到不同的电流比。复合电流比形式，即根据实际需要，将不同的测量或保护绕组做成各自不同的电流比，这种互感器称为复合电流比电流互感器。

8. 按一次绕组匝数分

可分为单匝式电流互感器和多匝式电流互感器。

9. 按二次绕组装配位置分

可分为正立式和倒立式两种。正立式电流互感器是指二次绕组在产品下部的油箱内的电流互感器，其主绝缘包在一次绕组上，二次绕组有很少的绝缘。倒立式电流互感器是指二次绕组置于产品顶部的电流互感器，将具有地电位的二次绕组置于产品上部，二次绕组外部有足够的绝缘，一次绕组没有绝缘。

10. 按变换级数分

可分为单级式和串级式两种。串级式为较大的一次电流经第一级变成合适的中间电流，再通过第二级变成标准的二次电流。这种结构的绝缘分为两级，磁路也分为两级，用于超高压或特大电流产品。

1.3.3 组合互感器

由电流互感器和电压互感器组合成一体的互感器。组合互感器实际上就是电压互感器和电流互感器的组合，多用于计量。

1. 按相数分

（1）单相组合互感器。一个电压互感器和一个电流互感器的组合，用于单相计量。

（2）三相组合互感器。三相三线，两个电压互感器和两个电流互感器的组合，用于三相计量；三相四线，三个电压互感器和三个电流互感器的组合，用于三相计量。

2. 按电流变换原理分

（1）电磁式组合互感器。

（2）电子式组合互感器。

3. 按使用环境分

（1）户内型组合互感器。

（2）户外型组合互感器。

4. 按绝缘介质分

（1）浇注绝缘组合互感器。

（2）油浸绝缘组合互感器。

第2章　电磁式电压互感器的原理、结构、关键制造技术及试验

2.1　电磁式电压互感器的工作原理

电压互感器是一种专门用作变换电压的特种变压器。在正常工作条件下，其二次电压与一次电压实际成正比且在连接方法正确时，二次电压对一次电压的相位差接近于零。

电压互感器的一次绕组并联在系统的线路中，二次绕组连接负荷（计量测量仪器、仪表、继电器保护装置等设备）而构成闭合回路。

当系统的电压发生变化时，电压互感器将此变化的信息传递到其二次绕组所连接的负荷。图 2-1 为电磁式电压互感器的工作原理图，图中用阻抗 Z_b 表示所连接的负荷。电压互感器的工作原理和变压器相同，但它的二次负荷很小，可以说是一种容量很小的变压器。

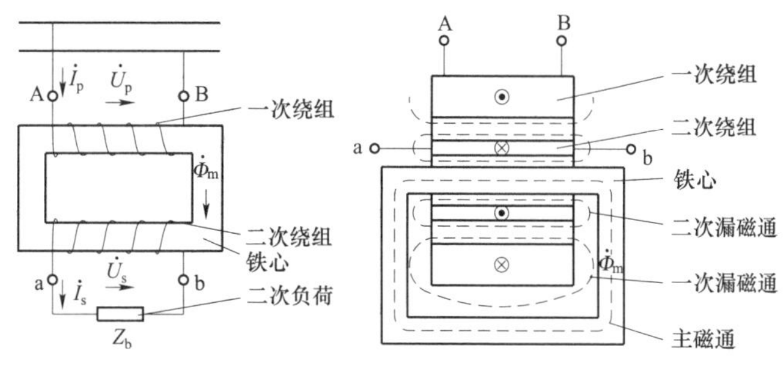

图 2-1　电磁式电压互感器的工作原理图

为保证低压设备与高电压隔离，根据系统的电压等级，在互感器的一、二次绕组之间设有足够的绝缘，在使用中为了安全起见，通常将二次绕组的一端接地。

系统中电压各不相同，通过电压互感器一、二次绕组匝数比的配置，将不同的电压变换成较低的电压值，一般为100V、$100/\sqrt{3}$ V、100/3V，也有提供电源的220V。

2.1.1　单相双绕组电压互感器工作原理

在图 2-1 中，当一次电压 $\dot{U}_p$ 加在一次绕组上，就有一次电流 $\dot{I}_p$ 流经一次绕组，一次电流与一次绕组匝数 N_p 的乘积 $\dot{I}_p N_p$ 称为一次磁动势。一次磁动势分为两部分：一部分用来励磁，使铁心中产生磁通 $\dot{\Phi}_m$；另外一部分用来平衡二次磁动势。二次磁动势是二次电流 $\dot{I}_s$ 与二次绕组匝数 N_s 的乘积。电压互感器的磁动势平衡方程为

$$\dot{I}_p N_p = \dot{I}_e N_p + (-\dot{I}_s N_s) \tag{2-1}$$

或者写成

$$\dot{I}_p N_p + \dot{I}_s N_s = \dot{I}_e N_p \tag{2-2}$$

式中　$\dot{I}_p$——用复数表示的一次电流，A；

$\dot{I}_s$——用复数表示的二次电流，A；

$\dot{I}_e$——用复数表示的励磁电流，A；

N_p——一次绕组的匝数；

N_s——二次绕组的匝数。

从图 2-1 可以看出。磁通 $\dot{\Phi}_m$ 同时穿过一、二次绕组的全部线匝，故称为主磁通，它在一、二次绕组中分别感应出电动势 $\dot{E}_p$ 和 $\dot{E}_s$。一、二次电流还分别产生与本绕组相关的漏磁通，可以用 $\dot{\Phi}_{S_1}$ 和 $\dot{\Phi}_{S_2}$ 表示。这两个漏磁通在一、二次绕组中感应出漏感电动势，其作用可用漏电抗 X_p 和 X_s 来表示。各绕组的导线还有电阻 R_p 和 R_s，当电流流过时就会产生阻抗压降，于是可以写出电压互感器的一次电动势平衡方程式

$$\dot{U}_p = -\dot{E}_p + \dot{I}_p Z_1 \tag{2-3}$$

式中　$\dot{U}_p$——用复数表示的一次电压相量，V；

$\dot{E}_p$——用复数表示的一次感应电动势，V；

$\dot{I}_p$——用复数表示的一次电流，A；

Z_1——一次绕组阻抗（是一个复数量），Ω。

同理二次电动势平衡方程式为

$$\dot{U}_s = \dot{E}_s - \dot{I}_s Z_2 \tag{2-4}$$

式中　$\dot{U}_s$——用复数表示的二次电压，V；

$\dot{E}_s$——用复数表示的二次感应电动势，V；

$\dot{I}_s$——用复数表示的二次电流，A；

Z_2——二次组阻抗（是一个复数量），Ω。

因为一次感应电动势的大小为

$$E_p = \frac{2\pi f N_p \Phi_m}{\sqrt{2}}$$

二次感应电动势的大小为

$$E_s = \frac{2\pi f N_s \Phi_m}{\sqrt{2}}$$

式中　E_p——一次感应电动势，V；

E_s——二次感应电动势，V；

N_p——一次绕组匝数；

N_s——二次绕组匝数；

f——电源频率，Hz；

Φ_m——主磁通，Wb。

由此得出

$$\frac{E_p}{E_s}=\frac{N_p}{N_s} \tag{2-5}$$

如果忽略很小的阻抗压降，则可以得出

$$\frac{U_p}{U_s}=\frac{E_p}{E_s}=\frac{N_p}{N_s} \tag{2-6}$$

从式（2-6）可以看出，只要适当配置电压互感器的匝数比，就可以将不同的额定一次电压变换成标准的额定二次电压，而且只要知道其中的三个量就可以算出第四个量。

为了便于在相量图上比较一次侧和二次侧的各个参数，在画相量图时，可将二次侧参数折算到一次侧，并在右上角加一撇表示折算后的参数。所谓折算法就是保持一个绕组的磁动势不变，而把电量转换到另一个匝数基础之上的方法。

折算的条件是等效的二次侧必须仍能产生同样的磁动势，要满足这个条件就要求它的电压、电流和阻抗与实际的二次侧绕组电压、电流和阻抗有一定的关系。就是利用这些关系，在分析前，使实际二次绕组的参数变换成等效的二次绕组的参数；在分析后，再把等效二次绕组上的分析结果变换回到实际的二次绕组中。

为了便于比较互感器一次电路和二次电路中的各量，要将两个绕组折算为同一匝数，可以将一次侧折算到二次侧，也可将二次侧折算到一次侧。折算的原则是使被折算绕组的磁动势保持不变，这样才能保持主磁通不变，因为互感器各绕组之间的联系和相互作用是通过这一主磁通来保持的。以 $\dot{I}_s'$ 表示折算到一次侧的二次电流，则有

$$\dot{I}_s' N_p=\dot{I}_s N_s$$

折算到一次侧的二次电流为

$$\dot{I}_s'=\dot{I}_s\frac{N_s}{N_p}$$

折算到一次侧的二次电动势为

$$\dot{E}_s'=E_s\frac{N_p}{N_s}$$

折算到一次侧的二次电压为

$$\dot{U}_s'=\dot{U}_s\frac{N_p}{N_s}$$

折算到一次侧的二次绕组阻抗为

$$Z_2'=Z_2\left(\frac{N_p}{N_s}\right)^2$$

折算到一次侧的二次负荷阻抗为

$$Z_b'=Z_b\left(\frac{N_p}{N_s}\right)^2$$

还要考虑各阻抗的大小

$$Z_2'=\sqrt{(R_s')^2+(X_s')^2}$$

$$Z_b' = \sqrt{(R_b'^2) + (X_b'^2)}$$

$$Z_1 = \sqrt{R_p^2 + X_p^2}$$

$$Z_{12} = \sqrt{(R_p + R_s')^2 + (X_p + X_s')^2}$$

式中　R_s' ——折算到一次侧的二次绕组电阻，Ω；

X_s' ——折算到一次侧的二次绕组电抗，Ω；

R_b' ——折算到一次侧的二次负荷电阻，Ω；

X_b' ——折算到一次侧的二次负荷电抗，Ω；

R_p ——一次绕组电阻，Ω；

X_p ——一次绕组电抗，Ω；

Z_1 ——一次绕组阻抗，Ω；

Z_{12} ——短路阻抗，Ω。

单相双绕组电压互感器的相量图如图 2-2 所示。由主磁通 $\dot{\Phi}_m$ 感应的电动势 $\dot{E}_p$ 和 $\dot{E}_s$ 滞后主磁通角度为 90°。由于铁心中存在磁滞和涡流损耗，所以 $\dot{\Phi}_m$ 滞后于励磁电流 $\dot{I}_e$ 一个铁损角 θ_0，又因为二次阻抗压降 $\dot{I}_s'Z_2'$ 的存在，所以二次电压 $\dot{U}_s'$ 滞后于 $\dot{E}_s'$ 一个角度。

电压互感器的负载通常是感性的，标准功率因数为 0.8（滞后），相量图中将二次电流 $\dot{I}_s'$ 滞后于电压 $\dot{U}_s'$ 一个角度 φ_2，就是表示这种情况。

图 2-3 表示与单相双绕组电压互感器的相量图对应的等效电路图，图中 R_e 为励磁电阻，X_e 为励磁电抗。

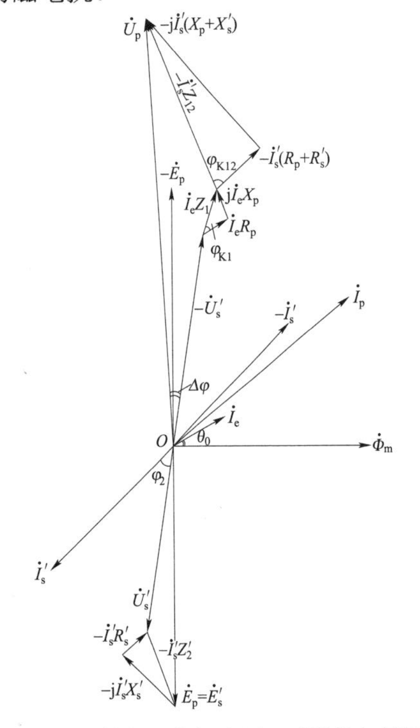

图 2-2　单相双绕组电压互感器的相量图

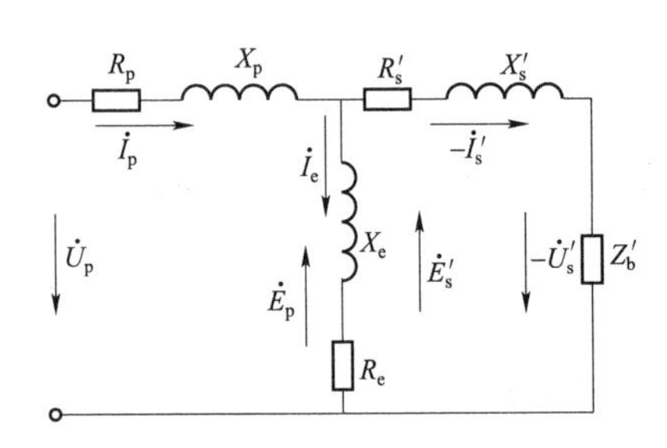

图 2-3　单相双绕组电压互感器的等效电路图

一次电压 $\dot{U}_p$ 与二次电压 $\dot{U}_s$ 的关系是

$$\dot{U}_p = -\dot{U}_s' + \dot{I}_e Z_1 - \dot{I}_s'(Z_1 + Z_2') \tag{2-7}$$

$\dot{U}_p$ 和 $\dot{U}_s'$ 不仅大小不等，而且相位也有差别。数值大小之差就是电压误差，相位上的差别就是相位差。从相量图还可看出，造成误差的原因是阻抗压降。

单相双绕组电压互感器一般为全绝缘结构，不接地电压互感器，一次绕组接在相与相之间。常用的两种接线方式如图 2-4 所示。

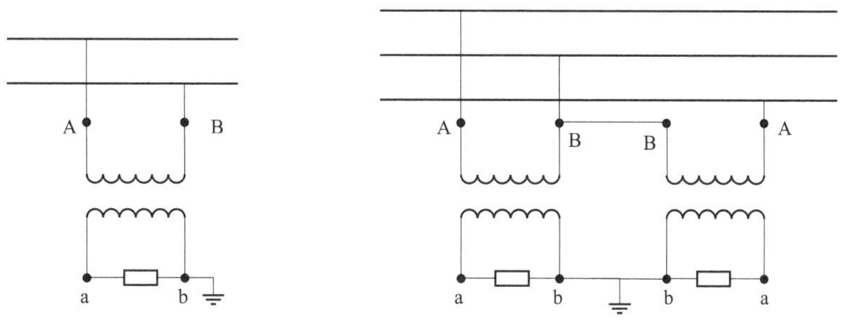

图 2-4　常用的两种接线方式

2.1.2　单相三绕组电压互感器工作原理

单相三绕组电压互感器的电磁转换原理与单相双绕组是一样的。

以接地电压互感器为例，在使用中一般是一次绕组接在三相系统中相与地之间，低压侧有两个绕组，两个低压绕组中，一个是二次绕组，其作用与普通的双绕组电压互感器相同，另一个是剩余电压绕组。三台互感器组成三相组接线，一次和二次绕组均接成星形，中性点接地；剩余电压绕组，使用时首尾相串接成开口三角。当三相系统正常运行时，三个剩余电压绕组的电压相量和等于零。当三相系统发生单相接地故障时开口三角端会出现电压，并提供给保护装置。

开口三角端电压与剩余电压绕组额定电压和系统中性点接地方式有关。在中性点有效接地系统中发生单相接地故障时，接地相一次绕组的始末端被短接，绕组上没有电压，但其他两相对地电压不变，在这种系统中使用的单相三绕组电压互感器的剩余电压绕组额定电压应为 100V。

在中性点非有效接地系统中发生单相接地故障时，接地相一次绕组上没有电压，其余两相对地电压发生变化，它们之间的电压相位角由原来的 120° 变为 60°，电压数值升高为 $\sqrt{3}$ 倍，因此，二次绕组和剩余电压绕组电压也相应变化，相位角变成 60°，电压数值升高为 $\sqrt{3}$ 倍。在这种系统中使用的电压互感器其剩余电压绕组的额定电压应为 100/3V。

由于系统运行状态的变化，在中性点有效接地系统中发生单相接地故障时，完好相对地的电压可能升高到 1.5 倍额定相电压，而接地电压互感器的绕组额定电压就是系统的额定相电压，所以要求在中性点有效接地系统中使用的互感器能在 1.5 倍额定电压下工作一段时间，GB 20840.3《互感器　第 3 部分：电磁式电压互感器的补充技术要求》中规定为 30s。因为这种系统单相接地短路电流很大，必须很快切除故障，30s 的时间已远大于切除故障所需要的时间。而在中性点非有效接地系统中发生单相接地故障时，完好相对地电压可能升高到 1.9 倍额定相电压，不过接地短路电流并不大，系统可以连续运行较长的时间，以便运行人员找出故障点，排除故障，所以要求在这种系统中运行的电压互感器能在 1.9 倍额定电压下工作 8h。1.5 或 1.9 是在 GB 20840.3 中规定的额定电压因数。

2.1.3　串级式电压互感器工作原理

如果系统电压较高时，那么互感器在设计时一般采用串级式结构，根据电压的高低可分为几级，电压越高级数可以越多，同样也会影响到准确级。在串级式电压互感器中（以四级为例见图 2－5），有四个相同的一次绕组分别套装在两个铁心的上、下心柱上，它们依次串联，A 端接系统高压，N 端接地。第一级一次绕组的末端与上铁心连接，故上铁心对地电压为 3/4U_p；而对第一级绕组和第二级绕组的最大电位差为 1/4U_p；第三级一次绕组的末端与下铁心连接，故下铁心对地电压为 1/4U_p，而对第三级绕组和第四级绕组的最大电位差也是 1/4U_p。平衡绕组靠紧铁心布置，并与铁心等电位联结。耦合绕组和第二级一次绕组至第三级一次绕组的连线等电位，布置在这两级一次绕组的外面。二次绕组和剩余电压绕组都布置在最后一级一次绕组的外面，这里的对地电压最低。各个绕组这样布置大大减小了绕组与绕组之间，绕组与铁心之间的绝缘。由于铁心带电，所以铁心与铁心之间，铁心与地之间都要有一定的绝缘，整个器身要用绝缘支架支撑起来。

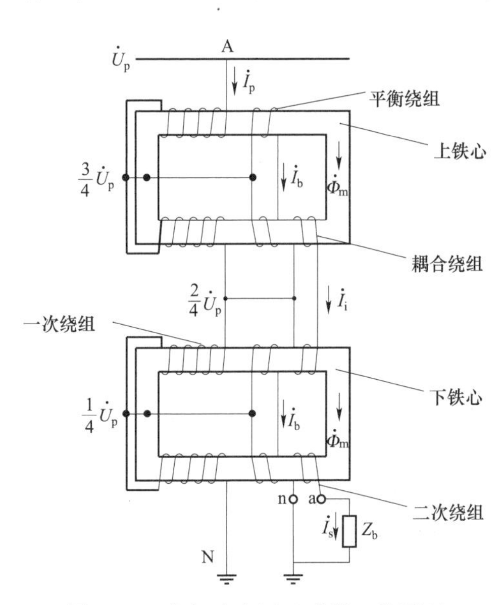

图 2－5　串级式电压互感器工作原理

下面分析一下耦合绕组和平衡绕组的作用。从图 2－5 中可以看出，如果二次侧没有负载，则互感器空载，一次绕组中只流过励磁电流，即 $\dot{I}_p=\dot{I}_e$。由于各级一次绕组相同，各个铁心也相同，故各级一次电压分配相等，上、下铁心中的磁通也相等。

当二次侧接有负载时，二次绕组有电流 $\dot{I}_s$ 流通，此电流在下铁心的下心柱上建立去磁磁动势 $\dot{I}_s N_s$，一次绕组中电流要增加以补偿二次磁动势。由于一次绕组分布在四个铁心柱上，上两级一次磁动势增加将使上铁心的主磁通增加，而下铁心中二次磁动势大于一次磁动势，使下铁心中的主磁通将减少，导致各级一次电压分配不均匀。为了使各级一次电压分配均匀，也就是使上、下铁心中主磁通保持一样，必须在上、下铁心上各有一个匝数相等、几何尺寸相同的耦合绕组。空载时耦合绕组中没有电流通过。负载时下铁心的主磁通减少，下铁心上的耦合绕组感应电动势将下降，而上铁心主磁通增加将使上铁心的耦合绕组感应电动势上升，上、下耦合绕组的电动势差将产生电流 $\dot{I}_i$ 流通。电流的方向是使上铁心的耦合绕组磁动势 $\dot{I}_i N_i$ 与一次磁动势相反，使上铁心磁通降低；下铁心的耦合绕组磁动势则与一次磁动势相加，使下铁心磁通增加，从而保持上、下铁心中主磁通基本一样。

从能量传递的观点分析，上铁心上的两级一次绕组与下铁心上的二次绕组之间没有磁耦合关系（即没存在互感作用），只有通过上铁心的耦合绕组与上两级一次绕组之间的磁耦合，接受上两级一次绕组的能量，通过电耦合送到下铁心上的耦合绕组中，再通过这个耦合绕组与二次绕组之间的磁耦合把能量传递到二次绕组中去。所以说耦合绕组的作用是传递能量。

平衡绕组是布置在同一铁心的上、下心柱上，匝数和几何尺寸相同的一对绕组，接线应保证主磁通在这一对绕组中感应出的电动势方向相反。以下铁心为例，因为二次绕组在下心柱上，耦合绕组在上心柱上，每个心柱的磁动势不能平衡，漏磁很大。虽然主磁通 Φ_m 在平衡绕组中感应的电动势是大小相等、方向相反，但上、下心柱的漏磁在平衡绕组中感应的电动势却是相加的，于是有电流 $\dot{I}_b$ 流通。电流 $\dot{I}_b$ 在心柱平衡绕组中的磁动势 $\dot{I}_b N_b$ 与上心柱一次磁动势和耦合绕组磁动势是相反的，而下心柱平衡磁动势则是与下心柱一次磁动势是相加的，这样就可保持上、下心柱各绕组磁动势的平衡关系，减少漏磁。所以平衡绕组的作用是减少漏磁。

从能量传递的观点分析，如果没有平衡绕组，上、下心柱的绕组之间磁耦合不好，一次能量有一部分在漏磁中，不能传递到二次绕组中。平衡绕组就是把漏磁能量传递下去。上心柱平衡绕组通过磁耦合输入上心柱一次能量，经电耦合送到下心柱平衡绕组，再通过磁耦合把能量传递给二次绕组。

在制造串级式电压互感器时，不仅要保证各绕组的匝数和绕向正确，而且要注意保证各对平衡绕组或耦合绕组的连接正确。

在应用中，串级式电压互感器的一、二次绕组和剩余电压绕组的接线方式与普通单相三绕组电压互感器的接线方式相同。

2.2　电磁式电压互感器的性能及特点

2.2.1　电磁式电压互感器的准确级和误差特性

电压互感器应能准确地将一次电压变换为二次电压，以保证测量准确并保护装置正确地动作，所以互感器必须保证具有一定的准确度。电压互感器的准确度用准确级来表征，不同的准确级有不同的误差要求，在规定的使用条件下误差均应在规定的限值内。GB 20840.3 中规定测量用的标准准确级有 0.1 级、0.2 级、0.5 级、1.0 级、3.0 级。保护用电压互感器的标准准确级有 3P 级和 6P 级。准确级是以电压误差的百分数表示。当具有多个分开的二次绕组时，还应考虑它们之间的相互影响。

电压误差（比值差）是电压互感器在测量电压时所出现的误差。它是由于实际电压比不等于额定电压比而造成的。

电压误差的百分数用下式表示

$$\varepsilon=\frac{k_r U_s - U_p}{U_p}\times 100\% \tag{2-8}$$

式中 k_r ——额定电压比；

U_p ——实际一次电压，V；

U_s ——在测量条件下施加 U_p 时的实际二次电压，V。

从电压互感器的工作原理可知，只有当一、二次绕组阻抗等于零时，二次电压乘以额定电压比才等于实际一次电压。由于互感器存在阻抗压降，因此二次电压乘以额定电压比总是小于实际一次电压，所以，没有补偿过的电压误差是负值，只有在采取误差补偿措施以后，才有可能出现正值的电压误差。

相位差是互感器一次电压相量与二次电压相量的相位之差。相量方向按理想互感器的相位差为零来确定的。当二次电压相量超前一次电压相量时，相位差为正值，它通常以分或厘弧表示。

下面介绍电压互感器的误差计算及其补偿措施。

单相双绕组电压互感器的误差计算公式如下：

电压误差

$$\varepsilon=-\left[\frac{I_e Z_1 \sin(\varphi_{K1}+\theta_0)}{U_p}+\frac{I_s' Z_{12}\cos(\varphi_{K12}-\varphi_2)}{U_p}\right]\times 100\% \tag{2-9}$$

相位差

$$\Delta\varphi=\left[\frac{I_e Z_1 \cos(\varphi_{K1}+\theta_0)}{U_p}-\frac{I_s' Z_{12}\sin(\varphi_{K12}-\varphi_2)}{U_p}\right]\times 3440\ (')\tag{2-10}$$

式中 I_e ——励磁电流，A；

I_s' ——折算到一次侧的二次电流，A；

U_p ——一次电压，V；

Z_1 ——互感器的空载漏阻抗，Ω；

Z_{12} ——互感器的短路阻抗，Ω；

φ_{K1} ——空载阻抗角；

φ_{K12} ——短路阻抗角；

θ_0 ——铁损角；

φ_2 ——负荷功率因数角。

从式（2-9）和式（2-10）可看出，电压误差和相位差是由两部分组成，一部分是空载误差，用 ε_0 和 $\Delta\varphi_0$ 表示为

$$\varepsilon_0=-\frac{I_e Z_1 \sin(\varphi_{K1}+\theta_0)}{U_p}\times 100\% \tag{2-11}$$

$$\Delta\varphi_0=\frac{I_e Z_1 \cos(\varphi_{K1}+\theta_0)}{U_p}\times 3440\ (')\tag{2-12}$$

另一部分是负载误差，分别用 ε_2 和 $\Delta\varphi_2$ 表示

$$\varepsilon_2 = -\frac{I'_s Z_{12}\cos(\varphi_{K12} - \varphi_2)}{U_p} \times 100\% \tag{2-13}$$

$$\Delta\varphi_2 = -\frac{I'_s Z_{12}\sin(\varphi_{K12} - \varphi_2)}{U_p} \times 3440 \ (') \tag{2-14}$$

可以看出，影响电压互感器误差的因素有两方面：一方面是互感器本身的内部参数，即励磁电流和绕组的阻抗；另一方面是外部参数，即二次负载及一次电压。内部参数由互感器设计和制造工艺决定。要减小互感器的误差，必须在经济合理的前提下尽可能减小绕组的阻抗和铁心的励磁电流。而减小励磁电流要采用合理的铁心结构和优质导磁材料，在制造过程中提高铁心加工质量，减少毛刺和铁心接缝，保证铁心实际截面符合设计要求。用称量铁心质量的办法控制铁心截面，不仅是误差特性的要求，也是保证互感器励磁特性的要求。在绕制线圈时要认真按工艺要求进行操作，不使线圈尺寸超差，尺寸超差不仅使阻抗变化而且会影响到绝缘距离。外部参数对误差性能的影响这里不做详细讨论，简而言之，误差的变化随二次负载大小而成正比变化，施加一次电压的变化同时会影响到内部励磁电流的变化。

三绕组和多绕组互感器的误差，除包括空载误差和本绕组的负载电流引起的负载误差外，还有其他二次绕组负载电流引起的误差。因为当其他绕组有负载电流时，一次电流中要增加一个对应的分量，这个分量的增加将使一次绕组的阻抗压降增加，使一次电压与一次感应电动势的差别加大，必然会影响到所有其他二次绕组的误差。但影响这一误差的内部参数仍然是绕组阻抗。空载误差与二次负载无关，也与绕组数无关。

串级式电压互感器中虽然有耦合绕组和平衡绕组，理论分析和试验证明，将这两种绕组的阻抗按一定的关系考虑进去以后，就可以用普通互感器的误差公式来计算其误差，影响串级式电压互感器误差的内部参数仍是励磁电流和绕组阻抗。因为考虑耦合绕组和平衡绕组的阻抗后，串级式电压互感器的阻抗一般都比单级式互感器的大，所以，多级串接的互感器较难做到高准确级。

因为未经补偿的电压互感器电压误差是负值，如果用适当的方法使电压误差向正方向变化，误差的绝对值就可以减小，达到补偿的目的。最常用最简便的补偿方法是适当减少一次匝数，即所谓减匝补偿。减匝补偿对电压误差的补偿值可按下式计算

$$\varepsilon_b = \frac{N_b}{N_{pr}} \times 100\% \tag{2-15}$$

式中　N_b——补偿匝数，即一次绕组中要减去的匝数；

N_{pr}——额定一次匝数。

补偿后的总误差为

$$\varepsilon = \varepsilon_o + \varepsilon_2 + \varepsilon_b \tag{2-16}$$

式中，ε_o 和 ε_2 都是负值，ε_b 为正值，所以补偿后的总误差可以减小。因采取一次减匝补偿，所以对多个二次绕组的补偿效果是一样的，也适用于所有形式的电磁式电压互感器。但必须注意，串级式电压互感器的一次绕组分为几级，在减匝补偿时，必须在各级一次绕组中减去相等的匝数，不能只在一级或几级中减匝而其他级不减匝。

理论上，增加二次匝数也可起到补偿误差的作用，但由于二次匝数很少，调整一匝而造成的补偿值过大，可能使电压误差从正值超出规定，而且对于多二次绕组互感器来说，每个绕组都要分别补偿。所以二次增加匝数的补偿方法在特殊情况下才使用，可以根据二次负载和准确级次配合使用。

2.2.2 电磁式电压互感器的性能及特点

1. 电压互感器的热特性和机械特性

电压互感器的热特性是指长期正常工作时和在规定的额定电压因数和额定时间内的发热特性，也就是温升要求。电压互感器保证一定准确级时的额定二次输出都比较小，温升也比较低。通常都对电压互感器规定一个热极限输出，即在额定电压下，互感器二次绕组所能供给而温升不超过规定限值的视在功率值，通常以伏安表示，此时各部位的温升不应超过规定的限值。如果对多个二次绕组规定了热极限输出，则应分别对每个绕组进行试验，且负荷功率因数为1.0。热极限输出下的温升限值与电压互感器长期工作时的温升限值相同。

国家标准还规定：当电压互感器在额定电压下励磁时，能承受持续时间为1s的外部短路的机械效应和热效应而无损伤。注意，尽管互感器能承受这种试验，但并不是说电压互感器二次可以短路工作。电压互感器二次短路是一种事故，会导致互感器烧毁。

对于设备最高电压为72.5kV及以上的互感器，还应能承受GB 20840.1《互感器 第1部分：通用技术要求》中规定的静态载荷指导值，这些值包含风力和覆冰引起的载荷，规定的载荷可施加于一次端子的任意方向。

2. 电压互感器的绝缘特性

电压互感器在运行中要长期承受电力系统的工作电压，因此，一定要按系统最高工作电压来考虑其绝缘性能，主要有局部放电水平、介质损耗因数及额定绝缘水平。对于油浸式电压互感器，还应对绝缘油的性能指标做出规定。

GB 20840.1规定最高工作电压为7.2kV及以上电磁式电压互感器在出厂试验时，应测量局部放电，在局部放电测量电压下，局部放电水平应不超过表2－1中规定的限值。

表2－1　局部放电测量电压及允许水平

系统中性点接地方式	互感器类型	局部放电测量电压（方均根值）/kV	局部放电最大允许水平/pC	
			绝缘类型	
			液体浸渍或气体	固体
中性点有效接地系统（接地故障因数≤1.4）	接地电压互感器	U_m	10	50
		$1.2U_m/\sqrt{3}$	5	20
	不接地电压互感器	$1.2U_m$	5	20
中性点绝缘或非有效接地系统（接地故障因数＞1.4）	接地电压互感器	$1.2U_m$	10	50
		$1.2U_m/\sqrt{3}$	5	20
	不接地电压互感器	$1.2U_m$	5	20

注：1. 如果系统中性点的接地方式未指明时，则按中性点绝缘或非有效接地系统考虑。

2. 局部放电最大允许水平也适用于非额定值的频率。

关于介质损耗因数（tanδ），GB 20840.1 规定，应在额定频率和 10kV～$U_m/\sqrt{3}$ 范围内某一电压下测量。介质损耗因数试验不适用于气体绝缘互感器。

介质损耗因数取决于绝缘结构，并且与电压和温度两个因素有关。在电压为 $U_m/\sqrt{3}$ 及正常环境温度下其值通常不大于 0.005。

对于串级式电压互感器的介质损耗因数在 10kV 测量电压和正常环境温度下其允许值通常不大于 0.02，绝缘支架介质损耗因数的允许值通常不大于 0.05。

介质损耗因数过大，意味着可能存在绝缘材质不良或干燥处理不好，绝缘中含水量偏高等缺陷。

环境温度和相对湿度对电压互感器介质损耗因数的测量影响很明显。在气温不高，相对湿度不大的条件下测量，介质损耗因数可能是合格的；但在温度较高，相对湿度较大的天气再测量，产品可能又不合格，因此要注意测试环境。

油浸式电压互感器中的绝缘油性能指标及油中含水量和含气量的规定，以及油中溶解气体的分析和判断等，应符合 GB/T 7595《运行中变压器油质量》及相关标准的要求。

油浸式电压互感器内的绝缘油和有机绝缘材料，在热和电的作用下会逐渐老化和分解，产生少量的低分子烃类及二氧化碳、一氧化碳等气体，这些气体大部分溶解在油中。当互感器内部有局部过热或放电故障时，就会加快这些气体的产生速度。

电压互感器在运行中可能遭受到过电压的袭击，因此必须按系统可能出现的过电压来考虑其承受过电压的能力。国家标准规定互感器都应经过相应的耐压试验，工频耐压试验是每台产品在出厂前都必须进行的出厂试验，冲击耐压试验是型式试验。

对于户外型互感器，其外部绝缘经常受到雨淋，因此要进行湿耐压试验。此外，安装在工厂附近或沿海地区的互感器，由于空气中烟尘多或潮湿空气中盐分多，这些导电（或半导电）微粒附着在外绝缘表面，积累到一定程度就会在外绝缘表面引起局部放电，发展下去会形成整个外绝缘从上到下贯通性闪络，线路高压对地短路，造成事故。在这些特殊环境下使用的互感器必须具有防污能力，加大表面爬电距离。通常根据 GB 20840.1 的规定制造和选用。

2.3　电磁式电压互感器的基本参数和型号规则

2.3.1　基本参数

1. 使用环境

一般分为户内和户外。

2. 温度类别

环境温度一般分为 3 类：−5℃～+40℃，−25℃～+40℃，−40℃～+40℃。严寒气候为 −50℃～+40℃，酷热气候为 −5℃～+50℃。

3. 额定一次电压 U_{pr} 及设备最高电压 U_m

额定一次电压是作为电压互感器性能基准的一次电压值。三相电压互感器和用于单相系统或三相系统线间的单相电压互感器，其额定一次电压标准值应为 GB/T 156《标准电压》中常规值的额定系统电压值之一。接在三相系统线与地之间或系统中性点与地之间的单相电压互感器，其额定一次电压标准值为额定系统电压的 $1/\sqrt{3}$ 。

设备最高电压按表 2－2 选取。设备最高电压的选取，应与等于或高于设备安装处的系统最高电压 U_{sys} 的 U_m 标准值接近。

表 2－2　　互感器一次端额定绝缘水平

设备最高电压 U_m（方均根值）/kV	额定工频耐受电压（方均根值）/kV	额定雷电冲击耐受电压（峰值）/kV	额定操作冲击耐受电压（峰值）/kV	截断雷电冲击（内绝缘）耐受电压（峰值）/kV
U_n≤0.66	3	—	—	—
3.6	18/25	40	—	45
7.2	23/30	60	—	65
12	30/42	75	—	85
17.5（18）	40/55	105	—	115
24	50/65	125	—	140
40.5	80/95	185/200	—	220
72.5	140	325	—	360
	160	350	—	385
126	185/200	450/480	—	530
		550	—	530
252	360	850	—	950
	395	950	—	1050
	460	1050	—	1175
363	460	1050	850	1175
	510	1175	950	1300
550	630	1425	1050	1550
	680	1550	1175	1675
	740	1675	1300	1925
800	880	1950	1425	2245
	975	2100	1550	2415
1100	1100	2250	1800	2400
	1100	2400	1800	2560

注：1. 对于暴露安装，推荐选用最高的绝缘水平。

2. 对于斜线下的数值，额定工频耐受电压为设备外绝缘干状态下的耐受电压值，额定雷电冲击耐受电压为设备内绝缘的耐受电压值。

3. 不接地互感器的感应耐压试验采用斜线上的额定工频耐受电压值。

4. 对于设备最高电压为 1100kV 的电压互感器，其额定工频耐受电压时间为 5min。

5. 对于安装在 GIS 的互感器，其额定工频耐受电压水平按照 GB 7674—2008《额定电压 72.5kV 及以上气体绝缘金属封闭开关设备》，但可能有差别。

4. 额定二次电压 U_{sr}

额定二次电压是作为电压互感器性能基准的二次电压值。接到单相系统或接到三相系统线间的单相电压互感器和三相电压互感器，额定二次电压标准值为 100V。用于三相系统相与地之间的单相电压互感器，当其额定一次电压为某一数值除以 $\sqrt{3}$ 时，其额定二次电压应是 $100/\sqrt{3}$ V，以保持额定电压比不变。拟与同类绕组连接成开口三角形产生剩余电压的绕组，其额定二次电压为 100/3V 或 100V。100/3V 仅适用于额定电压因数为 1.9 的电压互感器，而 100V 仅适用于额定电压因数为 1.5 的电压互感器。

额定一次电压和额定二次电压通常以电压比的形式体现，如 35/0.1kV、$35/\sqrt{3}/0.1/\sqrt{3}/0.1/3$kV 等。

5. 额定输出

额定输出值是以伏安表示的，国家标准分别规定了功率因数 $\cos\varphi=1.0$ 和 $\cos\varphi=0.8$（滞后）两个系列的额定输出标准值。

$\cos\varphi=1.0$ 的额定输出值为 1.0VA、1.5VA、2.5VA、3.0VA、5.0VA、7.5VA、10VA。

$\cos\varphi=0.8$（滞后）的额定输出值为 10VA、15VA、20VA、25VA、30VA、40VA、50VA、75VA、100VA。

其中有下划线的数值为优先值，三相电压互感器的额定输出应是指每相的额定输出。

额定热极限输出是在额定电压下，二次绕组所能供给而温升不超过规定限值的视在功率值。GB 20840.3 中规定功率因数为 1.0 时的标准值为 25VA、50VA、100VA 及其十进制倍数。

6. 额定准确级

（1）测量用单相电压互感器的准确级。测量用单相电压互感器的标准准确级为 0.1 级、0.2 级、0.5 级、1 级、3 级，是以该准确级在额定电压和额定负荷下所规定的最大允许电压误差百分数来标称的。测量用电压互感器的电压误差和相位误差限值见表 2－3。

表 2－3　测量用互感器的电压误差和相位差限值

准确级	电压误差（比值差）±（%）	相位差	
		±（′）	±crad
0.1	0.1	5	0.15
0.2	0.2	10	0.3
0.5	0.5	20	0.6
1	1.0	40	1.2
3	3.0	不规定	不规定

注：1. 对于有两个独立二次绕组的互感器，应考虑两个二次绕组间的相互影响。有必要规定每个绕组试验时的输出范围，且在非被试绕组带有 0～100% 额定负荷的任意值下，每个被试绕组在规定的输出范围内均应满足准确级的要求。
2. 如果未规定输出范围，则每个绕组试验时的输出范围应符合 GB 20840.3 中的规定。
3. 如果某一绕组只有偶然的短时负荷，或仅作为剩余电压绕组使用时，则它对其余绕组的影响可以忽略不计。

（2）保护用单相电压互感器的准确级。保护用单相电压互感器的标准准确级为 3P 级和

6P 级，是以该准确级自 5%额定电压到与额定电压因数相对应电压的范围内的最大允许电压误差百分数来标称的，其后标以字母 P。在 2%额定电压下的误差限值为 5%额定电压下的误差限值的两倍。保护用电压互感器的电压误差和相位误差限值见表 2-4。

表 2-4　保护用互感器的电压误差和相位差限值

准确级	电压误差（比值差）±（%）	相位差	
		±（′）	±crad
3P	3.0	120	3.5
6P	6.0	240	7.0

注：当订购互感器具有两个单独的二次绕组时，因为它们的相互影响，用户宜规定两个输出范围，每个绕组一个，各输出范围的上限值应符合标准的额定输出值。每个绕组应在其输出范围内满足各自准确级的要求，同时另一绕组具有 0～100%输出范围上限值之间的任一输出值。为证明是否符合此要求，只需在各极限值下进行试验。

7. 额定电压因数 F_V

额定电压因数是与额定一次电压值相乘的一个因数，以确定电压互感器应满足规定时间内有关热性能要求和满足有关准确级要求的最高电压。电压互感器运行时的最高电压与系统的接地条件和互感器一次绕组的连接方式有关。表 2-5 列出了各种接地条件对应的额定电压因数标准值及最高运行电压的额定时间。

表 2-5　额定电压因数标准值及最高运行电压的额定时间

额定电压因数	额定时间	一次绕组连接方式和系统接地条件
1.2	连续	任一电网中的相间 任一电网中的变压器中性点与地之间
1.2	连续	中性点有效接地系统中的相与地之间
1.5	30s	
1.2	连续	带有自动切除对地故障的中性点非有效接地系统中的相与地之间
1.9	30s	
1.2	连续	无自动切除对地故障的中性点绝缘系统或无自动切除对地故障的谐振接地系统中的相与地之间
1.9	8h	

注：1. 电磁式电压互感器的最高连续运行电压，应等于设备最高电压（对接在三相系统相与地之间的电压互感器还需除以 $\sqrt{3}$ ）或额定一次电压乘以 1.2，取其较低者。
2. 额定时间允许缩短，具体值由制造方与用户协商确定。

2.3.2 型号规则

1. 型号规则介绍

JB/T 3837《变压器类产品型号编制方法》中对电磁式电压互感器的产品型号编制的规定如下：

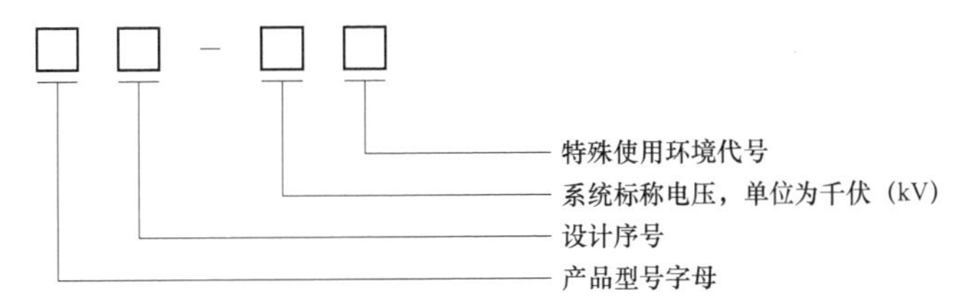

产品型号字母排列顺序及含义按表 2－6 规定。

表 2－6　电磁式电压互感器产品型号字母排列顺序及含义

序号	分类	含　义	代表字母
1	形式	电磁式电压互感器	J
2	用途	直“流”电压互感器	JZ
		中“频”电压互感器	JP
3	相数	“单”相	D
		“三”相	S
4	绝缘特征	油浸绝缘	—
		“干”式（合成薄膜绝缘或空气绝缘） “气”体绝缘	G Q
		浇“注”成型固体绝缘	Z
5	结构形式	一般结构	—
		带剩余（零“序”）绕组	X
		三柱带“补”偿绕组	B
		“五”柱三绕组	W
		“串”级式带剩余（零序）绕组	C
		有测量和保护“分”开的二次绕组	F
		SF_6 气体绝缘配组“合”电器用	H
		高压侧带熔断器	R
		三相“V”连接	V
6	性能特征	普通型	—
		“抗”铁磁谐振	K
7	安装场所	户外	（W）

注：1. 对加强型（如加强绝缘）的浇注产品，可在产品型号字母段最后加“J”表示。
2. “安装场所”仅适用于户外用的环氧树脂浇注产品，其字母表示应用括号扩上。

特殊使用环境代号参见第 6 章 6.2.9 的第 2 条。

示例：JDZX9－10。表示 1 台单相、浇注成型固体绝缘、带剩余绕组、10kV 等级、设计序号为 9 的电磁式电压互感器。

2. 端子标志

电压互感器一、二次出线端子需带有标志，方便产品的检测及安装使用。GB 20840.3 中有明确规定，一般按以下规则执行。

端子标志适用于单相电压互感器，也适用于装成一体按三相电压互感器连接的单相电压互感器组，或具有三相共用铁心的三相电压互感器。

标准规定用大写字母 A、B、C 和 N 表示一次绕组端子，小写字母 a、b、c 和 n 表示相应的二次绕组端子。字母 A、B、C 表示全绝缘端子，字母 N 表示接地端子。复合字母 da 和 dn 表示提供剩余电压的绕组端子。

标有同一字母大写和小写的端子，在同一瞬间应具有同一极性。

电压互感器端子标志可按表 2-7 执行。

表 2-7　　电压互感器端子标志

电压互感器	出线端子标志	电压互感器	出线端子标志
有一个二次绕组的单相不接地电压互感器	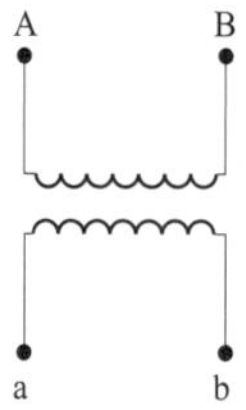 A　B a　b	有一个二次绕组的单相接地电压互感器	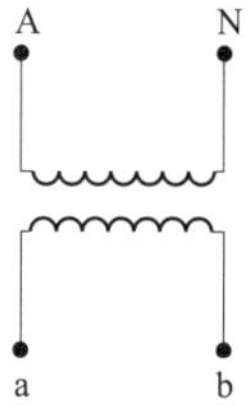 A　N a　b
有一个二次绕组的三相组	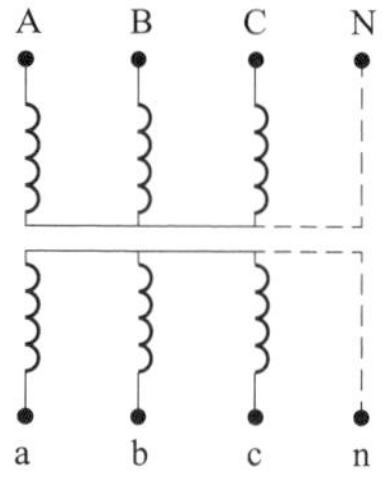 A　B　C　N a　b　c　n	有两个二次绕组的单相电压互感器	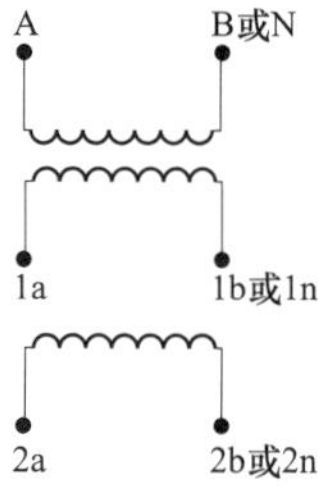 A　B或N 1a　1b或1n 2a　2b或2n
有两个二次绕组的三相组	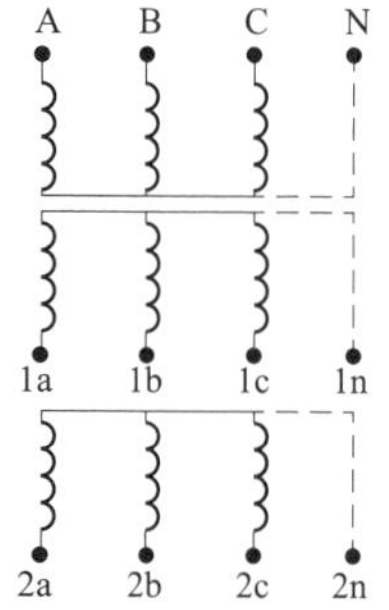 A　B　C　N 1a　1b　1c　1n 2a　2b　2c　2n	有一个带多抽头二次绕组的单相电压互感器	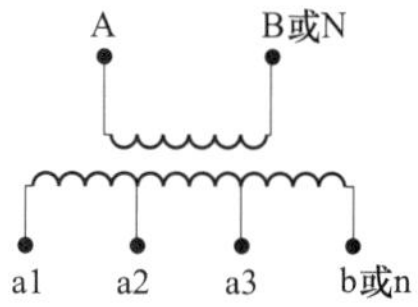 A　B或N a1　a2　a3　b或n

续表

电压互感器	出线端子标志	电压互感器	出线端子标志
有一个带多抽头二次绕组的三相组	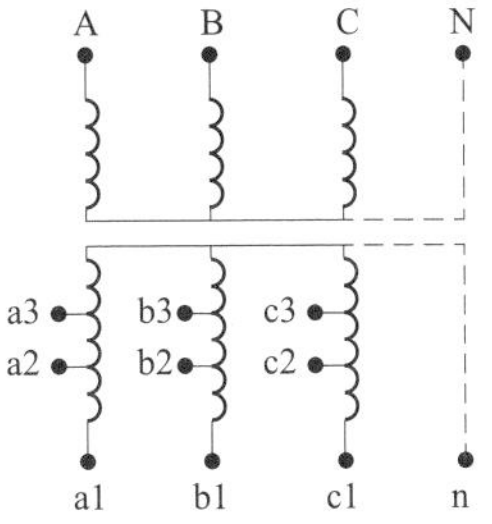 A B C N a3 b3 c3 a2 b2 c2 a1 b1 c1 n	有两个带抽头二次绕组的单相电压互感器	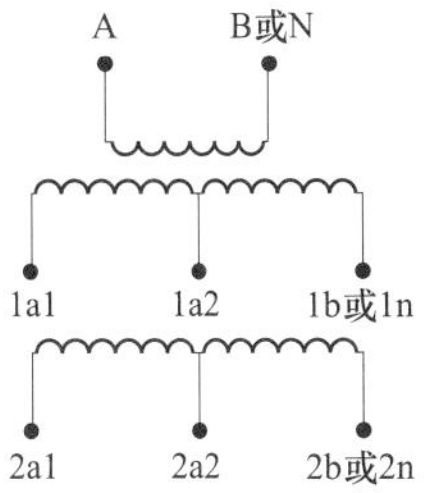 A B或N 1a1 1a2 1b或1n 2a1 2a2 2b或2n
有一个剩余电压绕组的单相电压互感器	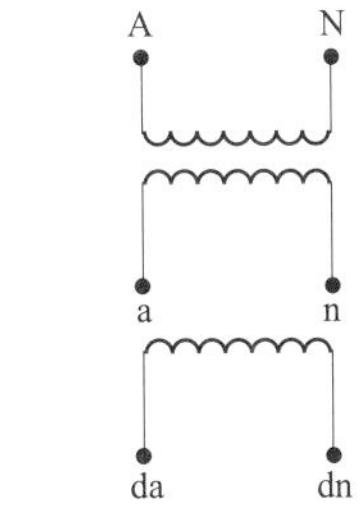 A N a n da dn	有一个剩余电压绕组的三相电压互感器	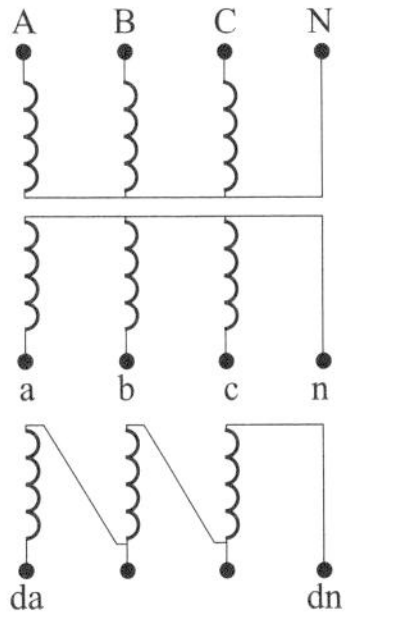 A B C N a b c n da dn

2.4　电磁式电压互感器结构

在我国 35kV 及以上电压等级的户外独立式电压互感器多采用油浸式结构，35kV 及以下电压等级的户内电压互感器多采用浇注绝缘结构，为 GIS 配套的电压互感器则为气体绝缘结构。

2.4.1　油浸式电压互感器的结构

油浸式电压互感器结构可分为单级式和串级式两种结构形式。在我国 35kV 及以下电压等级电压互感器产品一般采用单级式，串级式则多用于 66～220kV 电压等级的产品。66～220kV 电压等级单级式产品由于在制造过程中工艺控制比较复杂且成本高，在我国电力系统中的应用很少。而在国外 72.5～300kV 电压等级多采用单级式。

1. 单级式电压互感器

单级油浸式电压互感器又分为不接地式（相间连接）和接地式（相对地连接）两种。

66kV 及以下的中性点绝缘或非有效接地电力系统可采用不接地电压互感器。如 35kV 单相油浸式不接地电压互感器，外形图如图 2－6 所示。其结构为一、二次绕组和铁心组成的器身置于油箱内，一次绕组的两个高压出线通过作为互感器外绝缘的高压瓷套内部引到顶部并连接到一次端子上，二次绕组出头接到二次出线盒内的二次端子上，产品顶部安装膨胀器。

图 2－7 为 35kV 单相油浸式不接地电压互感器的器身，铁心采用的是单相三柱旁轭式；

一次绕组分为两段，可以是普通的分段绕组，也可以是梯形分段绕组，段间用绝缘纸圈分隔。二次绕组为层式绕组。一、二次绕组之间的主绝缘用 0.5mm 厚的绝缘纸板连续绕成。绕组端部对铁心的绝缘亦为绝缘纸圈（端圈）。绕组与铁轭间再加一层绝缘隔板。

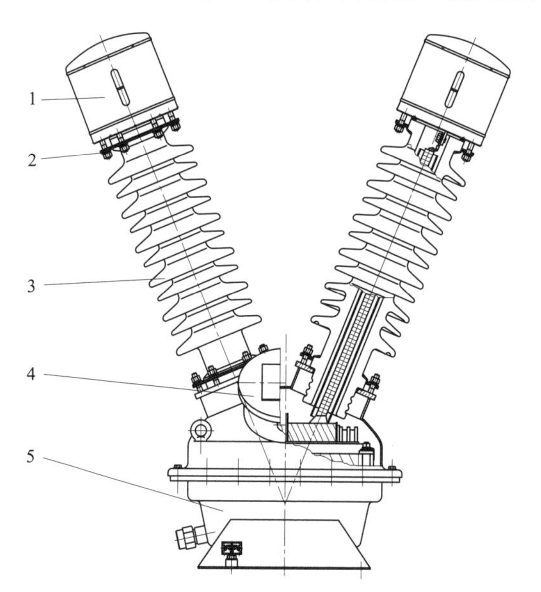

图 2-6　35kV 单相油浸式不接地电压互感器

1—膨胀器；2—底板（配有一次端子）；3—高压瓷套；4—二次出线盒；5—油箱

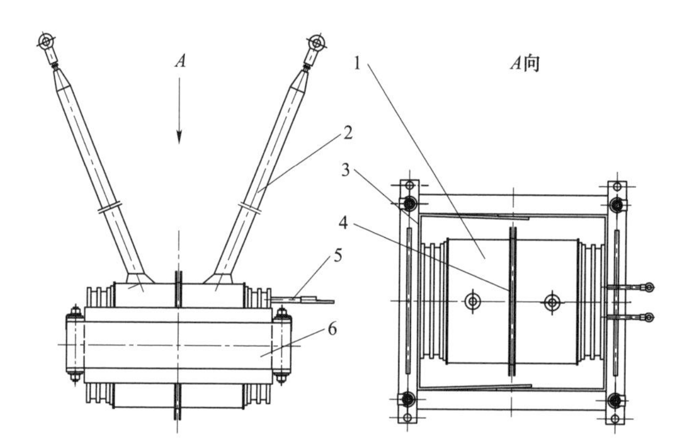

图 2-7　35kV 单相油浸式不接地电压互感器器身

1—绕组；2—一次引线；3—绝缘隔板；4—绝缘纸圈；5—二次引线；6—铁心

66kV 以上的有效接地电力系统可采用接地电压互感器。如 110kV 单相油浸式接地电压互感器（单级式），外形图如图 2-8 所示。

110kV 单相油浸式接地电压互感器（单级式）器身绝缘结构如图 2-9 所示。其一次绕组为梯形，二次绕组和剩余电压绕组为层式绕组。绕完线后，将一次绕组层绝缘两端伸出的部分翻边包扎，并和引线绝缘包扎成一整体，一次引线部分有均压电屏构成电容型绝缘，构成一次绕组高压端对铁心、油箱等处于地电位零部件的绝缘。各低压绕组对地的绝缘按工频耐受电压 3kV 考虑。因为一次绕组的 N 端在使用中是接地的，所以 N 端和接地电屏连接在一起。铁心为单相双柱式卷铁心（或可采用单相三柱旁轭式铁心）。

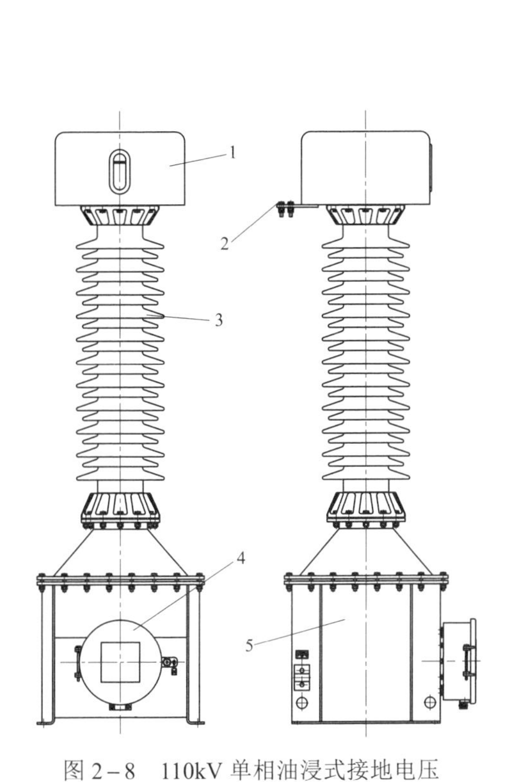

图 2－8　110kV 单相油浸式接地电压互感器（单级式）

1—膨胀器；2—一次出线端子；3—高压瓷套；4—二次出线盒；5—油箱

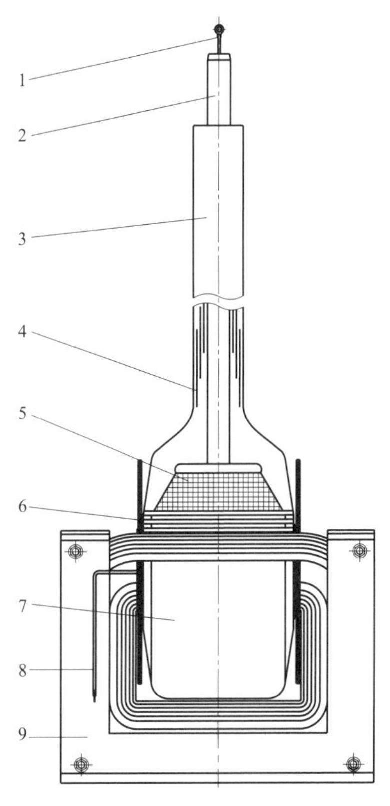

图 2－9　110kV 单相油浸式接地电压互感器（单级式）器身

1—一次引线；2—一次引线管；3—一次绝缘；4—均压电屏；5—一次绕组；6—绝缘隔板；7—二次绕组及剩余电压绕组；8—二次引线；9—铁心

2. 串级式电压互感器

66kV 及以上的电力系统多采用单相串级式电压互感器。220kV 串级式电压互感器的总体结构图如图 2－10 所示。一次绕组分为 4 级，依次套装在两个单相双柱式铁心上。第 1 级绕组只有平衡绕组和第 1 级一次绕组；第 2 级绕组除平衡绕组和第 2 级一次绕组外，还有绕在最外面的耦合绕组；第 3 级绕组结构与第 2 级一样；第 4 级绕组则由平衡绕组、第 4 级一次绕组、二次绕组和剩余电压绕组组成。上面两级的平衡绕组连接后与上铁心做等电位联结。下面两级的平衡绕组连接后要与下铁心做等电位联结。因为串级式电压互感器的两个铁心分别带有不同的电压，所以要用优质电木板作为绝缘支架予以支撑。

具有两级绕组的 110kV 串级式电压互感器器身结构如图 2－11 所示。由图 2－11 看出，绕组端部的绝缘端再加上隔板构成绕组对铁心的端绝缘，上、下级绕组的绝缘有隔板和变压器油间隙。

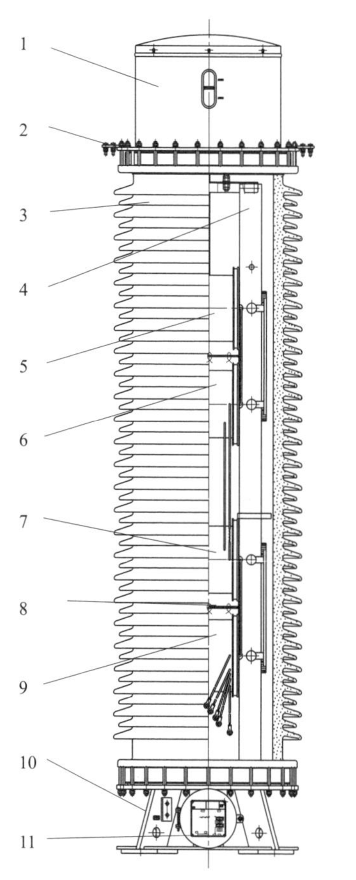

图 2-10　220kV 串级式电压互感器总体结构

1—膨胀器；2—一次端子；3—瓷套；4—绝缘支架；5—第 1 级绕组；6—第 2 级绕组；7—第 3 级绕组；8—隔板；9—第 4 级绕组；10—底座；11—二次出线盒

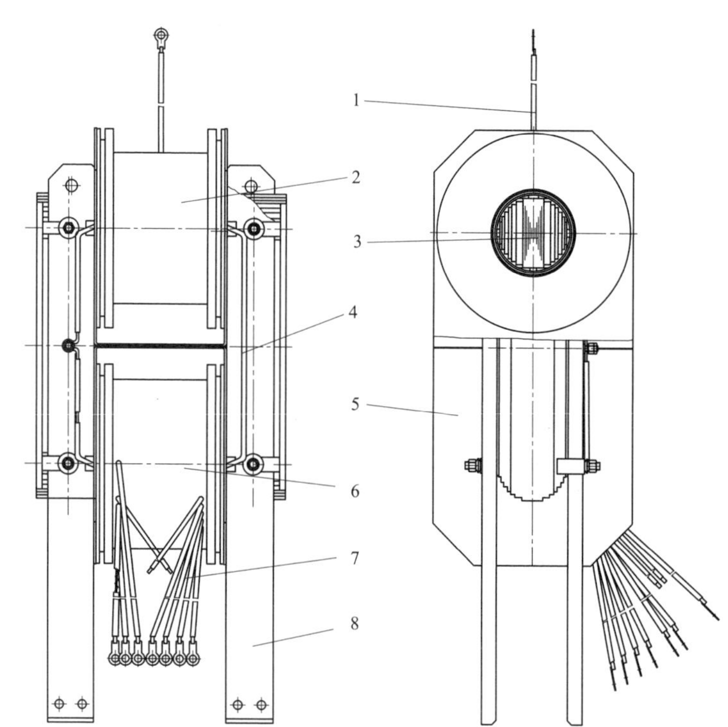

图 2-11　110kV 串级式电压互感器的器身结构

1—一次绕组（A 端）引出线；2—上级（第 1 级）绕组；3—铁心；4—平衡绕组连线；5—隔板；6—下级（第 2 级）绕组；7—二次绕组及一次绕组（N 端）引出线；8—绝缘支架

2.4.2　固体绝缘电压互感器的结构

固体绝缘电压互感器一般为树脂浇注式结构，目前采用的树脂材料有不饱和树脂和环氧树脂两种。由于不饱和树脂的电气和机械等性能远不及环氧树脂，较适用于对绝缘性能等要求不高的场合；相比之下环氧树脂具有很强的优势，因此目前都采用环氧树脂作为固体绝缘互感器的绝缘材料。

目前我国 35kV 及以下电压互感器多采用环氧树脂浇注结构。

1. 铁心

（1）结构形式。

1）叠片铁心。叠片铁心是由冲剪成条形的铁心片叠积而成的。铁心上套装绕组的部分称为心柱，不套装绕组的部分称为铁轭。叠片铁心在环氧树脂浇注电压互感器中使用得越来越少了，在这里不多做介绍。

2）卷铁心。卷铁心能更好地利用冷轧硅钢片，铁心结构没有接缝，没有冲孔，不用穿心螺栓紧固，结构紧凑，利用率高，有利于改善互感器的性能，可以取代叠片铁心。多柱式铁心可以由两个或几个卷铁心组成。目前大多数环氧树脂浇注的电压互感器已采用卷铁心，尤其是全浇注结构的电压互感器。

卷铁心从结构上可以分为环形结构和 C 形结构。

① 环形结构铁心。环形结构是指铁心卷制成一个封闭的形状，一般为圆环形或是矩形等。绕线时将导线直接绕在处理过的铁心上。

② C 形结构铁心。“C”形结构是在环形铁心的基础上将铁心切割成两半，再对切割面进行研磨，在工艺上比环形铁心复杂，要求比较严格，一般需要经过卷制、退火、浸渍、切口、研磨等工序。绕线时将导线绕在骨架上，再将绕组套在铁心心柱上组装，用钢带绑扎使之构成一个整体。

（2）心柱截面。目前卷铁心多采用阶梯形心柱截面。在铁心心柱直径一定的情况下，确定级数时既要考虑圆面积利用率，又要考虑制造工艺，还要考虑最小片宽不能过窄。级数最少为 1 级，即矩形截面的铁心。级数越多，圆面积利用率越高，制造工艺越复杂。一般情况下，心柱直径越大对应的级数应该越多。为了提高铁心截面积利用率，也有采用 R 形心柱截面，其利用率最高，此类铁心需要专用数控设备加工，相对生产成本较高。铁心截面示意图如图 2－12 所示。

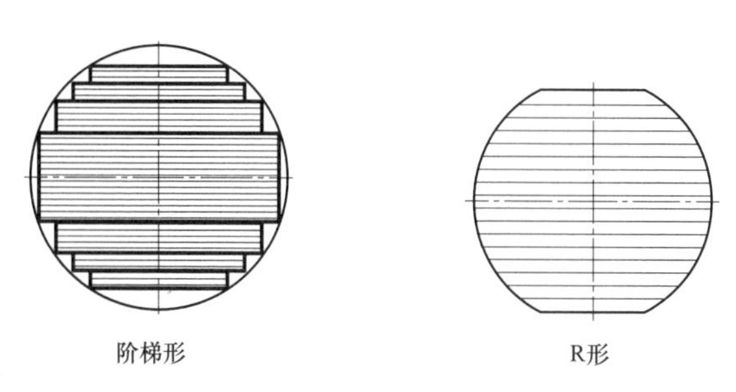

图 2－12　铁心截面示意图

2. 绕组

（1）二次绕组。

1）导线。固体绝缘电压互感器一般采用 QZ 型聚酯漆包圆铜线或扁铜线。

2）结构形式。电压互感器的二次绕组比较简单，一般有圆筒式和矩形筒式结构。

圆筒式：将二次绕组导线直接绕在绝缘筒上，绝缘筒为圆筒式，一般采用绝缘纸板卷制到模具上，始末端采用胶水固定，也有的采用压注成型绝缘筒。目前绝大多数电压互感器二次绕组都采用圆筒式结构。

矩形筒式：将二次绕组导线直接绕在绝缘筒上，绝缘筒为矩形筒式，一般采用绝缘材料压注成型。由于这种结构在绕线时相对麻烦，目前采用的相对较少，一般在低压产品中为矩形截面铁心时才使用。

（2）一次绕组。

1）导线。固体绝缘电压互感器一般采用 QZ 型聚酯漆包圆铜线。

2）结构形式。电压互感器的一次绕组多采用圆筒式结构，基本不采用矩形筒式结构，只有在配合二次绕组结构时才采用。

一般采用层式绕线方式，因为其层间电容大而对地电容较小，在冲击电压作用时的电压分布较好，其结构示意图如图 2－13 所示。

为了增大高压端对低压端的距离，可以将圆筒式结构设计成宝塔形，其示意图如图 2－14 所示。

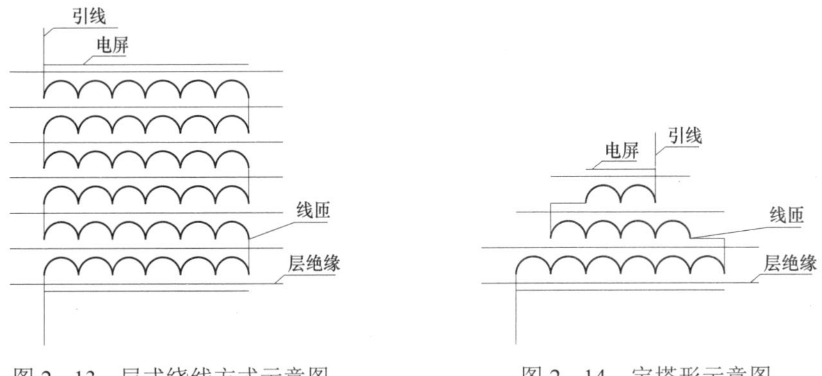

图 2－13　层式绕线方式示意图　　图 2－14　宝塔形示意图

以上两种结构一般用于接地式电压互感器，绕组下部出线头即是互感器的 N 端（接地端）。

电压较高时，为降低层间梯度而把一个层式绕组分成几个高度较小的层式绕组，即分成两段，每段只承受一部分电压，每段中的层间电压大大降低了，也就是分段圆筒式结构。每段仍是一个多层式绕线方式，两段中间留有一定的距离，在浇注时由树脂混合物填充构成绝缘，两段绕组在结构上并列，电气上串联，这种结构多用于全绝缘电压互感器，分段圆筒式互感器结构示意图如图 2－15 所示。

环氧树脂浇注绝缘电压互感器一次绕组的层间绝缘一般采用聚酯薄膜复合纸。

当一次绕组层间电场强度较高时，为了降低层间电场强度，可采用分级层绝缘方式绕线。根据电场强度的高低一般分为一级或是两级。通常使用的绕制方法为：

绕制方法 a：先绕一层层绝缘，再开始绕制第一层导线，绕制到规定层匝数的 1/3 匝数时，将一层绝缘纸随导线一起绕一周，再绕制剩余的 2/3 层匝数；绕满整层匝数后再将一层绝缘纸随第二层第一匝导线一起绕一周，绕制到规定层匝数的 1/3 匝数时，将一层绝缘纸随导线一起绕一周，再绕制剩余的 2/3 层匝数，依此类推绕制一次绕组。分级层绝缘方式绕线绕制方法 a 示意图如图 2－16 所示。

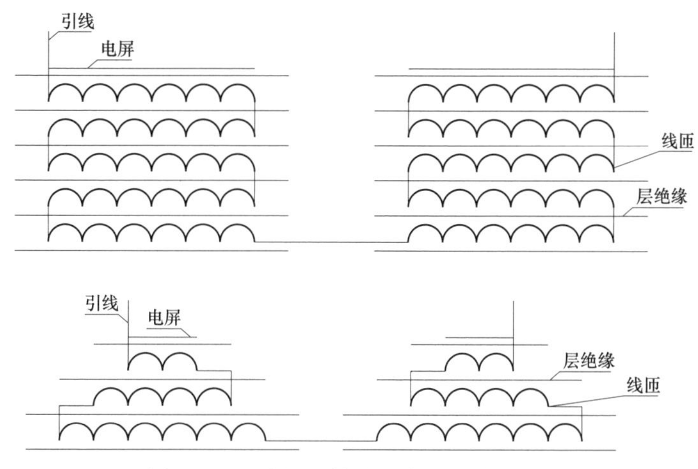

图 2－15　分段圆筒式互感器结构示意图

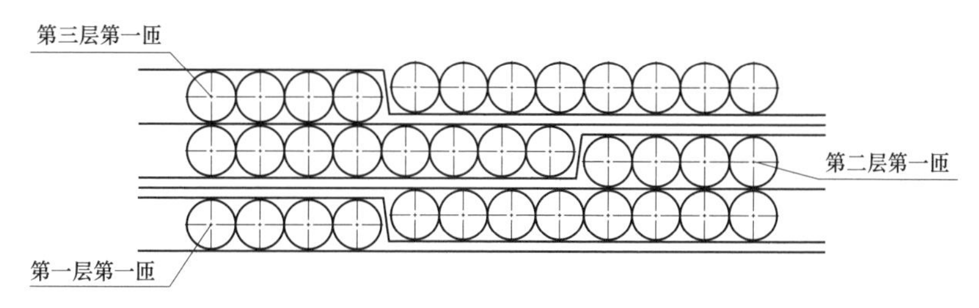

图 2－16　分级层绝缘方式绕线绕制方法 a 示意图

如果按上述方法一次绕组层间电场强度还是较高，没有降到理想状态下，可以采用绕线方法 b。

绕制方法 b：先绕两层层绝缘，再开始绕制第一层导线，绕制到规定层匝数的 1/3 匝数时，将一层绝缘纸随导线一起绕一周，再绕制到规定层匝数的 2/3 匝数时，将一层绝缘纸随导线一起绕一周，最后再绕制剩余的 1/3 层匝数；绕满整层匝数后将二层绝缘纸随第二层第一匝导线一起绕一周（或是绕满整层匝数后将一层绝缘纸随第二层头两匝导线一起绕两周），再继续绕制第二层匝数，绕制到规定层匝数的 1/3 匝数时，将一层绝缘纸随导线一起绕一周，再绕制到规定层匝数的 2/3 匝数时，将一层绝缘纸随导线一起绕一周，最后再绕制剩余的 1/3 层匝数；依此类推绕制一次绕组。分级层绝缘方式绕线绕制方法 b 示意图如图 2－17 所示。

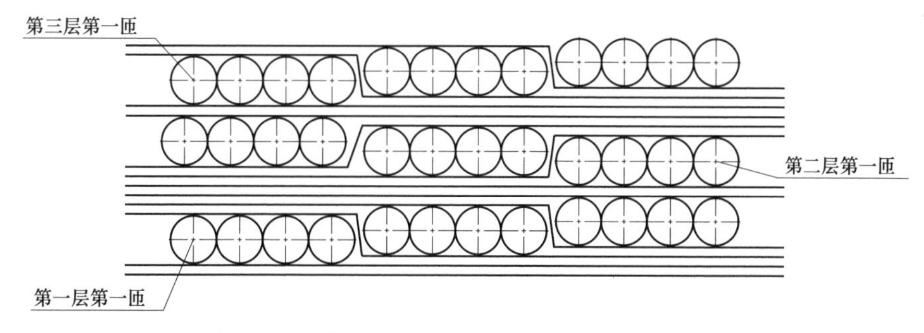

图 2－17　分级层绝缘方式绕线绕制方法 b 示意图

3. 电压互感器的结构

环氧树脂浇注电互感器也分为半浇注结构和全浇注结构，如图 2－18 所示。

将一、二次绕组及其引线端子等预先用环氧树脂浇注成一个整体，再将浇注体、铁心、底座等组装在一起，称为半浇注结构，如图 2－18a 所示。

将一、二次绕组及其引线端子，铁心等用环氧树脂浇注成一个整体，再将浇注体、底座等组装在一起，称为全浇注结构，如图 2－18b 所示。

(a)

(b)

图 2－18 半浇注结构和全浇注结构示意图

（a）半浇注结构；（b）全浇注结构

全绝缘电压互感器的两个高压引线的绝缘部分可浇注成有伞裙的结构，一般一次绕组对二次绕组及地间的绝缘能承受 100%工频耐压试验，如图 2－18a 所示。

半绝缘电压互感器只有一个高压引线，并且要保证具有一定的绝缘距离；另一个通常为低压引线，相对绝缘距离小，一次绕组对二次绕组及地的绝缘能承受的电压很低，GB 20840.3 中规定其短时工频耐受电压为 3kV（设备最高电压 $U_m \geqslant 40.5$kV 时，其短时工频耐受电压为 5kV），如图 2－18b 所示。

三相电压互感器是将两个或是几个产品器身同时浇注在一起，内部进行电气连接，一般有 V 式接线、星形接线、抗谐振的 4PT 接线等方式，器身之间保证一定的绝缘距离，将引线端子分别引出以方便用户使用。

（1）主绝缘。电压互感器的一次绕组与二次绕组及地间的绝缘要承受国家标准中规定的额定工频耐受电压（方均根值），是主绝缘。其中，半绝缘电压互感器一次绕组与二次绕组及地间的绝缘要承受 3kV 或 5kV 的工频试验电压，用 0.5mm 厚的绝缘纸板卷 4～6 层就可以满足；而全绝缘电压互感器的一次绕组和半绝缘电压互感器的高压端要承受国家标准中规定的额定工频耐受电压（方均根值），电压相对较高，是以环氧树脂混合物作为绝缘材料。

由于一次绕组端部电场分布与绕组之间的电场分布是密切相关的，绕组之间的绝缘厚度改变会影响端部电场的分布，所以绕组之间的绝缘距离与端部绝缘距离并不是两个不相关的参数，通常按绕组端部绝缘距离略大于绕组间的绝缘距离制作，以改善电场分布。

通常全绝缘电压互感器一、二次绕组为同心圆筒式结构，设计一次绕组与二次绕组的绝

缘厚度可以按下式计算电场强度

$$E=\frac{U}{R_2 \ln\frac{R_2+d}{R_2}}\ \text{(V/mm)} \tag{2-17}$$

式中　U——试验电压，V；

R_2——二次绕组外半径，mm；

d——一、二次绕组间的绝缘厚度，mm。

当计算出的电场强度 E 大于材料的许用电场强度时，则应当增加一、二绕组间的绝缘厚度，同时一次绕组的直径也变大了，必须保证最大电场强度不大于材料的许用电场强度。

由于互感器一次绕组端部与铁心及地之间的绝缘材料是环氧树脂，材质比较单一，其绝缘厚度可以按下式计算电场强度

$$E=K_{\mathrm{d}}\frac{U}{\delta}\ \text{(V/mm)} \tag{2-18}$$

式中　U——试验电压，V；

δ——绝缘层厚度，mm；

K_{d}——场强不均匀系数，一般取 1.1～1.5。

同时必须保证最大电场强度不大于材料的许用电场强度。

（2）纵绝缘。纵绝缘是指绕组的匝间绝缘、线层间的绝缘和段间绝缘。

电压互感器的每匝电压不高，层式绕组再加上静电屏后冲击电压分布相对比较均匀，根据相关国家标准要求及经验证明漆包线本身的绝缘强度完全满足使用要求，不必额外加强匝绝缘。

层间绝缘纸的层数可按两层之间的最大工作电压确定，各层匝数相等时，此电压等于每层匝数的 2 倍乘以每匝电压；各层匝数不等时，此电压等于相邻两层匝数之和再乘以每匝电压，一般是按层间最大工作电场强度不超过 3500V/mm 确定。同时也可以计算出层间最大试验电场强度，并保证不超过材料的允许试验电场强度。如果采用普通的层式绕线方法时层间电场强度高于许用电场强度，可以采用前面提到的分级绕线方法 a 或方法 b 来降低层间电场强度以达到目的，两种绕线方法既可以降低层间电场强度，同时又节省原材料，效果比较理想。

线层的两端层绝缘要伸出一定的长度，以保证绕组质量，从工艺角度出发，线层端部绝缘伸出长度一般在 3～10mm。

段间绝缘可参考绕组端部绝缘设计。

器身外部的绝缘设计可以参考绕组端部的绝缘设计，同时要考虑机械强度以及外绝缘设计。

由于环氧树脂是一种热固性材料，在固化过程中会产生一定的收缩及应力，此应力能使产品的性能有所改变，所以产品的器身在设计时应考虑缓冲及屏蔽。一般情况是在铁心等金属件表面包扎缓冲材料并做屏蔽处理，缓冲需要根据产品和加工件的外形尺寸以及环氧树脂的收缩特性来确定，以达到经济合理的目的。

环氧树脂浇注式电压互感器典型结构示意图如图 2－19 所示。

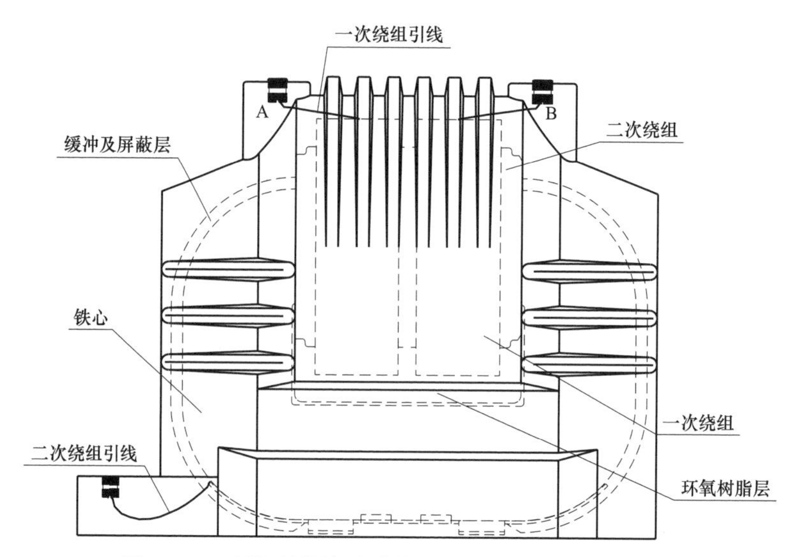

图 2－19 环氧树脂浇注式电压互感器典型结构示意图

（3）外绝缘。环氧树脂浇注电压互感器的外绝缘是根据产品的额定绝缘水平、使用环境等条件设计的，在特定的条件下进行绝缘试验，产品不得有放电、闪络、击穿等现象，特定条件比如高海拔、重污秽等。

外绝缘的放电电压随着海拔的增加而降低，试验电压应进行修正。产品安装处海拔超过1000m 时，在标准大气条件下的弧闪距离应由使用地区要求的耐受电压乘以按 GB 311.1《绝缘配合 第 1 部分：定义、原则和规则》规定的海拔修正因数确定。

产品安装在污秽环境时，根据污秽等级，爬电比距应满足表 2－8 规定。

表 2－8　　污秽等级和爬电比距

污秽等级	最小标称爬电比距/（mm/kV）	比值（爬电距离/弧闪距离）
a 很轻	12.7	≤3.5
b 轻	16	
c 中等	20	
d 重	25	≤4.0
e 很重	31	

为了满足污秽等级要求，可以在产品表面加伞来增加爬电距离，一般情况采用开放伞形，也可采用大小交替伞形，相邻两个伞的伞伸出之差一般不小于 15mm。正常伞间距一般不小于 30mm，伞间距与伞伸出之比一般取 0.85～1.0，伞倾角一般取 5°～20°，伞的爬电距离与弧闪距离之比见表 2－8。在实际生产中还要考虑到机械强度以及加工的工艺性，目前没有统一尺寸规范，可以参考 GB/T 26218.3《污秽条件下使用的高压绝缘子的选择和尺寸确定 第 3 部分：交流系统用复合绝缘子》。

环氧树脂浇注电压互感器的内外绝缘是浇注成一体的，户外式电压互感器的内部绝缘与户内式产品相似，户外产品要考虑日照、风速、降水、降雪、结冰等情况。外绝缘是在环氧树脂的外面再覆以硅橡胶并形成伞裙，加大了爬电距离，保证湿闪电压，这种复合绝缘既有很高的机械强度又具有硅橡胶的憎水性，可以提高外绝缘表面的电阻，有利于改善外绝缘的防污性能，使产品的耐气候性更强。

由于目前硅橡胶的种类和加工工艺不同，在产品外面覆硅橡胶的方法也有所不同，现在主要有喷涂、压注粘接、一体注射等方法。图 2－20 是一个典型的户外三相抗谐振电压互感器产品图片，产品表面为硅橡胶绝缘。

图 2－20　户外三相抗谐振电压互感器产品图片

全绝缘电压互感器还要考虑高压端子相间的最小电气距离，一般按表 2－9 执行，若是安装在高海拔或是污秽地区时，还需要考虑加大相间距，或是采用其他的办法达到目的。

表 2－9　相间距最小电气距离

系统标称电压/kV	设备最高电压/kV	最小电气距离/mm	
		户内	户外
3	3.6	75	200
6	7.2	100	200
10	12	125	200
15	18	150	300
20	24	180	300
35	40.5	300	400

绝缘设计不仅要考虑能否承受试验电压，还要考虑到保证局部放电水平，保证产品在规定的额定电压因数和时间条件下正常运行，以及经济性和工艺性等诸多问题。

互感器绝缘设计的另一个关键问题是屏蔽。屏蔽的目的：一个是将尖端电极和造成电场集中的电极变得比较圆滑，以改善电场分布；另一个是将气隙和一些容易放电的材料屏蔽到高压电场以外，以提高绝缘的局部放电水平。为了确保屏蔽效果，可以采用软件进行模拟电场分析。

2.4.3 SF_6气体绝缘电压互感器的结构

SF_6 气体绝缘电压互感器一般有独立式和为 GIS 配套用两种结构形式。独立式均为单相单体结构，如独立式 220kV 单相 SF_6 气体绝缘电压互感器，其结构如图 2－21 所示。为 GIS 配套用则有单相单体和三相共体的不同结构形式（如 GIS 配套用 220kV 单相 SF_6 气体绝缘电压互感器，其结构图如图 2－22 所示。GIS 配套用 110kV 三相 SF_6 气体绝缘电压互感器结构图如图 2－23 所示）。

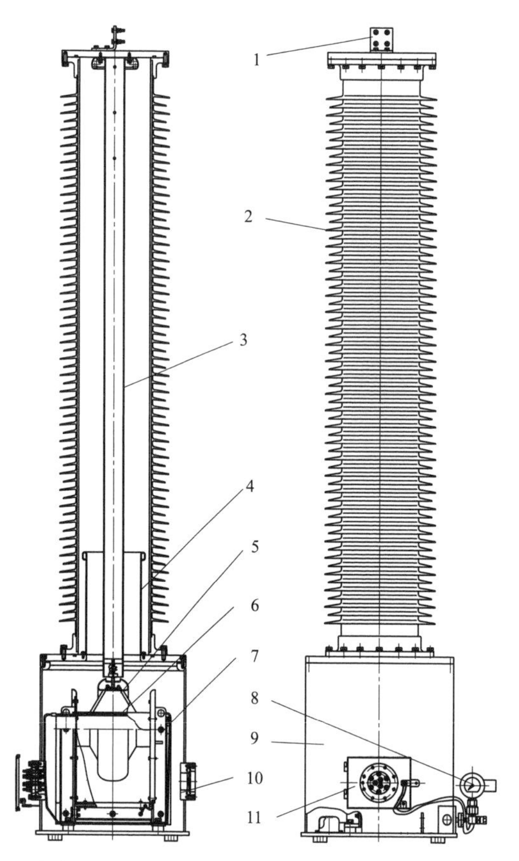

图 2-21　独立式 220kV 单相 SF_6 气体绝缘电压互感器结构示意图

1—一次端子；2—复合绝缘套管（或瓷套）；3—高压引线管；4—屏蔽筒；5—屏蔽罩；6—绕组（内设静电屏）；7—铁心；8—SF_6 密度继电器（气体压力表）；9—壳体；10—压力释放器（防爆片）；11—二次接线盒

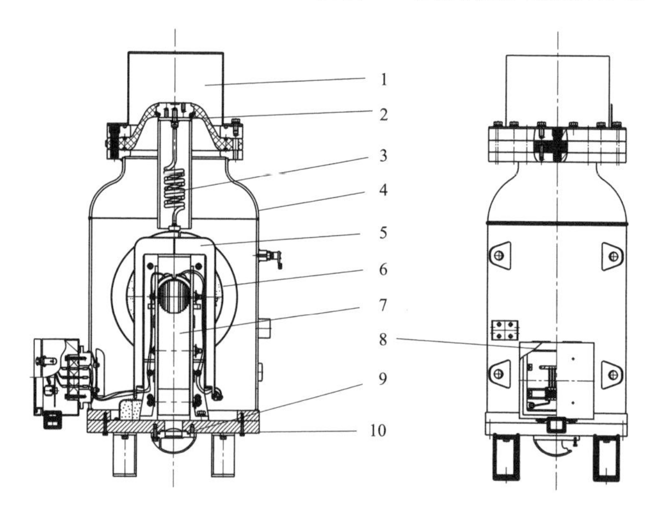

图 2-22　GIS 配套用 220kV 单相 SF_6 气体绝缘电压互感器结构示意图

1—护罩；2—盆式绝缘子；3—一次引线；4—壳体（椭圆）；5—屏蔽板；6—绕组；7—铁心；8—二次接线盒；9—压力释放器（防爆片）；10—底板

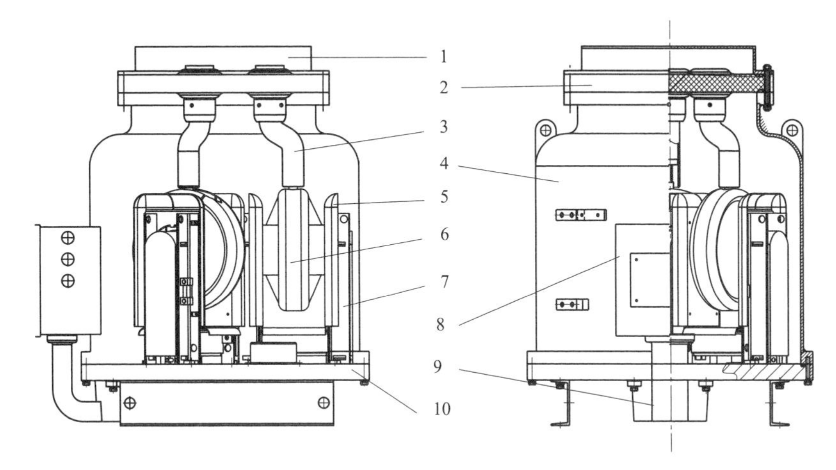

图 2－23　GIS 配套用 110kV 三相 SF_6 气体绝缘电压互感器结构示意图

1—护罩；2—绝缘子；3—一次引线；4—壳体；5—屏蔽板；6—绕组；7—铁心；8—二次接线盒；9—压力释放器（防爆片）；10—底板

SF_6 气体绝缘电压互感器的一次绕组多采用梯形层式绕组，采用聚酯漆包线，层绝缘材料用聚酯薄膜，按分级方式绕制而成。低压二次绕组和剩余电压绕组紧靠铁心。铁心多采用单相双柱叠片式铁心或切口卷铁心（C 形铁心）。

一次绕组的高压引线接到顶部。为降低引线表面的电场强度，引线外套有均压环（管）。为改善一次绕组的冲击电压分布，在一次绕组内外侧均设有静电屏，高压静电屏的外侧有环形屏蔽罩，以消除静电屏边缘电场集中。在靠近绕组的铁心内侧表面装有屏蔽板，以改善绕组端部电场。以上屏蔽措施均是为了提高产品的局部放电水平。

对于 GIS 配套用 SF_6 气体绝缘电压互感器，（盆式）绝缘子是高压引线的对地绝缘。互感器装到 GIS 上以后，绝缘子的两面都有 SF_6 气体，因此这种产品不存在外绝缘问题。而独立式 SF_6 气体绝缘电压互感器用套管代替（盆式）绝缘子的功能，需保证产品有良好的外绝缘。

壳体应能承受大于产品最高工作压力的压强，一般采用圆筒形，而某些 GIS 配套用产品因安装空间限制，也可采用椭圆筒形。二次出线端子（盒）、充放气阀门、SF_6 密度继电器（气体压力表）及安装产品必需的附件等均装在壳体上，从而构成一台完整的独立式产品。

2.5　电磁式电压互感器的关键制造技术

2.5.1　硅钢片铁心的结构及处理工艺

互感器铁心的磁化特性与其误差性能密切相关。铁心材料（冷轧晶粒取向硅钢片、铁镍合金和超微晶合金等）的励磁特性数据，是按一定铁心结构和工艺（主要是退火工艺）条件下确定的典型数据。因此，互感器产品的各个牌号的铁心皆有具体的励磁特性规定，以作为中间工序和成品的磁性试验要求。

互感器制造公司通常仅生产硅钢片铁心，材料为变压器用的一般高磁密冷轧硅钢片，但不包括经过了特殊处理不宜进行除应力退火的硅钢片。其他材料的铁心由相应的专业公司制造和进行退火工艺处理，达到相关标准的要求。这里仅就硅钢片铁心的相关结构和处理工艺进行简单介绍。

1. 铁心结构

互感器的铁心尺寸较小，重量较轻，但结构类型较多。

电压互感器的叠片铁心有双柱、三柱和五柱等结构，在低电压产品中可采用 C 形铁心。随着带铁心绕线机的出现，不切口环形卷铁心也得到应用。电压互感器铁心结构形式主要有以下几种：

（1）叠片铁心结构。叠片铁心是由冲剪成条形的铁心片叠积而成的。铁心上套装绕组的部分称为心柱，不套装绕组的部分称为铁轭。铁心结构可分为：

1）单相双柱式（单心柱单旁轭）叠片铁心。单级式电压互感器采用这种铁心结构时，绕组只套装在心柱上，另一柱为铁轭的一部分（即旁轭），如图 2－24a 所示。

2）单相双柱式（双心柱）叠片铁心。串级式电压感器采用这种铁心结构时，两级绕组分别套装在铁心的两个心柱上，如图 2－24b 所示。

3）单相三柱式（单心柱双旁轭）叠片铁心。单级式电压互感器采用这种铁心结构时，因为旁铁轭的片宽减小，可以缩小磁路长度，有利于降低互感器的空载误差，如图 2－24c 所示。

4）三相三柱式（三心柱）叠片铁心。三相不接地电压互感器采用这种铁心结构时，三相绕组分别套装在铁心的三个心柱上，如图 2－25a 所示。

5）三相五柱式（三心柱双旁轭）叠片铁心。三相接地电压互感器采用这种铁心结构时，三相绕组分别套装在铁心的三个心柱上，如图 2－25b 所示。

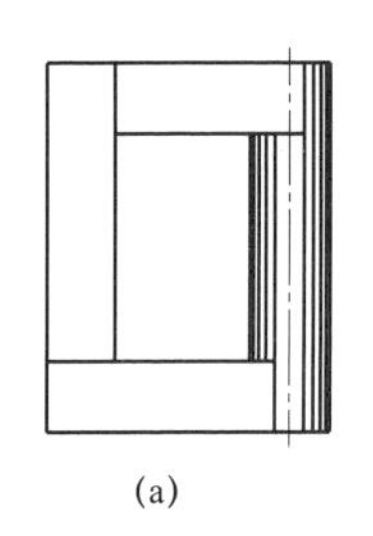
(a)

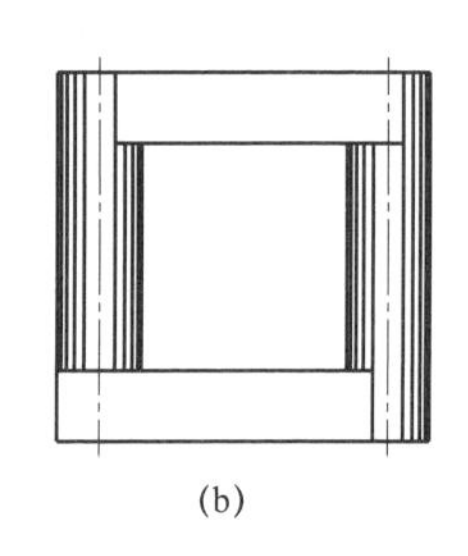
(b)

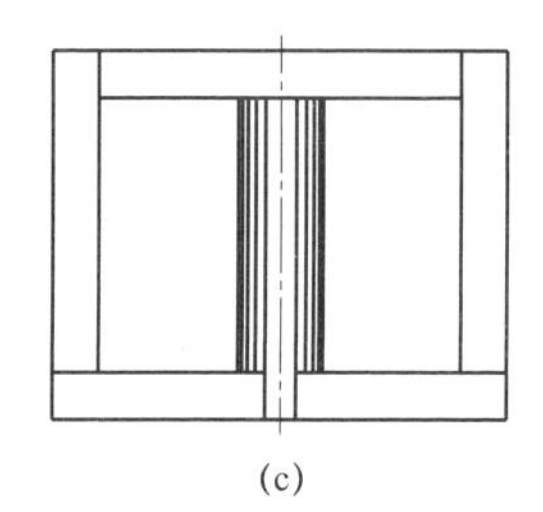
(c)

图 2－24　单相电压互感器叠片铁心

（a）单相双柱式（单心柱单旁轭）；（b）单相双柱式（双心柱）；（c）单相三柱式（单心柱双旁轭）

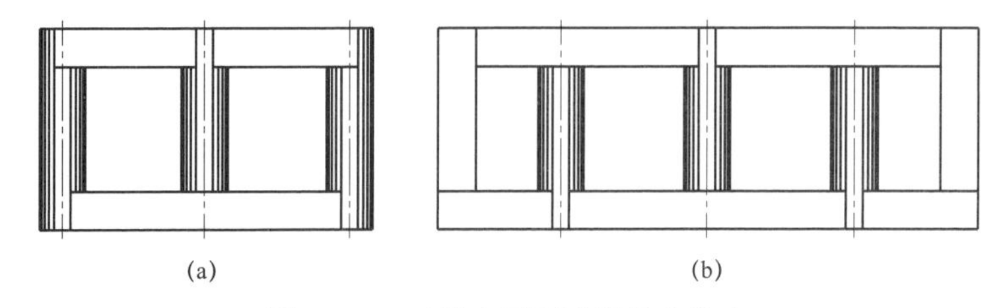
(a)　(b)

图 2－25　三相电压互感器叠片铁心

（a）三相三柱式（三心柱）；（b）三相五柱式（三心柱双旁轭）

（2）叠片铁心的截面。铁心心柱的截面是接近于圆形的多级阶梯形，如图 2－26a 所示。由图可见，铁心分级越多越接近圆形，铁心心柱截面积越接近铁心心柱外接圆面积，利用系数越接近 1。但是从制造工艺和铁心夹紧等因素考虑，最小片宽不能太小，而且各级片宽最好以 5 或 0 为尾数，所以叠积式铁心心柱分级有一定的限度，铁心直径较小时级数较少，铁心直径较大时级数较多。

单相双柱式和三相三柱式铁心的铁轭截面不得小于心柱截面。单相三柱式（单心柱双旁轭）铁心的旁轭截面不得小于心柱截面的 1/2。三相接地电压互感器的三相五柱式铁心的铁轭和旁轭截面不得小于心柱截面。

实际上，为了减小空载电流，降低互感器的空载误差，铁轭截面一般比心柱截面大 5% 左右，有时候可能还要大一些。铁轭截面形状大多是矩形，如图 2－26b 所示。高压电压互感器采用单相双柱式（单心柱单旁轭）铁心且截面较大时，铁轭通常采用 T 形结构，如图 2－26c 所示。

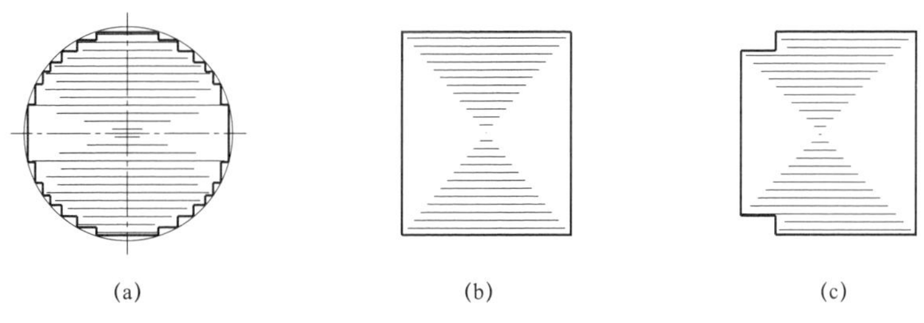

图 2－26　电压互感器铁心心柱及铁轭截面

（a）心柱；（b）矩形铁轭；（c）T 形铁轭

（3）卷铁心。卷铁心能最好地利用冷轧硅钢片的优点，铁心结构没有接缝，不用穿心螺杆，有利于改善电压互感器性能，是取代叠积式铁心的方向。电压互感器卷铁心的轮廓形状与电流互感器的卷铁心相似，但是电压互感器卷铁心的截面通常是分级的。在较低电压等级的互感器中，也有采用 C 形铁心的结构。多柱式铁心由两个或几个卷铁心组成。随着带铁心绕线机的使用，采用卷铁心的电压互感器越来越广泛。卷铁心采用的主要结构如下（其铁心截面可参照叠积式铁心心柱的截面）：

1）单相单窗式卷铁心。结构及功能均可替代单相双柱式（单心柱）叠积铁心，也可替代单相双柱式（双心柱）叠积铁心，如图 2－27 所示。

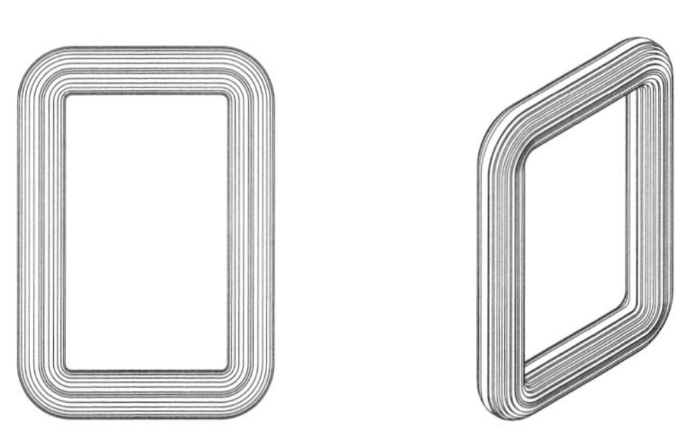

图 2－27　单相电压互感器单窗式卷铁心

2）单相双窗式卷铁心。结构及功能均可替代单相三柱旁轭式（单心柱双旁轭）叠积铁心，如图 2－28 所示。

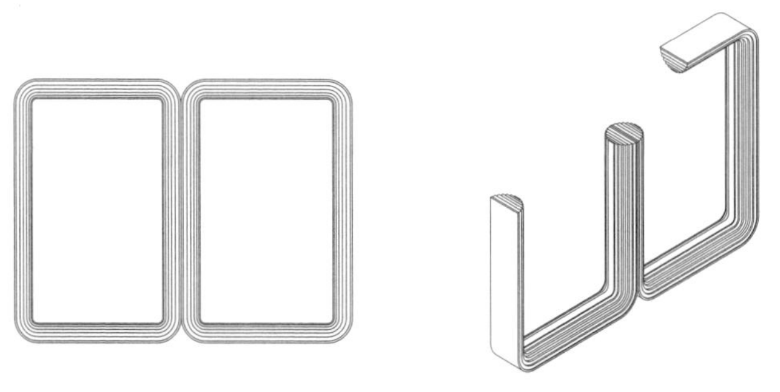

图 2－28　单相电压互感器双窗式卷铁心

3）三相双窗式卷铁心。结构及功能均可替代三相三柱式（三心柱）叠积铁心，如图 2－29 所示。

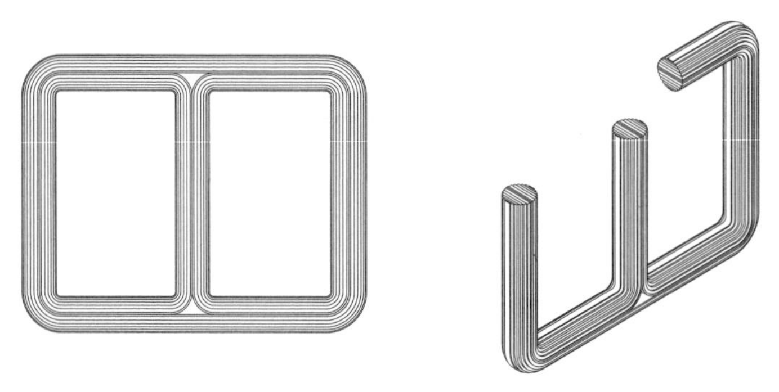

图 2－29　三相电压互感器双窗式卷铁心

4）三相三窗式（立体）卷铁心。结构及功能均可替代三相三柱式（三心柱）叠积铁心，因可以缩小磁路长度，有利于降低互感器的空载误差，性能优于三相双窗式卷铁心，如图 2－30 所示。

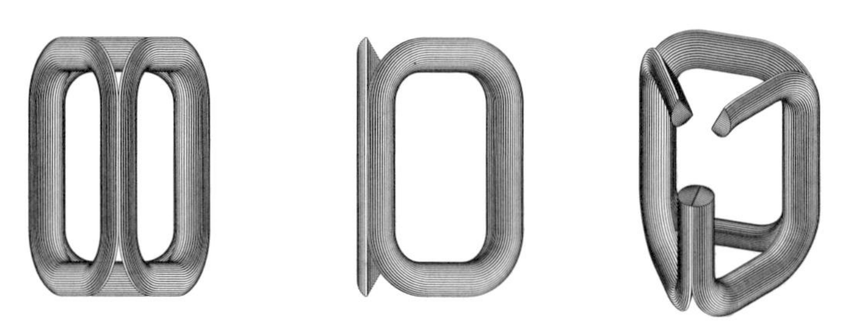

图 2－30　三相电压互感器三窗式（立体）卷铁心

5）三相四窗式卷铁心。结构及功能均可替代三相五柱旁轭式（三心柱）叠积铁心，如图 2－31 所示。

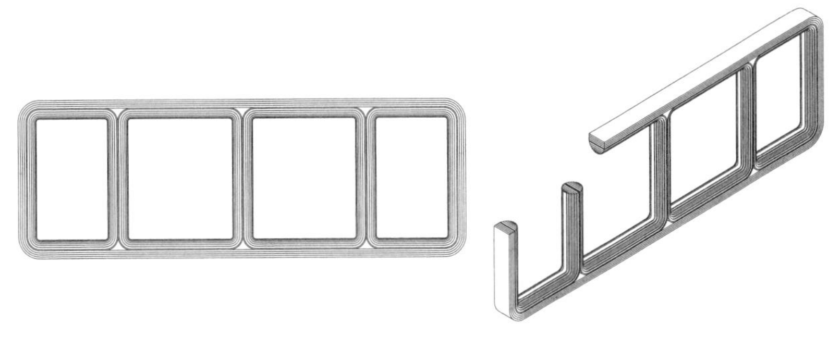

图2－31　三相电压互感器四窗式卷铁心

2. 铁心卷制工艺及设备

卷铁心由一定宽度的成卷硅钢片连续卷绕而成，外观整齐，尺寸公差小，叠片系数高。

卷铁心模通常采用金属铸铝模，适宜于批量生产，数量少也可用木模。矩形铁心和扁圆形铁心的制作有两种方法：一种是先卷成圆形，再用定型模挤压成所需要的形状；另一种是直接用矩形模或扁圆形模卷制，用特制压紧装置强制硅钢片按模具形状成型。两种方法皆需带模具退火定形。

卷铁心机比较简单，相当于一台低转速的简易车床。卷铁心模装在主轴上，在压紧装置下卷制。卷铁心自身的固定，是在最内层及最外层硅钢片的片头处，分别与相邻层点焊焊牢。

切口铁心包括C形铁心或特殊需要的有气隙铁心应参照下列方法加工：

（1）首先需要浸渍。浸渍的目的是使铁心片间粘合和提高卷铁心刚性，避免切割时和切开后变形，也防止切割过程中冷却液和切屑进入铁心片间缝隙。浸渍前，需在卷制好的环形铁心预定切口处左右各20mm宽度上紧密缠绕玻璃丝粘带加固，以免切割处铁心片松散。浸渍剂一般是环氧树脂及相应的固化剂等。采用压力浸渍，压力不低于0.2MPa。

（2）然后切口。铁心切口通常用金刚砂圆盘锯或合金钢圆盘锯在锯床或铣床上进行，也可采用线切割工艺切口，但不经济。冷却液以变压器油为宜。无论批量或单个铁心，切口后不能互换，加工前画线时应在各切分体上做明显标记，避免切口对错或工件混淆。

加工后铁心的切口需清理，用溶剂（如汽油）除去冷却液，再用细纱布顺着铁心片方向研磨，去掉切割时造成的毛刺，防止片间短路。最后拆去切口处加固玻璃丝粘带。

（3）最后用非磁性金属带（如不锈钢带）或强度较大的绝缘带（如玻璃丝粘带）绑紧，成为完整、合格的C形铁心或（有气隙）环形铁心。

3. 铁心退火工艺

硅钢片的磁化性能对机械应力比较敏感，在铁心制造过程中，剪切和卷绕都会使磁性下降，需要进行除应力退火恢复磁性。硅钢片的冲剪加工，只在加工边缘形成局部应力，对磁性的影响与片宽有关。电压互感器叠片铁心通常可以不退火。电流互感器的各种铁心都需要退火，尤其是卷绕时硅钢片弯曲变形的内应力很大的卷铁心。

（1）退火工艺。退火工艺过程包括升温、保温和降温三个阶段。

1）升温。为防止铁心受热不均匀而导致变形，需控制升温速度，通常以150℃/h左占为宜。

2）保温。为达到消除应力并恢复磁畴结构，硅钢片的退火温度需高于硅钢的居里点（铁磁性出现和消失的转变温度，约 740℃）。通常采用的铁心退火温度为 750～800℃，温度的高低与硅钢片的材质有关。

保温的目的既使炉内温度均匀，又使铁心达到高温维持足够的时间。保温时间的确定，需适当考虑退火炉设备性能、铁心尺寸、堆放方式及装炉量等因素。保温时间一般不低于 2h。

3）降温。保温结束后铁心降温宜缓慢，避免产生热变形和应力。降温速度不当可能导致硅钢片变脆。铁心温度在 600～800℃范围内，宜以 40～60℃/h 的速度降温，低于 600℃可以 80～100℃/h 的较快速度冷却。

（2）退火方法。铁心退火方法可分为普通气氛退火、真空退火和保护气体退火三种。

1）普通气氛退火。这种退火方法已趋于淘汰，主要问题是铁心氧化。

2）真空退火。真空退火可以完全避免铁心氧化，可以显著改善铁心的磁性能和表面质量，但升温时间较长，是目前较普遍采用的退火方法。

3）保护气体退火。保护气体退火可以防止铁心氧化，保护气体应选用中性（或弱还原性）气体，常用的是瓶装工业用氮气，必要时需经干燥处理，还原性气体则需专门的气体发生器。

2.5.2 环氧浇注互感器的浇注工艺

1. 器身绝缘干燥

互感器器身含水量多不仅使介质绝缘性能降低，电气强度降低，并且使介质损耗增大，容易发生绝缘击穿，水分还会影响局部放电性能和加速绝缘老化。根据试验结果，为达到良好的绝缘性能，绝缘材料的含水量应降低到 1%以下，而且越低越好。因此互感器浇注前应进行干燥处理充分去除水分。

互感器绝缘干燥处理通常采用加热抽真空的方式进行。加热提供热能，使水分汽化和扩散，提高水蒸气分压，增强水分子热运动，克服纤维吸力束缚；抽真空则抽去绝缘外表层水蒸气，并降低绝缘外围水蒸气分压，促进绝缘内部水分向外扩散和排出，加快干燥速度。绝缘干燥是一个水分扩散和蒸发的过程，干燥的效果主要取决于：绝缘材料内的温度及其分布，干燥处理的最终真空度，干燥处理的时间。

提高干燥处理温度对干燥的效果明显，但不宜超过绝缘材料的热老化温度限值，最高温度一般控制在 110℃左右，真空条件下可以控制在 120℃左右。对于绝缘材料内的温度分布，主要是最内层温度是否达到要求，尤其在绝缘厚度较大时，或产品摆放过于集中等，需要在工艺方法上得到保证。

干燥处理的真空度越高，干燥程度越佳，因为干燥程度是以真空残压与绝缘内部水蒸气分压相平衡为极限。

干燥时间主要取决于干燥所要求的含水量指标、产品绝缘厚度以及产品的摆放位置和数量。通常依据样件工艺试验和批量产品干燥处理等经验数据，考虑实际产品数量及环境湿度等影响因素，由经验方法确定干燥时间。为了生产方便，一般将时间控制在 12h 以内，根据生产量选择合适的干燥设备。

真空干燥的主体设备是真空罐，在其内壁上装有加热元件。对产品器身最有效的加热方式是罐内热空气对流传导，但在真空状态下主要靠辐射传导热量，加热效率下降，在材料含水量较高时难以补充水分蒸发带走的大量热能，以致绝缘材料温度下降。因此真空干燥一般采用分阶段干燥工艺。前阶段是加热阶段，采用间歇低真空或不抽真空加热，或者热风循环加热，使器身温度快速达到要求温度并排出大量水分；后阶段是真空阶段，采用高真空除去器身中的其余水分。

干燥时注意观察冷凝水量，无冷凝水出现时，再测量罐内露点温度，一般对互感器绝缘的干燥处理，每隔 2h 测量的露点温度连续三次低于 -50℃时，可以认为已达到要求的干燥程度，也可以根据含水量指标要求，确定露点温度。

为防止干燥处理好的产品裸露在空气中吸潮，要求装模前必须将产品做好防护，保持干燥整洁，以免影响产品质量。

2. 成型模具及器身装模

（1）成型模具。浇注模具用于制作成型制品。浇注成型模必须保证互感器的绕组、铁心、出线端子及其他零部件的位置正确，使浇注体的尺寸和性能符合要求。注意浇注体外形合理美观，并考虑装模、拆模方便，以及封模要求和浇注时树脂的注入和空气容易排出，同时尽可能减轻模具重量。因此模具的设计、制造和模具材料选用都很重要。

从产品外形尺寸及经济耐用等角度综合考虑，模具通常采用钢模，用钢板制造的模具机械强度高，表面较光洁。

（2）器身装模。浇注用成型模具很容易和树脂粘合，必须在模具内壁涂脱模剂，脱模剂的作用是帮助环氧树脂浇注件与模具脱离，防止出现粘模现象。

为防止树脂混合胶从模具分型面的缝隙流出，在模具分型面上加工密封槽，并嵌入耐温达 130℃以上橡胶条。没有密封条的地方，装模后要在模具外壁上涂封模胶。

装模是将器身按工艺要求装配到模具上，调整相对位置，以保证产品性能及外观，最后封模并送入加热干燥箱内进行干燥预热。

3. 环氧树脂互感器浇注工艺

环氧树脂互感器浇注工艺通常指传统真空浇注工艺。即环氧树脂、固化剂、填料等材料分别按比例先经一定温度、一定真空度搅拌成为环氧树脂预混料和固化剂预混料，然后进行抽空搅拌加入染色剂等终混成一定温度配料，最后在真空状态下浇注至模具中。再经凝胶、固化、脱模、再固化成一定形状制品的过程。环氧树脂浇注的工艺方法，根据不同的工艺条件有不同的区分方法，从物料进入模具的方式来区分，可分为真空浇注和压力注射。真空浇注是目前制造互感器最常用的方法。

环氧树脂真空浇注的技术要点就是尽可能减少浇注制品中的空隙和气泡。为了达到这一目的，在原料的预处理、混料、浇注等各个工序都需要控制好真空度、温度及工序时间。

（1）环氧树脂材料。环氧树脂浇注用材料主要由环氧树脂、固化剂、增韧剂、填料、促进剂、染色剂等组成。随着环氧树脂应用的日趋广泛，出现了适合不同条件不同性能要求的新型环氧树脂，其配方工艺趋于简单。

（2）配方工艺。环氧树脂浇注料配方，因浇注件、浇注设备及工厂选用习惯的不同而不同。不同树脂牌号配方往往不同，尤其填料的比例因不同的产品也可以不同。

（3）真空浇注工艺流程。一般包括：原料预处理→一级预混→二级预混→终混→浇注→凝胶→前固化→脱模→后固化。

（4）浇注设备。浇注设备一般包括原料干燥设备、备料设备、浇注设备、固化设备和配套的温度自动控制系统等。

4. 产品的固化

真空浇注后的产品其内部环氧树脂为液态，需要固化成固体以达到所需要的产品。需要几个步骤，一般为凝胶、前固化、脱模、后固化。

环氧树脂的种类及外形尺寸等不同，其固化的过程不同。固化的温度和时间需要紧密配合，固化温度高则固化时间短，相对应力大；而固化温度低则固化时间长，影响生产周期。因此需要根据经验选择一个合理的固化工艺。

2.5.3 油浸式互感器绝缘干燥工艺

1. 油浸式互感器绝缘干燥概述

35kV 及以上电压等级的油浸式互感器，采用的是油纸绝缘结构。电缆纸等纤维绝缘材料未经处理时的含水量一般为 6%～10%，含水量高的油纸介质电气强度低，介质损耗大，容易发生热击穿；水分还会影响局部放电特性和加速绝缘老化。试验结果表明，为达到良好的绝缘性能，电缆纸等绝缘材料的含水量必须降低到 1%～0.5%或更低。因此，互感器产品必须进行充分去除水分的干燥处理。

油纸绝缘为多层性纤维材料的含油绝缘介质，层间和纤维空隙容易残留一些微小的空气气泡。由于气泡的介电常数比油纸绝缘的小，在电压作用下气泡处会出现电场集中，并使空气游离，产生局部放电。严重时甚至可能形成放电回路，导致绝缘击穿。因此，互感器产品干燥处理后必须进行真空注油和脱气。

互感器绝缘干燥处理通常采用加热抽真空的方式进行。加热提供热能，供给汽化潜热使水分汽化和扩散，升高温度提高水蒸气分压，增强水分子热运动，克服纤维吸附力束缚；抽真空则抽去绝缘外表层水蒸气，并降低绝缘外围水蒸气分压，促进绝缘内部水分向外层扩散和排出，加快干燥速度。绝缘干燥是一个水分扩散和蒸发的渐进过程。干燥的效果取决于绝缘材料内的温度及其分布、干燥处理的最终真空度、干燥处理时间。

提高干燥处理温度对干燥的效果很明显，但不宜超过电缆纸（A 级绝缘）的热老化温度限值，最高温度一般控制在 110℃左右，真空条件下也不得超过 120℃。对于绝缘材料内的温度分布，主要关心最深层温度是否达到要求，尤其在绝缘厚度较大时，须在工艺方法上得到保证。

干燥处理的最终真空度越高，干燥程度越佳，因为干燥程度是以真空残压与绝缘内部水蒸气分压相平衡为极限。试验结果表明，真空残压为 26Pa 时，绝缘材料含水量可干燥到 0.25%～0.35%；如果其他条件不变，真空残压为 6.65Pa 时，达到相同含水量的干燥时间可以缩短 10%～20%；反之，真空残压为 665Pa 时，只能干燥到含水量的 0.5%～1%。

干燥时间主要取决于干燥所要求的含水量指标和产品绝缘层厚度。通常依据必要的样件工艺试验和批量产品干燥处理等经验数据，考虑实际产品数量（绝缘材料总量）及环境湿度等影响因素，由经验方法确定相应的干燥时间。

真空干燥的主体设备是真空罐，其内壁上装有加热元件（例如蒸汽加热排管）。对产品绝缘材料最有效的加热方式是罐内热空气对流传导，但在真空状态下主要靠辐射传导热量，加热效率下降，在材料含水量较高时难以补充水分蒸发带走的大量热能，以致绝缘材料温度下降。所以真空干燥普遍采用分阶段的工艺，前阶段是加热阶段，采用间歇低真空或不抽真空加热，或者热风循环加热，使互感器绝缘温度迅速升高到规定要求并排出大量水分，绝缘的含水量可以下降到 2%左右；后阶段是真空阶段（精出水阶段），采用高真空除去绝缘中的其余水分。真空干燥处理需要的热量很大，包括罐体、产品等升温和维持温度所需热量，以及绝缘材料水分汽化蒸发潜热所需热量，所需热量可以进行估算。

绝缘干燥处理的终点判断是工艺上非常重要的环节。普遍采用测量真空罐内稀薄气体的微水量来等效绝缘的含水量，因而具有一定的经验性。通常使用露点法，以露点温度的高低对应于气体微水量的大小，在高真空干燥阶段后期，用露点仪定时测量罐内气体露点温度。一般经验表明，对互感器绝缘的干燥处理，每隔 2h 测量的露点温度连续三次低于 −50℃时，可以认为已达到要求的干燥程度。

2. 油浸式产品普通的真空干燥设备及工艺过程

电压等级较低或绝缘厚度较薄的互感器，可采用普通的真空干燥处理设备，其系统示意图如图 2−32 所示，由真空罐、冷凝器、增压泵和真空泵（罗茨泵）等组成。这种系统常采用图 2−33 所示的工艺过程。加热阶段采用间歇抽低真空的方法，此阶段冷凝器中冷凝水较多，应定时排放。通常按冷凝水量下降到一定程度后转入真空阶段，逐级提高真空度，经一段时间到达工艺要求的最终真空度，这时靠辐射加热，初期温度可能降低，需及时调节供热量维持规定温度。同时注意收集观察冷凝水量，直至无冷凝水出现，然后定时测量罐内露点，达到要求后结束干燥过程。

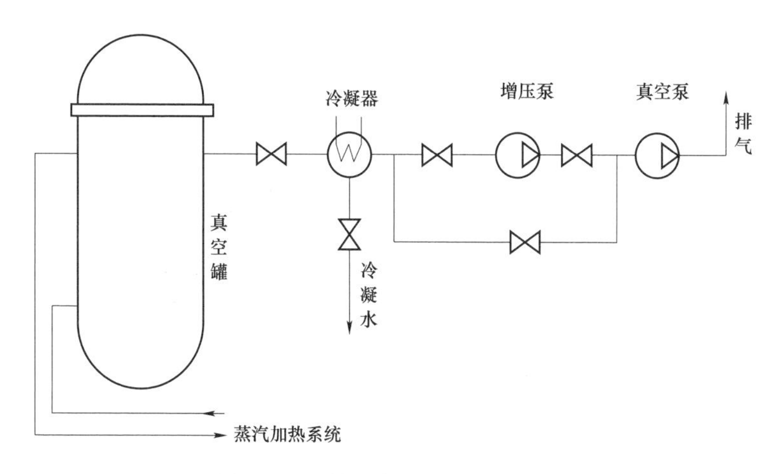

图 2−32　普通真空干燥系统示意图

这种工艺方法主要适用于中低压绝缘层较薄的产品，其主要存在的问题：一是加热阶段的热空气是自然对流导热，装罐产品较多时可能存在对流死区，造成温度不均匀，影响加热效率，也可能出现个别处于对流死区的产品的干燥处理效果不佳；二是间歇抽真空在解除真空时，进入罐内的是环境空气，在环境空气湿度较高时影响干燥效果和效率。

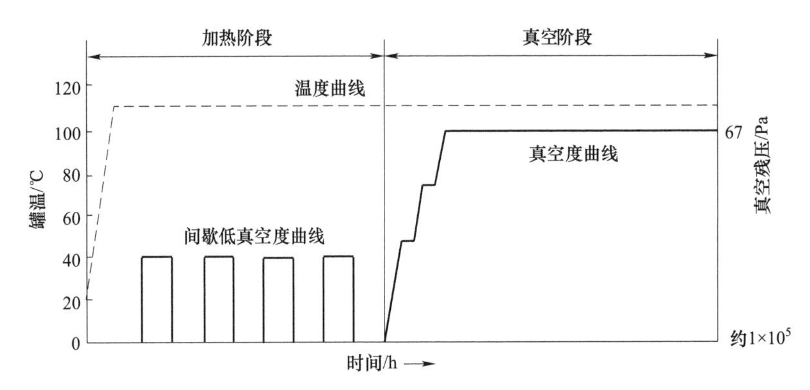

图 2－33　间歇低真空加热的真空干燥工艺过程示意图

3. 油浸式产品热风循环真空干燥设备及工艺过程

热风循环真空干燥工艺较普通的真空干燥可显著提高加热和干燥效果，特别对高电压等级绝缘厚的产品效果更为明显。其系统如图 2－34 所示，除真空罐及加热系统外，主要由两部分组成：一部分是真空系统，包括冷凝器、真空泵、增压泵和水环泵等；另一部分是热风循环系统，包括过滤器、去湿器、风机和加热器等。真空系统为两套真空机组，真空泵和增压泵用于高真空运行，水环泵专用于低真空运行，抽气速率高。水环泵的入口必须设置电动压差截止阀，防止突然停电等原因造成泵内的水倒流入真空罐。去湿器内装有硅胶。加热器常采用蒸汽式热交换器，可加热空气到 120℃。真空罐底部的热风进口设计为三个螺旋状布置短管，形成热风旋转上升，使温度均匀并避免直接吹向产品。真空罐顶盖上有排潮气管，热风循环时真空罐内是微正压，可以打开排出潮湿空气。

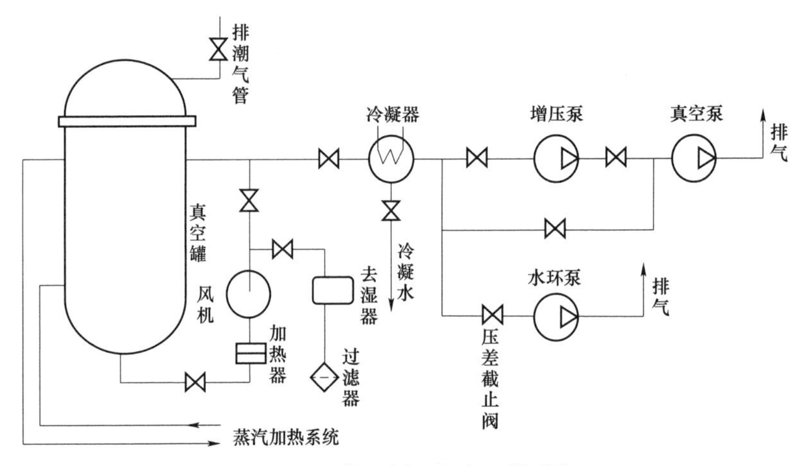

图 2－34　热风循环真空干燥系统

热风循环真空干燥工艺过程如图 2－35 所示，分四个阶段进行：热风循环干燥、低真空干燥、第二次热风循环干燥和高真空干燥。热风循环干燥期间，真空罐内潮湿空气一部分经顶盖排潮气管排出，另一部分与适量过滤去湿的新空气经加热后循环到真空罐内，降低真空罐内相对湿度，这时加热效率高，产品受热比较均匀，可达到基本上排除绝缘表面和浅层的水分。当绝缘深层温度达到与真空罐内温度一致后，进入低真空干燥阶段，大量排水。低真空干燥同时增大绝缘内部与外围的水蒸气分压之差，促进内部水分向外扩散，并且可利用低真空残留空气传递热量，补充水分蒸发吸收的热量，弥补绝缘温度的下降。定时排放冷凝水，按冷凝水量判断干燥处理效果。第二次热风循环干燥主要作用是加热，使绝缘深层温度再度上升和恢复。后期高真空干燥阶段，应尽可能提高真空度，去除绝缘中不易干燥的残余水分，最终真空残压需维持在 67Pa 以下。最后，用定时测量露点判断工艺终点。

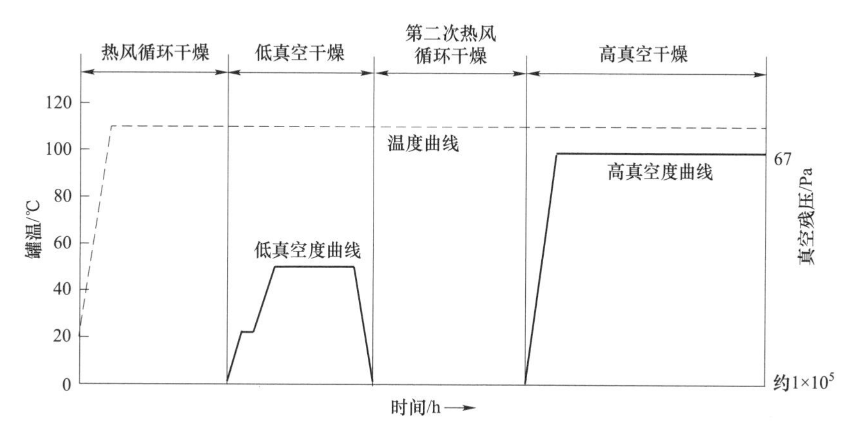

图 2－35　热风循环真空干燥工艺过程示意图

这种工艺方法适用的产品比较广泛，是目前多数生产厂家采用的方法。这种工艺方法较普通的真空干燥设备及工艺过程略显复杂，但较煤油气相干燥简单易行。

4. 油浸式产品煤油气相真空干燥设备及工艺过程简介

煤油气相干燥的全部干燥过程是在一个实际上几乎无氧环境下进行的，因此，其加热温度可高达 130℃，比传统干燥法提高约 20℃。仅从这一点看，煤油气相干燥法使得绝缘内的水蒸气分压增加了两倍，扩散系数增加了一倍以上，干燥时间可以大大缩短。

其干燥过程利用煤油蒸气作为载热体，它的凝结热高达 306.6kJ/kg，利用凝结后的煤油沿着器身流下，因其浸透力很强，传导效率高，可充分加热器身，因此，加热速度非常快。煤油蒸气放热过程是在被干燥器身的表面上进行的，越是冷的地方，传热效果越好，冷凝过程也最活跃。与一般方法相比，其传热面增大。因此，加热均匀，保持了干燥的彻底性。

由于使用的煤油蒸气的压力比水蒸气压力低得多，所以，从最初加热到高真空结束的全过程中，绝缘材料的脱水一直在不断有效地进行。

另外，煤油蒸气还可以洗去器身上的变压器油，使器身恢复到和浸油前一样，从而恢复绝缘材料的扩散系数，可有效地提高返修产品的干燥速度和干燥的彻底性。同时，还可将残存在绝缘中的老化物质、泥污、杂质等清洗掉，提高了互感器的电气性能。

煤油气相干燥克服了传统干燥方法的加热温度低、不均匀、处理时间长的缺点，也克服了喷油干燥时，因喷变压器油而大幅降低绝缘材料内的水分扩散系数的缺点。

同时，煤油气相干燥法，既有传统干燥法不降低绝缘内部水分扩散系数的优点，又有喷油干燥法加热温度高、加热均匀的优点，因此，煤油气相干燥法是一种干燥速度快、干燥质量好的处理方法。煤油气相干燥过程分为四个阶段：

（1）准备阶段。将煤油加热蒸发，使真空罐内真空度达到670Pa以下。

（2）加热阶段。把符合要求的煤油蒸气送入真空罐，对器身进行加热，使器身温度不断增高，绝缘内水分不断地蒸发和被抽走。

（3）低真空阶段。达到一定要求后，停止送煤油，蒸气罐内温度靠真空罐壁外的加热管来维持。对真空罐抽真空，把遗留在器身上的煤油变为蒸气抽出，以提高罐内的真空度（约2.5kPa）。

（4）高真空阶段。进一步提高真空罐内的真空度（10～15Pa，或更小），使绝缘内的水分和煤油进一步蒸发，从而达到彻底干燥器身的目的。

煤油气相干燥装置就整个设备系统而言，是比较复杂的。它包括真空罐及液压系统、真空机组及检漏系统、煤油蒸发蒸馏及加热系统、压缩空气系统、冷却水站及冷却系统、测量及控制系统、注油系统及储运煤油系统等。因此互感器生产厂家很少采用这种干燥方式。

2.5.4 变压器油处理工艺

变压器油是从石油中分馏提炼的一种矿物油，作为一种优良的液体绝缘和冷却介质，它普遍用于油浸式互感器等高压电器产品。石油按基本成分分为环烷基原油和石蜡基原油，国外一般皆采用环烷基原油（例如中东地区石油）提炼变压器油，具有较低的倾点或凝点。国产石油除克拉玛依油外多为石蜡基原油，这种原油提炼的变压器油，需加入抗凝剂降低倾点或凝点，高压电器产品不建议采用。

1. 变压器油的主要性能指标

新变压器油必须经净化处理后才能用于互感器产品，处理的目的是脱除在储运等过程中增加的含水量、含气量和杂质污染物等，以改善和提高变压器油的电气绝缘性能。变压器油的技术要求见表2－10。

表2－10　　变压器油技术要求

项目			质量指标				
最低冷态投运温度（LCSET）			0℃	－10℃	－20℃	－30℃	－40℃
功能特性	倾点/℃	不高于	－10	－20	－30	－40	－50
	运动黏度/（mm^2/s）	不大于					
	40℃		12	12	12	12	12
	0℃		1800	—	—	—	—
	－10℃		—	1800	—	—	—
	－20℃		—	—	1800	—	—
	－30℃		—	—	—	1800	—
	－40℃		—	—	—	—	2500

续表

项　目			质量指标
功能特性	水含量/（mg/kg）　不大于 环境湿度不大于 50% 环境湿度大于 50%		 30（散装）/40［桶装或复合中型集装容器（IBC）］ 35（散装）/45［桶装或复合中型集装容器（IBC）］
	击穿电压（满足下列要求之一）/kV　不小于 未处理油 经处理油		 30 70
	密度（20℃）/（kg/m³）　不大于		895
	介质损耗因数（90℃）　不大于		0.005
精制/稳定特性	外观		清澈透明、无沉淀物和悬浮物
	酸值（以 KOH 计）/（mg/g）　不大于		0.01
	水溶性酸或碱		无
	界面张力/（mN/m）　不小于		40
	总含硫量（质量分数）（%）		无通用要求
	腐蚀性硫		非腐蚀性
	抗氧化添加剂含量（质量分数）（%） 不含抗氧化添加剂油（U） 含微抗氧化添加剂油（T）　不大于 含抗氧化添加剂油（I）		 检测不出 0.08 0.08～0.40
	2－糠醛含量/（mg/kg）　不大于		0.1
运行特性	氧化安定性（120℃）：含抗氧化添加剂油试验时间 500h	总酸值（以 KOH 计）/（mg/g）　不大于	0.3
		油泥（质量分数）（%）　不大于	0.05
		介质损耗因数（90℃）　不大于	0.050
	析气性/（mm³/min）		报告
	带电倾向（ECT）/（μC/m³）		报告
健康、安全和环保特性（HSE）	闪点（闭口）/℃　不低于		135
	稠环芳烃（PCA）含量（质量分数）（%）　不大于		3
	多氯联苯（PCB）含量（质量分数）/（mg/kg）		检测不出

要重点考核互感器产品中变压器油的下列性能指标：

（1）击穿电压。击穿电压是指变压器油在标准试验电极下的工频击穿电压值，是一项最基本的指标，可以间接判断油处理滤除固体杂质和脱水的效果。净化处理后的新变压器油的击穿电压应达到 70kV（表 2－10）。互感器中变压器油的击穿电压应满足以下要求：

1）用于 35kV 级及以下互感器投运前不小于 40kV，投运后不小于 35kV。

2）用于 66～220kV 级互感器投运前不小于 45kV，投运后不小于 40kV。

3）用于 330kV 级互感器投运前不小于 55kV，投运后不小于 50kV。

4）用于 500kV 级互感器投运前不小于 65kV，投运后不小于 55kV。

5）用于 750～1000kV 级互感器投运前不小于 70kV，投运后不小于 65kV。

（2）介质损耗因数（$\tan\delta$）。介质损耗因数（$\tan\delta$）是对变压器油品质极为敏感的性能指标，也是一项最基本的指标，它主要与油内溶解性污染物和微水量直接有关。变压器油的介质损耗因数（90℃测量值）应不大于 0.005（表 2－10）。互感器中变压器油的介质损耗因数（$\tan\delta$）应满足以下要求：

1）用于 330kV 级及以下互感器投运前不大于 0.010，投运后不大于 0.040。

2）用于 500kV 级及以上互感器投运前不大于 0.005，投运后不大于 0.020。

（3）含水量。含水量不仅影响变压器油的击穿电压和介质损耗因数，而且油纸共存时各自的含水量有一定的平衡关系（与温度有关），油含水量高时水分会被纸吸收，降低油纸绝缘的绝缘性能。例如，80℃时，与油含水量 20mg/L 平衡的纸含水量约为 1%，而纸的含水量随温度下降而增大，实际的水分平衡量与油及纸的总量有关。因此脱水是变压器油净化处理的首要目标。变压器油的含水量不大于表 2－10 中的规定。互感器中变压器油的含水量应满足以下要求：

1）用于 110kV 级及以下互感器投运前不大于 20mg/L，投运后不大于 35mg/L。

2）用于 220kV 级互感器投运前不大于 15mg/L，投运后不大于 25mg/L。

3）用于 330kV 级及以上互感器投运前不大于 10mg/L，投运后不大于 15mg/L。

（4）含气量。含气量是指溶解于变压器油中的气体含量（主要为空气），降低含气量的目的是避免溶解气体在某种条件下可能析出并汇集成气泡，气泡则可能在产品承受电压时产生局部放电。新变压器油未经净化处理的含气量通常可达 8%～10%，经净化处理后可降低到 1%～0.5%。互感器中变压器油在投运前的含气量应小于 1%，投运后的含气量则应满足以下要求：

1）用于 220kV 级及以下无要求。

2）用于 330～500kV 级互感器应不大于 3%。

3）用于 750～1000kV 级互感器应不大于 2%。

（5）油中溶解气体含量。变压器油中溶解气体是指甲烷、乙烷、乙烯、乙炔、氢、一氧化碳和二氧化碳等微量气体，它们通常是油裂解或绝缘材料老化的产物，对其含量的测量分析（气体色谱分析），可用于预测运行中的互感器产品是否存在故障隐患。新变压器油不应含有这类微量气体，但是，若产品中不锈钢零件未经除氢处理或油漆未干等原因，油中仍有可能出现这类气体。为便于用户进行分析比较，互感器出厂应提供产品的油色谱分析实测数据：一般控制为总烃含量小于 10μL/L，乙炔含量为 0，氢含量小于 50μL/L。

2. 变压器油的净化处理

变压器油的净化处理，普遍采用加热抽真空的方法脱水脱气，用过滤的方法除去固体杂质。

（1）变压器油脱水脱气。通常采用加热提高油温和水分蒸发所需热量，抽真空降低油周围的气体压强和水蒸气分压，使油中溶解气体和水分子逸出。真空状态下加热温度不宜过高，除考虑油老化影响外，还需注意避免变压器油的分解，一般宜为 65℃左右。具体的变压器油脱水脱气方法大致有三种：

1）油静态抽真空法。变压器油置于真空罐内（留有一定的空间）加热抽真空进行处理。由于油自身静压的作用，真空的效果剧减。这种方法的脱水脱气效果比较差。

2）油喷雾法。变压器油在真空罐内喷淋成油雾进行处理，它避免了油静压的影响，脱水脱气效果明显。但喷出的若为很细小的油雾，易被真空系统抽走，若为一定直径的油珠，则球状油珠的界面张力较高，影响油中气体和水分充分的逸出。

3）油薄膜法。变压器油通过真空罐内的薄膜化元件，形成极薄的油膜进行脱水脱气。非常薄的油膜其界面张力比球状油珠的低很多，真空下易使油中气体和水分充分逸出，而且在较小容积的处理罐中能够有较大的油膜面积。国内外比较先进的变压器油净化装置大多采用这种方法。

（2）变压器油固体杂质过滤。变压器油的固体颗粒杂质的过滤精度一般分为粗过滤和精过滤两级：

1）粗过滤器为前级，主要过滤较大的颗粒杂质和金属颗粒，为精过滤做前期准备。

2）精过滤器能过滤 0.5～10μm 微小杂质，所用的滤芯种类很多，应按实际需要选择滤芯的孔径规格。

对于受胶体粒子污染的变压器油（特征是 $\tan\delta$ 较大，并随油样受光照而变化，击穿电压下降未必明显），因胶体粒子微小，为 0.1μm 数量级，需采用吸附剂吸附除去，吸附剂常为硅胶或活性氧化铝，用量一般是油重的 2%～3%。也可用静电凝聚法过滤，作为精过滤工艺的一个环节。

2.6 电磁式电压互感器的试验

互感器的试验包括例行试验、型式试验、特殊试验、交接试验及预防性试验等。

例行试验为每台互感器承受的试验，是为了反映制造上的缺陷，这些试验不损伤产品的特性和可靠性。型式试验为用以验证同一技术规范制造的互感器应满足的、在例行试验中未包括的各项要求。特殊试验为型式试验或例行试验之外经制造方与用户协商同意的试验。交接试验为产品由制造方交付用户时进行的相关试验项目。预防性试验为为了发现运行中设备的隐患，预防发生事故或设备损坏，对设备进行的检查、试验或监测，也包括取油样或气样进行的试验。

2.6.1 电磁式电压互感器的例行试验、型式试验和特殊试验

1. 例行试验项目

（1）标志的检验。

（2）绝缘电阻测量。

（3）准确度试验。

（4）环境温度下密封性能试验。
（5）气体露点测量（适用于气体绝缘互感器）。
（6）一次端工频耐压试验。
（7）局部放电测量。
（8）电容量和介质损耗因数测量。
（9）段间工频耐压试验。
（10）二次端工频耐压试验。
（11）压力试验（适用于气体绝缘产品）。
（12）励磁特性测量。
（13）绝缘油性能试验。
（14）绕组直流电阻测量。

2. 型式试验项目

（1）温升试验。
（2）一次端冲击耐压试验。
（3）户外型互感器湿试验。
（4）无线电干扰电压（RIV）试验。
（5）准确度试验。
（6）外壳防护等级检验。
（7）环境温度下密封性能试验（适用于气体绝缘产品）。
（8）压力试验（适用于气体绝缘产品）。
（9）短路承受能力试验。
（10）励磁特性测量。

3. 特殊试验项目

（1）一次端多次截断冲击试验。
（2）传递过电压试验。
（3）机械强度试验。
（4）内部电弧故障试验。
（5）低温和高温下的密封性能试验（适用于气体绝缘产品）。
（6）腐蚀试验。
（7）着火危险试验。

4. 型式试验中的准确度试验介绍

（1）试验要求。

1）测量用互感器的准确度要求。测量用互感器的准确级，以该准确级在额定电压和额定负荷下所规定的最大允许电压误差百分数标称。

测量用互感器的标准准确级为 0.1 级、0.2 级、0.5 级、1.0 级、3.0 级五个等级。

在 80%～120%额定电压之间的任一电压下，其额定频率下的电压误差和相位差应不超过表 2－3 所列值，且负荷如下：

① 对于功率因数为 1 的负荷系列Ⅰ，为 0VA 至 100%额定负荷之间的任一值。

② 对于功率因数为 0.8（滞后）的负荷系列Ⅱ，为 25%～100%额定负荷之间的任一值。

误差应在互感器端子处测定，并应包括作为互感器整体中一部分的熔断器或电阻器的影响。

对于二次绕组带有抽头的互感器，如无另行规定，则其准确级的要求指的是最大变比。

2）保护用互感器的准确度要求。保护用互感器的准确级，以该准确级自 5%额定电压到与额定电压因数相对应电压的范围内的最大允许电压误差百分数标称。其后标以字母 P。

保护用电压互感器的标准准确级为 3P 和 6P，对每一准确级，其在 5%额定电压及与额定电压因数相对应电压下的电压误差和相位差的限值通常相同。在 2%额定电压下的误差限值为 5%额定电压下误差限值的两倍。

在 5%额定电压和额定电压乘以额定电压因数（1.2、1.5 或 1.9）的电压下，其额定频率下的电压误差和相位差不超过表 2－4 所列值。

（2）试验线路。单相互感器误差试验线路如图 2－36 所示。

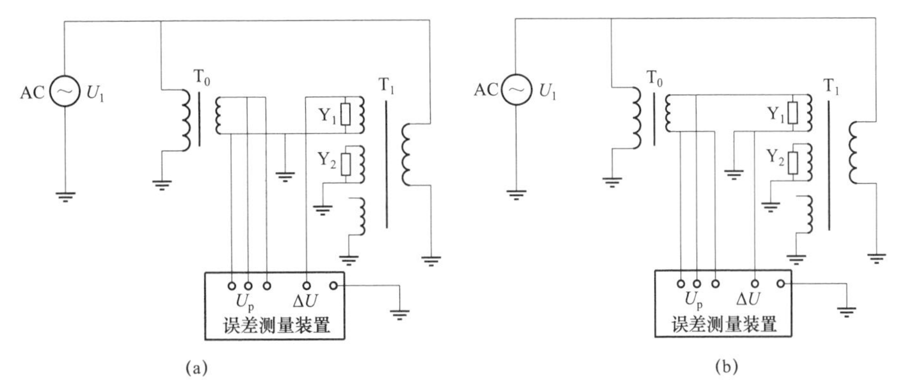

图 2－36　单相互感器误差试验线路

（a）高端测差；（b）低端测差

T_0—标准电压互感器；T_1—被检互感器；Y_1、Y_2—电压负荷箱

（3）试验方法。

1）测量用互感器的准确度型式试验。型式试验应在 80%、100%和 120%额定电压和额定频率下进行，其输出按照表 2－11 所列在功率因数为 1（负荷系列Ⅰ）或功率因数为 0.8（滞后，负荷系列Ⅱ）的各规定值。

表 2－11　　　　准确度试验的负荷范围

负荷系列	额定输出的优先值/VA	试验值（额定输出）(%)
Ⅰ	1.0、2.5、5.0、10	0 和 100
Ⅱ	10、25、50、100	25 和 100

2）保护用互感器的准确度型式试验。型式试验应在2%、5%和100%额定电压和额定电压与额定电压因数（1.2、1.5或1.9）相乘的电压下进行，其输出按照表2－11所列的功率因数为1（负荷系列Ⅰ）或功率因数为0.8（滞后，负荷系列Ⅱ）的各规定值。

当电压互感器有多个二次绕组时，它们应按照表2－4的注中所述连接负荷。

剩余电压绕组在电压不超过120%额定电压的试验中不接负荷，在电压为额定电压乘以额定电压因数（1.5或1.9）时的试验中接额定负荷。

（4）试验判据。测量用互感器的准确度测量结果应满足表2－3中对应准确级的限值要求；保护用互感器的准确度测量结果应满足表2－4中对应准确级的限值要求。

2.6.2　电磁式电压互感器的交接试验及预防性试验

1. 电磁式电压互感器的交接试验

交接试验应按GB/T 50150《电气装置安装工程　电气设备交接试验标准》进行。

（1）绝缘电阻测量。应测量一次绕组对二次绕组及外壳、各二次绕组间及其对外壳的绝缘电阻，绝缘电阻值不应低于1000MΩ。测量绝缘电阻应使用2500V绝缘电阻表。

（2）35kV及以上电压等级的油浸式互感器的介质损耗因数（$\tan\delta$）及电容量测量。互感器的绕组$\tan\delta$测量电压应采用10kV，$\tan\delta$不应大于表2－12中数据。当对绝缘有怀疑时，可采用高压法进行试验，在（0.5～1）$U_m/\sqrt{3}$范围内进行，$\tan\delta$变化量不应大于0.2%，电容变化量不应大于0.5%。

本条主要适用于油浸式互感器。SF_6气体绝缘和环氧树脂绝缘结构互感器不适用。

表2－12　　现场交接试验$\tan\delta$（%）限值　　（20℃）

种类	20～35kV	66～110kV	220kV	330～500kV
油浸式电压互感器绕组	3	2.5		—
串级式电压互感器支架	—	6		—

注：电压互感器整体及支架介质损耗因数受环境条件（特别是相对湿度）影响较大，测量时要加以考虑。

（3）局部放电测量。局部放电测量宜与交流耐压试验同时进行。电压等级为35～110kV互感器的局部放电测量可按10%进行抽测。电压等级220kV及以上互感器在绝缘性能有怀疑时宜进行局部放电测量。

局部放电测量时，应在高压侧（包括电磁式电压互感器感应电压）监测施加一次电压，局部放电测量电压及允许的视在放电量水平应按表2－13确定。

（4）交流耐压试验。应在高压侧监视施加电压，交流耐压值按出厂试验电压的80%进行。接地电压互感器的接地端子工频耐受电压为3kV，当$U_m \geqslant 40.5$kV时，接地端子工频耐受电压为5kV。

电磁式电压互感器，应进行感应耐压试验。试验持续时间为60s，为防止铁心饱和，试验频率可以高于额定值，试验时间按式（2－19）计算，但最少为15s。

表 2-13　现场交接试验局部放电测量电压及允许的视在放电量水平

种类			测量电压/kV	允许的视在放电量水平/pC	
				环氧树脂及其他干式	油浸式和气体式
电压互感器	≥66kV		$1.2U_m/\sqrt{3}$	50	20
			U_m	100	50
	35kV	全绝缘结构（一次绕组均接高电压）	$1.2U_m$	100	50
		半绝缘结构（一次绕组一端直接接地）	$1.2U_m/\sqrt{3}$	50	20
			$1.2U_m$（必要时）	100	50

注：U_m是设备最高电压（方均根值）。

感应耐压试验前后，各进行一次额定电压时的空载电流测量，两次测量值相比不应有明显差别。

$$t=\frac{2f_r}{f'}\times 60 \tag{2-19}$$

式中　t——试验持续时间，s；

f_r——额定频率，Hz；

f'——试验频率，Hz。

电压等级 66kV 及以上的油浸式互感器，感应耐压试验前后，应各进行一次绝缘油的色谱分析，两次测得值相比不应有明显差别。

电压等级 220kV 以上的 SF_6 气体绝缘互感器，特别是电压等级为 500kV 的互感器，宜在安装完毕的情况下进行交流耐压试验。在耐压试验前，宜开展 U_m 电压下的老练试验，时间应为 15min。

二次绕组之间及其对外壳（接地）、接地端（N）对地的工频耐压试验电压应为 2kV。可用 2500V 绝缘电阻表测量绝缘电阻试验代替。

（5）绝缘介质性能试验。绝缘油的性能包括水溶性酸（pH 值）、酸值（以 KOH 计）、闪点、水含量（mg/L）、界面张力、介质损耗因数、击穿电压、体积电阻率、油中含气量、油泥与沉淀物、油中溶解气体组分含量色谱分析。详细的试验要求可参见 GB/T 50150。

GB/T 50150 规定：电压等级在 66kV 以上的油浸式互感器，对绝缘性能有怀疑时，应进行油中溶解气体的色谱分析。油中溶解气体组分总烃含量不宜超过 10μL/L，H_2 含量不宜超过 100μL/L，C_2H_2 含量不宜超过 0.1μL/L。充入 SF_6 气体的互感器，应静放 24h 后取样进行检测，SF_6 气体水分含量不应大于 250μL/L（20℃体积分数），对于750kV 电压等级，气体水分含量不应大于 200μL/L。

（6）绕组直流电阻测量。一次绕组直流电阻测量值，与换算到同一温度下的出厂值比较，相差不宜大于 10%。二次绕组直流电阻测量值，与换算到同一温度下的出厂值比较，相差不宜大于 15%。

（7）检查接线绕组组别和极性。检查互感器的接线绕组组别和极性，应符合设计要求，并应与铭牌和标志相符。

（8）互感器误差及变比测量。用于关口计量的互感器，应进行误差测量。用于非关口计量的互感器，应检查互感器的变比，并应与制造厂铭牌值相符，对多抽头的互感器，可只检查使用分接的变比。

（9）电磁式电压互感器的励磁曲线测量。用于励磁曲线测量的仪表为方均根值表，当发生测量结果与出厂试验报告和型式试验报告相差大于 30% 时，应核对使用的仪表种类是否正确。

励磁曲线测量点至少应包括额定电压的 0.2 倍、0.5 倍、0.8 倍、1.0 倍、1.2 倍及相应于额定电压因数（1.5 或 1.9）下的电压值，测出的对应的励磁电流不应大于其出厂试验报告和型式试验报告测量值的 30%，同批同型号电压互感器的励磁电流不应相差 30%。

（10）密封性能检查。油浸式互感器外表应无可见油渍现象；SF_6气体绝缘互感器定性检漏应无泄漏点，怀疑有泄漏点时应进行定量检漏，年泄漏率应小于 1%。

2. 电磁式电压互感器的预防性试验

电磁式电压互感器的预防性试验按 DL/T 596《电力设备预防性试验规程》进行。

电磁式电压互感器的预防性试验项目、周期和要求见表 2-14。

表 2-14　　电磁式电压互感器的预防性试验项目、周期和要求

<table>
<tr><th>序号</th><th>试验项目</th><th>周期</th><th>要求</th><th>说明</th></tr>
<tr><td>1</td><td>绝缘电阻</td><td>（1）1～3 年
（2）大修后
（3）必要时</td><td>自行规定</td><td>一次绕组用 2500V 绝缘电阻表，二次绕组用 1000V 或 2500V 绝缘电阻表</td></tr>
<tr><td>2</td><td>tanδ（20kV 及以上）</td><td>（1）绕组绝缘：
1）1～3 年
2）大修后
3）必要时
（2）66～220kV 串级式电压互感器支架：
1）投运前
2）大修后
3）必要时</td><td>（1）绕组绝缘 tanδ（%）不应大于下表中数值
<table>
<tr><td colspan="2">温度/℃</td><td>5</td><td>10</td><td>20</td><td>30</td><td>40</td></tr>
<tr><td rowspan="2">35kV 及以下</td><td>大修后</td><td>1.5</td><td>2.5</td><td>3.0</td><td>5.0</td><td>7.0</td></tr>
<tr><td>运行中</td><td>2.0</td><td>2.5</td><td>3.5</td><td>5.5</td><td>8.0</td></tr>
<tr><td rowspan="2">35kV 以上</td><td>大修后</td><td>1.0</td><td>1.5</td><td>2.0</td><td>3.5</td><td>5.0</td></tr>
<tr><td>运行中</td><td>1.5</td><td>2.0</td><td>2.5</td><td>4.0</td><td>5.5</td></tr>
</table>（2）支架绝缘 tanδ 一般不大于 6%</td><td>串级式电压互感器的 tanδ 试验方法建议采用末端屏蔽法，其他试验方法与要求自行规定</td></tr>
<tr><td>3</td><td>油中溶解气体的色谱分析</td><td>（1）投运前
（2）1～3 年（66kV 及以上）
（3）大修后
（4）必要时</td><td>油中溶解气体组分含量（体积分数）超过下列任一值时应引起注意：
总烃　100×10^{-6}
H_2　150×10^{-6}
C_2H_2　2×10^{-6}</td><td>（1）新投运互感器的油中不应含有 C_2H_2
（2）全密封互感器按制造厂要求（如果有）进行</td></tr>
</table>

续表

<table>
<tr><th>序号</th><th>试验项目</th><th>周期</th><th>要　求</th><th>说明</th></tr>
<tr><td>4</td><td>交流耐压试验</td><td>（1）3 年（20kV 及以下）
（2）大修后
（3）必要时</td><td>（1）一次绕组按出厂值的 85%进行，出厂值不明的，按下列电压进行试验：<table><tr><td>电压等级/kV</td><td>3</td><td>6</td><td>10</td><td>15</td><td>20</td><td>35</td><td>66</td></tr><tr><td>试验电压/kV</td><td>15</td><td>21</td><td>30</td><td>38</td><td>47</td><td>72</td><td>120</td></tr></table>（2）二次绕组之间及末屏对地为 2kV
（3）全部更换绕组绝缘后按出厂值进行</td><td>（1）串级式或分级绝缘式的互感器用倍频感应耐压试验
（2）进行倍频感应耐压试验时应考虑互感器的容升电压
（3）倍频耐压试验前后，应检查有否绝缘损伤</td></tr>
<tr><td>5</td><td>局部放电测量</td><td>（1）投运前
（2）1～3 年（20～35kV 固体绝缘互感器）
（3）大修后
（4）必要时</td><td>（1）固体绝缘相对地电压互感器在电压为 $1.1U_m/\sqrt{3}$ 时，放电量不大于 100pC，在电压为 $1.1U_m$ 时（必要时），放电量不大于 500pC。固体绝缘相对相电压互感器，在电压为 $1.1U_m$ 时，放电量不大于 100pC
（2）110kV 及以上油浸式电压互感器在电压为 $1.1U_m/\sqrt{3}$ 时，放电量不大于 20pC</td><td>出厂时有试验报告者投运前可不进行试验或只进行抽查试验</td></tr>
<tr><td>6</td><td>空载电流测量</td><td>（1）大修后
（2）必要时</td><td>（1）额定电压下，空载电流与出厂数值比较无明显差别
（2）在下列试验电压下，空载电流不应大于最大允许电流
中性点非有效接地系统 $1.9U_p/\sqrt{3}$
中性点接地系统 $1.5U_p/\sqrt{3}$</td><td></td></tr>
<tr><td>7</td><td>密封检查</td><td>（1）大修后
（2）必要时</td><td>应无渗漏油现象</td><td>试验方法按制造厂规定</td></tr>
<tr><td>8</td><td>铁心夹紧螺栓（可接触到的）绝缘电阻</td><td>大修时</td><td>自行规定</td><td>采用 2500V 绝缘电阻表</td></tr>
<tr><td>9</td><td>连接组别和极性</td><td>（1）更换绕组后
（2）接线变动后</td><td>与铭牌和端子标志相符</td><td></td></tr>
<tr><td>10</td><td>电压比</td><td>（1）更换绕组后
（2）接线变动后</td><td>与铭牌标志相符</td><td>更换绕组后应测量比值差和相位差</td></tr>
<tr><td>11</td><td>绝缘油击穿电压</td><td>（1）大修后
（2）必要时</td><td>见 DL/T 596</td><td></td></tr>
</table>

注：1. 投运前指交接后长时间未投运而准备投运之前，及库存的新设备投运之前。

2. 定期试验项目见序号 1、2、3、4、5。

3. 大修时或大修后试验项目见序号 1、2、3、4、5、6、7、8、9、10、11（不更换绕组，可不进行 9、10 项）。

第3章　电磁式电压互感器的安装、运行、故障诊断及处理

3.1　电磁式电压互感器的安装与日常维护

3.1.1　电磁式电压互感器的安装

1. 设备验收

电磁式电压互感器应遵循以下原则验收：

（1）电压互感器（以下简称互感器）应有标明基本技术参数的铭牌标志，互感器技术参数必须满足装设地点运行工况的要求。用于电能计量的绕组，其准确级应符合 DL/T 448《电能计量装置技术管理规程》的要求。

（2）电压互感器二次绕组所接负荷应在准确等级所规定的负荷范围内。电压互感器的计量绕组二次引线压降应符合 DL/T 448 的要求。

（3）电压互感器允许在 1.2 倍额定电压下连续运行；中性点有效接地系统中的互感器，允许在 1.5 倍额定电压下运行 30s；中性点非有效接地系统中的互感器，在系统无自动切除对地故障保护时，允许在 1.9 倍额定电压下运行 8h；系统有自动切除对地故障保护时，允许在 1.9 倍额定电压下运行 30s。

（4）66kV 及以上油浸式互感器应装设膨胀器，且有便于观察的油位指示窗，并有最低和最高限值标志。运行中互感器应保持微正压，防止损坏造成渗漏油，互感器应标明绝缘油牌号。

（5）SF_6 气体绝缘互感器应装设压力表和密度继电器，运行中气体压力应保持在制造厂规定范围内（表压一般不小于 0.35MPa），设备年泄漏率应小于 1%。

（6）户外互感器外绝缘爬电距离及伞裙结构应满足安装地点污秽等级及防雨闪要求，户内树脂浇注互感器外绝缘应满足使用环境条件的爬电距离并通过凝露试验。

2. 安装要求

（1）电磁式电压互感器安装应满足以下要求：

1）互感器安装位置应在变电站大气过电压保护范围之内。

2）电压互感器的接线方式常见的有以下几种：

① 用一台单相电压互感器来测量某一相对地电压或相间电压的接线方式。

② 用两台单相互感器接成不完全星形，也称 V/V 接线，用来测量各相间电压，但不能测量相对地电压，广泛应用在中性点不接地或经消弧线圈接地的电网中。

③ 用三台单相三绕组电压互感器构成 YNynd0 或 YNyd0 的接线形式，广泛应用于 3～220kV 系统中，其二次绕组用于测量相间电压和相对地电压，辅助二次绕组接成开口三角形，供接入交流电网绝缘监视仪表和继电器使用。

④ 用一台三相五柱式电压互感器代替③中三台单相三绕组电压互感器构成的接线，一般只用于 3～15kV 系统。

3）互感器的引线安装，应保证运行中一次端子承受的机械负载不超过制造厂规定的允许值，即互感器的引线安装应保证运行中一次端子在任何季节和检修时所承受的机械负载不超过制造厂规定的允许值，防止损坏造成渗漏油。

4）互感器二次侧严禁短路，备用的二次绕组也应保持开路且一端接地。

5）互感器一次绕组 N（X）端必须可靠接地。

6）中性点非有效接地系统中，作为单相接地监视用的电压互感器，一次中性点应接地。为防止谐振过电压，应在一次中性点或二次回路装设消谐装置。

7）保护用电压互感器的高压熔断器，应按母线额定电压及短路容量选择，熔丝电流不得随意加大，若熔断器断流容量不能满足要求时应加装限流电阻。

8）互感器二次回路，除剩余电压绕组和另有专门规定外，应装设自动（快速）开关或熔断器；主回路熔断电流一般为最大负荷电流的 1.5 倍，各级熔断器熔断电流应逐级配合，断路器应经整定试验合格后才可投入运行。

（2）电磁式电压互感器应确保可靠的安全接地。

1）互感器的各个二次绕组（包括备用）均必须有可靠的保护接地，且只允许有一个接地点，接地点位置按 GB/T 14285《继电保护和安全自动装置技术规程》及有关规定进行。

2）互感器应有明显的接地符号标志，接地端子应与设备底座可靠连接，并从底座接地螺栓处用两根接地引线与地网不同点可靠连接。

3）接地螺栓直径。35kV 及以下应不小于 M8，35kV 以上应不小于 M12。

4）接地引线截面应满足安装地点短路电流的要求。

5）具体的接地点位置由二次专业管理单位决定，并应予以标明，且方便检测。

3. 投运前检查

新安装的互感器在投入运行前应按 GB 50150《电气装置安装工程 电气设备交接试验标准》规定的项目进行交接试验并合格，同时应注意与出厂数据比较无明显差异，并应按现行反事故技术措施要求增加有关试验项目。

新安装互感器验收项目应按 GB 50148《电气装置安装工程 电力变压器、油浸式电抗器、互感器施工及验收规范》及制造厂有关规定进行。

（1）互感器设备符合 3.1.1 中第 1 条、第 2 条所规定的内容。

（2）符合现行反事故技术措施的有关要求。

（3）互感器外观应完整、无损，等电位联结可靠，均压环安装正确，引线对地距离、保护间隙等均符合规定。

（4）油浸式互感器应无渗漏油，油位指示正常，三相油位应调整一致；气体绝缘互感器应无漏气，压力指示与制造厂规定相符；三相气压应调整一致。

（5）干式互感器伞裙应无裂纹、无破损。

（6）金属部件油漆完整，三相相序标志正确，接线端子标志清晰，运行编号完善。

（7）引线连接可靠，极性关系正确。

（8）各接地部位接地牢固可靠。

（9）互感器外绝缘爬电距离应达到有关规定的要求，如果不能满足时，可加装合成绝缘伞裙，应注意消除变电站构架及引线对互感器雨闪的影响。

（10）事故抢修安装的油浸式互感器，在重新投运前应保证静放时间，其中500kV互感器静放时间应不小于36h，110～220kV互感器静放时间应不小于24h。

3.1.2　电磁式电压互感器的日常维护

1. 运行中巡视检查

互感器运行中，如果巡视检查发现设备异常时应及时汇报，并做好记录，并随时关注其发展。巡视检查应包括下列基本内容：

（1）设备运行中基本巡视检查项目。

1）设备外观是否完整无损，各部位连接是否牢固可靠，有无锈蚀现象。

2）有无异常振动、异常音响及异味。

3）各部位（含备用的二次绕组端子）接地是否良好，尤其要注意电压互感器N（X）端连接情况。

4）各引线端子是否过热或出现火花，接头螺栓有无松动现象。

5）端子箱内熔断器及断路器等二次元件是否正常。

6）特殊巡视补充的其他项目，视运行工况要求确定。

（2）油浸式电压互感器的特殊检查项目。

1）油色、油位是否正常，膨胀器是否正常。

2）外绝缘表面是否清洁、有无裂纹及放电现象。

3）吸湿器（如有）硅胶是否受潮变色。

4）有无渗漏油现象，防爆膜有无破裂。

（3）SF_6气体绝缘设备的特殊检查项目。

1）检查压力表指示是否在正常规定范围，有无漏气现象，密度继电器是否正常。

2）复合绝缘套管表面是否清洁、完整、无裂纹、无放电痕迹、无老化迹象，憎水性良好。

（4）树脂浇注设备的特殊检查项目。

1）互感器有无过热，有无异常振动及声响。

2）互感器有无受潮，外露铁心有无锈蚀。

3）外绝缘表面是否积灰、粉蚀、开裂，有无放电现象。

2. 操作中应注意事项

（1）电压互感器停用前应注意下列事项：

1）按继电保护和自动装置有关规定要求变更运行方式，防止继电保护误动。

2）将二次回路主熔断器或断路器断开，防止电压反送。

（2）66kV 及以下中性点非有效接地系统发生单相接地或产生谐振时，严禁就地用隔离开关或高压熔断器拉、合电压互感器。

（3）严禁就地用隔离开关或高压熔断器拉开有故障（油位异常升高、喷油、冒烟、内部放电等）的电压互感器。

（4）为防止串联谐振过电压烧损电压互感器，倒闸操作时，不宜使用带断口电容器的断路器投切带电磁式电压互感器的空母线。

（5）停运半年及以上的互感器，应按 DL/T 596《电力设备预防性试验规程》重新进行有关试验检查，合格后才可投运。

（6）分别接在两段母线上的电压互感器，二次并列前，应先将一次侧经母联断路器并列运行。

3.2　电磁式电压互感器的检修及故障处理

3.2.1　电磁式电压互感器检修的基本要求及项目

1. 检修分类

（1）小修。互感器不解体进行的检查与修理，一般在现场进行。

（2）大修。互感器解体、暴露器身，对部件进行的检查与修理，一般在检修车间或返厂进行。

1）66kV 及以上互感器一般不在现场进行解体大修或改造。

2）浇注式互感器无大修。

（3）临时性检修。发现有影响互感器安全运行的异常现象后，针对有关项目进行的检查、修理和更换。

2. 检修的有关注意事项

（1）必须按规定的检修项目进行，并根据运行中发现的缺陷和异常情况、预防性试验结果，确定需要重点检修的项目。编制安全、组织措施和检修技术措施，准备好相应的工具、设备、材料和备件。

（2）互感器解体吊出器身应在室内进行，应避免污染器身，空气相对湿度不大于 75%。器身暴露在空气中的时间应尽量缩短，相对湿度小于 65%时不超过 8h，相对湿度为 65%～75%时不超过 6h。

（3）互感器检修前必须进行有关的试验，以便于对症检修。检修后按 DL/T 727《互感器运行检修导则》及其他有关规程做好修后试验，并确认达到检修标准要求后，才能交付运行。

3.2.2　电磁式电压互感器的故障处理

1. 互感器停用

当发生下列情况之一时，应立即将互感器停用（注意保护的投切）：

（1）电压互感器高压熔断器连续熔断 2～3 次。

（2）高压套管严重裂纹、破损，互感器有严重放电，已威胁安全运行。

（3）互感器内部有严重异常声音、异味、冒烟或着火。

（4）油浸式互感器严重漏油，看不到油位；SF_6 气体绝缘互感器严重漏气，压力表指示为零。

（5）互感器本体或引线端子严重过热。

（6）膨胀器永久性变形或漏油。

（7）压力释放装置（防爆片）已冲破。

（8）树脂浇注互感器出现表面严重裂纹、放电。

2. 常见故障的判断与处理

（1）三相电压指示不平衡。一相电压降低，另两相正常，线电压不正常，或伴有声、光信号，可能是互感器高压或低压熔断器熔断。

（2）中性点非有效接地系统，三相电压指示不平衡。一相电压降低，另两相升高，或指针摆动，可能是单相接地故障或基频谐振；若三相电压同时升高，并超过线电压，则可能是分频或高频谐振。

（3）高压熔断器多次熔断，可能是内部绝缘严重损坏，如绕组层间或匝间短路故障。

（4）中性点有效接地系统，母线倒闸操作时，出现相电压升高并以低频摆动，一般为串联谐振；若无任何操作，突然出现相电压异常升高或降低，则可能是互感器内部绝缘损坏，如绝缘支架、绕组层间或匝间短路故障。

（5）中性点有效接地系统，电压互感器投运时出现电压表指示不稳定，可能是高压绕组 N（X）端接地接触不良或出现谐振等。

（6）电压互感器回路断线处理。

1）根据继电保护和自动装置的有关规定，退出有关保护，防止误动作。

2）检查高、低压熔断器及断路器是否正常，如熔断器熔断，应查明原因立即更换，当再次熔断时则应慎重处理。

3）检查电压回路所有接头有无松动、断线，切换回路有无接触不良现象。

（7）互感器着火时，应立即切断电源，用灭火器灭火。

（8）局部放电量超标的处理。多为由于产品制造工艺控制不良、绝缘处理不当等缺陷引起，也可能与运行中由于承受过电压、过电流造成绝缘损伤有关。

处理方法：若为注油工艺不良，油中存在大量气体，油中气泡在电场作用下发生局部放电，则可采用现场脱气处理。若因其他原因，一般应进行解体检修，必要时返厂处理。

（9）串级式电压互感器绝缘支架介质损耗超标的处理。多为绝缘支架本身的材质问题，更换为性能好、介质损耗低的电木板或层压纸板支架。

（10）进水受潮的处理。多为产品密封不良的原因造成，也有一些因为部件缺陷造成（如膨胀器、油箱焊接质量问题等），极易致使绝缘受潮，多伴有渗漏油或缺油现象。进水受潮的主要表现为介质损耗超标、绕组绝缘电阻下降或绝缘油指标不合格。

处理方法：对互感器的器身进行干燥处理，如果为轻度受潮，可采用热油循环干燥；如果为严重受潮，则需进行真空干燥。具体方法见3.2.2中第3（6）条的“互感器器身干燥”。

（11）绝缘油油质不良的处理。多为制造厂对进货油样试验把关不严，使质量不合格的油进入系统，或运行维护中对互感器原油的产地、牌号不明，未做混油试验，盲目混油。油浸式互感器绝缘油油质不良的主要表现为介质损耗超标、含水量大、理化分析项目不合格等。

处理方法：若为新产品，不论是否投运，返厂处理，通过相关试验确认。若因产品补油造成混油，仅污染器身表面，可进行换油处理，还应注意清除器身内部残油；若为不良绝缘油严重污染器身，则应更换器身的全部绝缘部件；若为投运多年的老产品，可根据情况采用换油处理或油净化处理。

（12）油中溶解气体色谱不良的处理。多为产品在运行中出现H_2或CH_4单项含量超过注意值，或总烃含量超过注意值。若H_2单项超过注意值，但多次试验结果数值稳定，则不一定是故障的反映，可能与金属膨胀器除H_2处理不良或油箱涂漆工艺不当有关；但当H_2含量增长较快时，则可能是产品故障造成的。若甲烷（CH_4）单项过高，可能是绝缘干燥不彻底或老化所致。对于总烃含量高的互感器，应分析烃类气体的成分，判断缺陷类型，并通过相关电气试验确认。若出现乙炔（C_2H_2）并持续增长时应充分重视，因为它是反映放电故障的主要指标。

处理方法：根据情况进行必要的电气试验，如一次绕组直流电阻测量、高压（$U_m/\sqrt{3}$）下的介质损耗、局部放电测量等，进一步判断故障性质和确定故障部位。如为非故障性质，可进行换油处理或对绝缘油脱气处理。如为悬浮放电或电气接触不良，常见的原因则是电压互感器铁心穿心螺杆电位悬浮放电等，可进行相应处理。如为绝缘故障，则须进行解体检修，必要时返厂处理。

（13）应及时处理或更换已确认存在严重缺陷的互感器，对怀疑存在缺陷的互感器，应缩短试验周期进行跟踪检查和分析查明原因。

（14）对于全密封型油浸式互感器，如介质损耗上升或怀疑存在缺陷时应缩短试验周期，进行追踪检测。

（15）对于绝缘状况有怀疑的互感器，应运回试验室进行全面的电气绝缘性能试验，包括局部放电试验。

（16）当互感器出现异常响声或当电压互感器二次电压异常时，应迅速查明原因并及时处理，如电磁式电压互感器有可能发生铁磁谐振，也有可能内部绝缘出现故障，危急时应退出运行。

3. 互感器检修的典型方法

（1）油浸式互感器渗漏油处理。

发生渗漏的部位多为二次接线盒内二次接线小瓷套部位；主瓷套、储油柜、膨胀器、底部油箱等的密封处；金属件焊缝部位的渗漏油。

油浸式互感器渗漏油处理的方法：

1）二次接线小瓷套部位渗漏油，如为小瓷套破裂导致渗漏油，应更换小瓷套。

2）因密封圈压紧不均匀引起的渗漏，可先将压缩量大的部位的螺栓适当放松，然后拧紧压缩量小的部位，调整合适后，再依对角位置交叉方式反复紧固螺母，每次旋紧约1/4圈，不得单独一拧到底，弹簧垫圈以压平为准，密封圈压缩量控制为 1/3 左右，必要时改为限位密封。

3）如果因密封圈材质不良或过期老化，弹性减弱，应更换优质密封圈，更换时在密封圈两面涂抹密封胶（如 801 密封胶）。

4）对于密封圈装配不良引起的渗漏，如密封圈偏移或折边，应更换密封圈后重新装配。

5）若法兰密封面凹凸不平、存在径向沟痕或存在异物等导致渗漏时，应将密封圈取出，对密封面进行相应处理。

6）膨胀器本体焊缝破裂或波纹片永久变形，应更换膨胀器。

7）铸铝储油柜砂眼渗漏油，可用铁榔头、样冲打砸砂眼堵漏，情况严重时则需更换储油柜。

8）储油柜、油箱、升高座等部件的焊缝渗漏，情况轻微时，可采用堵漏胶临时封堵处理；情况严重时，可采用带油补焊，但在补焊后应取油样进行分析，若有不良气体发生，则应考虑脱气处理。

9）若需放出绝缘油处理时，应在检修车间内进行，注意绝缘油不能受污染，器身不能受潮。

（2）绝缘油的处理。

1）油处理的一般要求。

① 注入互感器的绝缘油（变压器油）应符合 GB/T 7595《运行中变压器油质量》的规定。66kV 及以上互感器应进行真空注油，换油或油处理后均需真空脱气；注油后，应从产品底部放油阀取油样，进行油简化分析、电气试验、气体色谱分析及微水试验。

② 关于补充油和混油的规定。

补加油宜采用与已充油同一油源、同一牌号及同一添加剂类型的油品，并且补加油的各项特性指标不应低于已充油。

若补加油的份额大于 5%，当已充油的特性指标接近运行油质量指标限值极限时，可能导致补油后油迅速析出油泥，因此在补油前应预先按额定的补加份额进行油样混合试验，确认无沉淀物产生，介质损耗不大于已充油数值，方可进行补油。

若补加油来源或牌号及添加剂类型与已充油不同，除应遵守上述①条的规定外，还应预先按预定的补加份额进行混合油样的老化试验，经老化试验的混合样质量不低于已充油质，方可进行补充油；同时，还应测试混合油样的倾点，确认其是否符合使用环境的要求（对混油的要求比照补充油的规定进行）。

2）油处理的方法。

变压器油处理的方法主要有压力式滤油机过滤、离心式分离机分离、真空滤油机过滤、油的再生处理。应根据不同的情况进行选取处理方法。前三者仅用物理方法除去油中水分、气体和固体颗粒等，它们常用于被水和尘埃等杂质污染的变压器油的处理；油的再生处理指用物理或化学方法除去油中的有害物质，恢复或改善油的理化指标，常用于使用年久及被胶体污染的绝缘油处理。

① 压力式滤油机过滤。压力过滤机只能作为粗过滤使用，处理超高压设备用油时，可将

压力式过滤机与真空过滤机配合使用，以提高油的净化程度。

② 离心式分离机分离。当处理含有大量水分、碳渣、油泥等悬浮污物的油，利用压力过滤机不能达到高效率净化时，须采用离心式分离机来处理。它不能除去溶解于油中的水分，且对油的净化程度不及压力式过滤机。因此，离心式分离机也是一种粗滤装置，常置于压力式过滤机之前配合使用。

③ 真空滤油机过滤。真空滤油机装置常用的有一级真空滤油机和二级真空滤油机两种，过滤精度可达到 0.5～5μm。油温一般控制在 65℃左右，以防油质过热老化；当处理含有大量水分或固体物的油时，应配合使用离心式分离机或压力式过滤机以提高净化效率；对超高压设备用油做深度脱水脱气时，可采用二级真空滤油机，滤油机真空残压保持在 133Pa 以下。

④ 油的再生处理。需要事先对油做净化处理，特别是含有较多水分和杂质的油，应先除去水分和杂质后，再进行再生处理，以保证处理的效果。再生处理后的油还应经过严格的过滤净化才能使用，以防吸附剂等残留物带入运行设备。油的再生处理常用方法有吸附剂法和硫酸－白土法（可根据油质的劣化程度与具体条件选用）。

（3）真空注油。

互感器真空注油，常采用普通真空注油和氮静压真空注油两种方式，整个注油过程中绝缘油不得与空气接触，避免带入气泡，保证良好的注油工艺质量。

普通真空注油是靠互感器瓷箱内负压吸入经真空脱气处理合格的绝缘油，其原理图如图 3－1 所示。

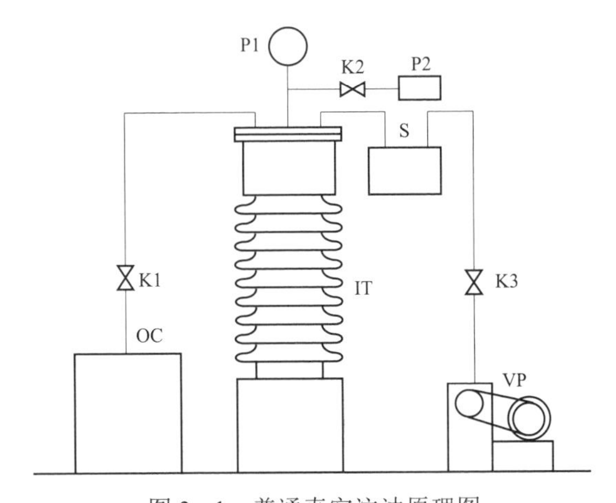

图 3－1　普通真空注油原理图

IT—互感器；VP—真空泵；OC—储油罐；S—油气分离器；P1—压力指示表；P2—麦式真空表；K1～K3—阀门

氮静压真空注油是先对产品及管道预抽真空，然后借助于有一定压力的干燥氮气，使其进入盛有处理合格的变压器油的储油罐的上腔，将变压器油压入经处于真空状态的管道，注入已抽真空的互感器内，其原理图如图 3－2 所示。

其工艺要点如下：

1）首先将绝缘油处理合格，储存于可抽真空的密闭油罐内并准备好抽空和注油器具。

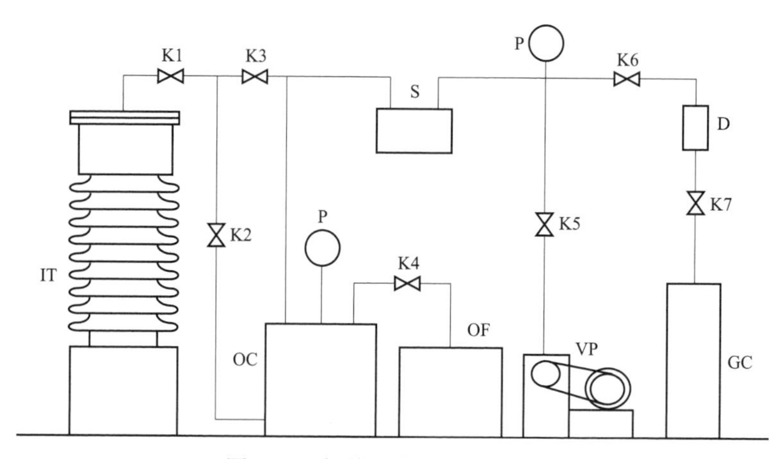

图 3-2 氮静压真空注油原理图

IT—互感器；VP—真空泵；OC—储油罐；S—油气分离器；P—压力指示表；OF—油箱；D—气体干燥器；GC—氮气瓶；K1～K7—阀门

2）在对互感器本体注油前，先在互感器瓷套（或储油柜）上安装带有注油管及真空管（或真空注油阀）等的临时盖板；并按原理图（图 3-1 或图 3-2）接好管路，检查整个系统无渗漏。

3）对互感器（及注油管路）进行预抽空，使其真空残压不大于 133Pa，35kV 互感器抽空时间不低于 2h，66～110kV 互感器抽空时间不低于 4h，220kV 互感器抽空时间不低于 8h。

4）然后靠负压（或氮压）缓慢地对互感器真空注油，直到油面距瓷套（或储油柜）上口 10cm 左右为止（淹没器身绝缘）。

5）在真空状态下对互感器进行浸渍脱气，其真空残压不大于 133Pa，35kV 互感器脱气时间不低于 4h，66～110kV 互感器脱气时间不低于 8h，220kV 互感器脱气时间不低于 16h。

6）补油。真空浸渍后互感器油位将下降，应补油至规定油位。

7）按制造厂规定对互感器进行氮气打压密封检漏试验，并应无渗漏。

8）对互感器本体（瓷套）注油后，再对膨胀器注（补）油；卸下临时盖板，装上膨胀器，按膨胀器使用说明书对膨胀器真空注油，其步骤如下（见原理图 3-3）：

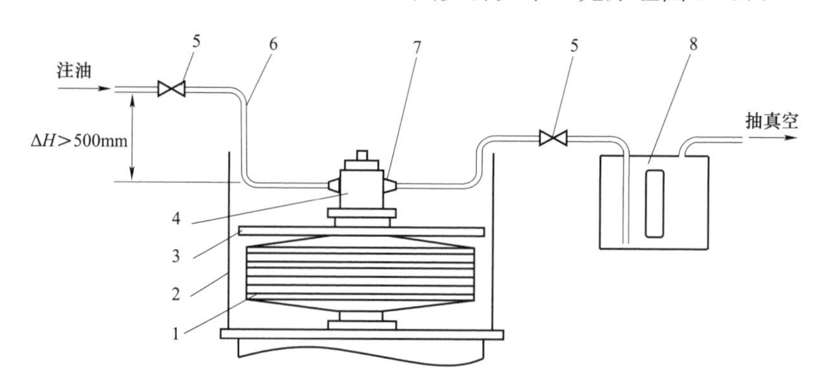

图 3-3 膨胀器注油示意图

1—膨胀器本体；2—外罩；3—导向护板；4—抽注罩（油位计）；5—阀门；6—胶管；7—软管接头；8—油气分离器（带油窗且容积不小于 10L）

① 将膨胀器顶部的真空注油阀接入注油系统。

② 对膨胀器预抽真空 30min，残压 133Pa。

③ 用前述真空注油设备，对膨胀器注油至略高于正常油位，停止注油，排除残存气体复原。

④ 拆除注油系统，安装膨胀器外罩及上盖。

9）注油后互感器静置 24h，取油样进行有关理化试验。

（4）互盛器绝缘油脱气处理。

对互感器绝缘油中如果溶解气体含量过高，为非本体故障性质或故障已消除后，且不必要换油，则可以考虑进行现场脱气处理，现场脱气处理可选用充氮脱气法或外循环脱气法。

1）充氮脱气法。由于在油静止状态下，很难将气体抽出，充氮脱气法有快速脱气的特点，程序如下：

① 将互感器油放至膨胀器内无油状态即可。

② 拆下膨胀器，装上带有脱气阀的临时盖板，接好管路。

③ 从下部放油阀充入干燥纯净氮气，使油上下运动翻滚，保留 5～10min，将阀门关闭。

④ 然后对互感器进行抽真空脱气，真空残压应不大于 133Pa，互感器抽真空时间为 2～4h。若油质尚未达到要求，可继续重复上述脱气过程；若经试验油质指标达到相关要求，即可停止脱气操作。

⑤ 拆下临时盖板，安装复原膨胀器。

⑥ 然后按第（3）条对膨胀器真空补油至规定油位。

2）外循环脱气法。

① 将真空滤油机的进油阀与互感器底部的放油阀接通，滤油机的出油阀接至互感器顶部的注油阀。

② 打开互感器的放油阀与注油阀，操作真空滤油机，使互感器内绝缘油经真空滤油机进行加热及脱气处理。

③ 脱气可连续进行，直至油质各项指标合格为止。

④ 关闭互感器底部放油阀，滤油机停止工作，拆除管路。

⑤ 然后按（3）条对互感器真空补油至规定油位。

（5）互感器换油。

当互感器绝缘油出现油质劣化，并影响互感器本体绝缘性能时，可将绝缘油全部放掉，重新注入经处理合格的新油，其换油工艺要点如下：

1）打开放油阀，放尽互感器内全部绝缘油。

2）拆下金属膨胀器。

3）用合格的绝缘油对互感器器身进行冲洗，即先用合格的绝缘油注满互感器，静置一定时间，然后放掉，根据放出油质情况决定是否进行重复冲洗，直至达到要求，最后将残油排净。

4）装上带有真空注油阀的临时盖板，接好管路，然后按第（3）条真空注油工艺进行注油。

5）按制造厂规定对互感器进行氮气打压密封检漏试验，并应无渗漏。

6）换油后互感器静置24h，取油样进行有关理化试验。

（6）互感器器身干燥。

目前互感器出现严重问题时以更换或返厂维修为主，所以这里只介绍现场条件下相对比较方便的热油循环干燥法。

互感器如果出现轻微受潮，现场条件下可采用热油循环干燥法进行处理，具体操作方法是：用具有绝缘油过滤、加热和真空雾化脱气等功能的真空净油机，将处理合格的热油注入互感器，并使热油循环，以达到干燥的目的。其要点如下：

1）准备好真空净油机和足量的变压器油到现场。

2）开启真空净油机，将足量的变压器油处理合格待用，油温应控制在（75±5）℃。

3）打开互感器放油阀，将油放尽。

4）拆下互感器上盖及膨胀器，装上焊有注油接头的临时盖板。

5）接好注油管路及回油管路，从互感器上部注油，底部放油阀回油。

6）打开互感器注油阀，注入（75±5）℃的合格油，注满后加热器身一定时间，然后打开回油阀，将油全部排出，重复循环多次直至达到所需的干燥效果。

7）然后按第（3）条真空注油工艺进行注油。

（7）互感器SF_6气体含水量超标处理。

运行中SF_6互感器气体含水量超标时，应按下述方法进行脱水处理：

1）准备好合格的SF_6气体和回收气体的容器。

2）将气体回收处理装置接入互感器本体上的自密封充气接头，并回收互感器内的SF_6气体。

3）启动气体回收处理装置，对回收SF_6气体进行处理，直至含水量等指标达到要求后可重新使用。

4）对互感器内部残存气体清理时，将真空泵连接到互感器本体上的自密封充气接头，抽真空至残压不高于133Pa并持续0.5h，然后用干燥的氮气多次冲洗，残余气体应经过吸附剂处理后排放到不影响人员安全的地方。

5）将互感器内吸附剂取出，送入干燥炉内进行干燥处理，在450～550℃温度下干燥2h以上，为防止吸潮，应尽快（15min以内）将干燥好的吸附剂装入互感器内。

6）对互感器进行真空检漏。抽真空到残压约133Pa，立即关闭气体入口阀门，保持4h再测量互感器残压，测量时的压力与起始时的压力差不得超过133Pa。若不符合要求，则应查找互感器的泄漏点，并予以处理。

7）在向互感器内充SF_6气体时，应逐渐打开气体回收处理装置的阀门，缓慢地充入经处理合格的SF_6气体（因SF_6气体在回收处理过程中存在一定的气体损耗，应用符合标准要求的新SF_6气体补充至互感器内），直至达到额定压力。在当时气温下的实际压力可按互感器上的SF_6压力—温度特性标志牌查找。静置24h后进行SF_6气体含水量测量，若达不到标准要求，则应检查处理工艺，再回收处理，直至合格。

3.2.3　电磁式电压互感器故障的预防措施

1. 互感器选用

应选用运行实践证明可靠性高的产品，防止质量差的产品进入电力系统。产品应有国家授权机构认定且在有效期内的型式试验报告。应满足以下要求：

（1）35kV 及以上油浸式互感器应选用带金属膨胀器微正压结构形式，厂家要按照国家及行业标准选用优质绝缘油，按订货用户要求选择油源，禁止任意混油及使用质量差的绝缘油，解决好互感器在投运后出现的氢（H_2）和甲烷（CH_4）值超标问题。

（2）瓷外绝缘互感器宜选用大小伞裙相间的瓷套，要保证足够的伞距和爬电距离，且爬电距离与弧闪距离之比应符合标准要求，同时要满足安装地点环境条件下防雨闪和防污闪的要求。

（3）气体绝缘互感器的防爆装置应采用防止积水、冻胀的结构，防爆膜应采用抗老化、耐锈蚀的材料；外绝缘采用硅橡胶时要确保浇注质量，避免事故发生。

（4）固体绝缘互感器要保证树脂渗透到一次绕组层间内部，以防事故发生；户内产品应选用通过污秽凝露试验的产品，以满足环境条件要求；户外产品要通过淋雨、高低温条件、紫外线照射等多种考核，以适应户外环境条件的要求。

（5）根据国家电网有限公司现行反事故措施的有关要求，油浸式互感器应选用带金属膨胀器微正压结构。

2. 产品投运前的预防性试验及其他注意事项

在投运前应按预防性试验规程规定周期进行预防性试验和检查，测试数据与上次试验对比应无明显差别。有关注意事项如下：

（1）对 110（66）kV 及以上电压等级的油浸式电压互感器，应逐台进行交流耐受电压试验（交流耐压试验前后应进行油中溶解气体分析）。油浸式电压互感器在交流耐压试验前要保证静置时间，110（66）kV 设备静置时间不小于 24h，220kV 及 330kV 设备静置时间不小于 48h，500kV 设备静置时间不小于 72h。

（2）电磁式电压互感器投运前应进行空载电流测量，励磁特性的拐点电压应大于 $1.5U_m/\sqrt{3}$（中性点有效接地系统）或 $1.9U_m/\sqrt{3}$（中性点非有效接地系统），其值不得大于出厂试验值的 10%。

（3）GIS 中的电压互感器，安装时应单独进行倍频感应耐压试验。

（4）对测量绕组应进行误差校验，将试验结果与出厂值和标准值进行比对，差别较大时应分析原因，必要时还应增加新的试验项目，以查明原因，不合格的互感器不得投入运行。

（5）油浸式电压互感器，投运前应进行油中溶解气体分析和微水分析。

（6）串级式电压互感器需测量本体和绝缘支架的介质损耗因数，必要时做局部放电试验和测量在高电压下的介质损耗因数。

（7）固体绝缘互感器，安装前应检查每台设备是否有局部放电试验报告，有条件时还应进行耐压试验。

（8）SF_6 气体绝缘互感器，投运前应进行气体泄漏试验和含水量测量，进行老炼试验、耐压试验和局部放电试验。

第 4 章　电容式电压互感器的原理、结构、关键工艺及试验

4.1　电容式电压互感器的工作原理

4.1.1　概述

电容式电压互感器（Capacitor Voltage Transformers，CVT）是一种通过电容分压器分压，将一次电压分为较低的中间电压，再通过中间变压器变换为标准规定的二次电压的电压互感器。电容式电压互感器主要由电容分压器和电磁单元组成，电磁单元包括中间变压器、补偿电抗器、阻尼器等器件。电容式电压互感器与电磁式电压互感器相比，具有以下特点：

（1）电容式电压互感器的电容分压器承担了一次电压，冲击电压绝缘水平高。

（2）电压越高，电容式电压互感器的成本比电磁式电压互感器降低越多。110kV 及以上的电容式电压互感器成本比电磁式电压互感器低，因而在 110kV 及以上的输变电系统中基本采用了电容式电压互感器。

（3）电磁式电压互感器在运行过程中，当出现暂态剧烈扰动时，其铁心会呈现饱和状态，与系统中的电容如线对地电容、相间电容、断路器均压电容以及其他的杂散电容形成串联谐振回路，产生铁磁谐振，在系统中产生谐振过电压，危害系统中的设备。电容式电压互感器是容性设备，在系统运行中避免了电磁式电压互感器与系统的电容形成工频谐振和铁磁谐振的问题，保障了系统运行的稳定性。目前在 35kV 和 66kV 电力系统中也越来越多地采用了电容式电压互感器。

（4）电容分压器具有耦合电容器的作用，可用于电力线路系统高频载波通信。

（5）电容式电压互感器可带有利用电容分压器测量谐波的附件和接线端子进行系统的谐波测量。

（6）电容式电压互感器仅有单相结构形式。

4.1.2　基本工作原理

电容式电压互感器电气接线示意图如图 4-1 所示，其电气原理图如图 4-2 所示。

电容式电压互感器电容分压器由高压电容 C_1 和中压电容 C_2 串联组成。高压电容 C_1 即高压端子到中压端子之间的电容，中压电容 C_2 即中压端子到低压端子 N 之间的电容。电容分压器的中压端连接到中间变压器 T，将电容分压器分压后的中间电压变换为测量及继电保护装置所要求的标准二次电压。在中间变压器 T 的高压侧或低压侧串联连接补偿电抗器 L，用

于补偿电容分压器的容抗压降。在中间变压器 T 的二次绕组上并联连接阻尼器 D，用于抑制投切等暂态过程中电容式电压互感器中出现的铁磁谐振。在补偿电抗器的两端并联连接保护器件 F，用于在暂态过程中过电压造成中间变压器铁心饱和时限制补偿电抗器的电压，以保护补偿电抗器。

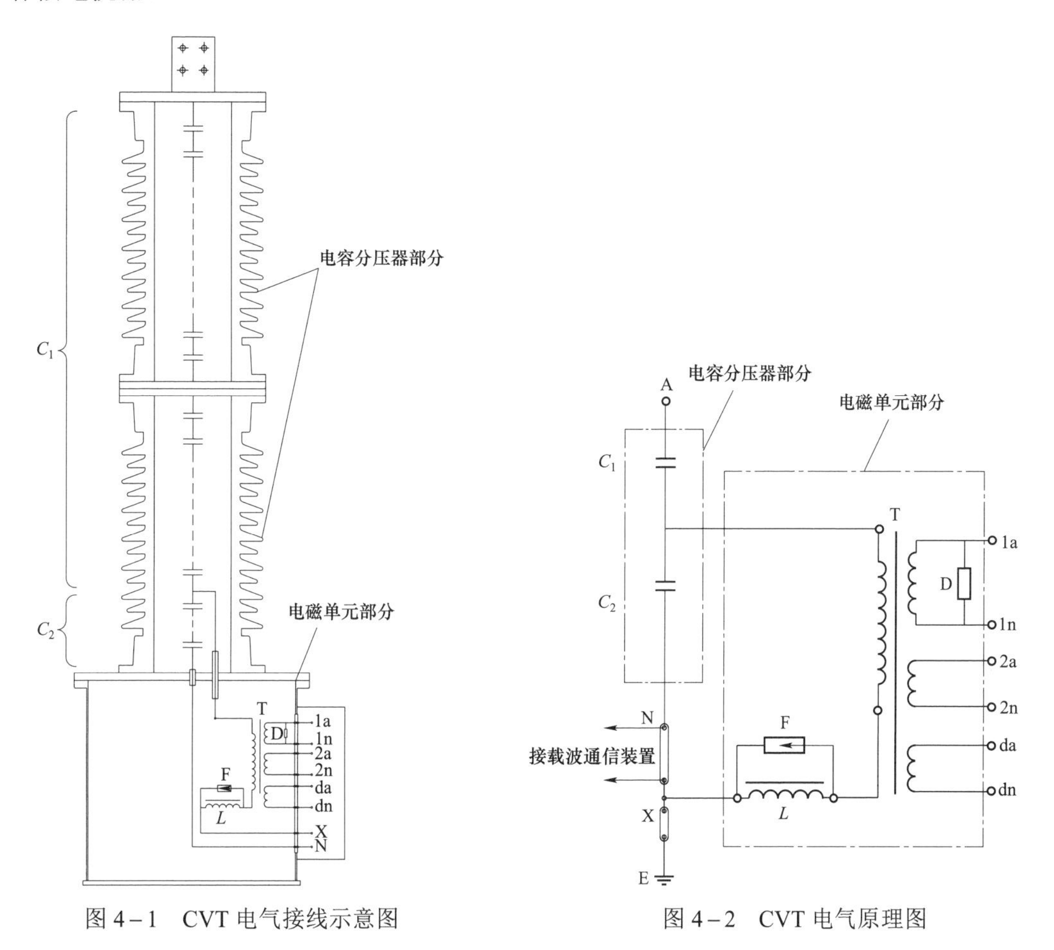

图 4－1　CVT 电气接线示意图

图 4－2　CVT 电气原理图

在此，以电容式电压互感器最基本电路来分析其工作原理。一个二次绕组连接负荷 Z。在正常工作状态下阻尼器 D 和补偿电抗器保护器件 F 都呈现高阻抗状态，可视为开路状态。其基本原理电路如图 4－3 所示。

图 4－3 中，M 点为电容分压器的中压端子，N 点为电容分压器的低压端子，P 点为中间变压器的一次端子。由图 4－3 中的 MN 点向左侧看进去，可看作有源二端口网络，电源为施加在电容分压器上的电压 U_p，输出为电容分压器的中压端和接地端，输出开路电压即电容分压器中间电压 U_C，则有

$$U_C = U_p C_1/(C_1 + C_2) = U_p/K_C$$

式中　K_C——电容分压器的分压比，$K_C = (C_1 + C_2)/C_1$。

应用戴维南定理可得等效电路，如图 4－4 所示。

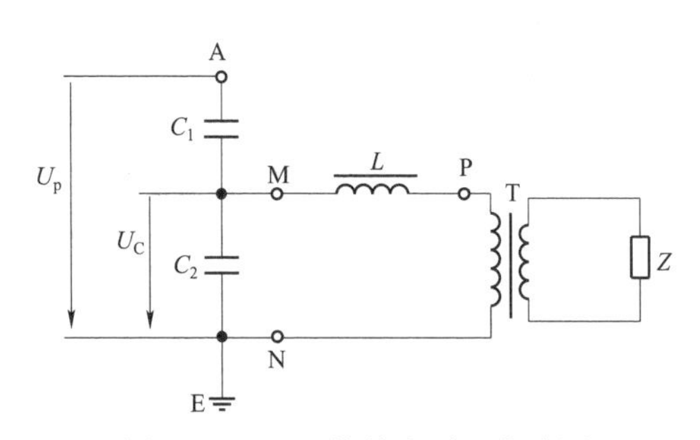

图 4－3 CVT 的基本原理电路图

C_1—电容分压器的高压电容；C_2—电容分压器的低压电容；L—补偿电抗器；T—中间变压器；
Z—二次负荷；U_p—一次电压；U_C—电容分压器中间电压（开路电压）

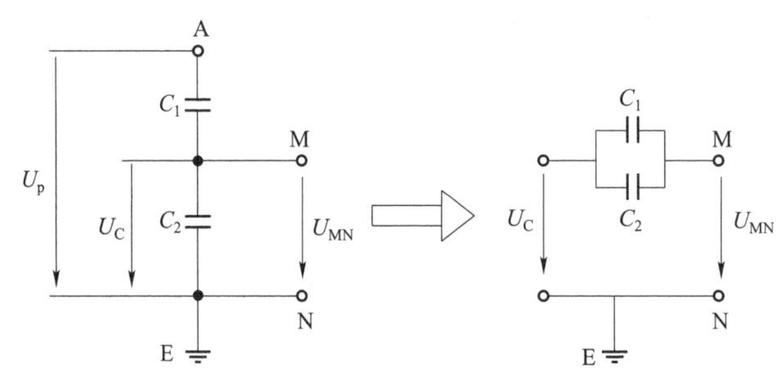

图 4－4 由 MN 向左侧看的电容分压器的等效电路

有源二端口网络等效电路的电源即为输出端口电容分压器的中间电压 U_C，其等效内阻抗为电源短路时的阻抗，即 C_1 与 C_2 并联。在此，C_1 与 C_2 并联后的电容称为等效电容 C_d。

$$C_d = C_1 + C_2$$

等效电容的容抗 X_C 为

$$X_C = \frac{1}{\omega_N C_d} = \frac{1}{\omega_N (C_1 + C_2)}$$

实际上，电容器都存在介质损耗，C_1 电容和 C_2 电容采用相同的介质结构，可以认为其介质损耗角正切相同，等效电容 C_d 介质损耗角正切也相同。为分析方便，采用 RC 等效电路来表征等效电容 C_d 及其介质损耗，由 MN 向左侧看的电容分压器的实际等效电路如图 4－5 所示。

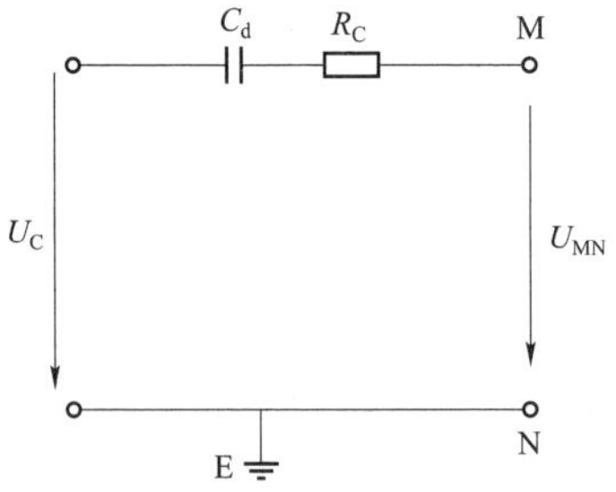

图 4－5 由 MN 向左侧看的电容分压器的实际等效电路

图中，R_C 为等效电容 C_d 介质损耗的等效串联电阻，$R_C = X_C \tan\delta$，$\tan\delta$ 为等效电容 C_d 的介质损耗角正切值。按 GB/T 20840.5《互感器 第 5 部分：电容式电压互感器的补充技术要求》规定，膜纸复合介质的 $\tan\delta \leqslant 0.0015$，全膜介质的 $\tan\delta \leqslant 0.001$。实际上，目前电容式电压互感器的电容分压器基本都采用膜纸复合介质结构，在额定电压下测得的 $\tan\delta \leqslant 0.001$。

由图 4－3 中的 MN 点向右侧看去，将中间变压器二次参数折算至一次侧，用补偿电抗器和中间变压器的等效电路代替，电容和电感用容抗和感抗表示，则图 4－3 可转化为如图 4－6 所示的等效电路。

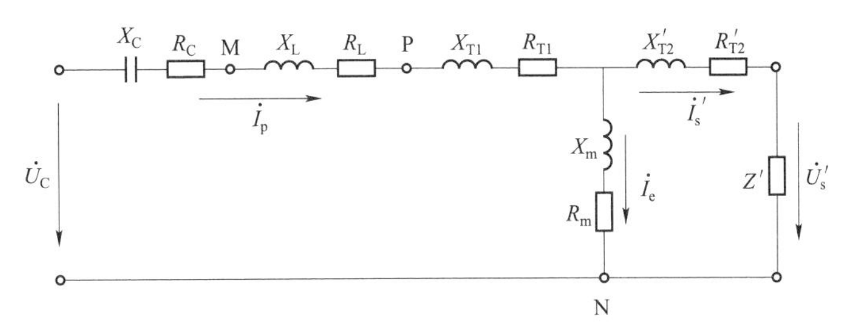

图 4－6　CVT 的等效电路

X_C—电容分压器的等效容抗；R_C—电容分压器的等效串联电阻；X_L—补偿电抗器的感抗；R_L—补偿电抗器的电阻；X_{T1}—中间变压器一次绕组的漏抗；R_{T1}—中间变压器一次绕组的电阻；X'_{T2}—中间变压器二次绕组的漏抗（折算到一次侧）；R'_{T2}—中间变压器二次绕组的电阻（折算到一次侧）；X_m—中间变压器的励磁感抗；R_m—中间变压器励磁损耗的等效电阻；Z'—二次负荷阻抗（折算到一次侧）

当分压器不带电磁单元（包括补偿电抗器和中间变压器）时，$\dot{U}_{MN}=\dot{U}_C$；当分压器带电磁单元时，$\dot{U}_{MN}$ 随负荷 Z 的变化而变化，即

$$\dot{U}_{MN}=\dot{U}_C-\dot{I}_p(R_C-\mathrm{j}X_C)$$

上式表明，当分压器带电磁单元时，由于容抗上存在压降（R_C 与 X_C 相比很小）使得 M、N 点的电压 $\dot{U}_{MN}$ 与分压器中间电压 $\dot{U}_C$ 相差较大。为了补偿 X_C 造成的压降 I_pX_C，在电容分压器与中间变压器之间串入一个补偿电抗器 L。在工频电压下，补偿电抗器 L 上的电压相位与等效电容 C_d 上的相反，并使补偿电抗器 L 上的电压幅值与等效电容 C_d 上的大致相等，就可以使中间变压器上的电压与电容分压器中间电压大致相等，即 $\dot{U}_P\approx\dot{U}_C$。因此补偿电抗器的作用就是补偿电容分压器等效电容 C_d 上的电压降，使中间变压器上的电压尽可能等于电容分压器中间电压 U_C。图 4－3 中，补偿电抗器 L 是串联在中间变压器 T 的高压端的，如果为了布置的需要，降低补偿电抗器 L 的对地绝缘，也可将补偿电抗器 L 串联在中间变压器 T 的低压端，这时，其等效电路仍与图 4－6 一致。

与图 4－6 对应的电压平衡方程式如下

$$\dot{U}'_s=\dot{U}_C-\dot{I}_p\left[(R_C+R_L+R_{T1})+\mathrm{j}(X_L+X_{T1}-X_C)\right]-\dot{I}'_s(R'_{T2}+\mathrm{j}X'_{T2})$$

由于 $\dot{I}_p=\dot{I}_e+\dot{I}'_s$，代入上式可得

$$\begin{aligned}\dot{U}'_s=\dot{U}_C&-\dot{I}_e\left[(R_C+R_L+R_{T1})+\mathrm{j}(X_L+X_{T1}-X_C)\right]-\\&\dot{I}'_s\left[(R_C+R_L+R_{T1}+R'_{T2})+\mathrm{j}(X_L+X_{T1}+X'_{T2}-X_C)\right]\end{aligned}$$

由上式可以看出，电容式电压互感器的误差分为两部分：一部分为励磁电流 $\dot{I}_e$ 引起的空载误差 $\Delta\dot{U}_0$；另一部分为负荷电流 $\dot{I}'_s$ 引起的负荷误差 $\Delta\dot{U}_Z$。

$$\Delta\dot{U}_0=\dot{I}_e\left[(R_C+R_L+R_{T1})+\mathrm{j}(X_L+X_{T1}-X_C)\right]$$

$$\Delta\dot{U}_Z=\dot{I}'_s\left[(R_C+R_L+R_{T1}+R'_{T2})+\mathrm{j}(X_L+X_{T1}+X'_{T2}-X_C)\right]$$

令

$$R_1 = R_C + R_L + R_{T1} \tag{4-1}$$

$$X_1 = X_L + X_{T1} - X_C \tag{4-2}$$

$$R = R_C + R_L + R_{T1} + R'_{T2} = R_1 + R'_{T2} \tag{4-3}$$

$$X = X_L + X_{T1} + X'_{T2} - X_C = X_1 + X'_{T2} \tag{4-4}$$

式中：R_1 为电容分压器的等效串联电阻 R_C、补偿电抗器的电阻 R_L 和中间变压器一次绕组的电阻 R_{T1} 之和，称为一次回路电阻；X_1 为电容分压器的容抗 X_C、补偿电抗器的感抗 X_L 和中间变压器一次绕组的漏抗 X_{T1} 之和，称为一次回路剩余电抗；R 为一次回路电阻 R_1 和中间变压器二次绕组的电阻 R'_{T2} 之和，称为回路总电阻；X 为一次回路剩余电抗 X_1 和中间变压器二次绕组的漏抗 X'_{T2} 之和，称为回路总剩余电抗。

上述电压平衡方程式及空载误差、负荷误差可简化为下式

$$\dot{U}'_s = \dot{U}_C - \dot{I}_e(R_1 + jX_1) - \dot{I}'_s(R + jX) \tag{4-5}$$

$$\Delta\dot{U}_0 = \dot{I}_e(R_1 + jX_1) \tag{4-6}$$

$$\Delta\dot{U}_Z = \dot{I}'_s(R + jX) \tag{4-7}$$

由式（4-6）可以看出，空载误差 $\Delta\dot{U}_0$ 主要与励磁电流 $\dot{I}_e$ 和一次回路阻抗（包括一次回路电阻 R_1 和一次回路剩余电抗 X_1）有关。减小空载误差 $\Delta\dot{U}_0$ 可以通过选用性能优良、铁损较小的硅钢材料，降低励磁电流 $\dot{I}_e$；电容分压器的等效串联电阻 R_C 很小，增大中间变压器一次绕组和补偿电抗器绕组的铜线直径，降低一次回路电阻 R_1，并调整补偿电抗器的电抗使一次回路剩余电抗 $X_1 \approx 0$。

由式（4-7）可以看出，负荷误差 $\Delta\dot{U}_Z$ 与折算至一次侧的负荷电流 $\dot{I}'_s$ 和回路总阻抗（包括回路总电阻 R 和回路总剩余电抗 X）有关。在二次负荷确定的情况下，折算至一次侧的负荷电流 $\dot{I}'_s$ 与中间变压器的变比有关，变比越大，负荷电流 $\dot{I}'_s$ 越小。为减小负荷误差 $\Delta\dot{U}_Z$，一方面可以提高中间电压，增大中间变压器的变比，降低负荷电流 $\dot{I}'_s$；另一方面，增加补偿电抗器、中间变压器一次绕组和二次绕组的铜线直径来减小回路总电阻 R，并调整补偿电抗器的电抗降低回路总剩余电抗 X。

采取增加补偿电抗器、中间变压器一次绕组和二次绕组的铜线直径，减小空载误差 $\Delta\dot{U}_0$ 和负荷误差 $\Delta\dot{U}_Z$ 的方法，会造成绕组及铁心体积的大幅增加，成本增加。同时回路总电阻 R 的减小，会降低铁磁谐振状态下回路电阻的阻尼效果，增大铁磁谐振抑制的难度。因此，选择合适线径的铜线，控制回路总电阻 R 在一定范围内即可。在电容式电压互感器的设计中，通常使 $X_C \approx X_L + X_{T1} + X'_{T2}$，这样就可使 $X \approx 0$，空载误差 $\Delta\dot{U}_0$ 和负荷误差 $\Delta\dot{U}_Z$ 就可减小。实际上，由于回路中直流电阻不可消除，且受二次绕组的负荷功率因数对相位误差的影响，一般设计中感抗略大于容抗。

4.1.3 电容式电压互感器的铁磁谐振及阻尼器

电容式电压互感器中压回路包含电容及含有铁心的非线性电感器件（如中间变压器、补

偿电抗器），在系统合闸操作、二次侧短路又突然消除以及其他暂态过电压等因素产生的过渡过程中，会激发出铁磁谐振。铁磁谐振会在中压回路产生很高的过电压和过电流，对设备造成很大的危害。

1. 基波铁磁谐振

图4-6等效电路图中，负荷Z'与中间变压器并联，可以简化为图4-7所示的等效电路。

在图4-7中，等效感抗X_L包含了补偿电抗器的感抗、中间变压器的漏抗、中间变压器励磁感抗及负荷感抗；R包括了中间变压器和补偿电抗器绕组、二次负荷的等效电阻。

U_{XC}、U_{XL}、U_R与I的关系如图4-8所示。

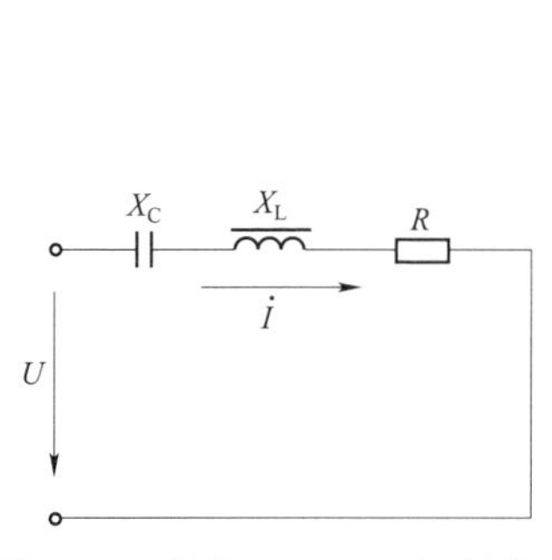

图4-7 简化$L-C-R$等效电路

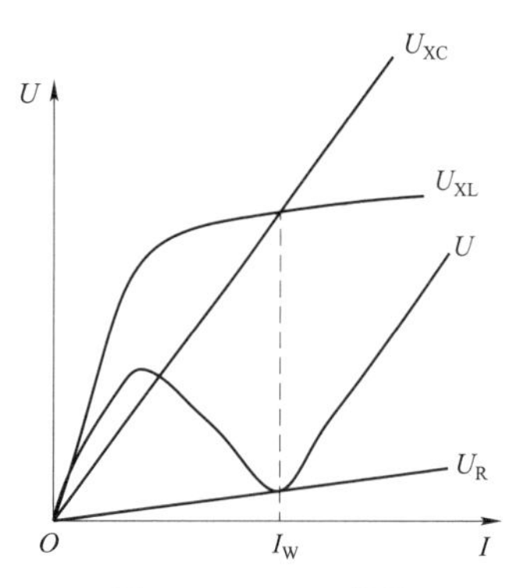

图4-8 U—I曲线

图4-8中，U_{XL}超前I 90°，U_{XC}滞后I 90°，U_R与I同相。U_{XC}与U_{XL}的交点对应的I_W为调谐点。根据基尔霍夫定律，$\dot{U}=\dot{U}_{XC}+\dot{U}_{XL}+\dot{U}_R$，$U$与$I$的关系如图4-8所示。在$I_W$左边电路为感性，电流$I$滞后于电压$U$；在$I_W$右边电路为容性，电流$I$超前于电压$U$。

当由电压源馈电，U—I沿曲线运行的路径如图4-9所示。电压上升到点1前，电流I滞后于电压U，运行沿曲线0～1。电压上升到点1后，继续上升，电流发生突变，电流I突然增大，并且I由滞后变为超前于电压U，由点1跳到曲线上点2，此后运行沿曲线2～3单调上升。而当电压下降时，沿曲线3～4运行。下降到点4时，电流又发生跳变，由点4跳变到点5，I由超前变为滞后于电压U。这就是LC串联回路的基波铁磁谐振。

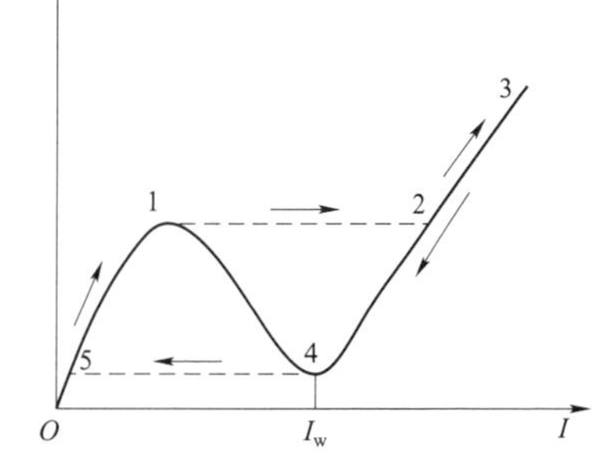

图4-9 U—I曲线运行路径图

这种谐振是在工频频率下电压升高（即工频过电压）引起的，对设备的危害较大。如图4-7中，在电容C上的电压突然上升很多倍。对电容式电压互感器而言，相当于C_2上的电压突然升高很多倍，对其绝缘造成相当大的危害。C_1虽然也承受这种谐振过电压，但一般C_1的标称电压远高于C_2，相对升高幅度要小于C_2。

2. 分次谐波铁磁谐振

在系统合闸操作、二次侧短路又突然消除以及其他暂态过电压等因素产生的过渡过程中，电容式电压互感器的铁心快速饱和，磁链及励磁电流的关系呈非线性，在励磁电流及磁链中都会包含分次谐波分量，中间变压器励磁电感快速降低，励磁电感并以分次谐波频率变化，当回路的自振频率等于或接近这些分次谐波频率时，就能产生分次铁磁谐振。

电容式电压互感器的铁磁谐振一般有电源频率的 1/3、1/5、1/7 次谐振，最常见的是 1/3 次铁磁谐振。这种分次铁磁谐振只能在强烈的过渡过程中激发出来，如系统合闸操作、二次侧短路又突然消除等。在稳态过程中不会发生。

3. 阻尼器

为抑制电容式电压互感器的铁磁谐振，需要在互感器的二次绕组并接阻尼器。由于电容式电压互感器的中压回路含有电容和非线性电感，在一次侧突然施加电压或二次侧短路又突然消除的过渡过程中，过电压使中间变压器铁心饱和，励磁电感下降，中压回路固有频率将上升到电源频率的 1/7、1/5、1/3，视回路参数出现某一种分次谐波振荡，常见的是 1/3 次振荡。由于电源不断供给能量，若没有适当阻尼，振荡将持续下去，危及电容式电压互感器本身的安全，影响二次测量、保护的正常工作，所以采用适当的阻尼器是电容式电压互感器的一项关键技术。

（1）纯电阻型阻尼器。纯电阻型阻尼器电气示意图如图 4－10 所示。

这种阻尼器接在二次绕组上，成为固定的负荷，其功率很大，可达 400W 甚至更高。这种阻尼器阻尼效果很好，但是其作为一个很大的固定负荷给电容式电压互感器带来了很大的附加误差，准确度等级很低。并且由于其功耗大，只能装在油箱外部。纯电阻阻尼器早已被淘汰。

（2）谐振型阻尼器。谐振型阻尼器电气示意图如图 4－11 所示。

图 4－10　纯电阻型阻尼器电气示意图　　图 4－11　谐振型阻尼器电气示意图

这种阻尼器的并联谐振电容器和并联谐振电抗器在工频下处于调谐状态，在正常状态下阻抗较高，阻尼电流较小，一般不超过 800mA，功耗较小。当发生次谐波谐振时，由于频率变化，破坏了并联谐振电容器和并联谐振电抗器的谐振状态，其阻抗快速降低，阻尼电流增大，阻尼电阻消耗谐振能量，快速抑制铁磁谐振。谐振型阻尼器正常功耗约为数十瓦，但由于其为储能元件，使得电容式电压互感器的暂态响应差，目前已很少使用。

图 4－12　速饱和电抗型阻尼器电气示意图

（3）速饱和电抗型阻尼器。速饱和电抗型阻尼器电气示意图如图 4－12 所示。

速饱和电抗器铁心一般采用坡莫合金材料，目前还有非晶铁心或硅钢铁心材料。正常运行时，速饱和电抗器阻抗很高，谐振时，过电压导致电抗器铁心快速饱和，阻抗急剧降低，从而消耗谐振能量，快速抑制铁磁谐振。速饱和电抗型阻尼器，在正常状态下阻抗很高，$1.2U_n$ 下阻尼电流一般不超过 100mA。其性能稳定可靠，并且暂态响应好，能够满足快速继电保护的要求。目前在有效接地的电力系统中使用的电容式电压互感器，均使用速饱和电抗型阻尼器。

4.1.4　电容式电压互感器的载波通信

电力线路载波通信（PLC）是利用高压输电线作为传输通道的载波通信方式。随着光纤通信技术的发展，电力线载波通信已从主导的电力通信方式改变为辅助通信方式。目前依然有许多变电站采用电力线路载波通信，用于电力系统的调度通信、远动保护、生产指挥、业务通信等。

电力线路载波通信系统由电力载波机、电力线路和耦合设备组成，耦合设备包括线路阻波器、耦合电容器、结合滤波器和高频电缆。电容式电压互感器的电容分压器可作为耦合电容器用于载波通信，电力线路载波通信系统简图如图 4－13 所示。

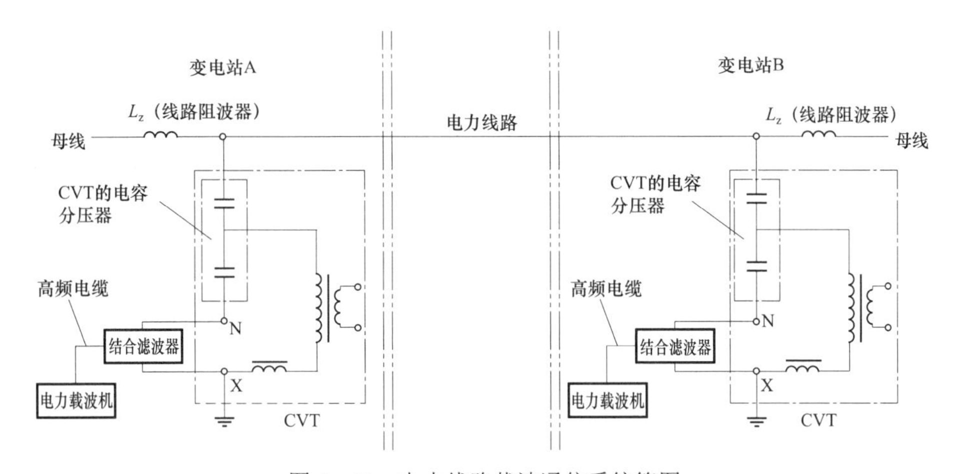

图 4－13　电力线路载波通信系统简图

电力载波机主要实现信号的调制和解调，即在发送信号时将通信信号加载到高频载波上实现调制，并在接收信号时从调制后的高频波还原通信信号。耦合电容器（或电容式电压互感器的电容分压器）和结合滤波器组成带通滤波器，通过高频载波信号，并阻止输电系统中的工频高电压和电流进入载波设备。线路阻波器串联在电力线路和母线之间，通过电力电流阻止高频载波信号向母线侧线路分流。结合滤波器通过高频电缆连接电力载波机，提供高频信号通路。输电线既传输电能又传输高频信号。

4.2　电容式电压互感器的性能及特点

4.2.1　电容式电压互感器的准确级和误差特性

1. 准确级

电容式电压互感器的准确级分为测量用准确级和保护用准确级。

测量用准确级是以该准确级在额定电压和额定负荷下所规定的最大允许电压误差百分数来标称。标准准确级为 0.2 级、0.5 级、1.0 级、3.0 级。当温度和频率在其参考范围内的任一值下，负荷为系列 Ⅰ 负荷（GB/T 20840.5 中，功率因数为 1.0，额定输出不超过 10VA 的负荷系列）的 0～100%额定值，或系列Ⅱ负荷（GB/T 20840.5 中，功率因数为 0.8 滞后，额定输出不小于 10VA 的负荷系列）的 25%～100%额定值时，相应准确级的电压误差和相位差不应超过表 4－1 所列值。

表 4－1　　测量用电容式电压互感器的电压误差和相位差的限值

测量用准确级	电压误差（比值差）/±%	相位差	
		±（′）	±crad
0.2	0.2	10	0.3
0.5	0.5	20	0.6
1.0	1.0	40	1.2
3.0	3.0	不规定	不规定

保护用准确级是以该准确级自 5%额定电压到额定电压因数（1.2、1.5 或 1.9）所对应电压范围内规定的最大允许电压误差百分数来标称，其后标以字母“P”。标准准确级为 3P 和 6P。在 2%和 5%额定电压和额定电压乘以额定电压因数（1.2、1.5 或 1.9）的电压下，当温度和频率在其参考范围内的任一值下，负荷为系列Ⅰ负荷（GB/T 20840.5 中，功率因数为 1.0，额定输出不超过 10VA 的负荷系列）的 0～100%额定值，或系列Ⅱ负荷（GB/T 20840.5 中，功率因数为 0.8 滞后，额定输出不小于 10VA 的负荷系列）的 25%～100%额定值时，相应准确级的电压误差和相位差不应超过表 4－2 所列值。

表 4－2　　保护用电容式电压互感器的电压误差和相位差的限值

保护用准确级	在额定电压百分数下的电压误差（比值差）/±%				在额定电压百分数下的相位差							
					±（′）				±crad			
	2	5	100	X	2	5	100	X	2	5	100	X
3P	6.0	3.0	3.0	3.0	240	120	120	120	7.0	3.5	3.5	3.5
6P	12.0	6.0	6.0	6.0	480	240	240	240	14.0	7.0	7.0	7.0

注：$X=F_v\times100$（额定电压因数乘以 100）。

对于电容式电压互感器，其暂态特性的补充级（T1、T2 和 T3）是跟随保护用准确级一起标称，如 3PT1 级是 3P 级和暂态特性级 T1 的组合。

2. 基本误差

电容式电压互感器的误差包括比值差和相位差，可以用如下复数误差形式表示

$$\dot{\varepsilon}=\varepsilon+\mathrm{j}\delta$$

式中：复数误差 $\dot{\varepsilon}$ 中实数部分 ε 为比值差，也称为电压误差；虚数部分 δ 为相位差。

电容分压器的额定分压比 K_{Cr} 为

$$K_{Cr}=\frac{U_{pr}}{U_{Cr}}$$

式中　U_{pr}——额定一次电压，kV；

U_{Cr}——电容分压器的额定中间电压，kV。

中间变压器的额定变比 K_{Tr} 为

$$K_{Tr}=\frac{U_{Cr}}{U_{sr}}$$

式中　U_{sr}——额定二次电压，kV。

电容式电压互感器额定电压比 k_r 为

$$k_r=\frac{U_{pr}}{U_{sr}}=K_{Cr}K_{Tr}$$

根据定义，电容式电压互感器复数误差为

$$\dot{\varepsilon}=\frac{k_r\dot{U}_s-\dot{U}_p}{\dot{U}_p}=\frac{K_{Cr}K_{Tr}\dot{U}_s-\dot{U}_p}{\dot{U}_p}=\frac{K_{Tr}\dot{U}_s-\dot{U}_p/K_{Cr}}{\dot{U}_p/K_{Cr}}=\frac{\dot{U}_s'-\dot{U}_C}{\dot{U}_C}$$

由式（4-5）代入上式中，得到

$$\dot{\varepsilon}=-\frac{\dot{I}_e(R_1+jX_1)+\dot{I}_s'(R+jX)}{\dot{U}_C}=-\frac{\dot{I}_e(R_1+jX_1)}{\dot{U}_C}-\frac{\dot{I}_s'(R+jX)}{\dot{U}_C} \tag{4-8}$$

前一项为空载电流 I_e 在中压一次回路阻抗上的压降引起，称为空载误差；后一项为二次负荷电流在中压回路阻抗上的压降引起，称为负荷误差。

对于空载误差，由于（R_1+jX_1）与中间变压器的励磁阻抗相比非常小，可以忽略其影响，因此可以认为铁心主磁通由中间电压 U_C 励磁，因而 I_e 的有功分量 I_{eP} 与 U_C 同相，I_e 的无功分量 I_{eQ} 与 U_C 滞后π/2，所以

$$\dot{\varepsilon}_0=-\frac{\dot{I}_e(R_1+jX_1)}{\dot{U}_C}=-\frac{(I_{eP}-jI_{eQ})(R_1+jX_1)}{\hat{U}U_{Cr}}=-\frac{I_{eP}R_1+I_{eQ}X_1}{\hat{U}U_{Cr}}+j\frac{I_{eQ}R_1-I_{eP}X_1}{\hat{U}U_{Cr}}$$

式中，$\hat{U}$ 为电压标幺值，即实际电压与额定电压的比值（U_C/U_{Cr} 或 U_p/U_{pr}）。

因而，空载比值差和相位差为

$$\varepsilon_0=-\frac{I_{eP}R_1+I_{eQ}X_1}{\hat{U}U_{Cr}}\times100\%=-\frac{P_eR_1+Q_eX_1}{(\hat{U}U_{Cr})^2}\times100\% \tag{4-9}$$

$$\Delta\varphi_0=\frac{I_{eQ}R_1-I_{eP}X_1}{\hat{U}U_{Cr}}=\frac{Q_eR_1-P_eX_1}{(\hat{U}U_{Cr})^2}\ \text{(rad)}$$

式中，相位差单位为 rad（弧度），1rad 等于 3438′，近似取值 3440′。相位差按分（′）表示时可写为

$$\Delta\varphi_0=\frac{Q_eR_1-P_eX_1}{(\hat{U}U_{Cr})^2}\times3440\ (')\tag{4-10}$$

式中：P_e 为中间变压器铁心励磁容量的有功分量，主要由励磁时铁心损耗引起；Q_e 为中间变压器铁心励磁容量的无功分量，为铁心磁化功率与接缝磁化功率之和。空载损耗只与施加电压、铁心损耗及磁化功率、一次回路的直流电阻和剩余电抗有关，与二次负荷无关。

对于负荷误差，当二次额定视在负荷为 S_{2n}，负荷阻抗为 Z 时（折算至一次侧为 Z'），则有

$$Z' = \frac{(U'_{sr})^2}{S_{2n}} = \frac{U_{Cr}^2}{S_{2n}}$$

负荷电流则为

$$\dot{I}'_s = \frac{\dot{U}'_s}{Z'} = \dot{U}'_s \frac{S_{2n}}{U_{Cr}^2}$$

负荷误差为

$$\dot{\varepsilon}_f = -\frac{\dot{I}'_s(R + jX)}{\dot{U}_C} = -\frac{\dot{U}'_s}{\dot{U}_C} \frac{S_{2n}(R + jX)}{U_{Cr}^2}$$

对互感器而言，实际误差很小，可以认为

$$\frac{\dot{U}'_s}{\dot{U}_C} = 1$$

二次额定负荷功率因数角为 φ（滞后）时，二次额定视在负荷复数形式表示为

$$S_{2n} = P + jQ = S_{2n}\cos\varphi + (-jS_{2n}\sin\varphi) = S_{2n}(\cos\varphi - j\sin\varphi)$$

负荷误差为

$$\dot{\varepsilon}_f = -\frac{S_{2n}(\cos\varphi - j\sin\varphi)(R + jX)}{U_{Cr}^2} = -\frac{S_{2n}(R\cos\varphi + X\sin\varphi)}{U_{Cr}^2} + j\frac{S_{2n}(R\sin\varphi - X\cos\varphi)}{U_{Cr}^2}$$

因而，负荷比值差和相位差为

$$\varepsilon_f = -\frac{S_{2n}(R\cos\varphi + X\sin\varphi)}{U_{Cr}^2} \times 100\%$$

$$\Delta\varphi_f = \frac{S_{2n}(R\sin\varphi - X\cos\varphi)}{U_{Cr}^2} \times 3440 \quad (')$$

3. 附加误差

由于电容式电压互感器采用电容分压器分压，并且在工频频率下保持回路容抗与感抗平衡，当外部因素造成容抗变化或容抗与感抗平衡后的回路总剩余电抗 X 变化时，就会带来额外的误差，这种误差称为附加误差。电容式电压互感器的附加误差有温度变化产生的附加误差和电源频率变化产生的附加误差。

（1）温度附加误差。环境温度的变化使电容分压器的等效电容发生变化，引起电容式电压互感器剩余电抗的变化，产生附加误差。温度变化引起的电阻变化量很小，与电磁式电压互感器相同，可以忽略。

电容分压器电容温度系数为 T_C，表示给定温度变化量下的电容变化率。环境温度变化 ΔT 时，电容变化（$1 + T_C\Delta T$）C_d，变化后的容抗为

$$X'_C = \frac{1}{\omega_n(1 + T_C\Delta T)C_d} = \frac{1 - T_C\Delta T}{\omega_n C_d[1 - (T_C\Delta T)^2]} \approx \frac{1 - T_C\Delta T}{\omega_n C_d} = X_C - \frac{T_C\Delta T}{\omega_n C_d}$$

容抗变化量为

$$\Delta X_{\mathrm{C}}=X'_{\mathrm{C}}-X_{\mathrm{C}}=-\frac{T_{\mathrm{C}}\Delta T}{\omega_{\mathrm{n}}C_{\mathrm{d}}}$$

剩余电抗变化量为

$$\Delta X=X'-X=(X_{\mathrm{L}}-X'_{\mathrm{C}})-(X_{\mathrm{L}}-X_{\mathrm{C}})=-\Delta X_{\mathrm{C}}=-\frac{T_{\mathrm{C}}\Delta T}{\omega_{\mathrm{n}}C_{\mathrm{d}}}$$

对空载误差而言，由于励磁电流很小，对空载误差的影响很小，可以忽略。温度变化引起的负荷误差的比值差为

$$\varepsilon'_{\mathrm{f}}=-\frac{S_{2\mathrm{n}}}{U_{\mathrm{Cr}}^{2}}[R\cos\varphi+(X+\Delta X)\sin\varphi]\times100\%=\varepsilon_{\mathrm{f}}-\frac{S_{2\mathrm{n}}}{U_{\mathrm{Cr}}^{2}}\frac{T_{\mathrm{C}}\Delta T}{\omega_{\mathrm{n}}C_{\mathrm{d}}}\sin\varphi\times100\%$$

温度变化引起的比值差附加误差为

$$\varepsilon_{\mathrm{T}}=-\frac{S_{2\mathrm{n}}}{U_{\mathrm{Cr}}^{2}}\frac{T_{\mathrm{C}}\Delta T}{\omega_{\mathrm{n}}C_{\mathrm{d}}}\sin\varphi\times100\%=-\frac{T_{\mathrm{C}}\Delta TS_{2\mathrm{n}}\sin\varphi}{\omega_{\mathrm{n}}(C_{1}+C_{2})U_{\mathrm{Cr}}^{2}}\times100\%$$

同样可计算温度对角差的影响

$$\Delta\varphi_{\mathrm{T}}=-\frac{S_{2\mathrm{n}}}{U_{\mathrm{Cr}}^{2}}\frac{T_{\mathrm{C}}\Delta T}{\omega_{\mathrm{n}}C_{\mathrm{d}}}\cos\varphi\times3440\,(')=-\frac{T_{\mathrm{C}}\Delta TS_{2\mathrm{n}}\cos\varphi}{\omega_{\mathrm{n}}(C_{1}+C_{2})U_{\mathrm{Cr}}^{2}}\times3440\,(')$$

（2）频率附加误差。电力系统运行的频率不是完全运行在 50Hz 稳定不变的，而是在一定的偏差范围内有所波动。GB/T 15945《电能质量　电力系统频率偏差》规定“电力系统正常运行条件下频率偏差限值为±0.2Hz。当系统容量较小时，偏差限值可以放宽到±0.5Hz”。当频率变化时，容抗与感抗都将发生变化，引起电容式电压互感器剩余电抗的变化，产生附加误差。一般考虑频率偏差为±0.5Hz。角频率由额定角频率 ω_{n} 变化至 ω 时，剩余电抗为

$$X'=X'_{\mathrm{L}}-X'_{\mathrm{C}}=\omega L-\frac{1}{\omega C_{\mathrm{d}}}=\frac{\omega}{\omega_{\mathrm{n}}}\omega_{\mathrm{n}}L-\frac{\omega_{\mathrm{n}}}{\omega}\frac{1}{\omega_{\mathrm{n}}C_{\mathrm{d}}}=\frac{\omega}{\omega_{\mathrm{n}}}X_{\mathrm{L}}-\frac{\omega_{\mathrm{n}}}{\omega}X_{\mathrm{C}}$$

剩余电抗的变化量为

$$\Delta X=X'-X=\left(\frac{\omega}{\omega_{\mathrm{n}}}-1\right)X_{\mathrm{L}}-\left(\frac{\omega_{\mathrm{n}}}{\omega}-1\right)X_{\mathrm{C}}$$

由于 $X_{\mathrm{L}}\approx X_{\mathrm{C}}$，因此有

$$\Delta X\approx\left(\frac{\omega}{\omega_{\mathrm{n}}}-\frac{\omega_{\mathrm{n}}}{\omega}\right)X_{\mathrm{C}}$$

频率变化引起的负荷误差的比值差为

$$\varepsilon'_{\mathrm{f}}=-\frac{S_{2\mathrm{n}}}{U_{\mathrm{Cr}}^{2}}[R\cos\varphi+(X+\Delta X)\sin\varphi]\times100\%=\varepsilon_{\mathrm{f}}-\left(\frac{\omega}{\omega_{\mathrm{n}}}-\frac{\omega_{\mathrm{n}}}{\omega}\right)\frac{S_{2\mathrm{n}}}{U_{\mathrm{Cr}}^{2}}\frac{1}{\omega_{\mathrm{n}}C_{\mathrm{d}}}\sin\varphi\times100\%$$

频率对比值差的影响为

$$\varepsilon_{\omega}=-\left(\frac{\omega}{\omega_{n}}-\frac{\omega_{n}}{\omega}\right)\frac{S_{2n}}{U_{Cr}^{2}}\frac{1}{\omega_{n}C_{d}}\sin\varphi\times100\%=-\left(\frac{\omega}{\omega_{n}}-\frac{\omega_{n}}{\omega}\right)\frac{S_{2n}\sin\varphi}{\omega_{n}C_{d}U_{Cr}^{2}}\times100\%$$

同样可计算频率对角差的影响

$$\Delta\varphi_{\omega}=-\left(\frac{\omega}{\omega_{n}}-\frac{\omega_{n}}{\omega}\right)\frac{S_{2n}\cos\varphi}{\omega_{n}C_{d}U_{Cr}^{2}}\times3440\ (')$$

4. 总误差

电容式电压互感器总误差包含空载误差、负荷误差、温度附加误差和频率附加误差。空载误差是变压器铁心励磁过程中的损耗引起的误差；负荷误差是负荷电流在互感器回路中的压降引起的误差；温度附加误差是互感器所处环境温度变化带来的误差，一般需要考虑使用环境的上限温度和下限温度；频率附加误差是在系统运行中频率偏差引起的，一般需要考虑上限频率 50.5Hz 和下限频率 49.5Hz。电容式电压互感器总误差为

$$\varepsilon=\varepsilon_{0}+\varepsilon_{f}+\varepsilon_{T}+\varepsilon_{\omega}$$

$$\Delta\varphi=\Delta\varphi_{0}+\Delta\varphi_{f}+\Delta\varphi_{T}+\Delta\varphi_{\omega}$$

4.2.2 电容式电压互感器的性能及特点

1. 额定绝缘水平

（1）一次端额定绝缘水平。电容式电压互感器的一次端额定绝缘水平以设备最高电压为依据进行选取，包括额定短时工频耐受电压、额定雷电冲击耐受电压、额定操作冲击耐受电压及截断雷电冲击（内绝缘）耐受电压，按 GB 311.1 及国家电网有限公司、中国南方电网有限责任公司对电容式电压互感器的绝缘水平要求典型值见表 4－3。

表 4－3　电容式电压互感器绝缘水平

额定一次电压 U_{pr}（方均根值）/kV	设备最高电压 U_{m}（方均根值）/kV	额定短时工频耐受电压（方均根值）/kV	额定雷电冲击耐受电压（峰值）/kV	额定操作冲击耐受电压（峰值）/kV	截断雷电冲击（内绝缘）耐受电压（峰值）/kV
$35/\sqrt{3}$	40.5	95	200	—	220
$66/\sqrt{3}$	72.5	160	350	—	385
$110/\sqrt{3}$	126	230	550	—	630
$220/\sqrt{3}$	252	460	1050	—	1175
$330/\sqrt{3}$	363	510	1175	950	1300
$500/\sqrt{3}$	550	740	1550	1175	1675
$765/\sqrt{3}$	800	975	2100	1550	2310
$1000/\sqrt{3}$	1100	1200	2400	1800	2760

注：对 1000kV 的电容式电压互感器，额定短时工频耐受电压试验持续 5min。

（2）截断雷电冲击（内绝缘）耐受电压。考核设备的内绝缘，主要是检验电容分压器的内部绝缘能力。

（3）电容分压器的低压端子绝缘。电容分压器低压端子与接地端子之间的额定工频耐受电压为 4kV。如果电容分压器的低压端子暴露于大气中，则低压端子与接地端子之间的额定工频耐受电压为 10kV。

（4）电容分压器的中压端子绝缘。对于系统电压小于 1000kV 的电容式电压互感器，其电容分压器的中压端子与接地端子之间的额定工频耐受电压应等于下列两式计算结果的较高者。

$$U'\frac{C_{1r}}{C_{1r}+C_{2r}}K$$

$$U_{pr}\times 3.6\frac{C_{1r}}{C_{1r}+C_{2r}}$$

式中　U'——电容式电压互感器的额定短时工频耐受电压，kV；

K——电容分压器电容分布不均匀系数，一般取值 1.05；

C_{1r}——额定高压电容，μF；

C_{2r}——额定中压电容，μF。

对于系统电压为 1000kV 的电容式电压互感器，其电容分压器的中压端子与接地端子之间的额定工频耐受电压应等于 4 倍的额定中间电压值。

（5）电磁单元的绝缘要求。

1）电磁单元的额定短时工频耐受电压与电容分压器中压端子的规定值相同。

2）电磁单元的额定雷电冲击耐受电压应等于

$$U''\times\frac{C_{1r}}{C_{1r}+C_{2r}}\times K$$

式中　U''——电容式电压互感器的额定雷电冲击耐受电压，kV。

（6）电磁单元中压回路低压端子的绝缘要求。电磁单元中压回路低压端子应单独引出，低压端子对地之间的额定工频耐受电压为 4kV。

2. 铁磁谐振

在不超过 $1.5U_{pr}$（中性点有效接地系统）或 $1.9U_{pr}$（中性点非有效接地系统）的任一电压值下和负荷为 0 至额定负荷之间的任一值时，由开关操作或者由一次或二次暂态现象引起的电容式电压互感器的铁磁谐振应不持续。

铁磁谐振振荡时间 T_F 之后的最大瞬时误差 $\hat{\varepsilon}_F$ 由下式确定

$$\hat{\varepsilon}_F=\frac{\hat{U}_S-\dfrac{\sqrt{2}\times U_P}{k_r}}{\dfrac{\sqrt{2}\times U_P}{k_r}}=\frac{k_r\times\hat{U}_S-\sqrt{2}\times U_P}{\sqrt{2}\times U_P}$$

式中　$\hat{\varepsilon}_F$——最大瞬时误差；

$\hat{U}_S$——时间 T_F 之后的二次电压（峰值），kV；

U_P——一次电压（方均根值），kV；

k_r——额定变比。

指定时间 T_F（铁磁谐振振荡时间）之后的最大瞬时误差 $\hat{\varepsilon}_F$ 要求见表 4－4。

表 4－4　　铁磁谐振要求

一次电压 U_p（方均根值）	铁磁谐振振荡时间 T_F/s	经时间 T_F 后的最大瞬时误差 $\hat{\varepsilon}_F$（%）
$0.8U_{pr}$	≤0.5	≤10
$1.0U_{pr}$	≤0.5	≤10
$1.2U_{pr}$	≤0.5	≤10
$1.5U_{pr}$（或 $1.9U_{pr}$）	≤2	≤10

注：中性点有效接地系统为 $1.5U_{pr}$，中性点非有效接地系统或中性点绝缘系统为 $1.9U_{pr}$。

3. 暂态响应

系统运行过程中，当线路发生对地短路故障时，互感器一次电压短路为零，理论上二次电压应同时降为零，并向继电保护装置提供故障保护信号。但实际上，电容式电压互感器包含了电容器、补偿电抗器、中间变压器和阻尼器等储能元件，二次电压会经过周期性振荡衰减或非周期性衰减，延迟一定时间后才能降为零。对继电保护而言，如果在规定的时间内二次电压衰减速度慢、残余电压高，则会对继电保护装置的正确动作造成不利的影响。

暂态响应就是在暂态条件下，与高压端子电压波形相比，所测得的二次电压波形的保真度。GB/T 20840.5 中对暂态响应的要求为：在高压端子 A 与接地的低压端子 N 之间的电源短路后，电容式电压互感器的二次电压，应在规定时间 T_s 内衰减到相对于短路前峰值电压的某一规定值（图 4－14）。暂态响应特性为一次短路后规定时间 T_s 时的二次电压瞬时值 $U_s(t)$ 对一次短路前的二次电压峰值 $F_V \times \sqrt{2} \times U_{sr}$ 的比值。一次电压 $U_p(t)$ 和二次电压 $U_s(t)$ 在一次短路后的波形如图 4－14 所示。

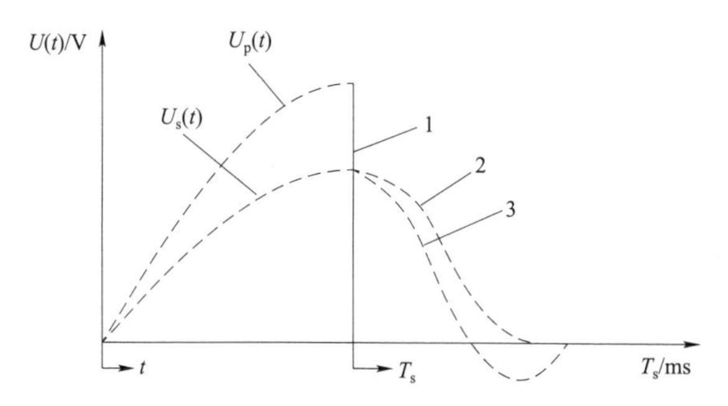

图 4－14　电容式电压互感器的暂态响应波形

1—U_p(t)短路；2—U_s(t)非周期性衰减；3—U_s(t)周期性衰减

暂态响应特性是继电保护对电容式电压互感器的一种重要性能要求，该特性仅适用于保护用电容式电压互感器。

标准的暂态响应级分为T1、T2、T3三个等级，是跟随保护用准确级一起标称，见表4－5。

表4－5　暂态响应数值和级的标准值

时间 T_S /ms	比值 $\frac{\lvert U_s(t)\rvert}{\sqrt{2}\times U_s}\times 100\%$		
	分级		
	3PT1 6PT1	3PT2 6PT2	3PT3 6PT3
10	—	≤25	≤4
20	≤10	≤10	≤2
40	<10	≤2	≤2
60	<10	≤0.6	≤2
90	<10	≤0.2	≤2

注：1. 对于某一规定的级，二次电压 $U_s(t)$ 的暂态响应可能是非周期性衰减或周期性衰减，并可采用可靠的阻尼装置。
2. 对于3PT3和6PT3暂态响应级的电容式电压互感器，需采用阻尼装置。
3. 由制造方与用户协商可采用其他的比值和时间 T_S 值。
4. 暂态响应级的选用，依据所用保护继电器的特性。

4. 短路承受能力

二次短路对电容式电压互感器是一个危害性很大的故障。由于电容式电压互感器的短路阻抗很小，在二次短路故障状态下，短路的绕组电流将达数百安培，一次绕组电流增大百倍以上，中间变压器的温升快速增大。并且中间变压器铁心饱和，中间电压将施加在补偿电抗器上，对补偿电抗器的绝缘造成重大影响。如果不能在很短时间内切除二次短路故障，则会发生中间变压器绕组过热引起绝缘降低直至匝间击穿，烧毁中间变压器，以及损坏电磁单元内部绝缘。一般要求二次回路中应设有熔断器，在偶然因素下发生二次短路故障时，能够快速熔断而断开回路，保护设备的安全。同时也要求电压互感器具备一定的短路承受能力，在二次短路的规定时间内不会造成内部绝缘损伤。

GB/T 20840.5规定，电容式电压互感器在额定电压励磁下应能承受1s的二次绕组外部短路造成的机械、电和热的效应而无损伤。

5. 电容温度系数

电容分压器的介质材料随温度变化会引起介电常数的变化，导致电容发生变化，从而对电容式电压互感器产生附加误差。电容温度系数是给定温度变化量下的电容变化率。

$$T_C = \frac{\frac{\Delta C}{\Delta T}}{C_{20℃}}$$

式中　T_C——电容变化率，K^{-1}；

ΔC——在温度间隔 ΔT 所测得的电容变化值，μF；

$C_{20℃}$——20℃时测得的电容值，μF。

4.3 电压互感器的基本参数和型号规则

4.3.1 电容式电压互感器的基本参数

1. 设备最高电压 U_m

最高的相间电压方均根值，是设备设计绝缘的依据。设备最高电压见表4－3。

2. 额定一次电压 U_{pr}

用于电容式电压互感器标志并作为其性能基准的一次电压值。额定一次电压的标准值见表4－3。在少量工程中由于运行电压长期高于标准值，将额定一次电压提高，如500kV变电站中额定一次电压提高为 $525/\sqrt{3}$ kV。

3. 额定二次电压 U_{sr}

用于电容式电压互感器标志并作为其性能基准的二次电压值。GB/T 20840.5规定，接在系统相与地之间的电容式电压互感器的额定二次电压为 $100/\sqrt{3}$ V。剩余电压绕组的额定电压与系统的接地方式有关，其额定电压见表4－6。

表4－6　剩余电压绕组的额定电压

优先值/V	可用值（非优先值）/V	备注
100	$100/\sqrt{3}$	用于中性点有效接地系统
100/3	100	用于中性点非有效接地或中性点绝缘系统

4. 额定频率

额定频率的标准值为50Hz。对测量用准确级，额定频率范围为额定频率的99%～101%；对保护用准确级，额定频率范围为额定频率的96%～102%。

5. 额定电压因数（F_v）

额定电压因数是与额定一次电压相乘以确定最高电压的系数，在此电压下，互感器必须满足相应的规定时间的热性能要求和相应的准确度要求。额定电压因数由最高运行电压确定，而后者又取决于系统接地方式。各种接地方式所对应的额定电压因数及其在最高运行电压下的允许持续时间（即额定时间）见表4－7。

表4－7　满足准确度和热性能要求的额定电压因数标准值

额定电压因数 F_v	额定时间	一次端子连接方式和系统接地方式
1.2	连续	中性点有效接地系统中的相与地之间
1.5	30s	
1.2	连续	带有自动切除对地故障的中性点非有效接地系统中的相与地之间
1.9	30s	

续表

额定电压因数 F_v	额定时间	一次端子连接方式和系统接地方式
1.2	连续	无自动切除对地故障的中性点绝缘系统或无自动切除对地故障的谐振接地系统中的相与地之间
1.9	8h	

注：1. 额定时间允许缩短，具体值由制造方与用户协商确定。

2. 电容式电压互感器的热性能和准确度要求以额定一次电压为基准，而其额定绝缘水平则以设备最高电压 U_m（GB 311.1）为基准。

3. 电容式电压互感器的最高连续运行电压，应低于或等于设备最高电压 U_m 除以 $\sqrt{3}$ 或额定一次电压 U_{pr} 乘以连续工作的额定电压因数 1.2，取其最低者。

6. 额定电容

电容分压器设计时选用的电容值。目前国内在国家电网有限公司、中国南方电网有限责任公司及制造企业的努力下，已规范了额定电容值。规范后的额定电容值为 5000pF、10 000pF 和 20 000pF。对应各电压等级，用于 35kV 和 66kV 系统的为 20 000pF；用于 110kV 系统的为 10 000pF 和 20 000pF，其中 10 000pF 的电容式电压互感器主要用于线路侧安装，20 000pF 的主要用于母线侧安装；用于 220kV 系统的为 5000pF 和 10 000pF，其中 5000pF 的电容式电压互感器主要用于线路侧安装，10 000pF 的主要用于母线侧安装；用于 330kV 及以上系统的为 5000pF。

7. 额定输出

额定输出是在额定二次电压下和接有额定负荷时，电容式电压互感器所供给二次电路的视在功率值（在规定功率因数下的伏安值）。对于功率因数为 1.0（负荷系列Ⅰ）的额定输出标准值为 1.0VA、2.5VA、5.0VA、10VA，对负荷系列Ⅰ准确度要求是规定在 0～100%额定负荷下。对于功率因数为 0.8（滞后）（负荷系列Ⅱ）的额定输出标准值为 10VA、25VA、50VA，对负荷系列Ⅱ准确度要求是规定在 25%～100%额定负荷下。

8. 额定准确级

这是对互感器给定的等级，表示它在规定使用条件下的比值差和相位差保持在规定的限值内，具体见表 4－1 和表 4－2。

9. 额定绝缘水平

电容式电压互感器绝缘水平按照设备最高电压选取，见表 4－3。

4.3.2　电容式电压互感器的型号规则

电容式电压互感器的型号采用 JB/T 3837《变压器类产品型号编制方法》进行编制。

电容式电压互感器型号的组成形式如下：

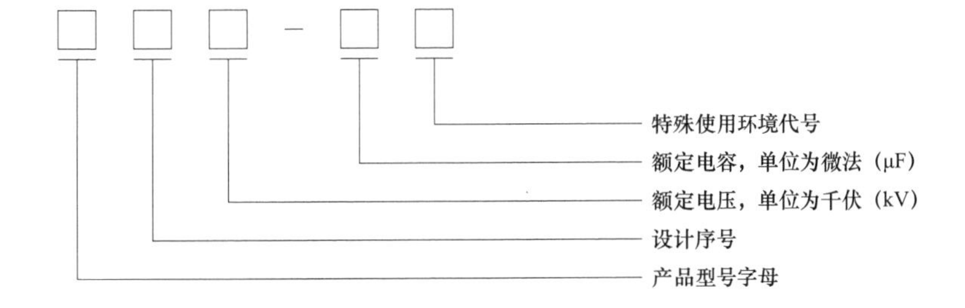

电容式电压互感器产品型号字母排列顺序及含义见表 4－8。

表 4－8　电容式电压互感器产品型号字母排列顺序及含义

序号	分类	含义	代表字母
1	形式	成“套”装置 电容式电压互感器	T YD
2	绝缘特征	油浸绝缘 “气”体绝缘	— Q

特殊使用环境代号见第 6 章 6.2.9 条的第 2 部分。

示例：TYD $500/\sqrt{3}-0.005$，表示一台单相、油浸、额定一次电压为 $500/\sqrt{3}$ kV、额定电容为 0.005μF 的电容式电压互感器。

4.3.3　电容式电压互感器的端子标志

一次端子标志用大写字母表示，A 表示一次高压端子，N 表示接地端子。对电容式电压互感器，一次高压端子即电容分压器顶部端子具有唯一性，不会误解造成接线错误，很少对其标志。一般常用 N 表示电容分压器低压端子，X 表示电磁单元中压回路低压端子。

二次绕组端子标志用小写字母表示。小写字母 a 和 n 表示二次绕组端子，da 和 dn 表示剩余电压绕组端子。标有同一字母大写和小写的端子，在同一瞬间具有同一极性。如带有字母 a 的端子与一次高压端子 A 为同一极性，带有字母 n 的端子与低压端子 N 为同一极性。

对于只有一个二次绕组的，二次绕组用 a、n 标志。对于具有两个或以上二次绕组的，在字母 a、n 前加数字序号，以标志各绕组端子。对于二次绕组带有抽头的，在字母 a 后加数字序号，序号 1 为全绕组端子，后续依次序号为抽头端子。其端子标志如图 4－15 所示。

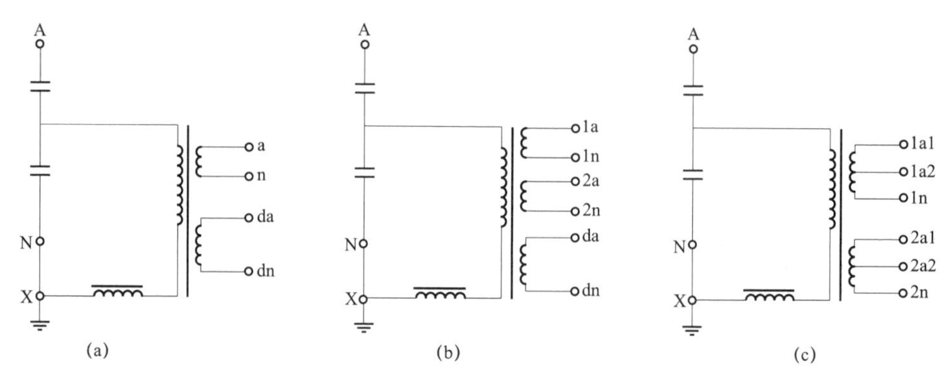

图 4－15　电容式电压互感器的端子标志

（a）只有一个二次绕组和一个剩余电压绕组的端子标志；（b）具有两个二次绕组和一个剩余电压绕组的端子标志；（c）具有两个二次绕组带有抽头的端子标志

4.4　电容式电压互感器的结构

电容式电压互感器由电容分压器和电磁单元组成，按其组成结构形式可分为单柱式（或称为一体式）结构和分体式结构。

4.4.1　电容分压器的结构

电容分压器由一节或多节电容器单元组成。对 110kV 及以下电压等级的电容式电压互感器，电容分压器基本都只有一节电容器单元；220kV 设备一般包含 2 节电容器单元；330kV 设备一般包含 3 节电容器单元；500kV 设备一般包含 3～4 节电容器单元；750kV 设备一般包含 4 节电容器单元；1000kV 设备一般包含 4～5 节电容器单元。

下节电容器带有中压电容 C_2 和部分（或全部）高压电容 C_1，一般称为分压电容器。上部多节电容器单元不含中压电容，全部为高压电容 C_1 的一部分，一般习惯称为耦合电容器。

1. 电容器单元

电容器单元基本为油浸式全密封结构。外壳为瓷质套管或复合套管，内装有由若干电容元件串联组成的心子、绝缘油介质以及用于温度补偿的金属膨胀器。金属膨胀器是用于补偿电容器内部油介质随运行温度变化而引起的体积变化。

金属膨胀器可分为外油式和内油式两种。外油式膨胀器装在电容器内部，内部为密封气体，外部为电容器的油介质，外油式膨胀器的电容器结构如图 4－16a 所示；内油式膨胀器装在电容器外部，内腔与电容器内部连通，充有油介质，外部为大气，如图 4－16b 所示。

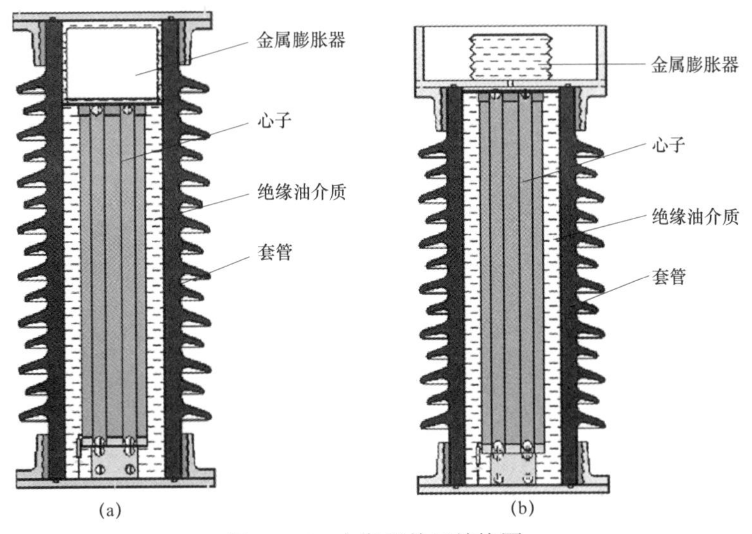

图 4－16　电容器单元结构图

（a）外油式膨胀器的电容器单元结构；（b）内油式膨胀器的电容器单元结构

2. 液体油介质

电容式电压互感器电容分压器的油介质在早期基本采用十二烷基苯（简称 DDB 油）。

2000 年前后，开始采用苯基二甲苯基乙烷（也称二芳基乙烷，简称 PXE 或 S 油）或苯基乙苯基乙烷（简称 PEPE 或低温 S 油）。PXE 和 PEPE 具有比十二烷基苯更好的电气物理性能以及与聚丙烯薄膜相容性，能显著提高电容器的电气性能。PXE 和 PEPE 的电气物理性能基本相近，但 PEPE 具有优良的低温性能，可用于在寒冷地区环境条件下运行。也有部分电容器采用苄基甲苯（简称 M/DBT 或 C101 油），其低温性能更加优良，适用于在寒冷地区环境条件下运行。

3. 电容器心子

电容器单元内部有一个或几个心子，心子间叠装并通过串联方式进行电气连接。每个心子一般由若干个电容元件串联连接组成。早期产品的电容元件之间的串联连接一般采用引线焊接结构，自 20 世纪 90 年代中期开始改为以引线压接结构为主。

元件是电容器最基本的电容单元。电容式电压互感器的电容元件一般采用聚丙烯薄膜和电容器纸两种固体介质搭配而成，极板为铝箔。聚丙烯薄膜具有耐电强度高、介质损耗小等特点，是电力电容器中最常用的一种介质材料。电容器纸是电容器的传统介质材料。在电容器纸中含有大量相互重叠的扁平状纤维和空隙，还含有一定量的半纤维和木质素。纸的密度大，纸中纤维素的含量就多，其介电常数和介质损耗角正切值就高。电容器纸的介电常数高，浸渍性能和耐电弧能力较优，但其耐电强度较低，介质损耗角正切值大。由于电容式电压互感器受温度变化会造成温度附加误差影响，因此需要其电容分压器要有较小的电容温度系数，当温度变化时电容量变化在要求范围内，以保证准确级要求。聚丙烯薄膜具有负的电容温度系数，即当温度增高时会引起电容减小；而电容器纸具有正的电容温度系数，即当温度增高时会引起电容增大。因此采用聚丙烯薄膜和电容器纸两种固体介质搭配可以使电容温度系数尽可能小，以减小温度变化带来的误差变化。

电容元件固体介质一般常用的搭配方式有两膜三纸（纸—膜—纸—膜—纸）、两膜两纸（纸—膜—纸—膜）、两膜一纸（膜—纸—膜）等。两膜三纸结构的电容温度系数大约为-7×10^{-5}/K，两膜一纸结构的电容温度系数大约为-2×10^{-4}/K。由于两膜一纸结构的电容器具有较高的耐电强度和较小的介质损耗角正切值（$\tan\delta$），目前被广泛应用。

4.4.2　电磁单元的结构

1. 电磁单元

目前电磁单元基本都是油浸式全密封结构。电磁单元包含中间变压器、补偿电抗器、阻尼器等器件，组装于金属油箱中，油箱内浸渍变压器油。二次绕组、中压回路的低压端子及电容分压器的低压端子从油箱侧面的端子板引出至二次出线盒。电磁单元结构如图 4-17 所示。

在电磁单元油箱上一般要有以下设施：

（1）油位视察窗。用于观测电磁单元内的油位。

（2）注油孔。用于现场对电磁单元进行补油或换油。

（3）取样阀。用于现场对电磁单元进行取油样或放油。

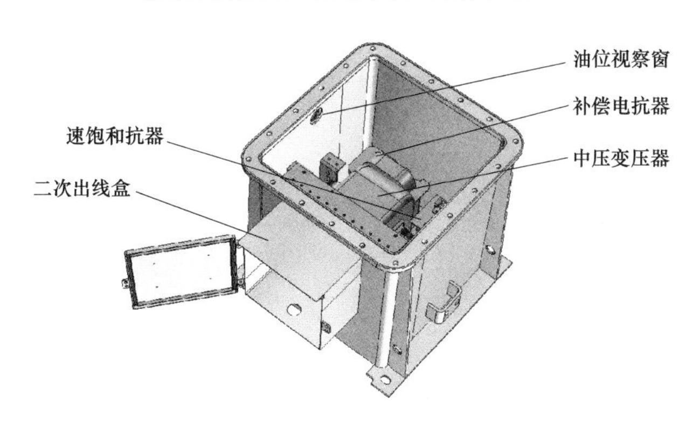

图4－17 电磁单元结构

一些电磁单元还有调节绕组或部分调节绕组引出至油箱外侧，方便误差调整；带有中压接地开关，便于现场的性能试验。带有中压接地开关的电容式电压互感器原理图如图4－18所示，在正常运行中，中压接地开关打开；在进行检测时，中压接地开关闭合，将中压端子接地。使高压电容 C_1 和中压电容 C_2 的接点接地，通过反接法可以直接测量 C_1 和 C_2 的电容和介质损耗。

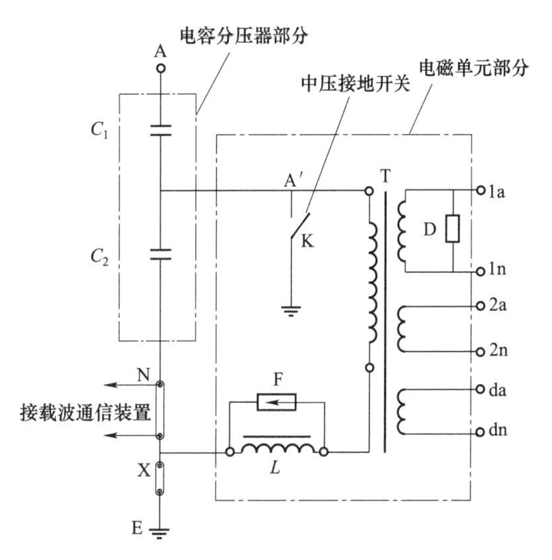

图4－18 带有中压接地开关的CVT原理图

2. 中间变压器

中间变压器常用的铁心有叠片式铁心和C形铁心两种，叠片式铁心一般为单相三柱式结构，如图4－19所示。

叠片式铁心的设计与电磁式电压互感器铁心相同，心柱一般采用3级～6级分级结构。这种结构的绕组骨架一般为圆筒形状。叠片宽度 b_i 和叠

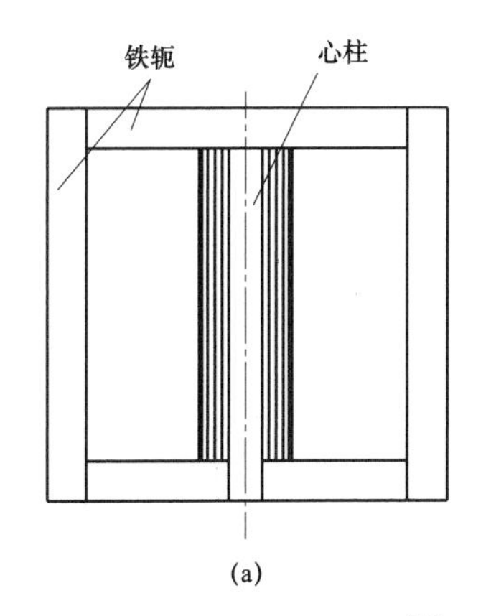

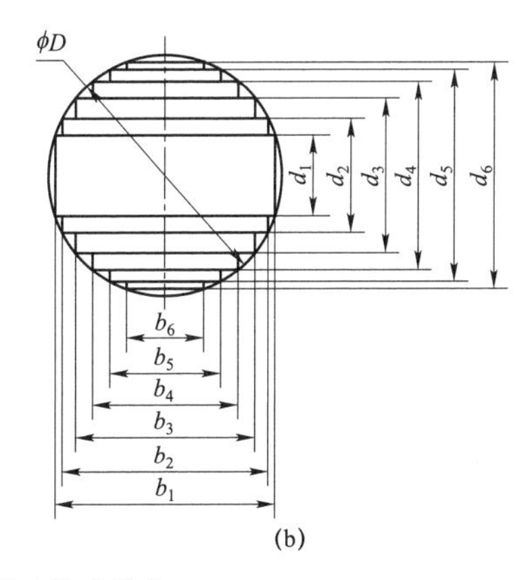

图4－19 单相三柱式铁心

（a）铁心外形图；（b）心柱截面图

片厚度 d_i 是按照心柱所呈外接圆 ϕD 内的最大截面积计算得出的。对 n 级心柱，$b_1=d_n$，$b_2=d_{n-1}$，…，$b_n=d_1$。叠片宽度 b_i 与所呈外接圆 ϕD 的关系见表 4－9。

表 4－9　叠片式铁心分级结构参数关系表

心柱级数	宽度 b_1	宽度 b_2	宽度 b_3	宽度 b_4	宽度 b_5	宽度 b_6	截面利用系数
3	0.905*D*	0.707*D*	0.424*D*				0.850 2
4	0.933*D*	0.795*D*	0.606*D*	0.393*D*			0.874 2
5	0.950*D*	0.846*D*	0.707*D*	0.533*D*	0.313*D*		0.907 9
6	0.960*D*	0.878*D*	0.770*D*	0.638*D*	0.479*D*	0.280*D*	0.922 9

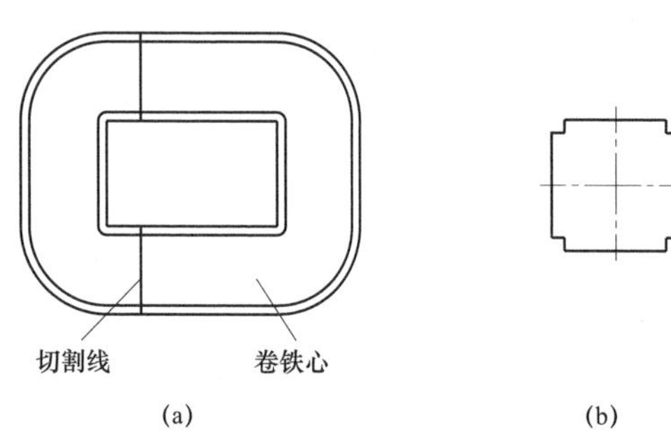

图 4－20　C 形铁心结构

（a）铁心外形图；（b）截面图

表 4－9 中，截面利用系数＝铁心柱截面积/外接圆面积。

铁轭截面积一般比心柱截面积大 5%左右。

C 形铁心是带状硅钢片卷绕成矩形的卷铁心，再在长柱上切割开，通过开口长柱套上绕组。其截面可以为正方形或其四角呈阶梯形状。C 形铁心的绕组骨架一般为正方形，四个棱角应保持有一定的圆角，以避免在绕线过程中弯角过小而损伤铜线表面绝缘。正方形骨架与圆筒形骨架相比，可以使每匝线圈用铜线最短，使铜线用量最优。C 形铁心结构如图 4－20 所示。

中间变压器常见结构如图 4－21 所示。

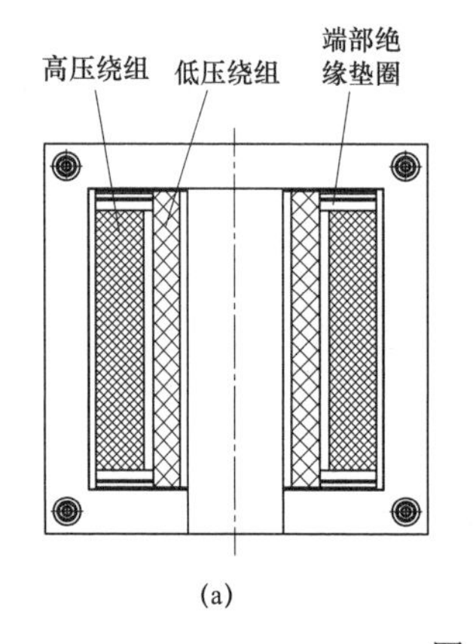

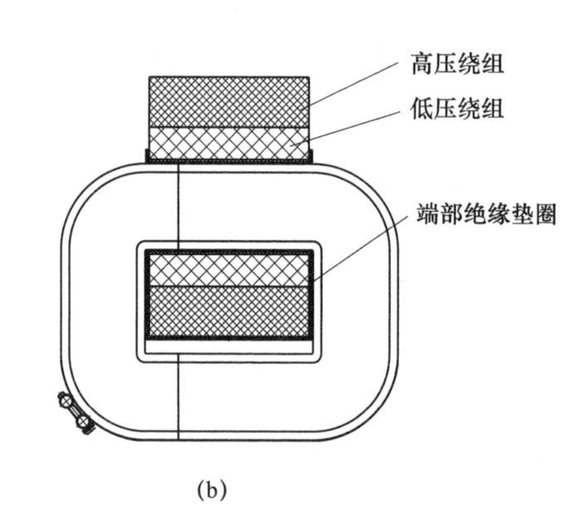

图 4－21　中间变压器结构

（a）插片式铁心变压器结构；（b）C 形铁心变压器结构

对叠片单相三柱式铁心，二次绕组和一次绕组垂直套在心柱上，直立安装在电磁单元内。C 形铁心的二次绕组和一次绕组一般是水平套在长柱（心柱）上，水平安装在电磁单元内。

随着互感器二次额定输出的降低，绕组发热越来越小，目前已取消油道，将二次绕组和一次绕组绕为一体。

由于空载电流和负荷电流在中压回路存在压降，使得 U'_s 小于 U_C，因此，一般采用减少一次绕组少量匝数，降低中间变压器的变比，提高二次电压，使得 U'_s 接近于 U_C。一般依据误差计算的结果确定一次绕组减少的匝数。

电容分压器都存在一定的制造偏差。GB 20840.5 规定，单元、叠柱及电容分压器的电容 C 的偏差，在额定电压和环境温度下测量时应不超过额定电容的－5%～10%。组成电容器叠柱的任何两个单元的电容之比值偏差，应不超过其单元额定电压之比的倒数的 5%。电容的偏差引起电容分压器分压比 K_C 的偏差，分压比 K_C 的偏差一般在±5%以内。也就是在额定电压下，中间电压 U_C 的偏差一般在±5%以内，这也使二次电压的电压误差最大达到±5%左右。分压比 K_C 的偏差是造成比值差的主要因素。为补偿分压比 K_C 的偏差（即中间电压 U_C 的偏差），在中间变压器一次绕组侧设有独立的调节绕组进行匝数调节，通过增加或减少一次绕组的匝数调节电压误差。调节绕组的形式应具有以最小调节细度为单位，从最小调节量到最大调节量的连续调节的特点。最小调节细度（即最小调节量）应不大于最高准确度电压误差要求值的四分之一，如对最高准确度 0.2 级电容式电压互感器，最小调节细度应不大于 0.05%；调节绕组的最大调节量应不小于电容分压器分压比 K_C 的偏差，一般为 5%，如果分压比 K_C 的偏差可以控制在±3%以内，则最大调节量不小于 3%即可。

3. 补偿电抗器

补偿电抗器的铁心基本为 C 形铁心，截面为矩形，如图 4－22 所示。

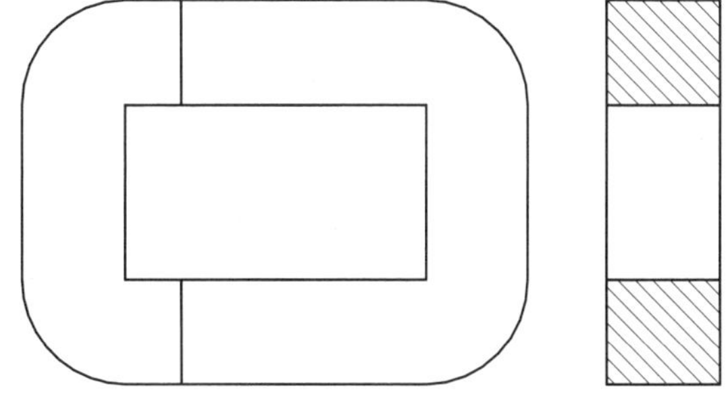
图 4－22　补偿电抗器 C 形铁心

补偿电抗器的感抗是按照电容分压器的等效电容的容抗来确定的。由于回路中直流电阻不可消除，且受二次绕组的负荷功率因数对相位误差的影响，一般感抗略大于容抗。感抗与容抗关系可以用下式表示

$$X_L + X_{T1} + X'_{T2} = K_L X_C$$

式中：X_{T1} 为中间变压器一次绕组的漏抗；X'_{T2} 为中间变压器二次绕组的漏抗折算至一次侧感抗值。$X_{T1} + X'_{T2} = X_{12}$，$X_{12}$ 为中间变压器一次绕组与二次绕组短路漏抗。补偿电抗器的感抗值为

$$X_L = K_L X_C - X_{12}$$

式中，K_L 为电抗补偿系数，一般取值 K_L＝1.05～1.1。K_L 的值一般需要经过误差计算后进行调整。中间变压器一次绕组与二次绕组短路漏抗 X_{12} 及电抗器的感抗在一些相关书籍中都有计算方法介绍，本文不再叙述。

补偿电抗器的结构如图 4－23 所示。图中气隙采用非磁固体绝缘材料固定。

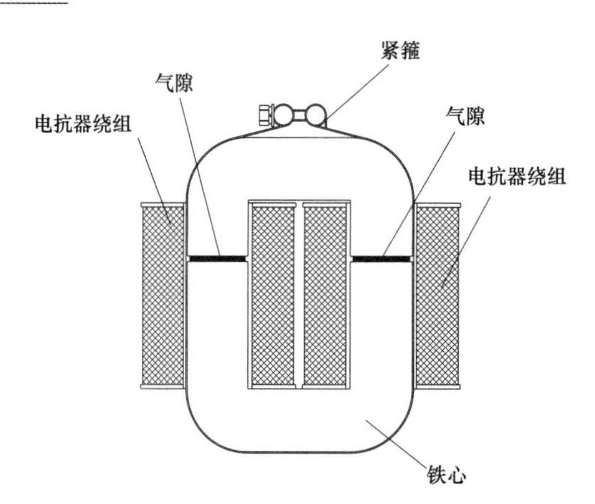

图 4-23　补偿电抗器结构图

4. 速饱和阻尼电抗器

速饱和阻尼电抗器的铁心采用圆环形铁心，采用的铁心材料有坡莫合金、非晶合金和硅钢片等材料。坡莫合金材料性能稳定，饱和迅速，但价格较贵；非晶合金饱和性能良好，价格中等，但其机械稳定性一般，在机械冲击下性能可能会发生变化；硅钢片材料价格低，饱和过程较缓。

速饱和阻尼电抗器的性能一般要求为：

（1）饱和拐点应在 $1.2U_{pr}$ 以上，确保在 $1.2U_{pr}$ 以内二次波形不会出现畸变。

（2）在 $1.5U_{pr}$（或 $1.9U_{pr}$）下应进入深度饱和，能够串联适当的串联电阻有效阻尼铁磁谐振。

4.4.3　电容式电压互感器的整体结构

电容式电压互感器由电容分压器和电磁单元构成，按其组成结构形式可分为单柱式（或称为一体式）结构和分体式结构。

35～750kV 电容式电压互感器全部采用单柱式结构，即电容分压器与电磁单元叠装成为一体。电磁单元作为电容分压器的底座，电容分压器的底盖作为电磁单元的盖形成全密封结构。电磁单元内的绝缘油系统与电容分压器内的绝缘油系统是完全隔离的。电容分压器的中压端子和低压端子通过绝缘套管从底盖引入到电磁单元内。在电容分压器的顶部有一次接线板，用于连接系统的高电压。330kV 及以上电压等级的电容式电压互感器，在电容分压器的顶部都装有均压环，以改善高压端的电场分布，降低无线电干扰和电晕。

1000kV 电容式电压互感器采用分体式结构，即电容分压器与电磁单元各为相互独立的部分，通过外部电气连接形成完整的电容式电压互感器。这种结构便于现场检测和维修。在电容分压器的顶部有一次接线板或可安装管母线支撑金具，分别用于系统高电压的分裂导线连接或管母线连接方式。在电容分压器的顶部都装有均压环，以改善高压端的电场分布，降低无线电干扰和电晕。均压环的结构应适用于分裂导线连接或管母线连接方式。

CVT 典型结构图如图 4-24 所示，图 4-25 为 1000kV CVT 运行图。

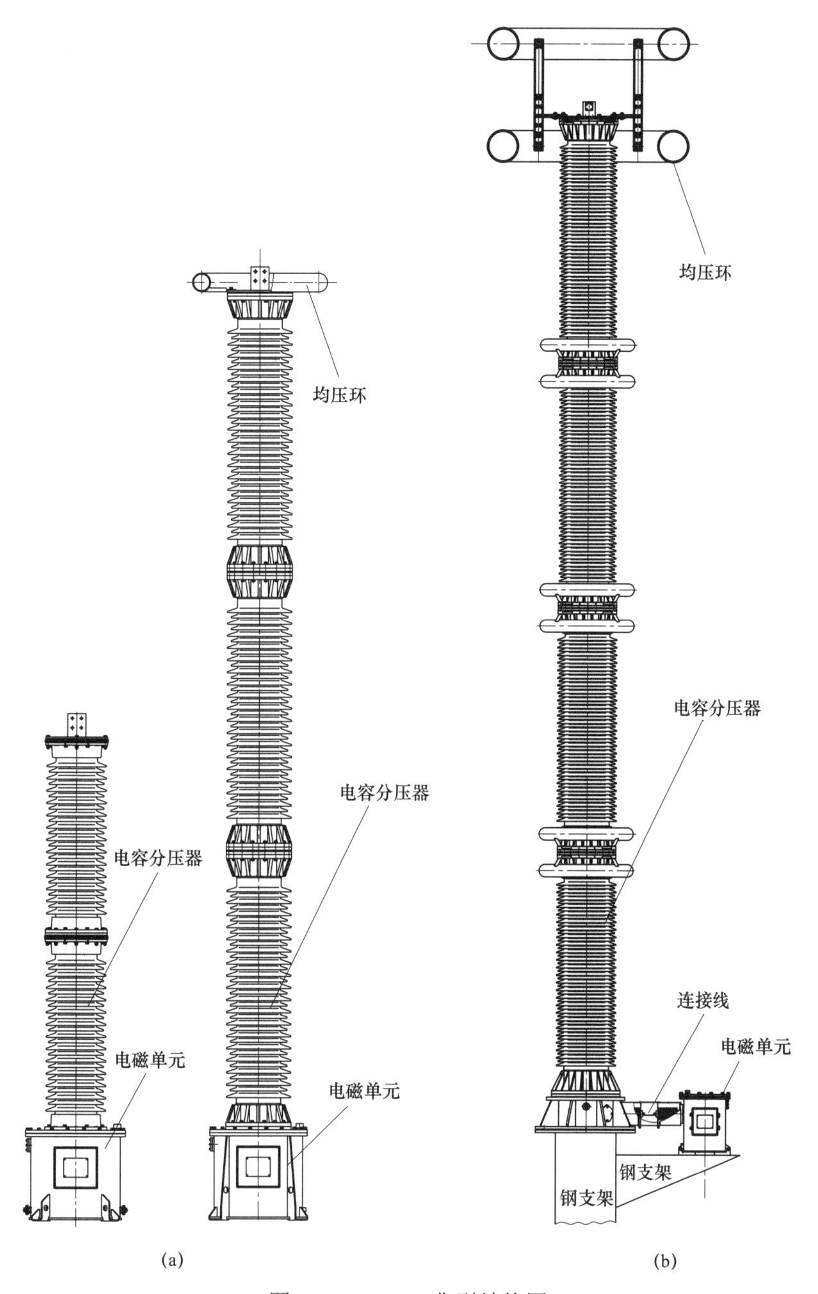

图 4-24　CVT 典型结构图

（a）单柱式 CVT 典型结构图；（b）1000kV CVT 典型结构图

图 4－25　1000kV CVT 运行图

4.5　电容式电压互感器的关键制造技术

电容式电压互感器的制造包括电容分压器部分和电磁单元部分。

电容分压器的制造工艺包括电容元件卷制、电容心子压装、电容器装配、电容器真空浸渍工艺等。电磁单元的制造工艺包括线圈绕制（中间变压器一次绕组和二次绕组、补偿电抗器绕组、阻尼电抗器）、中间变压器和补偿电抗器装配、电磁单元装配、电磁单元真空浸渍工艺等。制造完成的电容分压器和电磁单元经过相关试验合格后装配为一体，完成电容式电压互感器的制造。其制造的核心工艺是电容元件卷制工艺和电容分压器、电磁单元的真空浸渍工艺。

4.5.1　电容元件卷制工艺

1. 元件卷制的工艺条件

电容元件是电容式电压互感器承受主要绝缘的关键零部件，需要在有净化度、温度和湿度要求的净化间环境中生产制造。在电容卷制过程中，如果净化度不高，在元件内落有一定量的尘埃粒子，电容元件的绝缘强度将会大幅降低。

2. 元件卷制的设备

元件卷制的设备有半自动卷制机和全自动卷制机两种。半自动卷制机除卷制过程为自动控制外，材料的上料、插引线片、材料切断、卸元件、压扁、叠放、耐压等操作均为手动。全自动卷制机除材料的上料为手动操作外，元件卷制、插引线片、材料切断、卸元件、压扁、耐压、耐压后元件筛选、合格元件堆放等操作均为自动控制，操作人员仅对过程进行监视。

3. 元件卷制的工艺要求

（1）元件起头、结尾绝缘距离和尾包绝缘要符合设计要求，并保证端面平整，且不得有明显偏斜。

（2）铝箔或铜箔的引线片一般为裁剪加工的零件，裁剪的边缘如果有毛刺，必须将毛刺去除。引箔片插入元件极板上后不允许有摺角产生。

（3）卷绕的第一只元件应进行自检，自检应包括介质搭配顺序、衬垫及引线片位置、外包尺寸、外观不平整度、是否出现褶皱和严重的 S 形，测量元件电容及厚度，自检并专检合格后方可继续绕卷。

（4）卷好的元件应在一定时间内压装成心子。

4.5.2　绝缘干燥、浸渍工艺

电容式电压互感器包括电磁装置和电容分压器两部分，两部分的真空干燥浸渍处理工艺不同，电磁装置真空干燥后注变压器油，电容分压器真空干燥后注电容器油（PXE 油、PEPE 油或苄基甲苯）。

1. 真空干燥浸渍处理的设备

电容式电压互感器真空干燥浸渍处理的设备一般分为真空罐和真空窑两种。真空罐是全密封系统，罐体内部可以抽真空；真空窑的窑门是非密封的，窑体只是加热，对窑体内的产品进行抽真空、注油浸渍。

真空干燥浸渍处理设备主要由加热系统、抽真空系统、原油处理系统、注油系统、冷却系统和回油收集系统等组成，两种设备均分为手动操作和全自动操作。

2. 真空干燥浸渍处理的工艺

（1）电磁装置真空干燥浸渍处理的工艺。

电磁装置真空干燥浸渍处理的工艺一般分为“两步法”和“一步法”。

“两步法”真空干燥浸渍处理工艺是电磁装置先在真空罐内加热干燥、抽真空，干燥结束后出罐，在罐外注入合格的变压器油，注完变压器油后在罐外浸渍，注完油后还要进灌进行脱气。“两步法”即指两次进真空罐进行处理。

“一步法”真空干燥浸渍处理工艺是电磁装置在真空处理前先装配好工艺盖，使电磁单元处于全密封状态。在工艺盖注油孔上安装抽真空和注油用的工装，产品进罐或进窑后，将产品的抽真空和注油工装上的抽真空管和注油管分别与真空罐或真空窑上的抽真空和注油管道相连，产品在真空罐或真空窑内进行加热干燥、单台抽真空、单台注油，一次完成。

“两步法”工艺在大气条件下注油，“一步法”工艺在真空条件下注油。“一步法”工艺比“两步法”工艺先进，可以提高产品的浸渍效果，同时提高了产品质量。

（2）电容分压器真空干燥浸渍处理的工艺。

电容分压器真空干燥浸渍处理的工艺一般也分为“两步法”和“一步法”。

“两步法”真空干燥浸渍处理工艺是将压装好的电容器心子先放进槽车内，将槽车放置于真空罐内，心子在真空罐内进行加热、抽真空、注油、浸渍处理（俗称浸泡式处理工艺）。心子浸渍处理结束后，在罐外，再将浸渍油的心子装配在套管内，然后给套管内注油后再进罐进行真空脱气处理；脱气处理结束后，在罐外，再装配膨胀器和产品盖子，并按要求给套管内施加一定压力的油压，完成电容分压器的整配。“两步法”工艺的缺点是容易造成绝缘油的抛洒，对环境造成污染；同时增加了绝缘油的处理量，心子处理结束后，对槽车内的剩余的绝缘油要重新进行真空脱气处理。

“一步法”真空干燥浸渍处理工艺是将压装好的心子先装配在套管内，装配工艺盖进行全密封；再将电容器放置于真空罐或真空窑内，每台电容器装配好注油和抽真空用的工装，进行真空干燥浸渍处理工艺。对用真空罐设备处理的产品，因为产品和罐内的真空状态相同，进罐产品不需要进行抽真空检漏，直接送入真空罐内进行处理。对用真空窑设备处理的产品，因窑体内为非密封结构，处于大气压状态，而所处理的产品为全密封状态，其内部需要抽真空，因此要对进窑的产品进行抽真空密封性检漏，以防止在真空处理过程中存在渗漏而影响同一真空管路所接产品的真空处理效果。检漏合格后才能将产品送入真空窑内。处理过程包括对产品进行加热、干燥，去除内部水分，再在一定温度和真空度的条件下注油浸渍。真空干燥浸渍处理工艺的关键就是各个阶段的温度、真空度和时间的控制。“一步法”工艺的优点是产品在真空罐或真空窑内干燥，单台抽真空、注油、浸渍一次完成。提高了产品的质量，减少了绝缘油处理的用油量，同时减少了由于绝缘油的抛洒对生产环境带来的污染。

4.6　电容式电压互感器试验

4.6.1　电容式电压互感器的例行试验

1. 例行试验项目

由于在制造厂内电容分压器部分和电磁单元部分在组装成整体前是独立的部分，所以先分别对电容分压器部分和电磁单元部分进行相应的出厂试验项目，组装后再进行完整产品相关的试验项目。

（1）外观检查（包括标志检验）。

（2）电容分压器部分试验。对电容器单元进行项目包括：

1）电容和 tanδ 初测。

2）1min 工频耐压试验。

3）局部放电试验。

4）额定电压下电容和 tanδ 测量。

5）电容分压器低压端子 1min 工频耐压试验。

6）电容分压器密封性能试验。

（3）电磁单元部分试验。项目包括：

1）中间变压器空载初测。

2）中间变压器 1min 工频耐压试验。

3）中间变压器空载复测。

4）补偿电抗器 1min 工频耐压试验。

5）电磁单元中压回路低压端子 1min 工频耐压试验。

6）二次端子 1min 工频耐压试验。

（4）完整产品试验。项目包括：

1）准确度检验。

2）铁磁谐振检验。

3）电磁单元油性能试验。

4）二次端子绝缘电阻测量。

2. 部分项目试验方法及要求

（1）准确度检验。

准确度检验应在额定频率和环境温度下，在完整的电容式电压互感器上，或当准确级为 1 级或更低时在等效电路上进行，试验要求见表 4－10。

准确度检验时必须注意将负荷电缆与测试电缆分开，避免造成负荷电缆的压降影响准确度测试数据。试验对每一个二次绕组分别进行，对一个绕组同时用于测量和保护的，应分别按测量和保护准确度要求进行试验。测量级准确度在额定电压下检验，保护级准确度在 5% 的额定电压下和额定电压因数的电压下检验。

表 4－10　　准确度检验点（示例）

二次绕组	检验电压	试验的额定输出范围/%			
		范围Ⅰ 功率因数 1.0 额定输出标准值		范围Ⅱ 功率因数 0.8（滞后） 额定输出标准值	
		1.0～10VA		＞10～50VA	
		测量用	保护用	测量用	保护用
一个测量用绕组	$1\times U_{pr}$	0	—	25	—
		100	—	100	—
一个保护用绕组	$0.05\times U_{pr}$	—	0	—	25
		—	100	—	100
	$F_V\times U_{pr}$	—	0	—	25
		—	100	—	100
一个测量用绕组和一个保护用绕组	测量用 $1\times U_{pr}$	0	0	25	0
		100	100	100	100
	保护用 $0.05\times U_{pr}$	0	0	0	25
		100	100	100	100
	保护用 $F_V\times U_{pr}$	0	0	0	25
		100	100	100	100

（2）铁磁谐振检验。

试验应在完整的电容式电压互感器上或在等效电路上进行。

一次电压 U_p、二次端子的短路次数和铁磁谐振振荡时间皆按表 4－11 的规定。

表 4-11　　铁磁谐振检验

一次电压 U_p（方均根值）	二次端子的短路次数	铁磁谐振振荡持续时间 T_F /s	在持续时间 T_F 之后的误差 $\hat{\varepsilon}_F$(%)（%）
$0.8 \times U_{pr}$	3	≤0.5	≤10
$F_V \times U_{pr}$	3	≤2	≤10

4.6.2　电容式电压互感器的型式试验及特殊试验

1. 型式试验项目

（1）电磁单元温升试验。

（2）截断雷电冲击试验。

（3）雷电冲击耐压试验。

（4）操作冲击耐压试验（湿试）。

（5）工频耐受电压试验（湿试）。

（6）电磁兼容（EMC）试验［无线电干扰电压（RIV）试验］。

（7）准确度试验。

（8）外壳防护等级的检验。

（9）工频电容和 tanδ 测量。

（10）短路承受能力试验。

（11）铁磁谐振试验。

（12）暂态响应试验。

2. 特殊试验项目

（1）传递过电压试验。

（2）机械强度试验。

（3）腐蚀试验。

（4）着火危险试验。

（5）温度系数测定。

（6）电容器单元的密封设计试验。

3. 部分试验项目的试验方法

（1）准确度试验（型式试验）。

试验应在额定频率、室温和上下两个极限温度下对完整的电容式电压互感器进行。

如果整个参考温度范围内电容分压器的温度特性为已知时，可依据一种温度下的测量结果和电容分压器的温度系数，计算确定温度极限值下的误差。

应在某一恒定温度下进行频率极限条件下的试验。

对测量级准确度试验，应按 80%、100%和 120%额定电压，在测量级频率标准参考范围的两个极限值下进行。对保护级准确度试验，应按 2%、5%和 100%额定电压以及额定电压乘以额定电压因数（1.2，1.5 或 1.9）的电压，在保护级频率标准参考范围的两个极限值下进行。

其他同例行试验。

（2）铁磁谐振试验（型式试验）。

铁磁谐振试验应在完整的电容式电压互感器上或等效电路上进行。等效电路应使用实际的电容器。本试验应采用将二次端子至少短路 0.1s 的方法进行。消除短路后电容式电压互感器的负荷，应仅为录波装置造成的负荷，且不得超过 1VA。

对中性点有效接地系统用电容式电压互感器的铁磁谐振试验，应在 0.8、1.0、1.2 和 1.5 倍额定电压下至少进行 10 次。

对中性点非有效接地系统或中性点绝缘系统用电容式电压互感器的铁磁谐振试验，应在 0.8、1.0、1.2 和 1.9 倍额定电压下至少进行 10 次。

（3）暂态响应试验（型式试验）。

本试验仅适用于保护用电容式电压互感器。试验可在完整的电容式电压互感器上或在实际电容器组成的等效电路上进行。试验应在实际一次电压 U_P 或等效电路上为 $U_P\dfrac{C_1}{C_1+C_2}$ 及 100%和 25%或 0%额定负荷时，将高压电源短接进行。

负荷为下列可能值之一，如图 4－26 所示。

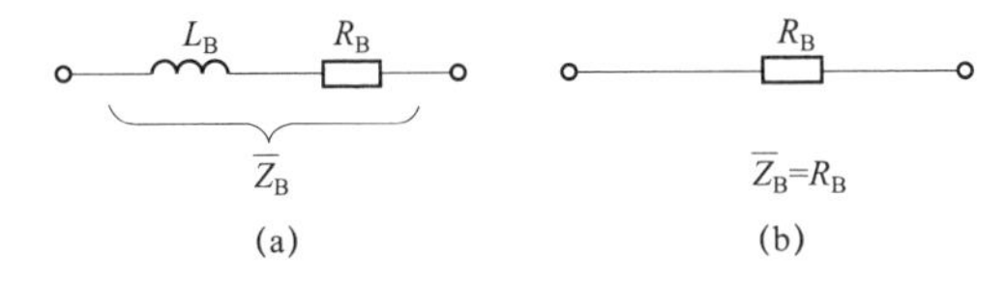

图 4－26　暂态响应试验的负荷

（a）串联负荷；（b）纯电阻负荷

1）串联负荷，由纯电阻（负荷系列Ⅰ）和感抗组成，串联后功率因数为 0.8（负荷系列Ⅱ）。

2）纯电阻负荷（负荷系列Ⅰ）。

测量绕组或其余绕组宜连接实际的负荷，但不超过规定负荷的 100%。试验应分别在一次电压峰值时进行 2 次和在一次电压过零值时进行 2 次。偏离一次电压峰值和过零值的相位角不得超过±20°。

试验在 $1.0U_{pr}$、$1.2U_{pr}$ 和 $1.5U_{pr}$（或1.9）U_{pr} 电压下进行。

（4）温度系数测定（特殊试验）。

试验可以在电容器单元上，也可以在与所研究电容器具有相同的元件和相同的夹紧结构的电容器模型上进行。试验电容器应放在一个其中空气的温度能够调整到温度类别的下限和高于温度类别上限 15K 之间的任一数值的封闭箱内，也可以使用一个能够在同样温度范围内调整的液体槽内。

电容应在所规定的频率下和降低了的电压（但不低于 $0.25U_n$）下测量，温度间隔约 15K。在每次测量前，电容器应达到热平衡状态。

4.6.3 电容式电压互感器的交接试验及预防性试验

交接试验是设备安装后为保证设备符合合同要求所进行的验收试验。交接试验主要按照

GB 50150《电气装置安装工程电气设备交接试验标准》进行。

预防性试验是按照 DL/T 596《电力设备预防性试验规程》的要求进行。

交接试验和预防性试验都是在现场进行的试验，由于电容式电压互感器都是组装完好的，尤其是电容分压器（主要是下节电容器）与电磁单元组成为一体，在现场不可以拆分成组件进行试验，因此交接试验和预防性试验的一些项目试验方法与例行试验和型式试验有很大不同。

1. 交接试验项目

（1）电磁单元绝缘电阻测试。

（2）电容分压器单元的电容量及介质损耗角正切值（$\tan\delta$）的测试。

（3）二次绕组的直流电阻测试。

（4）绕组组别和极性检查。

（5）准确度检验或变比测量。

（6）密封性能检查。

（7）电磁单元绝缘油性能测试。

2. 预防性试验项目

（1）电压比测量（必要时进行）。

（2）电容分压器极间绝缘电阻测量。

（3）电容分压器单元的电容量及介质损耗角正切值（$\tan\delta$）的测试。

（4）电磁单元绝缘电阻测试。

（5）密封性能检查。

（6）电容分压器局部放电试验（必要时进行）。

（7）电容分压器交流耐压试验（必要时进行）。

（8）电磁单元绝缘油性能测试（必要时进行）。

3. 试验方法

（1）电容分压器单元的电容量及介质损耗角正切值（$\tan\delta$）的测试。

在现场一般采用如 AI 系列介质损耗测量仪测量电容量及 $\tan\delta$。其自带标准电容，具有低压输出和高压输出。低压输出可用于自激法施加低压电源，高压输出可作为高压电源直接施加到电容器上，对电容器进行电容和 $\tan\delta$ 测量。高压输出可达到 10kV。用介质损耗测量仪进行测量时，应按照其说明进行测量方式的选择和接线。

对现场测量一般要求所测量的电容值与铭牌值比较变化不应超过 2%，介质损耗角正切值不应超过 0.002（膜纸复合介质）。

电容分压器为多节时，中、上节电容器试验接线容易，可以直接测量。最下一节分压电容器在出厂时已和电磁单元组装成为一个整体，其中压抽头不外露而和电磁单元在油箱内部连接，对分压电容器电容量及 $\tan\delta$ 的测量，一般可采用直接法或自激法进行。

1）自激法测量电容量及 $\tan\delta$。自激法是通过中间变压器二次绕组施加电压，经变压器励磁在一次绕组上感应高电压，施加在下节电容器的 C_1 或 C_2 电容上进行电容和 $\tan\delta$ 测量。其测量原理如图 4－27 所示。

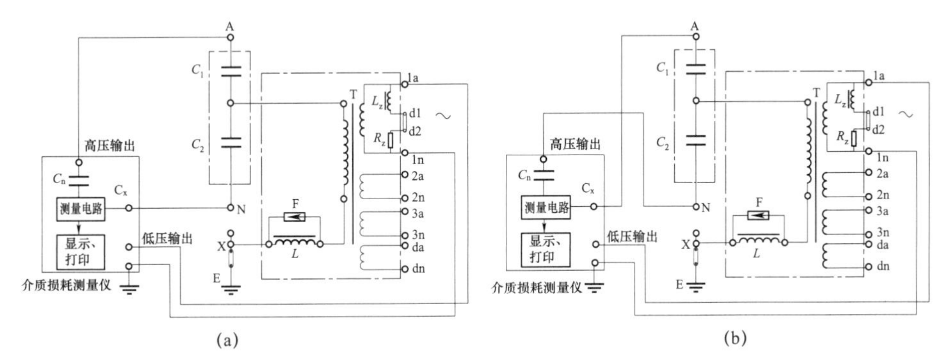

图 4－27　自激法测量原理图

（a）C_2 测量接线原理图；（b）C_1 测量接线原理图

自激法用介质损耗测量仪测量下节电容器 C_1 或 C_2 时，应将电容分压器低压端子 N 和接地端子之间的连接线打开。测量 C_2 时，电容器低压端子 N 接入测量仪的 C_x 端，电容器的高压端接入高压输出端（相当于连接内部标准电容器 C_n）；测量 C_1 时，电容器的高压端接入测量仪的 C_x 端，电容器低压端子 N 接入高压输出端（相当于连接内部标准电容器 C_n）。低压输出接入二次绕组（可以选择任何一个绕组）。测量时，应注意控制一次绕组的感应电压，尤其在测量 C_1 时，低压端子 N 处于高压状态，不允许高于 4kV。

自激法可以测量 C_1 或 C_2 电容，但其测量电压较低，$\tan\delta$ 的测量值较大。尤其在二次端子板受潮时，$\tan\delta$ 的测量值会很大，不能正确反映电容器的 $\tan\delta$。这时需要采用直接法来测量 $\tan\delta$。

2）直接法测量电容量及 $\tan\delta$。直接法测量相当于将下节电容器作为一个独立的电容器进行电容及 $\tan\delta$ 测量。测量采用正接法，电容器的高压端施加高压电源，低压端 N 接入测量仪的 C_x 端。由于其连接有电磁单元，需要对电磁单元的接线进行以下处理：首先打开电容器低压端子 N 和接地端子之间的连接线，使电容器能够使用正接法测量；其次打开电磁单元低压端子 X 和接地端子之间的连接线，X 端子悬空，使中压回路处于开路状态；最后将所有二次绕组短接接地，以降低电磁单元杂散电容的漏电流对 $\tan\delta$ 测量带来的影响，其测量原理如图 4－28 所示。

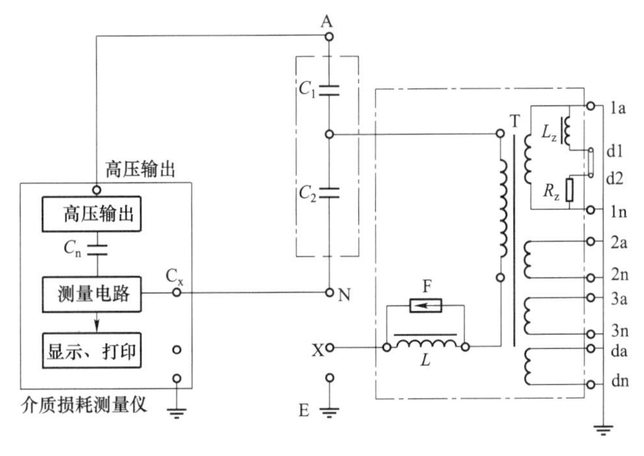

图 4－28　直接法测量原理图

直接法测量仅能测量下节电容器的总电容和 $\tan\delta$，其测量值较为准确。由于直接法测量时 X 端子的电位相当于中压端子电位，因此应控制施加的电压。一般按 X 端子电位不超过 2kV 计算，施加的试验电压最大值为

$$U_{\max}=2\frac{C_2}{C}\ (\text{kV})$$

式中 C——下节电容器的总电容，μF；

C_2——中压电容，μF。

C 和 C_2 可以按标称值或铭牌值选取进行计算。

3）对带有中压接地开关的产品测量电容量及 $\tan\delta$。某些产品带有中压接地开关，可以用中压接地开关将中压端接地，这时 C_1 或 C_2 可以作为一端直接接地的电容器，利用测量仪的反接法测量 C_1 或 C_2 电容和 $\tan\delta$。这种测量方法最准确，可以直接测量 C_1 或 C_2 电容和 $\tan\delta$。

（2）电磁单元绝缘电阻测试。绝缘电阻测试主要是检查电磁单元内油介质及各绕组间的绝缘是否良好。在电容分压器低压端（N 端）对一次绕组低压端（X 端）及地、一次绕组低压端（X 端）对二次绕组及地、二次绕组之间及对地进行测量。在交接试验中要求测量值应不小于 1000MΩ（采用 2500V 绝缘电阻表），在预防性试验中要求测量值应不小于 100MΩ（采用 1000V 绝缘电阻表）。有时受外部环境影响，端子板受潮，使得测量的绝缘电阻值很低。这时应采取一些干燥措施如晾晒、吹风、酒精或丙酮擦拭等，再确认绝缘情况。如果怀疑内部绝缘，可抽取绝缘油进行水分、耐压、$\tan\delta$ 等项目的检测，甚至油色谱的检测。

（3）准确度检验。由于电容式电压互感器特殊的工作原理，影响准确度发生变化的因素很多，电源频率、试验环境、温度、高压引线的角度及长度都会影响互感器准确度。在现场测量准确度时，由于电容式电压互感器安装在支架上，位置较高，尤其注意高压引线与互感器形成的夹角所产生的杂散电容，对准确度检验有不可忽视的影响。夹角越小，杂散电容越大，对准确度检验的影响也越大。

第5章　电容式电压互感器的安装、运行、故障诊断及处理

5.1　电容式电压互感器的安装与日常维护

5.1.1　电容式电压互感器的安装

（1）安装前，应检查支架安装基础平面的水平度，并应符合有关标准规定。

（2）每套电容式电压互感器产品的电容分压器和电磁装置均为配套发货，应严格按铭牌上的编号配套安装，不可随意调换。对只有单节电容器单元的互感器，如110kV及以下电压等级的产品，其电容器单元与电磁单元在制造厂内都已配套试验并装配完成，现场安装只需将互感器吊装在设备支架上，与支架紧固连接。对具有多节电容器单元的互感器，如220kV及以上电压等级的产品，其电容分压器和电磁单元在生产厂家经过配套准确度试验，并且下节电容器单元与电磁单元在制造厂内装配好，上面几节电容器单元则是单独包装并在现场进行安装。在现场安装时必须按照每套产品的铭牌，严格按照电容器单元的编号进行配套安装，否则由于电容器单元不同引起电容变化造成的误差会很严重。

（3）对只有单节电容器单元的互感器，或具有多节电容器单元互感器的下节电容器单元与电磁单元组装体进行起吊时，必须从电磁单元油箱上的吊攀或起吊孔处起吊，不得从电容器顶部起吊。吊装时必须注意设备平衡，必要时应对电容器顶部进行捆扎，防止倾斜。

（4）对于有多节电容器单元的电容式电压互感器，应单节进行吊运安装，不得两节及以上叠装后整体起吊。不允许用电容器单元的瓷裙起吊。

（5）电容器的叠装采用所附的热镀锌螺柱（或螺栓）、螺母、平垫圈和弹簧垫圈装配。装配紧固后，螺柱（或螺栓）螺纹应突出螺母3～5个螺纹长度。

（6）对于有多节电容器单元的电容式电压互感器，吊运装配时应注意装配后的方向性。一般以电容器铭牌保持相同的方向位置。

（7）对于有多节电容器单元的电容式电压互感器，安装后目视应无倾斜。对安装后整体倾斜度尚无规范要求，制造厂商一般要求整体倾斜度不大于（2/1000）mm。

（8）在产品的顶部有一块垂直的接线端子板，在进行一次侧连线时，应与一次端子板可靠连接。

（9）二次接线及载波接线由二次出线盒中引出，在进行二次侧连线时，将电缆通过二次接线盒下方电缆孔与二次侧接线盒内的对应端子相连接。

（10）在二次出线盒内有电容分压器低压端子N端子和电磁单元一次回路低压端子X端

子，当互感器用于载波通信时，N 端子连接结合滤波器，并通过结合滤波器接地；X 端子通过电磁单元油箱接地。当互感器不用于载波通信时，N 端子和 X 端子必须短接并通过电磁单元油箱接地。

（11）在电磁单元箱壁下方有接地端子，安装时必须将此接地端子与接地体可靠连接。

（12）安装完成后需要对电气连接部位进行检查，检查内容有一次接线、二次接线、接地线。

5.1.2 电容式电压互感器的日常维护

电容式电压互感器日常维护的内容包括运行期间的日常巡视、定期停电检修和预防性试验，检查设备是否存在缺陷，应及时对缺陷采取处理措施，以保障设备的正常运行。日常巡视主要通过目视或借助相关可视化仪器对设备进行观测；定期停电检修则对设备进行全面检查并对设备的相关参数进行测试。

日常巡视内容如下：

（1）设备外观检查。主要检查设备是否存在渗漏油、油漆涂层是否脱落、金属表面是否锈蚀等。应该注意，如果设备某处有少量油迹，不一定是渗漏油。有可能是制造厂家在出厂前未将一些装配缝隙残存油清理干净，导致经过一定时间后，残存油向外渗出。这种情况可以作为一个疑点，在下次巡视时重点关注，观察油迹是否有发展，再判断是否渗漏油。

（2）电磁单元油位检查。巡查应能明显地从电磁单元视察窗口看到油位。油位视察窗口一般有上限油位和下限油位。天气最热时油位应不超过上限油位，温度最低时油位应不低于下限油位。当油位超出上限在视察窗内无法看到油位时，有可能是电容分压器的中压套管或低压套管装配处存在渗漏，使电容器中的油渗漏到电磁单元内，油位高出视察窗口，即所谓“内漏”。这种情况下，电容分压器的下节电容器内部油量减少，使上部电容元件露出油面，其绝缘强度大幅下降。可能已有多个电容元件击穿，电容器油介质中存在大量元件击穿形成的碳化颗粒，这又加速电容器内部绝缘劣化。如果继续运行，可能会发生此节电容器单元贯穿性击穿，发生恶性事故。因此应尽快进行停电检修，检查电容分压器的中压套管和低压套管装配处是否渗漏，电容器是否损坏。

（3）红外测温检测。红外测温检测主要用于同一组的三相产品的温差来判断产品故障。当某相产品与其他两相产品相同部位存在较大温差时，应分析原因并采取措施。一般对于发现电容式电压互感器内部故障如连接不良、局部放电或铁磁谐振很有效。比较同一组三相产品相同部位的温度，一般温差应小于 3℃。温差在 3～5℃时，应检查三相二次电压是否正常、平衡，并应在巡检过程中重点关注其温差的变化。对电容分压器部分的温差在 3～5℃时，应重点检查二次电压是否正常。电磁单元部分的温差在 3～5℃时，除检查二次电压是否正常外，还应待停电时对温升高的设备进行油样检查。

（4）异常响声判断。电容式电压互感器正常运行时声音很小。当设备发出明显的响声时，应首先检查二次电压及开口三角电压，判断故障类型，并与生产厂家联系。如果二次电压正常，可能是内部变压器或电抗器松动；如果二次电压不正常，则可能是产品内部出现故障。巡查产品的密封情况，如果发现渗漏，应及时与生产厂家联系处理。

（5）零序电压监测。开口电压监测对于铁磁谐振的反应很灵敏，若突然升高应考虑铁磁谐振的问题。

（6）相电压检查。检查同一组CVT的二次电压，当某一相电压偏离正常值较大或三相电压不平衡超过正常范围（如0.5%）时，应分析造成电压不平衡的原因，如系统电压问题、二次回路问题或电容式电压互感器问题等。若判断为电容式电压互感器的问题，应当将有问题的电容式电压互感器停止运行，并按预防性试验要求进行检测。

5.2 电容式电压互感器的检修及故障处理

5.2.1 电容式电压互感器检修的基本要求及项目

电容式电压互感器检修一般分为定期性检修和临时性检修。

定期性检修即按照一定周期进行的停电维护和预防性试验检查等，以检查设备缺陷，预防事故发生为主。定期性检修一般在新设备投运1年左右进行检查和预防性试验，以检查设备早期的缺陷，按DL/T 727《互感器运行检修导则》进行检修。

临时性检修则是通过巡视检查发现设备缺陷，对于可能发生的故障隐患按其重要程度采取的临时性停电检查，以设备缺陷相关的参数检查测试为主。

电容式电压互感器为全密封产品，尤其是电容器单元部分，内部在干燥真空状态下浸渍注油，并充以一定的压力，且采用电容器专用油，在现场环境条件下无法打开内部进行零部件更换修理。电磁单元中压较低，额定中压一般不超过20kV，内部注有变压器油。因此对于电磁单元的维修可在现场进行，但必须在天气情况良好时，并在制造厂家人员指导下才能进行零部件更换修理工作。

对于电磁单元，检修中可更换的零部件主要是与产品的参数及工艺处理无关的零部件，如补偿电抗器保护器件、阻尼电阻、二次端子板、连接线等。对于中间变压器、补偿电抗器和速饱和阻尼电抗器不可更换。

检查和检修完成后应进行预防性试验，确保设备完好。

5.2.2 电容式电压互感器的故障处理

1. 电容式电压互感器常见故障分析

（1）电容分压器内有电容元件击穿。

1）电容元件击穿与电容量的关系。一般电容分压器的电容心子是由相同的电容元件串联组成的。如果电容元件电容为C_0，电容元件串联数为n，则其电容为$C=C_0/n$。当其中有m个电容元件击穿时，电容变大，电容量为

$$C'=\frac{C_0}{n-m}$$

电容变化率为

$$\delta_{\mathrm{C}}=\frac{C'-C}{C}\times 100\%=\frac{m}{n-m}\times 100\%$$

例如，若 110kV 电容式电压互感器电容分压器内电容元件为 80 串，当击穿 1 个时，电容变化约为 1.3%；当击穿 2 个时，电容变化约为 2.6%。

2）二次电压与 C_1 电容元件击穿数量的关系。一般电容分压器的电容心子是由相同的电容元件串联组成的。高压电容 C_1 的电容元件串联数为 n_1，中压电容 C_2 的电容元件串联数为 n_2，则 C_1 的电容为 C_0/n_1，C_2 的电容为 C_0/n_2。

电容分压器的分压比与电容元件数量关系为

$$K_C = \frac{U_p}{U_C} = \frac{C_1 + C_2}{C_1} = 1 + \frac{n_1}{n_2} = \frac{n}{n_2}$$

由上式可得出电容分压器中间电压与电容元件数量关系为

$$U_C = U_p \times \frac{n_2}{n}$$

中间变压器的变比 K_T 为

$$K_T = \frac{U_C}{U_s}$$

则有

$$U_s = \frac{U_C}{K_T} = \frac{U_p}{K_T} \times \frac{n_2}{n}$$

当 C_1 元件中有 m 个元件击穿时，即元件串联总数为 $n-m$ 时，二次电压为

$$U_s'' = \frac{U_C}{K_T} = \frac{U_p}{K_T} \times \frac{n_2}{n-m}$$

二次电压变化量为

$$\Delta U_s = U_s'' - U_s = \frac{U_p}{K_T} \times \frac{n_2}{n-m} - \frac{U_p}{K_T} \times \frac{n_2}{n} = \frac{U_p}{K_T} \times \frac{mn_2}{n(n-m)}$$

二次电压变化率为

$$\delta_{U_s} = \frac{\Delta U_s}{U_s} \times 100\% = \frac{m}{n-m} \times 100\%$$

由上述公式可以看出，当电容分压器有 C_1 元件击穿时，其二次电压增大，变化量与电容变化一致。

例如，若 110kV 电容式电压互感器电容分压器内电容元件为 80 串，当 C_1 元件击穿 1 个时，二次电压变化约为 1.3%；击穿 2 个时，二次电压变化约为 2.6%。若 500kV 电容式电压互感器电容分压器内电容元件有 360 串，当击穿 1 个时，二次电压变化约为 0.28%；当击穿 2 个时，二次电压变化约为 0.56%。

以上可以看出，对于电压较低等级的电容式电压互感器，当 C_1 有元件击穿时，由于电容元件串联数少，二次电压增大，变化较为明显。对于电压较高等级的电容式电压互感器，当 C_1 有元件击穿时，由于电容元件串联数多，二次电压变化较小。

3）二次电压与 C_2 电容元件击穿数量的关系。当 C_2 元件中有 m 个元件击穿时，即元件串联总数为 $n-m$，C_2 元件串联数为 n_2-m，二次电压为

$$U_s''=\frac{U_C}{K_T}=\frac{U_p}{K_T}\times\frac{n_2-m}{n-m}$$

二次电压变化量为

$$\Delta U_s=U_s''-U_s=\frac{U_p}{K_T}\times\frac{n_2-m}{n-m}-\frac{U_p}{K_T}\times\frac{n_2}{n}=-\frac{U_p}{K_T}\times\frac{m(n-n_2)}{n(n-m)}$$

二次电压变化率为

$$\delta_{U_s}=\frac{\Delta U_s}{U_s}\times100\%=-\frac{m(n-n_2)}{n_2(n-m)}\times100\%$$

例如，若 110kV 电容式电压互感器电容分压器内电容元件为 80 串，其中 C_2 元件 12 串（C_1 元件 68 串），当 C_2 元件击穿 1 个时，二次电压变化约为 −7.2%；当击穿 2 个时，二次电压变化约为 −14.5%。若 500kV 电容式电压互感器电容分压器内电容元件有 360 串，其中 C_2 元件 12 串（C_1 元件 348 串），当 C_2 元件击穿 1 个时，二次电压变化约为 −8.1%；当击穿 2 个时，二次电压变化约为 −16.2%。

当 C_2 元件数 n_2 相比总元件数 n 很少时，C_2 元件击穿时二次电压变化率可用下式估算

$$\delta_{U_2}=\frac{\Delta U_s}{U_s}\times100\%=-\frac{m(n-n_2)}{n_2(n-m)}\times100\%\approx-\frac{m}{n_2}\times100\%$$

以上可以看出，对于电容式电压互感器，无论是电压较低或较高等级，由于 C_2 电容元件串联数很少，当 C_2 元件击穿时，二次电压降低，变化非常明显。

（2）中间变压器匝间击穿。中间变压器一次电压较高，当出现过电压或内部绝缘降低（如进水等因素引起）较易造成一次绕组匝间击穿。由于二次绕组的电压很低，二次绕组一般很少击穿。

一次绕组有部分匝数击穿时，相当于一次绕组有效匝数减少，中间变压器的变比降低，二次电压提高。同时由于存在短路匝，在电磁感应下短路匝内电流很大，造成短路匝局部过热。这种局部过热又会造成周围绝缘老化，绝缘降低，短路匝数不断扩大，最终引起一次绕组全部击穿，电磁单元发热，二次无电压。

（3）补偿电抗器保护装置击穿。补偿电抗器的保护一般有两种。第一种为在补偿电抗器主绕组两端并接氧化锌避雷器或放电间隙，当有过电压时（如铁磁谐振过程中）由避雷器或放电间隙进行保护。当氧化锌避雷器或放电间隙击穿短路时，相当于在一次回路内短路了补偿电抗器，回路中剩余电抗变化很大，且呈现容性。相位差大幅向正方向变化，甚至达到上百分（′），比值差也明显向正方向变化。第二种为在补偿电抗器上增加一个独立的保护绕组，在保护绕组两端并接放电间隙，当有过电压时放电间隙击穿，使补偿电抗器铁心饱和，限制补偿电抗器的电压。

2. 电容式电压互感器常见故障处理

（1）有一相互感器二次电压升高。主要是高压电容 C_1 中可能有电容元件击穿。现场处理

时，根据三相二次电压值，应联系供货厂家，核算元件击穿数量，大致确认尚能持续运行的周期，再确定退出运行检测、返厂修理时间等。

（2）有一相互感器二次电压降低4%以上。主要是中压电容 C_2 中可能有电容元件击穿。现场处理时，根据三相二次电压值，应联系供货厂家，核算元件击穿数量，大致确认尚能持续运行的周期，再确定退出运行检测、返厂修理时间等。

（3）有一相互感器二次无电压。主要是中压端子接线断开或中间变压器一次绕组击穿。现场处理时，须立即停电检查。判定故障点，确认修理或更换。

（4）有一相互感器电磁单元与其他相产品相比温升高。先检查二次电压是否正常，与厂家联系，提供红外测温记录，确定故障原因。

（5）运行有响声。运行中产生响声的原因：系统中存在高次谐波，电容式电压互感器产生铁磁谐振，电磁单元中铁心器件装配不紧，电容器单元内电容元件未压紧等。检查系统运行中电压波形是否存在谐波，或零序电压是否超过3V，电压数值是否稳定。与厂家联系确认系统谐波或电容式电压互感器的铁磁谐振。如果电压波形正常，则需要现场重新紧固中间变压器和补偿电抗器的固定螺栓。对电容器单元内电容元件未压紧的情况，需要返厂进行修理。

（6）从电压波形上看，二次电压有谐波。当有谐波时，二次电压数据显示不稳定，波形存在谐波。首先应当分清是高次谐波或是分次谐波。当为高次谐波时，一般是由系统中的谐波或二次回路中电气接触不良引起的。当为分次谐波时，应当是电容式电压互感器阻尼参数匹配不佳，造成内部铁磁谐振。需要由制造厂家进行阻尼参数调整来解决。

3. 故障分析案例

（1）某变电站一台500kV电容式电压互感器在进行预防性检测时，发现其电容分压器中的一节电容器单元电容量与铭牌值相比增大了0.9%，并且该节电容器单元的介质损耗角正切值达到了0.0023。制造厂家提供该节电容器单元内电容元件为120串，由于电容增大，并且伴随介质损耗增大（一般在10kV下介质损耗不超过0.0015），因此判断该节电容器内有一个元件被击穿。经解剖，遂对元件进行了测量，找到击穿元件，如图5－1所示。

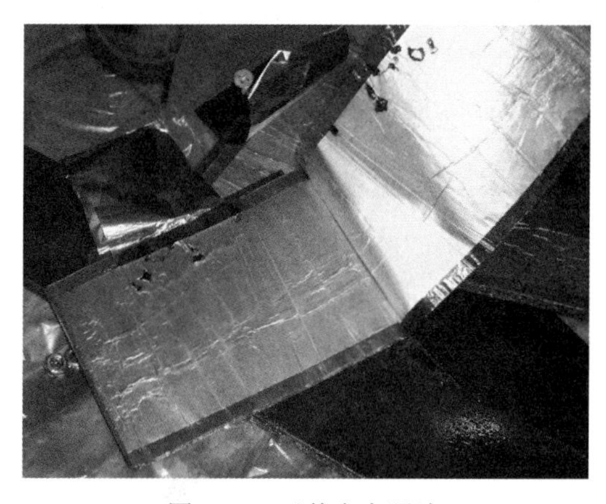

图5－1 元件击穿照片

元件击穿的原因如下，一是介质材料本身有薄弱点。电容分压器的介质材料采用聚丙烯薄膜和电容器纸的复合介质。其中，电容器纸本身的耐电强度相对较低，且其薄弱点多。聚丙烯薄膜也存在电弱点，按国家标准 GB/T 13542.3《电气绝缘用薄膜　第 3 部分：电容器用双轴定向聚丙烯薄膜》规定，厚度不小于 12μm 的聚丙烯薄膜电弱点数不超过 0.5 个/m^2。除检验材料外，在电容器元件卷制完后，还要对其进行耐压试验，筛选元件。出厂试验中进行工频耐压试验，再次检验材料的弱点。个别弱点虽然耐受工频电压未发生击穿，但其在试验后已有损伤，投入运行后受系统操作、雷电、工频电压等影响会加速老化，造成击穿。这种材料的击穿一般为早期击穿，即在运行一年以内发生的元件击穿。二是元件引线片边沿部位易于发生击穿。元件引线片一般为铝箔或铜箔材料，边沿可能有毛刺，并且引线片插入部位的压紧系数大于其他部位，边沿电场强度更高，容易造成击穿。三是电容元件为圆筒式卷绕，绕完后压平，在这一过程中电容元件内部会出现皱褶，极板皱褶处电场强度较高，容易造成击穿。四是多年运行过程中在系统各种过电压影响下介质因电老化而造成绝缘降低，引起击穿。

（2）某变电站在投运时，对于一组 220kV 电容式电压互感器三相的二次电压监测都有谐波，如图 5–2 所示。经检测，谐波含量主要为三次谐波、五次谐波等高次谐波。这些谐波不是电容式电压互感器造成的，而是系统中其他设备或参数匹配不好造成的。经过调整其他设备的参数，后续投运一切正常。

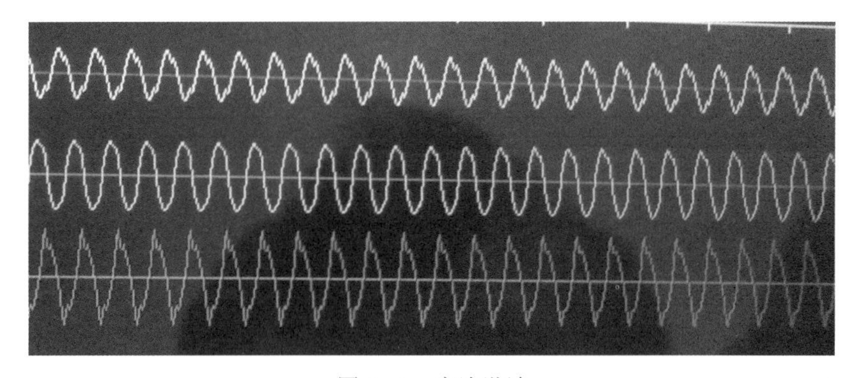

图 5–2　高次谐波

（3）分次谐波。某变电站在线路冲击母线时，线路的电容式电压互感器有异常响声，录波采集分次谐波如图 5–3 所示。

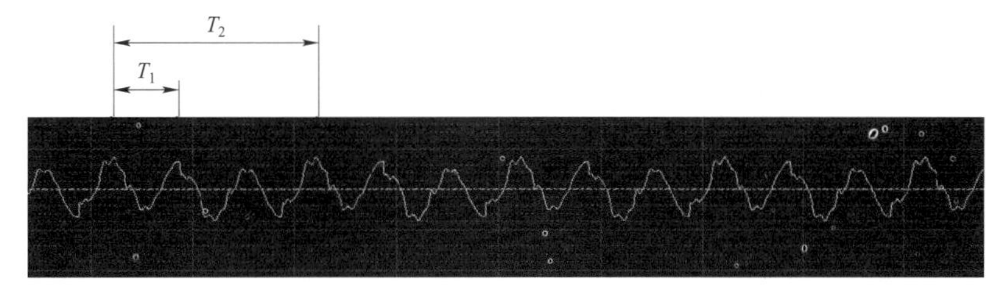

图 5–3　分次谐波

从波形图中可以看出，T_1 为工频电压的周期，同时还存在一个周期为 T_2 的电压信号，

$T_2=3T_1$。这个电压的频率即为工频电压频率的1/3，为1/3次谐波。这是电容式电压互感器在投运时产生的铁磁谐振。从波形图看，该台互感器未能有效阻尼铁磁谐振，需要调整阻尼参数。国家标准GB 20840.5《互感器 第5部分：电容式电压互感器的补充技术要求》规定，在一次电压0.8～1.2U_{pr}下，铁磁谐振应在0.5s（25个周波）内得到抑制。

在试验室中，常见的铁磁谐振典型波形如图5-4所示。

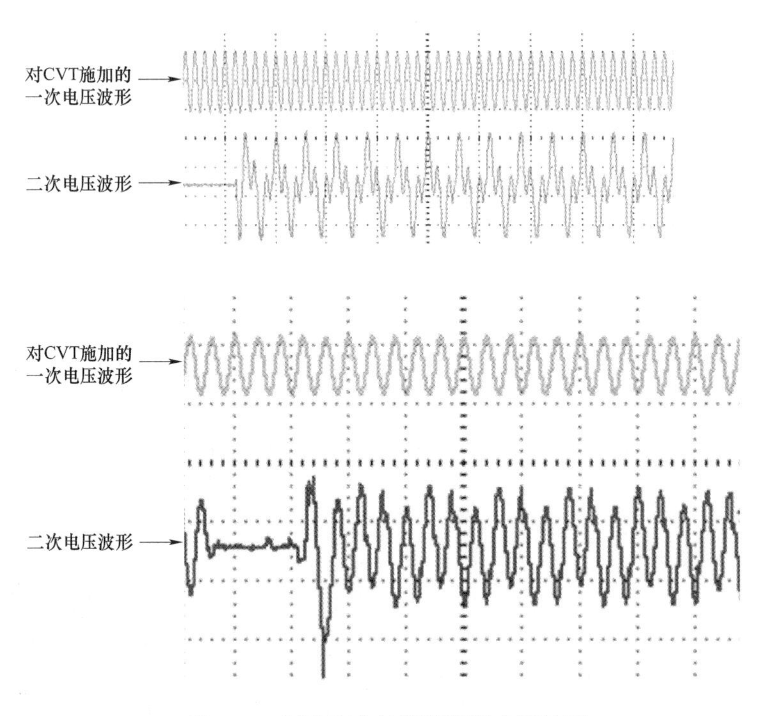

图5-4 试验室中的铁磁谐振典型波形

5.2.3 电容式电压互感器故障的预防措施

（1）在运行中做好日常巡视工作。对新安装投运时间不超过一年的设备应重点检查渗漏油、红外测温、异常响声、零序电压等。对已长期投运的设备应重点检查电磁单元的油位、红外测温、零序电压、三相电压等。

（2）定期开展周期性预防性试验。按DL/T 596《电力设备预防性试验规程》规定的周期进行预防性试验。主要对电容分压器的电容和tanδ进行测量，对二次绕组端子绝缘电阻进行测量，对密封性能进行检查。如果有必要，还可进行变比测量，及时发现设备问题。

（3）在运行期间和预防性试验中如果发现问题，应及时与制造厂家联系，避免问题或故障扩大。

第 6 章　电流互感器的原理、结构、关键制造技术及试验

6.1　电流互感器的工作原理

电流互感器是一种专门用作变换电流的特种变压器。在正常使用条件下，其二次电流与一次电流实际成正比，而且在连接方向正确时，二次电流对一次电流的相位差接近于零。

电流互感器的工作原理如图 6-1 所示。电流互感器的一次绕组串联在电力线路中，线路电流就是互感器的一次电流。互感器的二次绕组外部回路接有电能表、电流表、功率表等，或继电保护、自动控制装置。在图 6-1 中将这些串联的低电压装置的电流线圈阻抗以及连接线路的阻抗用一个集中的阻抗 Z_b 表示，称为二次输出或称为二次负荷。当一次电流，也就是互感器的一次电流变化时，互感器的二次电流也相应变化，把线路电流的变化信息传递给测量仪器、仪表和继电保护、自动控制装置。

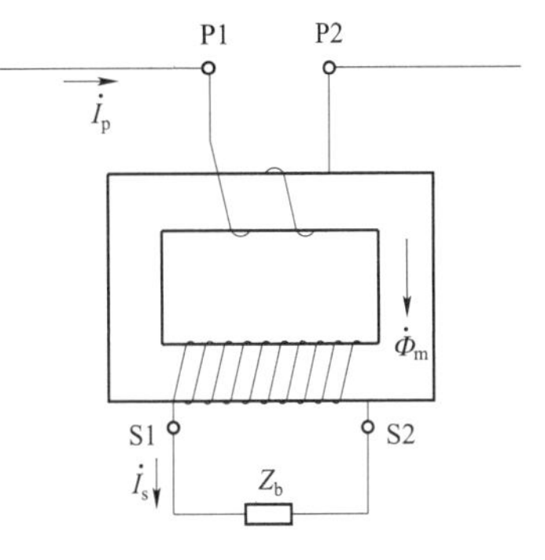

图 6-1　电流互感器工作原理图

由于电力系统的电压等级的不同，电流互感器的一、二次绕组之间设有不同等级的绝缘，以保证所有的低压设备与高电压相隔离。

6.1.1　基本电磁关系

在图 6-1 中可以看出，当一次绕组有电流 $\dot{I}_p$ 流过时，由于电磁感应，在二次绕组中就会感应出电动势，在二次绕组外部接通二次负荷的情况下，就有二次电流 $\dot{I}_s$ 流通。

电力系统中的一次电流各不相同，通过电流互感器一、二绕组匝数比的配置，可以将不同线路电流变换成较小的标准值为 5A 或 1A 的二次电流。

1. 磁动势平衡方程式

根据变压器工作原理，当一次电流 $\dot{I}_p$ 流过互感器匝数为 N_p 的一次绕组时，将建立一次磁动势，此时一次磁动势为一次电流 $\dot{I}_p$ 与一次绕组匝数 N_p 的乘积 $\dot{I}_pN_p$；二次磁动势为二次电流 $\dot{I}_s$ 与二次绕组匝数 N_s 的乘积 $\dot{I}_sN_s$。根据磁动势平衡原则，一次磁动势除用于平衡二次磁动势外，还有极小的一部分用于铁心励磁，产生主磁通 $\dot{\Phi}_m$。因此可以写出磁动势平衡方程式

$$\dot{I}_pN_p+\dot{I}_sN_s=\dot{I}_eN_p \tag{6-1}$$

式中　$\dot{I}_p$——一次电流，A；

$\dot{I}_s$——二次电流，A；

$\dot{I}_e$——励磁电流，A；

N_p——一次绕组匝数；

N_s——二次绕组匝数。

式（6-1）也可以写成

$$\dot{I}_p + \dot{I}_s \frac{N_s}{N_p} = \dot{I}_e$$

或者可表示为

$$\dot{I}_p + \dot{I}'_s = \dot{I}_e \tag{6-2}$$

式中，$\dot{I}'_s$为折算到一次侧的二次电流，$\dot{I}'_s = \dot{I}_s \frac{N_s}{N_p}$。

在互感器中，通常将电流与匝数的乘积称为安匝，$\dot{I}_p N_p$称为一次安匝，$\dot{I}_s N_s$称为二次安匝，$\dot{I}_e N_p$称为励磁安匝。

当忽略励磁电流时，式（6-1）可简化为

$$\dot{I}_p N_p = -\dot{I}_s N_s$$

如果以额定值表示，则可写成

$$\dot{I}_{pr} N_{pr} = -\dot{I}_{sr} N_{sr}$$

即

$$k_r = \frac{I_{pr}}{I_{sr}} = \frac{N_{sr}}{N_{pr}} \tag{6-3}$$

式中　k_r——额定电流比；

I_{pr}——额定一次电流，A；

I_{sr}——额定二次电流，A；

N_{pr}——额定一次绕组匝数；

N_{sr}——额定二次绕组匝数。

额定电流比k_r是电流互感器主要参数之一。

这里的额定一次电流与额定二次电流之比称为额定电流比，额定一次匝数与额定二次匝数之比称为额定匝数比。式（6-3）说明电流互感器的额定电流比等于额定匝数比的倒数。

2. 电动势平衡方程式

电流互感器的二次感应电动势$\dot{E}_s$与二次绕组内部阻抗压降和二次端电压$\dot{U}_s$相平衡。

$$\dot{E}_s = \dot{U}_s + \dot{I}_s (R_{ct} + jX_s) \tag{6-4}$$

式中　$\dot{E}_s$——二次绕组感应电动势，V；

$\dot{U}_s$——二次绕组端电压，V；

R_{ct}——二次绕组电阻，Ω；

X_s——二次绕组漏电抗，Ω，由二次绕组漏磁通而引起。

而二次绕组端电压等于负荷上的电压降，二次端电压为

$$\dot{U}_s = \dot{I}_s(R_b + jX_b) \tag{6-5}$$

式中　R_b ——二次负荷电阻，Ω；
X_b ——二次负荷电抗，Ω。

与变压器一样，电流互感器一次感应电动势平衡方程式为

$$\dot{U}_p = -\dot{E}_p + \dot{I}_p(R_p + jX_p) \tag{6-6}$$

式中　$\dot{E}_p$ ——主磁通在一次绕组中感应的电动势，V；
$\dot{U}_p$ ——一次绕组端电压，V；
R_p ——一次绕组电阻，Ω；
X_p ——一次绕组漏电抗，Ω，由一次绕组漏磁通而引起。

3. 电流互感器的工作特性

电流互感器的磁动势平衡方程和电动势平衡方程与变压器是一样的，但是与线路的阻抗相比，电流互感器的阻抗小到可以忽略不计，电流互感器一次电流的变化只取决于电力线路负荷的变化，而与电流互感器的二次负荷无关。在一次电流已定的条件下改变电流互感器的二次负荷，为了维持磁动势平衡，二次端电压必定要相应变化以使二次电流不变。二次端电压的变化是靠二次感应电动势的变化和感应此电动势的主磁通的变化而实现的，所以当二次负荷增加或降低时，铁心中的主磁通也相应增加或降低，从而一次感应电动势也增加或降低。为了维持电动势平衡，一次端电压必然要增加或降低。

在二次负荷一定的条件下，互感器的一次电流变化时，二次电流必然变化。当一次电流增加时，铁心中的主磁通增加，二次感应电动势增加使得二次电流增加；反之，若一次电流减少时，二次感应电动势减少，二次电流也相应减少。

铁心主磁通变化所需的励磁电流将依铁心材料的磁化特性曲线而变化。

总之，电流互感器的一次电流取决于一次线路，互感器二次负荷的变化只是引起二次绕组端电压的变化，而不会引起一次电流的改变。所以在很多情况下可以把电流互感器看成是恒电流源，在以后分析电流互感器的误差特性时，因电流互感器一次线圈串联在电路中，并且匝数很少，因此，一次线圈中的电流完全取决于被测电路的负荷电流，而与二次电流无关。由于电流互感器二次线圈所接仪表和继电器的电流线圈阻抗都很小，所以正常情况下电流互感器在近于短路状态下运行。这就是电流互感器的工作特性。

6.1.2　电流互感器的相量图

根据基本电磁关系，可以绘出较为完整的电流互感器相量图如图 6-2 所示。这个相量图是根据前面所述的工作原理并将一次侧各量折算到二次侧。折算关系如下：

$$\dot{I}'_p = \frac{\dot{I}_p}{k_r}；\quad \dot{I}'_e = \frac{\dot{I}_e}{k_r}$$

$$\dot{U}'_p = k_r\dot{U}_p；\quad \dot{E}'_p = k_r\dot{E}_p$$

$$R'_p = k_r^2 R_p；\quad X'_p = k_r^2 X_p$$

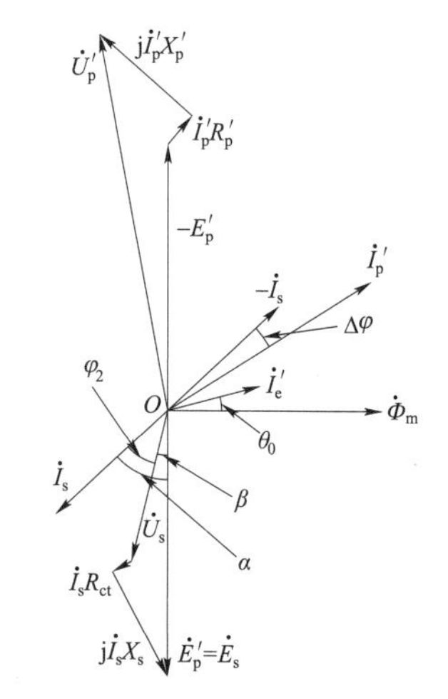

图 6-2　电流互感器相量图

由于在大多数情况下二次负荷是感性的，所以在图 6-2 中的二次电流 $\dot{I}_s$ 滞后于二次绕组端电压 $\dot{U}_s$ 一个功率因数角 φ_2，二次端电压 $\dot{U}_s$ 则滞后于二次感应电动势 $\dot{E}_s$ 一个角度β，$\dot{I}_s$ 与 $\dot{E}_s$ 之间的相位角用α表示。

根据电磁感应定律，$\dot{E}_s$ 滞后于主磁通 $\dot{\Phi}_m$ 的角度为 90°，励磁电流 $\dot{I}_e'$ 超前 $\dot{\Phi}_m$ 一个铁心损耗角 θ_0。

根据一次绕组电动势平衡关系，$-\dot{E}_p'$ 与一次绕组阻抗压降之和即得出一次绕组端电压 $\dot{U}_p'$。根据磁动势平衡关系，$\dot{I}_p'$ 是 $\dot{I}_e'$ 与 $-\dot{I}_s$ 之和，$\dot{I}_p'$ 与 $-\dot{I}_s$ 之间相位差为 $\Delta\varphi$。

由图 6-2 可见，由于 $\dot{I}_e'$ 的存在，$-\dot{I}_s$ 的大小和相位都与 $\dot{I}_p'$ 有差异，这就是说电流互感器在电流变换过程中出现了误差。

6.1.3　电流互感器的等效电路图

电流互感器在实际使用中，注意的是一、二次电流的关系，而不考虑一次端电压的变化。因此在图 6-3 电流互感器的等效电路图中通常都省略了一次绕组阻抗。根据 GB/T 20840.2《互感器　第 2 部分：电流互感器的补充技术要求》中规定，在图 6-1 中，电流互感器的两个一次绕组的出线端子标志为 P1 和 P2，二次绕组出线端子标志为 S1 和 S2。P1 和 S1 为同极性端，在这种标记的电流互感器中，当一次电流 $\dot{I}_p$ 从 P1 端流入一次绕组时，二次电流 $\dot{I}_s$ 将从 S1 端流出，经外部回路再从 S2 端流回二次绕组。通常这种标志的电流互感器的极性称为减极性。

图 6-3 所示的电流互感器等效电路图就是根据上述的电磁关系和极性关系绘制的。已将一次绕组阻抗略去，二次绕组阻抗由 R_{ct} 与 X_s 组成，励磁回路阻抗由电阻 R_e' 和电抗 X_e' 组成，二次负荷用 R_b 与 X_b 表示。

虽然根据电磁感应定律，二次感应电动势 $\dot{E}_s$ 滞后于主磁通 $\dot{\Phi}_m$ 的角度为 90°，其方向向下，由于二次绕组存在漏抗和二次负荷为感性，因此二次电压和二次电流均在第三象限。但根据电流互感器的减极性标志，实际输出的二次电流 $\dot{I}_s$ 相位与一次电流 $\dot{I}_p$ 的相位只是差一个很小的角度 δ 即相位差。所以二次电流 $\dot{I}_s$ 及其他二次量由第三象限变到第一象限，如图 6-4 所示。

图 6-4 是按减极性原则绘出的电流互感器各相量之间的关系。

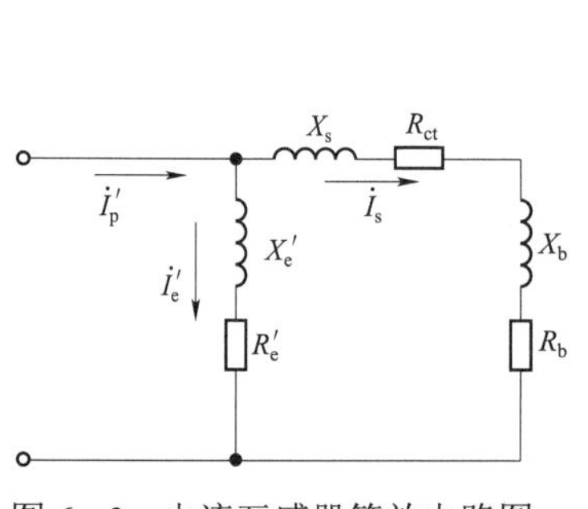

图 6-3　电流互感器等效电路图

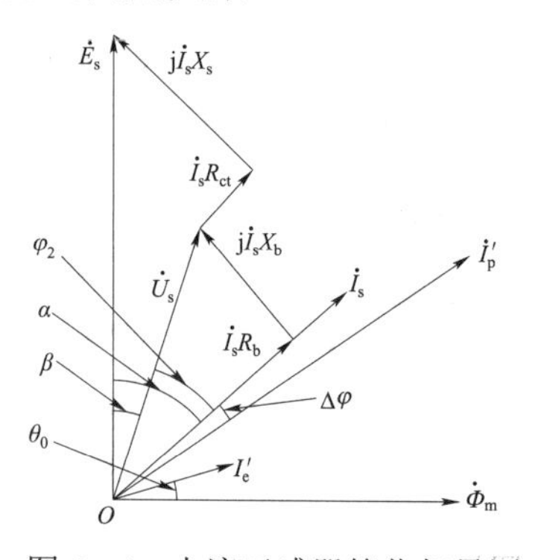

图 6-4　电流互感器简化相量图

当然世界上也有少数国家采用“加”极性电流互感器，即在同一瞬间，理想互感器的 $\dot{I}_p$ 和 $\dot{I}_s$ 相位相差 180°，则 $\dot{I}_p$ 从 P1 流入一次绕组，$\dot{I}_s$ 从 S2 流出，经过外部回路再从 S1 流入二次绕组。P1 和 S2 是同名端。

6.2　电流互感器的性能及特点

6.2.1　测量用电流互感器的准确级和误差特性

电流互感器是在电网中将高电压和大电流变换为可以测量的低电压、小电流，供给仪表和继电保护装置实现测量、计量、保护等功能。电流互感器的比值误差、相位误差、铁心饱和特性等性能的好坏将直接影响测量系统的测量精度和保护装置的动作特性等二次设备的性能。

1. 测量用电流互感器的准确级

电流互感器应能准确地将一次电流变换成二次电流，才能保证测量精度，因此电流互感器必须保证一定的准确度。电流互感器的准确度以其准确级来表征的，不同的准确级有不同的误差要求，在规定的使用条件下，误差应在规定的限值以内。测量用电流互感器的准确级以该准确级在额定一次电流和额定负荷下最大允许比值差的百分数来标称。

GB/T 20840.2 规定测量用电流互感器的标准准确级为 0.1 级、0.2 级、0.5 级、1 级、3 级和 5 级。GB/T 20840.2 还规定了两种特殊用途的测量用电流互感器的标准准确级为 0.2S 级和 0.5S 级。

表 6-1 是 0.1～1 级测量用电流互感器误差限值表。常用的准确级有 0.2 级、0.5 级。

表 6-2 是特殊用途的测量用电流互感器误差限值表。0.2S 和 0.5S 级的电流互感器可以用于小电流的测量。从表中可以看出增加了 1%的额定电流下的误差要求，同时 5%和 20%额定电流下的误差要求也要高于 0.2 级和 0.5 级。在工作电流变化范围较大情况下做准确计量时可选用 S 类电流互感器。当因动热稳定要求无法选择小变比电流互感器时，也可选用 S 类电流互感器以满足测量精度的要求。

表 6-3 是准确级为 3 级和 5 级测量用电流互感器误差限值表。

表 6-1　　测量用电流互感器的比值差和相位差限值（0.1～1 级）

准确级	下列额定电流百分数下的比值差±（%）				下列额定电流百分数下的相位差							
					±（′）				±crad			
	5	20	100	120	5	20	100	120	5	20	100	120
0.1	0.4	0.2	0.1	0.1	15	8	5	5	0.45	0.24	0.15	0.15
0.2	0.75	0.35	0.2	0.2	30	15	10	10	0.9	0.45	0.3	0.3
0.5	1.5	0.75	0.5	0.5	90	45	30	30	2.7	1.35	0.9	0.9
1	3.0	1.5	1.0	1.0	180	90	60	60	5.4	2.7	1.8	1.8

表 6-2　　特殊用途的测量用电流互感器的比值差和相位差限值（0.2S 级和 0.5S 级）

准确级	下列额定电流百分数下的比值差±（%）					下列额定电流百分数下的相位差									
						±（′）					±crad				
	1	5	20	100	120	1	5	20	100	120	1	5	20	100	120
0.2S	0.75	0.35	0.2	0.2	0.2	30	15	10	10	10	0.9	0.45	0.3	0.3	0.3
0.5S	1.5	0.75	0.5	0.5	0.5	90	45	30	30	30	2.7	1.35	0.9	0.9	0.9

表 6-3　　测量用电流互感器的比值差限值（3 级和 5 级）

准确级	下列额定电流百分数下的比值差±（%）	
	50	120
3	3	3
5	5	5

保证测量级电流互感器误差的额定二次输出是指在额定二次电流、规定功率因数下输出二次回路的视在功率。额定输出表示电流互感器能够带二次负荷的大小。测量级电流互感器的额定输出一般以伏安（VA）表示，不超过 30VA 的各测量级标准值为 2.5VA、5.0VA、10VA、15VA、20VA、25VA 和 30VA。超过 30VA 的数值可以按用途选择。

对于 0.1 级、0.2 级、0.5 级和 1 级，在二次负荷为额定负荷的 25%～100%之间任一值时，其额定频率下的比值差和相位差应不超过表 6-1 所列限值。

对于 0.2S 级和 0.5S 级，在二次负荷为额定负荷的 25%～100%之间任一值时，其额定频率下的比值差和相位差应不超过表 6-2 所列限值。

对于 3 级和 5 级，在二次负荷为额定负荷的 50%～100%之间任一值时，其额定频率下的比值差应不超过表 6-3 所列限值。对 3 级和 5 级的相位差限值不予规定。

对于测量级电流互感器，负荷的功率因数均应为 0.8（滞后），当负荷小于 5VA 时，应采用功率因数为 1.0，且负荷最低值为 1VA。

为了保证误差不超过限值，测量级电流互感器连接的实际二次负荷，不应超过电流互感器的额定二次负荷，也不应小于额定二次负荷的 25%（对 3 级和 5 级为 50%）。

对额定输出最大不超过 15VA 的测量级，可以规定扩大负荷范围。当二次负荷范围扩大为 1VA 至 100%额定输出时，比值差和相位差应不超过表 6-1、表 6-2 和表 6-3 所列相应准确级的限值。在整个负荷范围，功率因数应为 1.0。

在 0.1～1.0 级的电流互感器中，可以规定扩大电流额定值，此扩大值用额定一次电流的百分数表示，但要满足下列要求：

（1）额定连续热电流应是额定扩大一次电流。

（2）额定扩大一次电流下的比值差和相位差应不超过表 6-1 所列的对 120%额定一次电流的限值。

常用的扩大值为 120%、150%、200%。

2. 测量用电流互感器的误差特性

（1）误差定义。

从电流互感器的工作原理知道，由于励磁电流的存在，使得乘以额定变比后的二次电流不仅数值与一次电流不相等，而且相位也产生了差异，也就是说产生了误差。

1）比值差（电流误差）。互感器在测量中由于实际变比与额定变比不相等所引入的误差。电流互感器的比值差（电流误差）用百分数表示

$$\varepsilon=\frac{k_{\mathrm{r}}I_{\mathrm{s}}-I_{\mathrm{p}}}{I_{\mathrm{p}}}\times 100\% \tag{6-7}$$

式中　k_{r}——额定变比；

I_{p}——实际一次电流，A；

$\dot{I}_{\mathrm{s}}$——在测量条件下，流过 I_{p} 时的实际二次电流，A。

由式（6-7）可知，如果折算后二次电流大于一次电流，$k_{\mathrm{r}} I_{\mathrm{s}}>I_{\mathrm{p}}$，则电流误差为正值，反之则为负值。由于励磁电流的存在，在未采取误差补偿措施时，电流误差永远为负值。

2）相位差。一次电流相量与二次电流相量的相位之差，也叫相角差。相量方向是按理想电流互感器的相位差为零来选定的，若二次电流相量超前一次电流相量时，相位差为正值，它通常以分（′）或厘弧（crad）表示。在大多数情况下，电流互感器的相位差为正值。

（2）误差计算公式。

将误差定义式（6-7）中的一次电流折算到二次侧，电流互感器误差定义式（6-7）做如下变换

$$\varepsilon=\frac{k_{\mathrm{r}}I_{\mathrm{s}}-I_{\mathrm{p}}}{I_{\mathrm{p}}}\times 100\%=\frac{I_{\mathrm{s}}-\dfrac{I_{\mathrm{p}}}{k_{\mathrm{r}}}}{\dfrac{I_{\mathrm{p}}}{k_{\mathrm{r}}}}\times 100\%=\frac{I_{\mathrm{s}}-I'_{\mathrm{p}}}{I'_{\mathrm{p}}}\times 100\%$$

这种解析表达式也是比较常见的。

为推导电流互感器误差计算公式，将电流互感器的相量图重新绘制，如图 6-5 所示。

图中，线段 OA $=\dot{I}_{\mathrm{s}}$，OB $=\dot{I}'_{\mathrm{p}}$，AB $=\dot{I}'_{\mathrm{e}}$；D 点是以 O 点为圆心，以 OB 为半径所做的圆弧与 OA 延长线的交点，再从 B 点做该延长线的垂线交于 C 点，所以 OD 线段也代表一次电流的大小。线段 BC 垂直线段 OA 的延长线。

因为 AB // $\dot{I}'_{\mathrm{e}}$，BC ⊥ $\dot{I}_{\mathrm{s}}$，所以 $\angle\mathrm{ABC}=\alpha+\theta_0$。

由图 6-5 可知，$\dot{I}_{\mathrm{s}}$ 与 $\dot{I}'_{\mathrm{p}}$ 的大小之差为线段 AD 的长度，因为 $\Delta\varphi$ 很小，可以近似地认为 OC = OD，即有

$$\begin{aligned}\dot{I}_{\mathrm{s}}-\dot{I}'_{\mathrm{p}}&=\mathrm{OA}-\mathrm{OC}=-\mathrm{AC}=-\mathrm{AB}\sin(\alpha+\theta_0)\\&=-\dot{I}'_{\mathrm{e}}\sin(\alpha+\theta_0)\end{aligned}$$

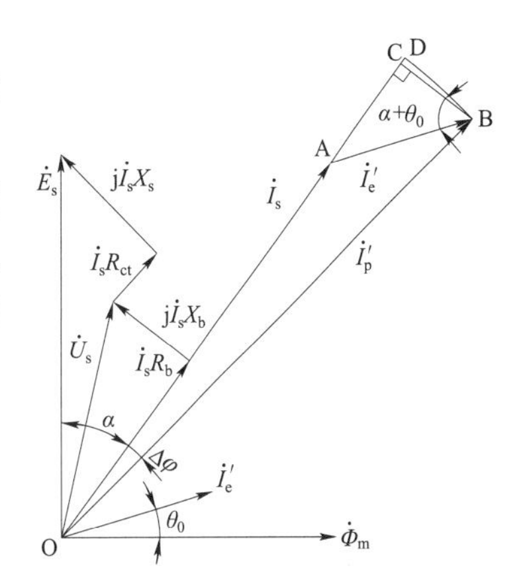

图 6-5　电流互感器误差的相量图

电流误差

$$\varepsilon=-\frac{\mathrm{AC}}{\mathrm{OD}}\times100\%=-\frac{\dot{I}'_{\mathrm{e}}}{\dot{I}'_{\mathrm{p}}}\sin(\alpha+\theta_0)\times100\% \tag{6-8}$$

相位差

$$\Delta\varphi\approx\sin\Delta\varphi=\frac{\mathrm{BC}}{\mathrm{OB}}\times100=\frac{\dot{I}'_{\mathrm{e}}}{\dot{I}'_{\mathrm{p}}}\cos(\alpha+\theta_0)\times100\ (\mathrm{card}) \tag{6-9}$$

将式（6-8）和式（6-9）的分子和分母同乘以 N_{sr}，并且

$$\dot{I}'_{\mathrm{e}}N_{\mathrm{sr}}=I_{\mathrm{e}}N_{\mathrm{Pr}};\quad \dot{I}'_{\mathrm{p}}N_{\mathrm{sr}}=I_{\mathrm{p}}N_{\mathrm{pr}}$$

再令

$$(IN)_0=I_{\mathrm{e}}N_{\mathrm{pr}};\quad (IN)_1=I_{\mathrm{p}}N_{\mathrm{pr}}$$

这里的 $(IN)_0$ 称为实际励磁安匝，是实际励磁电流与额定一次匝数的乘积；$(IN)_1$ 称为实际一次安匝，是实际一次电流与一次匝数的乘积。由此得出不用折算后的电流表示而用安匝表示的误差计算公式

$$\varepsilon=-\frac{(IN)_0}{(IN)_1}\sin(\alpha+\theta_0)\times100\% \tag{6-10}$$

$$\Delta\varphi=\frac{(IN)_0}{(IN)_1}\cos(\alpha+\theta_0)\times100\ (\mathrm{crad}) \tag{6-11a}$$

或者写成用分（′）表示的形式，1crad≈34.4′

$$\Delta\varphi=\frac{(IN)_0}{(IN)_1}\cos(\alpha+\theta_0)\times3440\ (') \tag{6-11b}$$

式（6-10）、式（6-11a）、式（6-11b）中的一次安匝和励磁安匝数都是实际安匝数。还有一种是额定一次安匝，它是额定一次电流 I_{pr} 与额定一次匝数 N_{pr} 的乘积。

（3）影响误差的因素。

为了比较直观看出各有关参数对电流互感器误差的影响，先假定铁心的磁导率μ为常数，并根据下列基本公式将上述误差计算公式做一些变换。因为铁心中主磁通 Φ_{m} 与二次感应电动势有下述关系

$$\Phi_{\mathrm{m}}=\frac{\sqrt{2}E_{\mathrm{s}}}{2\pi fN_{\mathrm{sr}}} \tag{6-12}$$

式中 Φ_{m}——铁心中主磁通（幅值），Wb；

E_{s}——二次感应电动势（有效值），V；

N_{sr}——额定二次匝数；

f——电源频率，Hz。

又因为

$$E_{\mathrm{s}}=I_{\mathrm{s}}Z_{2\Sigma}=I_{\mathrm{s}}\sqrt{(R_{\mathrm{ct}}+R_{\mathrm{b}})^2+(X_{\mathrm{s}}+X_{\mathrm{b}})^2}$$

式中　I_s ——二次电流，A；

R_{ct}、R_b ——二次绕组电阻和二次负荷电阻，Ω；

X_s、X_b ——二次绕组电抗和二次负荷电抗，Ω；

$Z_{2\Sigma}$ ——二次回路总阻抗，Ω。

所以得出

$$\Phi_m = \frac{\sqrt{2} I_s Z_{2\Sigma}}{2\pi f N_{sr}} \tag{6-13}$$

又根据磁路定律

$$\Phi_m = BA_c = \sqrt{2}\mu HA_c$$

$$HL_c = (IN)_0$$

则

$$\Phi_m = \frac{\sqrt{2}\mu A_c (IN)_0}{L_c} \tag{6-14}$$

式中　A_c ——铁心有效截面积，m^2；

L_c ——铁心的平均磁路长，m；

μ ——铁心材料的磁导率，H/m；

B ——磁通密度（幅值），T；

H ——磁场强度有效值，A/m；

$(IN)_0$ ——磁动势，即励磁安匝（方均根值），A。

由式（6-13）、式（6-14）得出

$$(IN)_0 = \frac{I_s Z_{2\Sigma} L_c}{2\pi f \mu A_c N_{sr}} \tag{6-15}$$

将式（6-15）代入式（6-10）和式（6-11b）得出

$$\varepsilon = -\frac{I_s Z_{2\Sigma} L_c}{2\pi f \mu A_c N_{sr} (IN)_1} \sin(\alpha + \theta_0) \times 100\% \tag{6-16}$$

$$\Delta\varphi = \frac{I_s Z_{2\Sigma} L_c}{2\pi f \mu A_c N_{sr} (IN)_1} \cos(\alpha + \theta_0) \times 3440\ (') \tag{6-17}$$

从式（6-16）和式（6-17）可以归纳出影响电流互感器误差的因素如下：

1）电流互感器的误差与一次安匝成反比。因此采用较大的一次安匝以设计制造较高准确级的互感器是常用的方法。对于额定一次电流较小的互感器，须增加一次匝数以提高一次安匝；对于一次匝数只有一匝的互感器，例如，套管型电流互感器，当额定一次电流较小时，难以实现较高的准确级。

2）电流互感器的误差与二次回路总阻抗成正比。二次回路总阻抗包括二次负荷阻抗和二次绕组自身阻抗，前者包括测量仪表（或继电保护装置）的阻抗及连线阻抗；后者取决于产品本身，即产品设计结构。

3）增加铁心有效截面积，减小铁心的平均磁路长度都会使误差减少。但是改变这两个参数往往受到结构的限制。如一次绕组尺寸和最小距离就决定了铁心窗口的最小尺寸，也就限定了可能的最小铁心平均磁路长度。产品结构或外形尺寸将使铁心截面积的增加受到限制。

有些因素是相互影响的，如增加铁心截面积必将导致二次绕组几何尺寸增加，从而加大二次绕组阻抗，而且有时还会增加铁心磁路长度。

4）铁心的磁导率越高，误差就越小。因此选用高磁导率材料，采用合适的铁心结构，提高铁心的加工质量并严格按工艺进行退火处理，都是提高铁心磁导率减小误差的有效措施。

5）二次负荷功率因数增大时即φ_2减小，α减小，使电流误差减少，而相位差增大；负荷功率因数减小，将使电流误差增大而相位差减少，当$(\alpha+\theta_0)=90°$时，相位差等于零；当$(\alpha+\theta_0)>90°$时，相位差变为负值；当$(\alpha+\theta_0)<90°$时，相位差变为正值。

6）在其他参数不变的情况下，铁心损耗角减小，电流误差减小，相位差增大；铁心损耗角增大，电流误差增大，相位差减小。

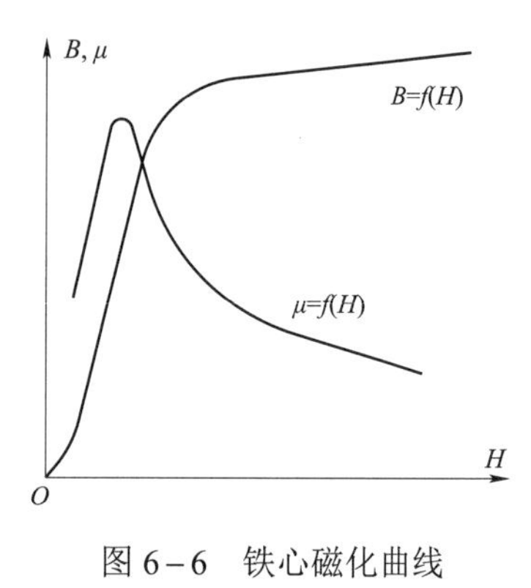

图 6－6　铁心磁化曲线

以上的分析，是建立在磁导率μ为常数的基础上，实际上铁磁材料的磁导率是变化的，如图 6－6 所示。在低磁通密度区段，磁导率较低，随着磁通密度的增加，磁导率增大，当磁通密度增加到一定程度后，$B=f(H)$曲线开始弯曲，磁导率开始下降，进入饱和区段后，磁导率降到很低的程度。

图 6－7 为未采取误差补偿措施时电流互感器的误差与一次电流的关系曲线，因为无补偿电流互感器的变比误差总是负值，所以电流误差曲线在横坐标轴的下方；而在大多数的情况下，$(\alpha+\theta_0)$不超过 90°时，相位差为正值，所以相位差曲线在横坐标轴的上方。

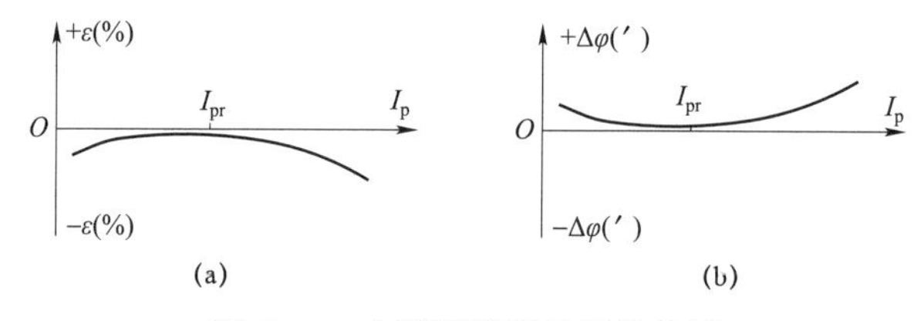

图 6－7　电流互感器的误差曲线

（a）电流误差曲线；（b）相位差曲线

未采取误差补偿的电流互感器，如果 $Z_{2\Sigma}$和其他参数已定的条件下，互感器铁心磁通密度将随一次电流的变化而成比例变化。在额定条件下，铁心磁通密度处在磁化曲线的直线段，即磁导率处在增长区段。当一次电流小于额定值时，随着一次电流的增大，电流误差和相位差均会减小；而当一次电流达到额定值之后，随着一次电流的增大，电流误差和相位差均会逐渐增大。这是因为一次电流小于额定值时，铁心磁通密度处在磁化曲线的直线段，即处于磁导率增加的区域，电流增加时，二次感应电动势增大，磁通密度和磁导率增加，误差减小。但当一次电流达到额定值后，随着一次电流的增加，铁心磁化曲线进入饱和区后段，磁通密度增加，磁导率反而降低，电流误差和相位差又增大。

（4）误差的补偿方法。

电流互感器的误差补偿方法较多，下面介绍几种主要的补偿方法。

1）整数匝补偿。未补偿的电流互感器的电流误差为负值，即二次电流偏小，根据 $\dot{I}_p N_{pr} = \dot{I}_e N_p - \dot{I}_s N_{sr}$ 可知，若减少二次绕组的匝数 N_{sr}，则二次电流必然增加，因为磁动势平衡关系不变。这样就达到了电流误差向正方向变化的目的，这就是减匝补偿的基本原理。设二次绕组减匝后二次电流的增量为 ΔI_s，则有

$$I_s N_{sr} = (I_s + \Delta I_s) N_s$$

$$\Delta I_s = I_s \left(\frac{N_{sr}}{N_s} - 1 \right)$$

根据电流误差的定义，可以写出补偿后的电流误差为

$$\varepsilon' = \frac{k_r (I_s + \Delta I_s) - I_p}{I_p} \times 100\% = \frac{k_r I_s - I_p}{I_p} \times 100\% + \frac{k_r \Delta I_s}{I_p} \times 100\% = (\varepsilon + \varepsilon_b) \times 100\%$$

式中　ε——补偿前的电流误差；

ε_b——电流误差的补偿值。

下面推导电流误差的补偿值的计算公式。由电流误差定义可以得出补偿前的二次电流与误差的关系为

$$I_s = \frac{I_p}{k_r} \left(1 + \frac{\varepsilon}{100} \right)$$

所以

$$\varepsilon_b = \frac{k_r \Delta I_s}{I_p} \times 100\% = \frac{k_r I_s \left(\dfrac{N_{sr}}{N_s} - 1 \right)}{I_p} \times 100\% = \left(1 + \frac{\varepsilon}{100} \right) \left(\frac{N_{sr}}{N_s} - 1 \right) \times 100\%$$

若近似地认为 $\left(1 + \dfrac{\varepsilon}{100} \right) = 1$，则可得出

$$\varepsilon_b = \left(\frac{N_{sr}}{N_s} - 1 \right) \times 100\% = \frac{N_{sr} - N_s}{N_s} \times 100\% = \frac{N_b}{N_s} \times 100\%$$

式中，N_b 称为补偿匝数，即要减去的二次绕组少绕匝数。因为在绝大多数情况下，N_{sr} 远大于 N_b，所以上式中常用 N_{sr} 代替 N_s，于是常用的匝数补偿计算公式为

$$\varepsilon_b = \frac{N_b}{N_{sr}} \times 100\% \tag{6-18}$$

当匝数补偿值不太大时，励磁电流的微小变化可予以忽略，认为二次电流只是数值增加，相位不改变，即认为匝数补偿的效果是将电流误差曲线向正的方向平移，而对相位差不起作用。

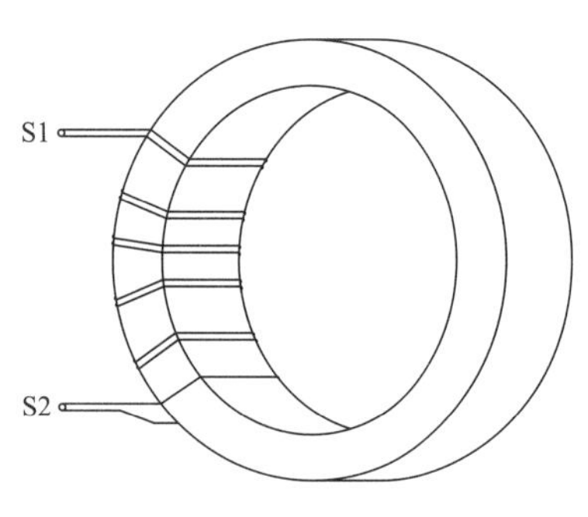

图 6－8　分数匝补偿示意图

2）分数匝补偿。为了避免整数匝补偿可能出现过补偿的缺陷，可以采取以下几种分数匝补偿法：

① 二次绕组用多根导线并绕。图 6－8 为两根导线并绕实现分数匝补偿示意图。

常用的是将二次绕组采用两根导线并绕，其中一根绕满 N_{sr} 匝，另一根少绕一匝，若两根并绕的导线规格和材料完全相同，那么就构成 $N_b = 1/2$ 匝的减匝补偿，此时的补偿值为

$$\varepsilon_b = \frac{1}{2} \times \frac{1}{N_{sr}} \times 100\% \tag{6-19}$$

这就是通常所说的半匝补偿。

同理可以得出，用多根并绕（如 n 根）只将其中一根少绕一匝的补偿值为

$$\varepsilon_b = \frac{1}{n} \times \frac{1}{N_{sr}} \times 100\%$$

若两根并绕的导线材料和规格不相同，那么其电阻就不同，也是其中一根少绕一匝，设不减匝的导线电阻为 R_a，减匝的导线电阻为 R_b，则电流误差的补偿值为

$$\varepsilon_b = \frac{1}{N_{sr}} \times \frac{R_a}{R_a + R_b} \times 100\% \tag{6-20}$$

② 双铁心实现分数匝补偿。如图 6－9 所示，根据补偿值的要求将铁心分成两个小铁心，二次绕组中有一匝只绕在其中一个铁心上，其余匝数都绕在两个铁心上。这样就实现了分数匝补偿。若两个铁心尺寸相同，只绕在一个铁心上的一匝，相对于整个铁心来说，相当于只绕了半匝，这就构成了 1/2 匝减匝补偿。若两个铁心尺寸不一样，两个铁心总截面积为 A_c，少绕一匝的铁心（也叫辅助铁心）的截面积为 A_b，则补偿值为

$$\varepsilon_b = \frac{1}{N_{sr}} \times \frac{A_b}{A_c} \times 100\% \tag{6-21}$$

若两个铁心的磁导率也不一样，设少绕一匝导线的铁心截面积为 A_b，平均磁路长度为 L_b，磁导率为 μ_b；两个铁心总截面积为 A_c，磁路平均长度 L_c，平均磁导率为 μ_c，则其补偿值为

$$\varepsilon_b = \frac{1}{N_{sr}} \times \frac{A_b L_c \mu_b}{A_c L_b \mu_c} \times 100\% \tag{6-22}$$

③ 铁心穿孔实现分数匝补偿。如图 6－10 所示，将二次绕组的最初（或最后）一匝导线从孔中穿过，其补偿原理和双铁心分数匝补偿是一样的，设少绕一匝的那部分铁心截面积为 A_b，平均磁路长度为 L_b；整个铁心的截面积为 A_c，平均磁路长为 L_c，则电流误差的补偿值为

$$\varepsilon_b = \frac{1}{N_{sr}} \times \frac{A_b L_c}{A_c L_b} \times 100\% \tag{6-23}$$

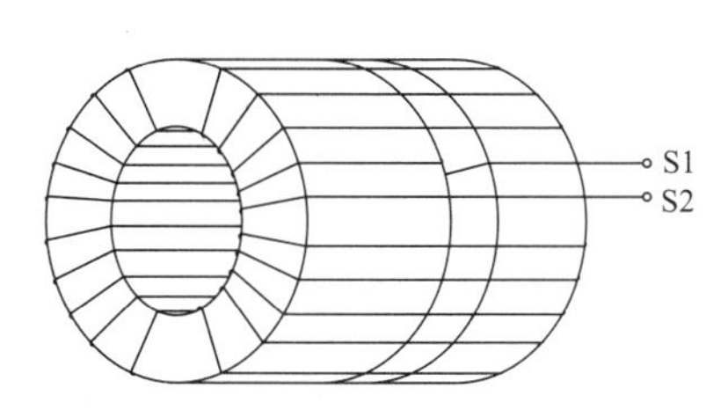

图 6－9　双铁心分数匝补偿示意图

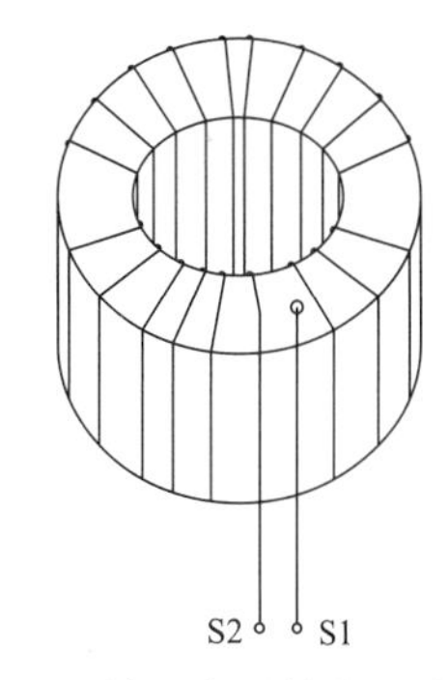

图 6－10　铁心穿孔补偿示意图

以上是几种常用的匝数补偿方法，而且认为其补偿效果是二次减匝以后，靠二次电流增加以满足磁动势平衡关系，因此补偿了电流误差。然而，I_s 的增加是由于 E_s 的增加才能实现的，而 E_s 的增加是靠铁心中的磁通密度的增加来达到的。磁通密度的增加必然引起 I_e 增加，所以严格讲，上述减匝补偿后的磁动势平衡关系并不只是 I_s 增加，而是 I_s 和 I_e 都增加。不过因为电流互感器在正常工作条件下，I_e 本来就很小，而且铁心工作点处在磁导率μ上升区段，磁通密度的增加比 I_e 增加的快，再加上匝数补偿值很小，在测量用电流互感器中大都在 1%以下，所以可以将励磁电流 I_e 的微小增加忽略，在这样的前提下才有匝数补偿只改变电流变比误差，而且在不同的一次电流下用百分数表示的补偿值是不变的，从而使电流误差曲线平移，而不影响相位差的结论，用前面的几个公式计算电流误差补偿值才具有足够的准确性。如果补偿匝数过多或少绕一匝的铁心截面积过大，减匝补偿后铁心的非线性特性就会明显地表现出来，电流误差的补偿效果将不会是固定不变，而呈现出非线性特征，在不同的一次电流时补偿值不一样，补偿措施对相位差的影响也会显现出来，上面的简单计算公式就不能适用。

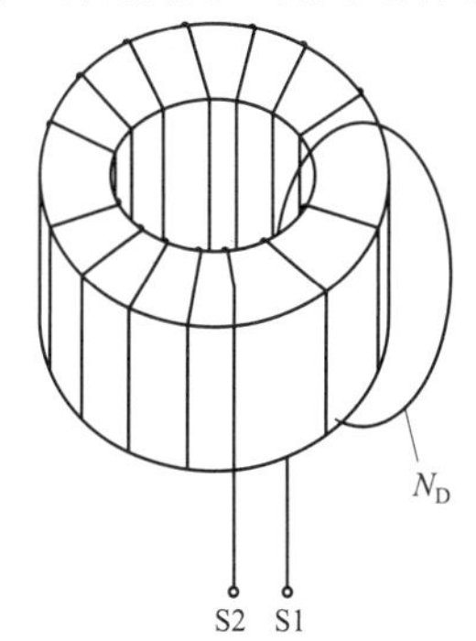

图 6－11　短路匝补偿示意图

④ 短路匝补偿。如图 6－11 所示，短路匝补偿就是在铁心上除一次、二次绕组外，另外再绕几匝的短路绕组，通常称为短路匝，见图中 N_D。有短路匝后，互感器的磁动势平衡方程式为

$$\dot{I}_p N_p = \dot{I}_e N_p - \dot{I}_s N_s - \dot{I}_D N_D \tag{6-24}$$

式中　$\dot{I}_D$ ——短路匝中的电流，A；

N_D ——短路匝的匝数。

由式（6－24）可看出，由于短路安匝 $\dot{I}_D N_D$ 的存在，使得互感器增加了一个误差分量，利用这个新增加的误差分量的补偿作用，就是短路匝补偿的基本原理。

因 N_D 匝数很少，短路匝的电抗可以忽略，即 $X_D=0$，所以短路匝中的电流 $\dot{I}_D$ 与感应电动势 $\dot{E}_D$ 同相位，因此有

$$\dot{I}_D = \frac{\dot{E}_D}{R_D}$$

式中　R_D ——短路匝的电阻，Ω。

又因为感应电动势与匝数成正比，所以

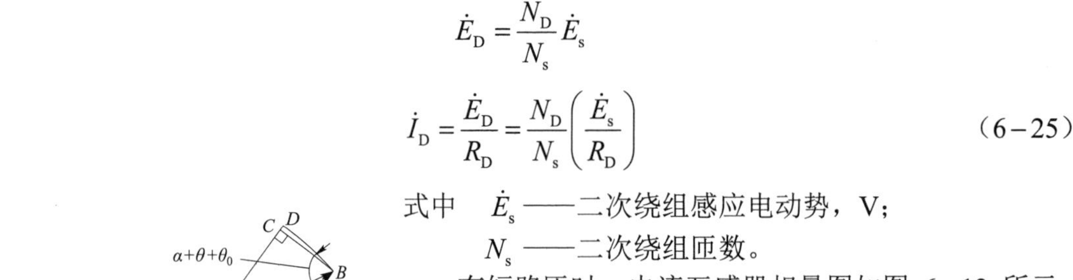

$$\dot{E}_{\mathrm{D}}=\frac{N_{\mathrm{D}}}{N_{\mathrm{s}}}\dot{E}_{\mathrm{s}}$$

$$\dot{I}_{\mathrm{D}}=\frac{\dot{E}_{\mathrm{D}}}{R_{\mathrm{D}}}=\frac{N_{\mathrm{D}}}{N_{\mathrm{s}}}\left(\frac{\dot{E}_{\mathrm{s}}}{R_{\mathrm{D}}}\right) \tag{6-25}$$

式中　$\dot{E}_{\mathrm{s}}$——二次绕组感应电动势，V；

N_{s}——二次绕组匝数。

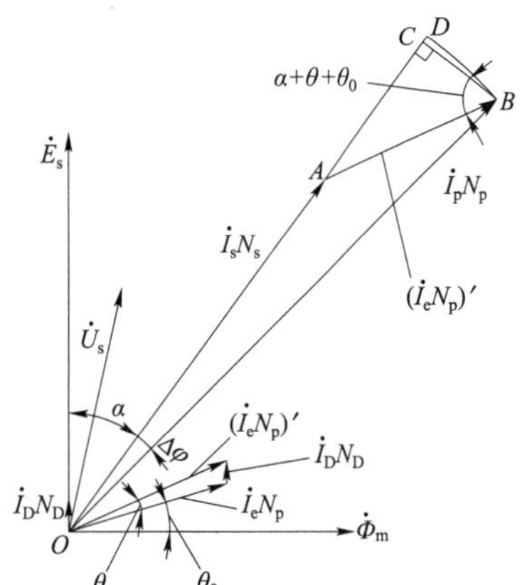

图 6－12　有短路匝的电流互感器相量图

有短路匝时，电流互感器相量图如图 6－12 所示。由图可见，短路匝对电流误差和相位差都起到补偿作用，但都是向负的方向变化。故可以减小相位差，但同时使原为负值的电流误差加大。因此，短路匝补偿只适用于改善电流互感器的相角差，也就是说，当需要对较大的正值相位差补偿时采用。

根据图 6－12 可推导出短路匝的误差补偿计算公式

$$\varepsilon=-\frac{(I_{\mathrm{e}}N_{\mathrm{p}})'}{(IN)_1}\sin(\alpha+\theta+\theta_0)\times100\% \tag{6-26}$$

$$\Delta\varphi=\frac{(I_{\mathrm{e}}N_{\mathrm{p}})'}{(IN)_1}\cos(\alpha+\theta+\theta_0)\times3440\,(') \tag{6-27}$$

式中，$(I_{\mathrm{e}}N_{\mathrm{p}})'$ 和 θ 可按下述方法求得，先计算无补偿时的 $I_{\mathrm{e}}N_{\mathrm{p}}$，并初选短路匝的线径和匝数，计算电阻 R_{D}，再用式（6－25）计算 I_{D}，然后按余弦定理计算 $(I_{\mathrm{e}}N_{\mathrm{p}})'$

$$(I_{\mathrm{e}}N_{\mathrm{p}})'=\sqrt{(I_{\mathrm{e}}N_{\mathrm{p}})^2+(I_{\mathrm{D}}N_{\mathrm{D}})^2-2(I_{\mathrm{e}}N_{\mathrm{p}})(I_{\mathrm{D}}N_{\mathrm{D}})\cos\left(\frac{\pi}{2}+\theta_0\right)} \tag{6-28}$$

再按正弦定理计算 θ

$$\theta=\arcsin\left[\frac{I_{\mathrm{D}}N_{\mathrm{D}}}{(I_{\mathrm{e}}N_{\mathrm{p}})'}\sin\left(\frac{\pi}{2}+\theta_0\right)\right] \tag{6-29}$$

还要注意的是，采用短路匝补偿的电流互感器不能进行匝间绝缘试验。因为匝间绝缘试验时，总有一个绕组开路，铁心中的磁通密度很高，使 I_{D} 迅速增大，从而烧坏短路匝。

3）磁分路补偿。当电流互感器的误差曲线变化很陡，采用匝数补偿已不能使两个极限负荷下的电流误差都在允许范围之内时，采用非线性的磁分路补偿可以得到较为满意的效果。但是由于磁分路补偿在生产过程中需要调整才能达到误差标准要求，且随着铁心导磁材料磁化性能的提高，如采用超微晶合金 1K107 新型导磁材料，因此磁分路补偿方法的应用范围很小。

电流互感器的磁分路补偿在应用上，一种是在叠片“口”字形铁心采用，另一种是在圆形卷铁心采用。

叠片“口”字形铁心的磁分路结构：用硅钢片或普通薄钢板制成磁分路，将磁分路装在上铁心柱上，无磁分路的铁心柱称为下铁心柱。一次绕组只装在上铁心柱上，二次绕组分成匝数不等的两部分，分别套装在上、下铁心柱上，上铁心柱二次匝数为 N_s'，下铁心柱二次匝数为 N_s''。两部分二次绕组同向串联，二次总匝数 $N_s = N_s' + N_s''$。

磁分路的基本原理是适当地利用二重漏磁的作用使二次感应电动势有所提高，从而得到预期的误差补偿效果。至于磁分路补偿的磁动势平衡方程式和磁分路补偿电动势各相量求解已在有关书籍中多有阐述，这里不再做详细介绍。另外，叠片“口”字形铁心的磁分路结构只在低电压电流互感器中采用。

在圆形卷铁心外侧加一个用硅钢片制成的圆环作为磁分路，简称圆环形磁分路补偿。它和双铁心分数匝补偿相似，是在双铁心分数匝补偿的基础上增加补偿匝数 N_b，将辅助铁心截面积 A_b 减少到只有几片硅钢片，相当于一个磁分路。从式（6-22）可见，辅助铁心的磁导率 μ_b 越大，对互感器的补偿值越大。因此，为达到较理想的补偿效果，设计时应使小电流时（如 10% I_{pr}）辅助铁心的磁导率 μ_b 为最大，由于电流小，这时必须增加补偿匝数，但在补偿匝数增加的同时，为了不使补偿过大，必须适当地减小辅助铁心的截面积 A_b。

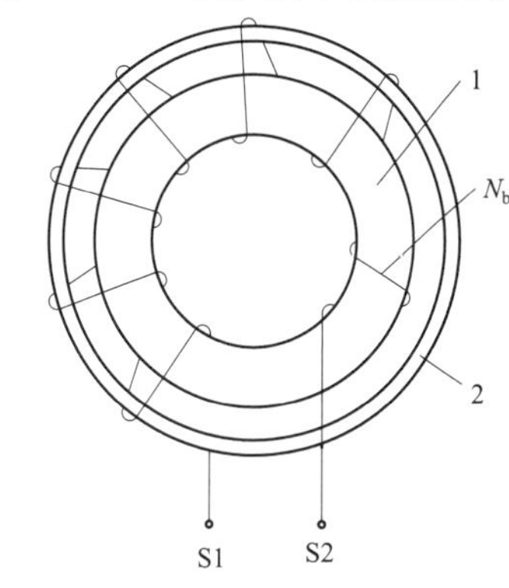

图 6-13　圆环形磁分路补偿原理示意图
1—主铁心；2—圆环磁分路

圆环形磁分路补偿原理示意图如图 6-13 所示。

图 6-13 中二次绕组 N_s 中有 N_b 匝单独绕在主铁心上，而 $N_s - N_b$ 匝则绕在两个铁心上，N_b 即为补偿匝数。磁分路的励磁安匝很大，而铁心面积又小，故磁通密度很高，磁导率 μ_b 和损耗角 θ_b 随电流的增长而显著减小，圆环形铁心磁分路对电流误差和相位差的补偿值为

$$\varepsilon_b = K_f \frac{N_{sr} - N_b}{N_{sr}} \times \frac{N_b}{N_{sr}} \times \frac{A_b L_c \mu_b}{A_c L_b \mu_c} \times \cos(-\theta_b + \theta) \times 100\% \quad (6-30)$$

$$\Delta\varphi_b = K_\delta \frac{N_{sr} - N_b}{N_{sr}} \times \frac{N_b}{N_{sr}} \times \frac{A_b L_c \mu_b}{A_c L_b \mu_c} \times \sin(-\theta_b + \theta) \times 3440\ (') \quad (6-31)$$

式中　K_f、K_δ ——经验校正系数，K_f =0.6～0.8，K_δ =0.4～0.6；

θ_b ——磁分路损耗角；

θ ——两铁心整体损耗角。

其他符号含义同前，带下角标“b”的为磁分路的参数，带下角标“c”的为整个铁心的参数。

磁分路的 μ_b 和 θ_b 应选择在 10% I_{pr} 时为最大值，由于在环形铁心中冷轧硅钢片的磁场强度 H_m =0.2～0.3A/cm 时，磁导率接近于最大，故可选择环形铁心的补偿匝数为

$$N_b = \frac{H_m L_b}{0.1 I_{sr}} = (2\sim3)\frac{L_b}{I_{sr}} \quad (6-32)$$

磁分路补偿对电流误差有较好的补偿作用，但一般会使相位差增大，可以考虑同时在磁分路上再加短路匝补偿。

短路匝补偿不但可以和磁分路补偿同时采用，也可和双铁心（小铁心）同时采用。短路匝可以装在主铁心上，也可以装在小铁心上。这几种使用方法原理基本相同，但由于装的位置不同，补偿效果有些差异，这里不做介绍。

6.2.2 额定仪表限值一次电流和仪表保安系数

1. 额定仪表限值一次电流

额定仪表限值一次电流 I_{PL} 是指测量用电流互感器在二次负荷等于额定负荷，其复合误差等于或大于 10%时的最小一次电流值。其值与额定一次电流的比值称为仪表保安系数 FS，标准值为 5 和 10，习惯上与准确度一起表示，如 0.2 级 FS10。

当系统发生短路时一次电流增加到额定一次电流的几倍到几十倍。在一次电流小于额定仪表限值一次电流时，测量级电流互感器的二次电流能够保证误差；当一次电流大于额定仪表限值一次电流时，电流互感器的复合误差超过 10%，说明铁心已开始趋于饱和，二次电流的上升不再与一次电流成线性，上升非常缓慢，从而保护测量级电流互感器的二次回路中的仪器仪表的安全。

2. 仪表保安系数

仪表保安系数 FS 仅适用于测量级的电流互感器，主要作用是在系统故障电流通过电流互感器时，电流互感器二次电流不再严格按比例增长，以避免二次仪表受到大电流的冲击而损坏。

对于测量用电流互感器，在正常工作条件下，要求它的误差很小，有很高的准确度；而在一次绕组流过系统短路电流时，又希望测量用电流互感器误差大，使得二次绕组的电流值予以限制，不再严格按一次电流的增加而成比例地增加。这样可以避免二次回路所接的仪器、仪表受大电流的冲击而损坏。

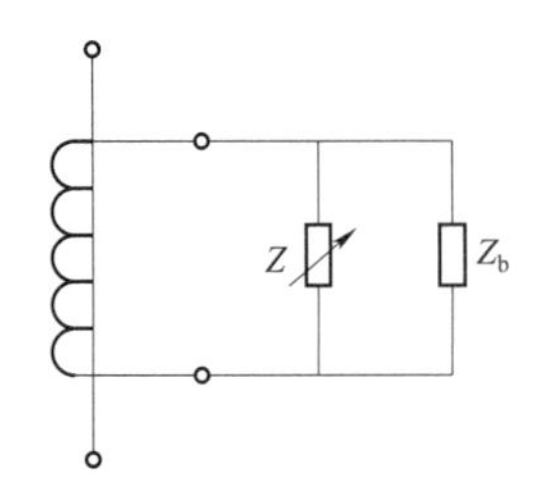

图 6－14 测量级并联阻抗保证 FS 示意图

为满足仪表保安系数的要求，一是采用初始磁导率很高而饱和磁通密度较低的铁磁材料，如坡莫合金、超微晶合金等；二是在电流互感器的二次回路并联一非线性阻抗，如图 6－14 所示。在正常工作情况下，Z 的阻抗值很大，对负荷支路的分流作用很小，对电流互感器的正常工作准确度影响不大。当一次电流达到一定值时，Z 的阻抗值迅速减小，分流作用明显增加，使负荷支路电流的增长速度减慢，从而保证 FS 满足要求。

3. 仪表保安系数计算与试验

根据 GB 20840.2，测量用电流互感器的二次极限电动势 E_{FS} 为仪表保安系数 FS、额定二次电流 I_{sr} 以及额定负荷与二次绕组阻抗矢量和三者的乘积。

$$E_{FS} = FS \times I_{sr} \times \sqrt{(R_{ct} + R_b)^2 + X_b^2} \qquad (6-33)$$

式中 R_b ——额定负荷的电阻部分，Ω；

X_b ——额定负荷的电抗部分，Ω。

用此方法计算出的二次极限电动势要比实际值高。因为仪表保安系数或复合误差出厂试验用间接法进行：一次绕组开路，对二次绕组施加额定频率的实际正弦波电压，电压上升，直至励磁电流 I_e 达到 $I_{sr} \times FS \times 10\%$，得到的二次端电压方均根值应低于二次极限感应电动势 E_{FS}。

间接法试验不存在一次返回导体影响。在实际运行中，这种影响只能使误差加大，这正是仪表保安系数所需要的。

4. 具有二次绕组抽头的电流互感器的准确度、负荷容量和仪表保安系数

具有二次绕组抽头的电流互感器是指在二次绕组中有多个端子引出，通过接入不同的抽头可以获得不同的电流比。电流互感器二次绕组所接入的负荷，应保证实际二次负荷在 25%～100%额定二次负荷范围内，但是在实际工程中很难做到。由于运行初期传输功率可能非常小，此时一、二次电流都非常小，二次负荷远低于额定二次负荷的 25%，所以测量、计量用电流互感器通常需要带抽头。在实际二次负荷远低于额定二次负荷的情况下，应更换抽头。对二次绕组带抽头的多变比电流互感器，精度要求指的是最大变比的情况，所标的负荷容量也是指最大的抽头，每个变比的额定输出容量与二次绕组匝数成正比。GB 20840.2《互感器　第 2 部分：电流互感器的补充技术要求》中规定了二次绕组带有抽头的电流互感器准确度性能：对所有的准确级，除非另有规定，其准确度要求是指最大的变比。当用户有要求时，制造方应给出各较低变比的准确度性能的有关信息。对于仪表保安系数来说，二次极限电动势 E_{FS} 的大小从式（6-33）中可知主要由 R_b 和 X_b 决定，也就是说如果二次绕组有抽头时其仪表保安系数一般只满足最大负荷，用户如果有要求时，制造方应给出最低负荷的有关信息。

6.2.3　保护用电流互感器的准确级和误差特性

对保护用电流互感器的基本要求之一是在一定的过电流值下，误差应在一定限值之内，以保证继电保护装置正确动作。根据电力系统要求切除短路故障和继电保护动作时间的快慢，对电流互感器保证误差的条件提出了不同的要求。如果继电保护动作时间相对较长，对电流互感器规定稳态下的误差就能满足使用要求，这种互感器称为一般保护用电流互感器；如果继电保护动作时间很短，则须对电流互感器提出保证暂态误差的要求，这种互感器称为暂态保护用电流互感器。

界定保护用电流互感器采用的三种不同的特征见表 6-4。实际上，三种定义的每一种都归结为相同的物理结果。

表 6-4　　各保护级的特征

级别	剩磁通限值	说　明
P PR	无要求① 有要求	电流互感器特征为满足稳态对称短路电流下的复合误差要求
PX PXR	无要求①② 有要求②	电流互感器特征为指定其励磁特性
TPX TPY TPZ	无要求① 有要求 有要求	电流互感器特征为满足非对称短路电流下的暂态误差要求

① 虽然无剩磁通限值要求，但仍允许有气隙，例如分裂铁心电流互感器。

② 利用剩磁通的要求来区别 PX 与 PXR。

6.2.4　复合误差和准确限值系数

1. 复合误差

在稳态下，当一次电流和二次电流的正方向与端子标志的规定一致时，下列两者之差的方均根值。

（1）一次电流瞬时值。

（2）实际二次电流瞬时值乘以额定变比。

复合误差 ε_c 通常是按式（6-34）用一次电流方均根值的百分数表示为

$$\varepsilon_c = \frac{\sqrt{\frac{1}{T}\int_0^T (k_r \times i_s - i_p)^2 \mathrm{d}t}}{I_p} \times 100\% \qquad (6-34)$$

式中　k_r——额定变比；

I_p——一次电流方均根值，A；

i_p——一次电流瞬时值，A；

i_s——二次电流瞬时值，A；

T——一个周波的时间，s。

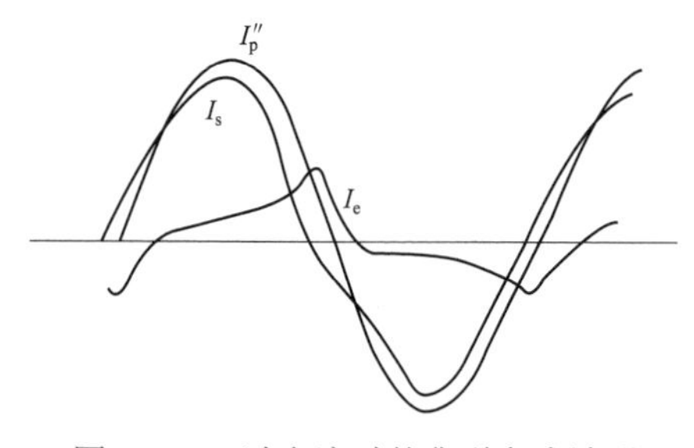

图 6-15　过电流时的典型电流波形

复合误差概念最为重要的是应用在相量图表述已不合理的情况，这是因为非线性特性使励磁电流和二次电流出现了高次谐波。

电流互感器在额定工作条件下运行，一般情况下，实际一次电流与额定准确限值一次电流相比会小很多，磁通密度很低，一次电流和二次电流都是正弦波。但是当系统发生短路，短路电流很大，如果铁心饱和，二次电流会出现高次谐波。当其他原因导致铁心饱和时，二次电流也会出现高次谐波。此时的电流波形如图 6-15 所示。

在一般情况下，复合误差也代表了实际电流互感器与理想电流互感器的差别，原因是二次绕组中出现的高次谐波并不在一次中存在（GB/T 20840.2 中认为一次电流是正弦波）。二次电流 I_s 和励磁电流 I_e 的相量和为相量 I_p''，它代表乘以实际匝数比（一次匝数与二次匝数之比）的一次电流。

2. 准确限值系数（ALF）

额定准确限值一次电流：电流互感器能满足复合误差要求的最大一次电流值。

准确限值系数：额定准确限值一次电流与额定一次电流之比值。

标准准确限值系数为 5、10、15、20、30。

6.2.5　稳态保护用电流互感器

如果继电保护动作时间相对较长（比如 0.5s 及以上），而且决定短路电流中非周期分量衰减速度的一次时间常数 T_1 较小，短路电路很快进入稳态值，电流互感器也很快进入稳定工作状态，采用只考虑稳态误差的电流互感器就能满足要求，常见的稳态保护用电流互感器有P、PR、PX、PXR。

1. P级保护用电流互感器

P 级保护用电流互感器，也是目前使用最普遍的保护用电流互感器。其准确级是以最大允许复合误差的百分数来标称，其后标以字母“P”（表示“保护”）和 ALF 值。标准准确级为 5P 和 10P。在额定频率和连接额定负荷时，比值差、相位差和复合误差应不超过表 6–5 所列限值。负荷的功率因数应为 0.8（滞后），当负荷小于 5VA 时应采用功率因数为 1.0。

表 6–5　P级和PR级保护用电流互感器的误差限值

准确级	额定一次电流下的比值差±（%）	额定一次电流下的相位差		在额定准确限值一次电流下的复合误差（%）
		±（′）	±crad	
5P 和 5PR	1	60	1.8	5
10P 和 10PR	3	—	—	10

准确限值系数可以跟在准确级标称之后写出。比如 5P20 表示复合误差为 5%，准确限值系数为 20。

2. PR级保护用电流互感器

低剩磁保护用电流互感器的准确级以最大允许复合误差的百分数来标称，其后标以字母“PR”（表示“保护和低剩磁”）和 ALF 值。标准准确级为 5PR 和 10PR。在额定频率和连接额定负荷时，比值差、相位差和复合误差应不超过表 6–5 所列限值。负荷的功率因数应为 0.8（滞后），当负荷小于 5VA 时应采用功率因数为 1.0。

剩磁系数（K_R）应不超过 10%。一般是在铁心磁路中插入一个或多个气隙作为限制剩磁系数的方法。

二次回路时间常数（T_S）可作规定。

二次绕组电阻（R_{ct}）上限值可作规定。

3. PX和PXR级保护用电流互感器

PX 和 PXR 级保护用电流互感器的性能应做如下规定：

（1）额定一次电流（I_{pr}）。

（2）额定二次电流（I_{sr}）。

（3）额定匝数比。

（4）额定拐点电动势（E_k）。

（5）在额定拐点电动势和/或某一指定百分数下的励磁电流（I_e）上限值。

（6）二次绕组电阻（R_{ct}）上限值。

代替对额定拐点电动势（E_k）的规定，E_k 可以用以下公式计算

$$E_k = K_x(R_{ct} + R_b)I_{sr} \tag{6-35}$$

此时，应规定电阻性负荷（R_b）和计算系数（K_x），而 R_{ct} 由制造方自定。

对于 PX 级，其匝数比误差应不超过±0.25%。对于 PXR 级，其匝数比误差应不超过

±1%。对于 PXR 级，其剩磁系数应不超过 10%；对于低安匝的 PXR 级大型铁心，剩磁系数要求可能难以满足，在此情况下，剩磁系数大于 10%是可能接受的。

6.2.6 暂态保护用电流互感器

在超高压系统中，短路电流非周期分量衰减时间较长，而要求切除短路故障的时间很短，在 0.1s 以下，此时的电流互感器还处在暂态工作状态，因此要求电流互感器保证暂态误差。

暂态保护级的基本字母标志为“TP”，根据对误差特性要求的不同，在 TP 之后再加一个相应的字母以示区别。GB/T 20840.2 规定了三种暂态保护级，即 TPX、TPY 和 TPZ 级。各暂态电流互感器的误差限值见表 6－6。

表 6－6　　TPX、TPY 和 TPZ 级电流互感器的误差限值

准确级	在额定一次电流下			在规定的工作循环条件下的暂态误差（%）
	比值差（%）	相位差		
		（′）	crad	
TPX	±0.5	±30	±0.9	$\hat{\varepsilon}=10$
TPY	±0.5	±60	±1.8	$\hat{\varepsilon}=10$
TPZ	±1.0	180±18	5.3±0.6	$\hat{\varepsilon}_{ac}=10$

注：1. 在某些情况下，对 TPZ 铁心，相位差绝对值可能不如减小批量产品中对平均值的偏离量更重要。

2. 对于 TPZ 级铁心，在适当值的 E_{al} 未超过磁化曲线线性段的条件下，可以采用下列公式

$$\hat{\varepsilon}=\frac{K_{td}}{2\pi f_r \times T_s}\times 100\%$$

3. 对于大电流互感器，应注意返回导体及邻相导体对互感器误差的影响。

对剩磁系数（K_R）的要求如下：

（1）TPX 级：无限值。

（2）TPY 级：$K_R \leqslant 10\%$。

（3）TPZ 级：$K_R \leqslant 10\%$（由于 TPZ 级气隙比较大，剩磁系数远小于 10%，因此剩磁通可以忽略）。

在国家电网有限公司物资采购标准中，对于暂态保护级的主要技术参数要求及说明见表 6－7。

表 6－7　　国家电网有限公司暂态保护级典型技术参数要求及说明

序号	项　目	标准参数值	说　明
1	额定二次电流 I_{sr}	可选：1 或 5	对于暂态保护级，一般 1A 比较常见，5A 极少使用
2	额定输出/VA	TP 级：≤10	GB/T 20840.2 规定额定电阻性负荷的优先值为 1Ω和 5Ω 如果按照二次电流 1A 换算，是 1VA 和 5VA 依据计算公式为 $S_R=I_{sr}^2R_b$ 式中 S_R—额定输出 I_{sr}—额定二次电流 R_b—额定电阻性负荷 在上式中，如果 S_R＝10VA、I_{sr}＝1A，那么 R_b＝10Ω
	功率因数 $\cos\varphi$	TP 级：1.0	电阻性负荷 $\cos\varphi$＝1.0

续表

<table>
<tr><th>序号</th><th colspan="2">项　目</th><th>标准参数值</th><th>说　明</th></tr>
<tr><td>3</td><td colspan="2">一次回路时间常数 T_p/ms
（适用于 TPX、TPY、TPZ）</td><td>60
（其他值由项目单位填写）</td><td>时间常数由该短路支路的电感与电阻之比确定，即 $T_p=L_p/R_p$
因此，线路电感越大，时间常数越大；线路电阻越小（短路点距离发电厂越近），时间常数越大。一般取 60ms</td></tr>
<tr><td>4</td><td colspan="2">二次回路时间常数 T_s/ms</td><td>（投标人提供）</td><td></td></tr>
<tr><td>5</td><td colspan="2">对称短路电流倍数 K_{ssc}</td><td>20
（其他值由项目单位填写）</td><td>额定一次短路电流与额定一次电流之比值，$K_{ssc}=I_{psc}/I_{pr}$
比如额定一次短路电流 40kA，额定一次电流为 2000A，$K_{ssc}=I_{psc}/I_{pr}=20$
如果额定一次电流为 4000A，$K_{ssc}=I_{psc}/I_{pr}=10$ 就可以了，没必要取 20</td></tr>
<tr><td>6</td><td colspan="2">TPX 或 TPY 额定直流分量偏移度（%）</td><td>100</td><td>短路初相角 $\theta=0$ 时，直流分量的初始值等于周期性分量的幅值，这种情况为直流分量 100%偏移
理论分析和实践证明，短路故障都是在 $\theta>0$ 的情况下发生的，绝大多数是在 $\theta=50°$ 左右发生的，此时直流分量偏移约为 64%。因此，按直流分量 100%偏移是留有较大裕度的</td></tr>
<tr><td rowspan="2">7</td><td rowspan="2">TPX 或 TPY 工作循环（间隔时间，ms）</td><td>C－t'－O</td><td>$t'=50$</td><td rowspan="4">循环（40－50）ms 表示单循环（电力系统无重合闸），$t'_{al}=40$ms，$t'=50$ms；循环（40－100）－300－（40－50）ms 表示双循环（电力系统有重合闸），$t'_{al}=40$ms，$t'=100$ms，$t_{fr}=300$ms，$t''_{al}=40$ms，$t''=50$ms
断电以后磁通衰减，经过一段无电流时间后断路器重合闸，这时暂态磁通将与衰减中的动态剩磁相叠加。因此双循环使用的铁心比单循环要大很多</td></tr>
<tr><td>C－t'－O－t_{fr}－C－t''－O</td><td>$t_{fr}=300$
$t'=100$
$t''=50$</td></tr>
<tr><td rowspan="2">8</td><td rowspan="2">TPX 或 TPY 保持准确限值时间/ms</td><td>t'_{al}</td><td>$t'_{al}=40$</td></tr>
<tr><td>t''_{al}</td><td>$t''_{al}=40$</td></tr>
<tr><td>9</td><td colspan="2">用户给定的 TPS 级面积增大系数 K</td><td>（如果需要，由项目单位填写）</td><td></td></tr>
<tr><td>10</td><td colspan="2">二次绕组直流电阻 R_{ct}/Ω</td><td>（投标人提供）</td><td></td></tr>
<tr><td>11</td><td colspan="2">铁心面积/cm^2</td><td>（投标人提供）</td><td></td></tr>
<tr><td>12</td><td colspan="2">铁心平均磁路长度/cm</td><td>（投标人提供）</td><td></td></tr>
<tr><td>13</td><td colspan="2">铁心气隙数</td><td>（投标人提供）</td><td></td></tr>
<tr><td>14</td><td colspan="2">每个气隙长度/cm</td><td>（投标人提供）</td><td></td></tr>
<tr><td>15</td><td colspan="2">铁心气隙总长度/cm</td><td>（投标人提供）</td><td></td></tr>
<tr><td>16</td><td colspan="2">拐点处的磁通密度/T</td><td>（投标人提供）</td><td>带气隙硅钢片，一般 1.5～1.6</td></tr>
<tr><td rowspan="3">17</td><td rowspan="3">当完全饱和并接有标准负载时，断电后的剩磁</td><td>0.5s 后</td><td>（投标人提供）</td><td rowspan="3">依据剩磁系数的定义，铁心在切断励磁电流 3min 之后的剩磁系数小于 10%。硅钢片铁心的饱和磁通密度为 2.03T，剩磁系数 10%相当于 0.2T。在断电后，剩磁会随着时间减小，一般取合适的气隙使断电 10s 剩磁小于 0.2T</td></tr>
<tr><td>1.0s 后</td><td>（投标人提供）</td></tr>
<tr><td>10s 后</td><td>（投标人提供）</td></tr>
</table>

6.2.7 电流互感器的温升

1. 一般要求

当互感器在规定的额定条件下运行时，其绕组、磁路和任何其他零部件的温升应不超过GB 20840.1《互感器 第1部分：通用技术要求》中所列的限值。这些数值对应于环境最高温度为40℃的使用条件。

绕组的温升受绕组本身绝缘或嵌入绕组的周围介质中最低绝缘等级的限制。如果互感器装在外壳内使用，应注意外壳内环境冷却介质所达到的温度。如果规定的环境温度超过40℃，GB 20840.1所列允许温升值应减去环境温度所超出部分的数值。

2. 海拔对温升的影响

如果互感器规定在海拔超过1000m处使用而试验处海拔低于1000m时，GB 20840.1所列温升限值ΔT应按使用处海拔超出1000m后的每100m减去下列数值：

（1）油浸式互感器：0.4%。

（2）干式和气体绝缘互感器：0.5%。

6.2.8 电流互感器的额定短时热电流和动稳定电流

1. 额定短时热电流（I_{th}）

额定短时热电流是指在二次绕组短路的情况下，电流互感器能在规定的短时间承受且无损伤的最大一次电流方均根值。额定短时热电流的持续时间标准值为1s。

温度过高时，金属材料的抗拉强度明显下降。例如，铜在长期工作时，当温度高于100℃以上，机械强度有明显下降；在短时发热情况下，在300℃左右机械强度才有明显下降。有机绝缘材料温度过高，会加速变脆老化，材料的绝缘性能随之下降。电瓷温度过高，击穿强度明显下降。因此决定了电气设备在短时热电流作用时温度不能超过一定的限值。表6－8列出了不同的导体和耐热等级的绝缘材料有一个最高允许的短时发热温度。

表6－8　　不同导体和耐热等级的绝缘材料最高允许短时发热温度

互感器类型	导体材料	绝缘材料耐热等级	最高允许短时发热温度/℃
油浸式	铜 铝	A	250 200
干式	铜	A、E B、F及H	250 350
	铝	A、E及B	200

GB/T 20840.2中规定，短时热电流试验应在二次绕组短路的情况下进行，施加的电流I'及持续时间t'应满足

$$I'^2 t' \geqslant I_{th}^2 t \tag{6-36}$$

式中，t为短时热电流的规定持续时间，t'值应在0.5～5s之间。

上述规定是认为在短时间内导体不散热，依据焦耳定律产生的全部热量用来加热导体。因此已知一台电流互感器的短时热电流（I_{th}）和规定的短时间（t），如果想知道其他时间（t'）能够满足的短时热电流，也可以利用式（6-36）计算。

经验表明，如果一次绕组对应于额定短时热电流（I_{th}）的电流密度不超过下列值，则在运行中对 A 级绝缘的热额定值要求一般均能满足。

（1）180A/mm^2，绕组为铜材，其电导率不小于 58m/（Ω·mm^2）（20℃时）的 97%。

（2）120A/mm^2，绕组为铝材，其电导率不小于 36m/（Ω·mm^2）（20℃时）的 97%。

由此可见，要满足额定一次短时热电流，关键是保证一次绕组的截面积。从产品结构来看，倒立式的电流互感器一般采用贯穿式导电杆结构，一次导电杆面积易于增加，满足短时热电流的能力要优于正立式的电流互感器。

值得注意的是，额定短时热电流在流经一次绕组时，电流互感器的二次绕组也会出现比较大的电流。二次绕组承受短时热电流的电流密度允许值和一次绕组要求完全相同。

在计算二次绕组可能的最大电流时，有两种可能：

（1）铁心没有饱和。这种情况下，二次绕组流过的短路电流 I_{2th} 可以按照电流比换算（不考虑误差）为

$$I_{2th}=I_{1th}\frac{I_{sr}}{I_{pr}} \tag{6-37}$$

这是实际二次短时热电流的最大值。

（2）铁心已经饱和。这种情况下，即使一次电流增加，二次感应电动势增加得很少，可近似认为不变，此时的感应电动势称为最大二次感应电动势。在二次绕组短接的条件下，由最大二次感应电动势所产生的电流称为最大二次电流，最大二次电流可按下式计算

$$I_{2max}=\frac{4.44fN_{sr}A_cB_\infty}{Z_2}\times10^{-4}\text{（A）} \tag{6-38}$$

式中　f——额定频率，Hz；

N_{sr}——额定二次匝数；

A_c——铁心有效截面积，cm^2；

B_∞——饱和磁通密度，冷轧硅钢片取 $B_\infty=2$T，微晶合金取 $B_\infty=1.25$T；

Z_2——二次绕组阻抗，Ω。

因为二次电流由二次感应电动势产生，这也是实际二次短时热电流的最大值。

综上所述，实际二次短时热电流可以取 I_{2th} 和 I_{2max} 两者中的最小值计算。

对于采用二次导线并联实现分数匝补偿的电流互感器，应分别计算各导线的电流，并核算短时热电流密度。在大多数情况下，测量级铁心面积比较小，二次短时热电流也比较小，优先按照情况（2）计算并核算短时热电流密度，一般都不会超过允许值。

2. 额定动稳定电流（I_{dyn}）

额定动稳定电流是指在二次绕组短路的情况下，电流互感器能承受其电磁作用而无电气

或机械损伤的最大一次电流峰值。

额定动稳定电流的标准值是额定短时热电流的 2.5 倍。短路电流所产生的电磁力的大小取决于电流的峰值。一次绕组电动力的大小和方向取决于绕组的结构形式。对于电流同向的多根导线或者多匝导线相互作用是引力，多根导线大多是捆绑在一起，引力作用很容易满足。对于电流反向的导线，相互作用产生的斥力，比如油浸正立式电流互感器的一次绕组一般为“U”字形，电流一进一出，绕组一般需要绑扎紧固，防止斥力张开。从电流互感器的结构来看，倒立式的电流互感器一次匝数不管是单匝贯穿、两匝内外管结构，还是多匝结构，一次电流都是同向的，满足动稳定电流的能力要优于正立式的电流互感器。对于有机复合绝缘干式电流互感器，一次绕组“U”字形开口距离比较大，斥力相对较小，满足动稳定电流的能力比较好。

6.2.9 电流互感器的基本参数和型号规则

1. 电流互感器基本参数

（1）额定一次电流（I_{pr}）和额定二次电流（I_{sr}）。

作为电流互感器性能基准的一次电流和二次电流。如电流互感器的误差、温升等均以额定一次电流和额定二次电流为基准做出相应规定。

额定一次电流标准值为 10A、12.5A、15A、20A、25A、30A、40A、50A、60A、75A 及其十进制倍数或小数，有下标线者为优先值；额定二次电流标准值为 1A 和 5A。对于暂态特性保护用电流互感器，额定二次电流标准值为 1A。

（2）额定短时热电流（I_{th}）和额定动稳定电流（I_{dyn}）。

额定短时热电流为在二次绕组短路的情况下，电流互感器能在规定的短时间承受且无损伤的最大一次电流方均根值。额定短时热电流的持续时间标准值为 1s。

额定动稳定电流为在二次绕组短路的情况下，电流互感器能承受其电磁力作用而无电气或机械损伤的最大一次电流峰值，$I_{dyn}=2.5I_{th}$。

（3）额定连续热电流（I_{cth}）。

额定连续热电流为在二次绕组接有额定负荷的情况下，一次绕组允许连续流过且温升不超过规定值的一次电流值。额定连续热电流的标准值为额定一次电流。当规定的额定连续热电流大于额定一次电流时，其优先值为额定一次电流的 120%、150%和 200%。

（4）励磁电流（I_e）。

励磁电流为一次绕组和其他绕组开路，以额定频率的正弦波电压施加于二次绕组端子上时，二次绕组所吸取的电流方均根值。

（5）额定电流比和实际电流比。

额定一次电流与额定二次电流之比称为额定电流比；实际一次电流与实际二次电流之比称为实际电流比。由于电流互感器在变换电流过程中产生误差，额定电流比与实际电流比不相等。

（6）额定电阻性负荷（R_b）。

额定电阻性负荷为二次所连接的电阻性负荷的额定值，单位为欧姆（Ω）。

（7）二次绕组电阻（R_{ct}）。

二次绕组电阻为实际二次绕组直流电阻，单位为欧姆（Ω），校正到 75℃或可能规定的其他温度。

（8）额定输出（S_r）。

额定输出为在额定二次电流及接有额定负荷时，电流互感器所供给二次电路视在功率值（在规定功率因数下的伏安数）。

不超过 30VA 的各测量级、P 级和 PR 级的额定输出标准值为 2.5VA、5.0VA、10VA、15VA、20VA、25VA 和 30VA。超过 30VA 的数值可以按用途选择。

注：对于给定的一台电流互感器，如果它的额定输出之一是标准值并符合一个标准的准确级，则其余的额定输出可以规定为非标准值，但要求符合另一个标准的准确级。

（9）准确级。

准确级为对互感器所给定的等级。表示互感器在规定使用条件下的比值差和相位差保持在规定的限值以内。

测量用电流互感器的标准准确级为 0.1、0.2、0.5、1、3、5；特殊用途的测量用电流互感器的标准准确级为 0.2S、0.5S；保护用电流互感器的标准准确级见表 6-5 和表 6-6。

（10）设备最高电压（U_m）。

设备最高电压为最高的相间电压方均根值，其标准值按表 2-2 选取。它是互感器绝缘设计的依据。

互感器最高电压的选取，应与等于或高于互感器安装处的系统最高电压 U_{sys} 的 U_m 标准值接近。

（11）额定绝缘水平。

额定绝缘水平为一组额定耐受电压，它表示电流互感器绝缘所能承受的耐压强度。

对于额定电压 $U_n \leqslant 0.66$kV 的电流互感器，其额定绝缘水平由额定工频耐受电压确定；对于设备最高电压 3.6kV$\leqslant U_m <$300kV 的电流互感器，其额定绝缘水平由额定雷电冲击耐受电压和额定工频耐受电压确定；对于设备最高电压 $U_m \geqslant$300kV 的电流互感器，其额定绝缘水平由额定操作冲击耐受电压和额定雷电冲击耐受电压确定。

2. 电流互感器型号规则

JB/T 3837《变压器类产品型号编制方法》对电流互感器的产品型号编制的规定如下：

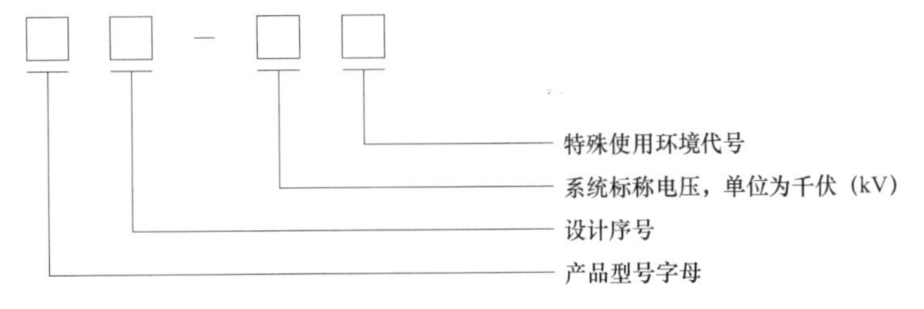

电流互感器型号字母排列顺序及含义见表 6-9。

表 6-9　　电流互感器型号字母排列顺序及含义

序号	分类	含　义	代表字母
1	形　式	（电磁式）电流互感器	L
		“电”子式电流互感器	LE
2	用途	直“流”电流互感器	LL
		中“频”电流互感器	LP
		零“序”电流互感器	LX
		“速”饱和电流互感器	LS
3	电子式电流互感器的输出形式	模拟量输出	—
		数字量输出	N
		模拟量与数字量混合输出	A
4	电子式电流互感器的传感器形式	电磁原理	—
		“光”学原理	G
5	结构形式	电容型绝缘	—
		非电容式绝缘	A
		套管式（“装”入式）	R
		支“柱”式①	Z
		线“圈”式	Q
		贯穿式（“复”匝）	F
		贯穿式（“单”匝）	D
		“母”线型	M
		“开”合式	K
		倒立式	V
		SF_6气体绝缘配组“合”电器用	H
6	绝缘特征	油浸绝缘	—
		“干”式（合成薄膜绝缘或空气绝缘）	G
		“气”体绝缘	Q
		绝缘“壳”	K
		浇“注”成型固体绝缘	Z
7	功能	不带保护级	—
		“保”护用	B
		“暂”态“保”护用②	BT
8	结构特征	手“车”式开关柜用	C
		“带”触头盒	D
9	安装场所	户外	（W）

注：1. 对加强型（如加强绝缘或可通过高额定短时电流）的浇注产品，可在产品型号字母段最后加“J”表示。

2. “安装场所”仅适用于户外用的环氧树脂浇注产品，其字母表示应用括号括上。

① 以瓷箱做支柱时，支柱式“Z”不表示。

② “BT”只适用于套管式电流互感器。

特殊使用环境代号如下：

（1）热带地区代表符号按下列规定：

1）热带地区为“TA”。

2）湿热带地区为“TH”。

3）干、湿热带地区通用为“T”。

（2）高原地区代表符号“GY”。

（3）污秽地区用代表符号按表 6-10 规定。

表 6-10　　污秽等级和爬电比距

污秽地区用代表符号	污秽等级	最小爬电距离/（mm/kV）
—	a 很轻	12.7
—	b 轻	16
W1	c 中等	20
W2	d 重	25
W3	e 很重	31

当特殊使用环境代号占两项及以上时，字母排列按以上的列项顺序，在两项字母中间应空格。例如：高原用、d 级污秽地区用，表示为 GY W2。

示例：LB7-110 GY W3，表示一台电容型绝缘、油浸式、带保护级、设计序号为 7kV、110kV 级电流互感器，适用于高原地区、e 级污秽地区。

3. 电流互感器的端子标志

一、二次端子：P1、P2、C1、C2 表示一次绕组端子； S1、S2、S3 表示二次绕组端子。

极性关系：电流互感器一、二次绕组间的极性关系，取决于绕组的绕向和端子标志，对于减极性电流互感器，其极性关系如图 6-16 所示。一、二次绕组绕向相同时，左边是 P1、S1；一、二次绕组绕向相反时，左边是 P1，右边是 S2。P1、S1 是同名端，即在同一瞬间具有同一极性（同相位）。

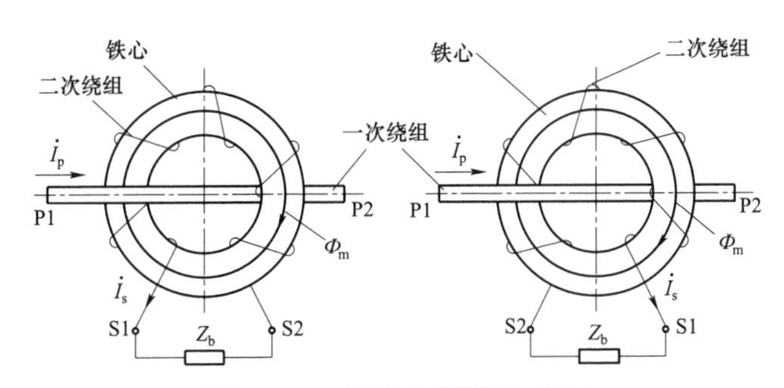

图 6-16　电流互感器极性关系

绕组连接及端子标志见表 6-11。

表 6-11 绕组连接及端子标志

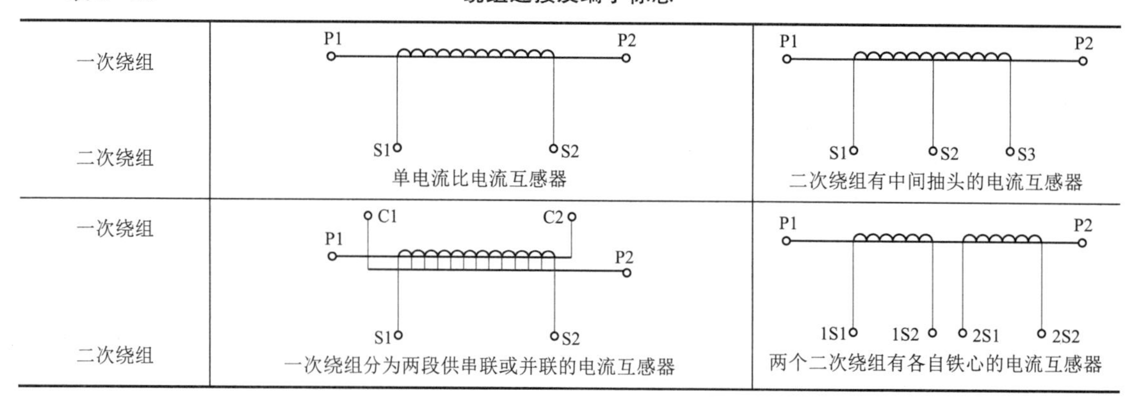

6.3 电流互感器的结构

电流互感器按照结构与绝缘特点分为油浸式电流互感器、固体绝缘电流互感器和六氟化硫气体绝缘电流互感器等。下面就这三类互感器结构进行介绍。

6.3.1 油浸式电流互感器的结构

油浸式电流互感器按照结构形式分为正立式和倒立式两种。

1. 油浸正立式电流互感器的结构

油浸正立式结构特点为：电流互感器二次绕组安装在产品的底部，具有高压电位的一次绕组引伸到产品底部，并对二次绕组及其他地电位的零部件有足够的绝缘。66kV 及以上电压等级为 U 形结构，35kV 为链型结构。

（1）U 形结构。

如图 6-17 所示，该产品由油箱、器身、二次出线盒、瓷套、膨胀器等组成。器身由一次绕组和二次绕组组成，一次绕组为 U 形，产品一次导体为纸包扁铜线或两瓣半圆铝管。主绝缘为电容式油纸绝缘，用高压电缆纸包绕在一次绕组上，其间设若干个电容屏，内（零）屏接高电位，外屏（也称地屏或末屏）接地，二次绕组组合在一起后固定在一次绕组下部的支架上。二次绕组出头及一次绕组的地屏出头都由油箱上的出线盒引出。外部电缆通过出线盒下方的出线孔接至盒内。出线盒内及油箱底部均设有接地螺栓，供地屏出头和产品接地之用。一次端子和二次接线板均为环氧树脂浇注结构，密封性能可靠。油箱由钢板焊接而成，具有四个吊攀及四个吊孔，供起吊产品用。产品底部装有多功能放油阀，使得取油样、放油、补油更为便利。产品顶部装有不锈钢制成的叠形波纹式膨胀器，使产品内部与空气隔离，防止变压器油受潮，延长变压器油和产品的使用寿命。膨胀器上装有透明油位计，可观察产品内变压器油位变化。根据用户需要可提供一次匝间过电压保护器和二次防开路保护器。

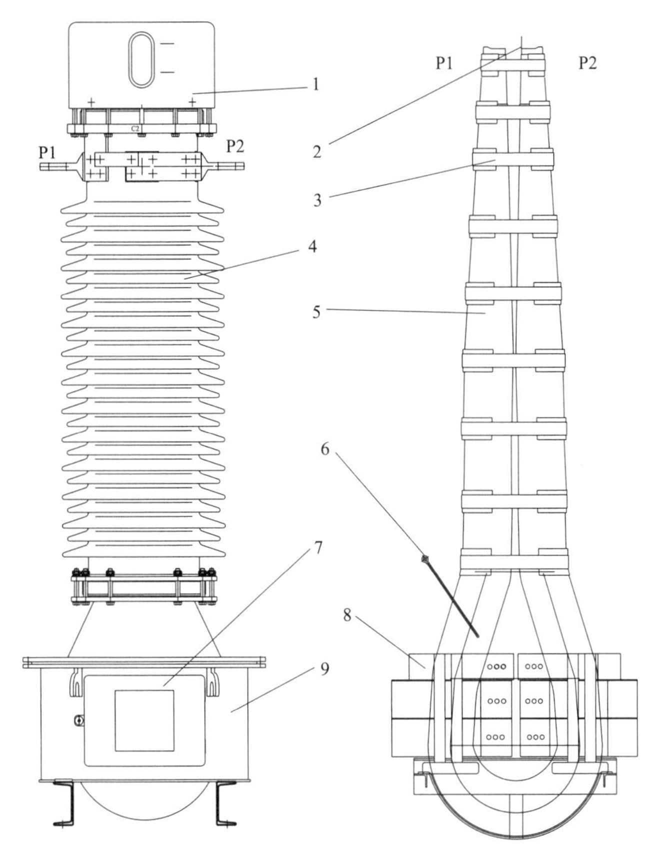

图 6-17　U 形产品的外形、内部结构图

1—膨胀器；2—零屏引线；3—无纬绑扎带；4—瓷套；5—一次绕组；6—地屏引线；
7—二次出线盒；8—二次绕组；9—油箱

此型产品一次绕组分为两段，共四个出头，均由瓷套引出，通过改变外部连接片的接线方式来改变电流比，如图 6-18 所示。

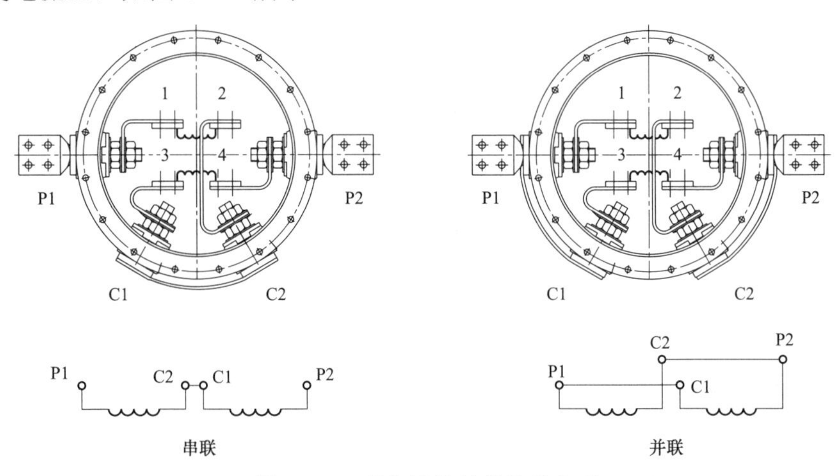

图 6-18　外部连接片的接线方式

（2）链型结构。如图 6－19 所示，对于 35kV 及以下电压等级的电流互感器，由于电压较低，所以只需在一、二次绕组上包扎规定厚度的电缆纸浸油后即可满足电场的要求。一次绕组与二次绕组间成“链”型连接。产品由油箱、器身、二次出线、储油柜、瓷套、膨胀器等组成。器身由一次绕组和二次绕组组成，产品一次导体为纸包扁铜线。主绝缘为油纸绝缘，用电缆纸分别包绕在一次绕组和二次绕组上。内（零）屏接高电位，外屏（也称地屏或末屏）接地。二次绕组固定在支架上，出头由油箱上的二次出线盒引出。外部电缆通过出线盒下方的出线孔接至盒内。油箱底部设有接地螺栓，供产品接地之用。一次端子和二次接线板均为环氧树脂浇注结构，密封性能可靠。采用仿形的油箱，变压器油使用量少。油箱上面有四个吊攀，供起吊产品用。产品底部装有多功能放油阀，使得取油样、放油、补油更为便利。产品顶部装有不锈钢制成的叠形波纹式膨胀器，使产品内部与空气隔离，防止变压器油受潮，延长变压器油和产品的使用寿命。膨胀器上装有油位指示窗，可观察产品内变压器油位变化。此型产品一次绕组分为两段，共四个出头，均由储油柜引出，通过改变外部连接片的接线方式来改变电流比，如图 6－18 所示。

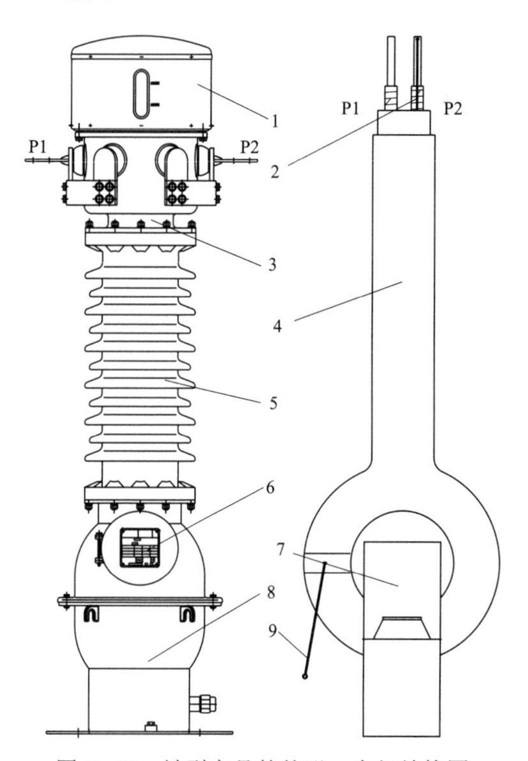

图 6－19　链型产品的外形、内部结构图

1—膨胀器；2—零屏引线；3—储油柜；4—一次绕组；5—瓷套；6—二次出线盒；7—二次绕组；8—油箱；9—地屏引线

正立式电流互感器重心低，抗地震性好，电压分布更均匀。但是由于一次绕组长，产生的热量多，且包有很厚的绝缘，散热困难；短时热电流较大时，其动、热稳定性差。一次引线绝缘厚导致产品瓷套直径大，变压器油用量多，产品比较重。

2. 油浸倒立式电流互感器的结构

倒立式的外形、内部结构如图 6－20 所示，将具有地电位的二次绕组放在产品的上部，二次绕组外部有足够的绝缘与高压电位的一次绕组隔离。产品由底座、一次绕组、二次绕组、二次出线盒、瓷套、储油柜、膨胀器等组成。一次绕组和二次绕组均设置在储油柜内，二次绕组置于屏蔽罩内。一次绕组与二次绕组间主绝缘为电容式油纸绝缘结构，采用高压电缆纸包绕在二次绕组上，其间设若干个电容屏，其中外屏（零屏）为高电位，与储油柜相连；内屏（或地屏）为地电位，与产品底座相连。储油柜、底座和接线盒均采用铸铝件，上、下储油柜之间采用氩弧焊接，从而避免了螺栓紧固造成的受力不均而发生的绝缘油渗漏问题。一次绕组为贯穿式导电杆结构，导电杆截面大，长度短，散热好，动、热稳定性能好，最大热稳定电流值达 63kA/3s（一次绕组串联时）。一次绕组从二次绕组中心穿过，可使一次和二次绕组具有最佳的对称结构，无漏磁通影响。二次绕组出头及一次绕组的地屏出头均由底座上的出线盒引出，外部电缆通过出线盒下方的出线孔接至盒内。出线盒内和底座上分别设有接地螺栓和接地板，供地屏出头和产品接地之用。底座为铸铝结构，底座上装有多功能放油阀，使得取油样、放油、补油更为便利。产品顶部装有不锈钢制成的叠形波纹式膨胀器，使产品内部与空气隔离，防止变压器油受潮，延长变压器油和产品的使用寿命。膨胀器上装有透明油位计，可观察产品内变压器油位变化。此型产品一次绕组分为一段、两段或多段，均由储油柜引出，通过改变外部连接片的接线方式来改变电流比。

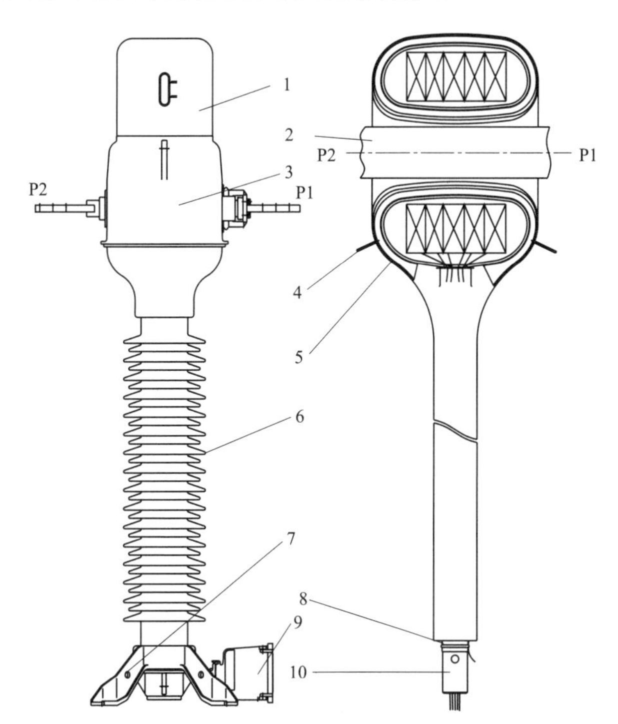

图 6－20　倒立式产品的外形、内部结构图

1—膨胀器；2—一次绕组；3—储油柜；4—零屏引线；5—二次绕组；6—瓷套；7—底座；8—地屏引线；9—二次出线盒；10—二次引线管

倒立式电流互感器一次绕组短，而且不包绝缘，散热好；在较大短时热电流下，动、热稳定性能好；瓷套细，变压器油用量少，产品重量轻，也称作少油式结构。但是由于二次线圈在上部，互感器重心高，抗地震性略差；由于结构紧凑，对于制造工艺与零部件质量有较高的要求。

6.3.2 固体绝缘电流互感器的结构

固体绝缘电流互感器可以有多种绝缘结构及安装方式。绝缘结构有干式、塑壳式、树脂绝缘等。安装方式有分裂铁心电流互感器（也称作“开合式电流互感器”）、套管式电流互感器、母线式电流互感器、单匝贯穿式电流互感器、支柱式电流互感器、倒立式电流互感器等。

1. 干式绝缘电流互感器结构

干式绝缘结构工艺简单，但绝缘强度不高，故采用这种结构的产品电压等级不高。

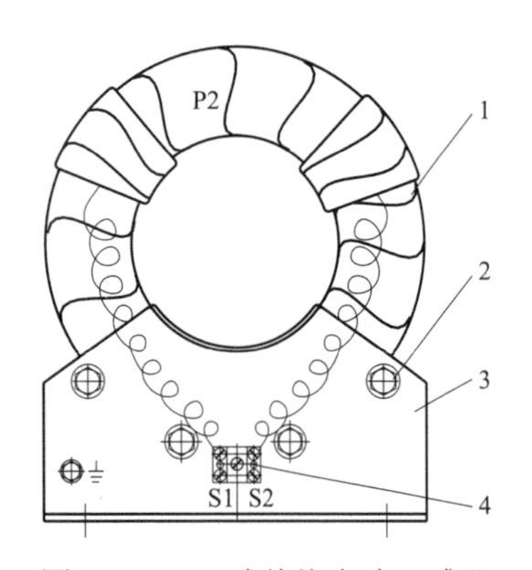

图 6-21 干式绝缘电流互感器
1—二次绕组；2—双头螺柱；3—底座；4—二次接线座

干式绝缘结构所用的绝缘材料主要有绝缘纸（膜）、玻璃丝布带、涤纶带、环氧玻璃丝布板、酚醛塑料等。二次绕组采用 QZ 型漆包线绕在骨架上，层间应加绝缘纸（膜），外包绝缘纸板或玻璃丝布带等，一次绕组根据额定一次电流可选用玻璃丝包线扁铜带或铜排制成。一、二次绕组均应浸渍绝缘漆后干燥处理，套装在叠装式铁心上，一、二次绕组及铁心外表面涂防护漆。

不带一次绕组的干式电流互感器，可采用卷铁心绕制二次绕组，铁心要进行绝缘处理，二次绕组采用 QZ 型漆包线均匀绕制在铁心上，外包玻璃丝布带或涤纶带，再浸漆干燥处理，如图 6-21 所示。一次电流较大的母线型干式电流互感器也有采用叠积式铁心，套装绕制在酚醛树脂骨架上经浸漆干燥的二次绕组，制成矩形窗口，供用户安装时穿过大电流一次导体。

2. 塑壳式电流互感器结构

塑壳式电流互感器是先根据互感器的外形采用注塑或其他方式加工成空心壳体，壳体充当互感器的模具。然后将互感器一次绕组、二次绕组及其他零部件组装到壳体内，再灌封树脂成型的电流互感器，这种加工方式与浇注绝缘相比模具的量少，节省了模具的投入，具有外观好、工艺简单、操作方便等优点。但绝缘强度不高，适用于低压产品或本身不承受主绝缘的无一次绕组电流互感器。

（1）低压塑壳式电流互感器。

由于其电压等级低，灌封可采用不饱和树脂，也有的低压塑壳式直接组装成品，不用灌封树脂，如图 6-22 所示。

（2）用于 3kV 及以上电压等级的塑壳式电流互感器。

这种结构的产品多采用线膨胀系数小的聚氨酯树脂或性能相近的树脂灌封，要求灌封的树脂表面光滑平整无裂纹及气泡，注意上端面要水平。浇注时，保证树脂灌封到壳体上端面，树脂不应滴到引出线及壳体外表面以保证外观。这种产品本身为低电压等级，工频耐压为3kV，可以套装在绝缘水平较高的绝缘电缆、绝缘套管或绝缘导线上，由一次导线上的绝缘承受主绝缘，因此可以用于高电压等级的电力系统中，如图 6－23 所示。

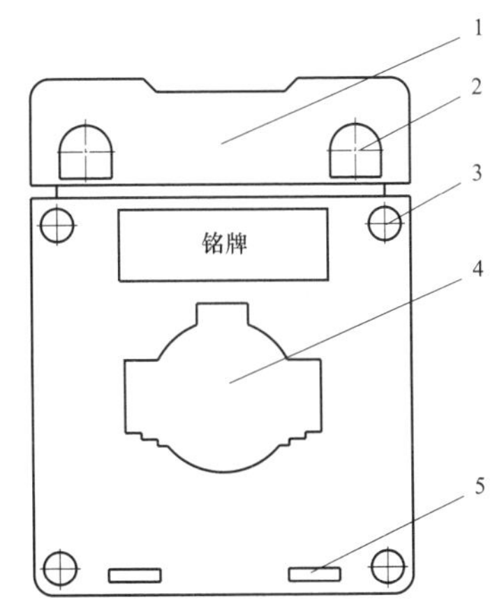

图 6－22　低压塑壳式电流互感器

1—二次接线罩；2—二次端子；3—紧固螺栓；4—穿心孔；5—安装底座插孔

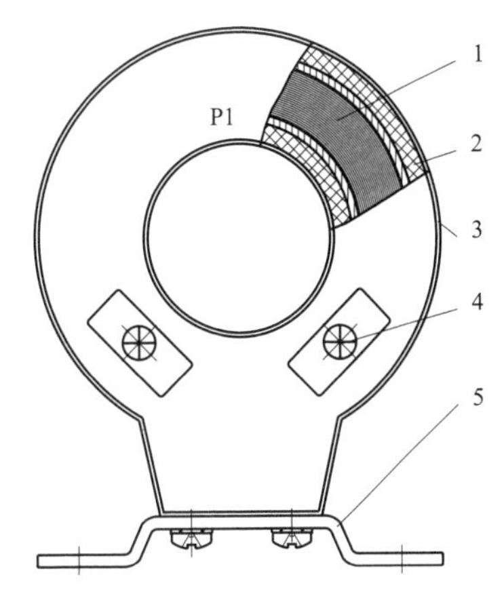

图 6－23　塑壳式电流互感器

1—二次绕组；2—灌封树脂；3—塑壳；4—二次端子；5—底座

3. 树脂绝缘电流互感器结构

树脂绝缘是指将树脂、填料、颜料、固化剂等按一定比例混合，浇注到装有互感器一次绕组、二次绕组及其他零部件的模具内，经固化成型形成固体绝缘。树脂混合胶在室温或高温下，流动性良好，可以填充到模具的任何部位，浇注成各种形状，而且具有很强的黏合作用，可以把金属和许多绝缘材料牢固地黏结在一起，是比较理想的互感器成型和绝缘介质。这种互感器具有免维护、绝缘性能好、机械强度高、防潮、防火等优点，已广泛用于 35kV 及以下电压等级。

（1）树脂绝缘电流互感器的模具。

模具是树脂绝缘电流互感器制造所必需的工装设备。根据产品外形设计加工，模具尺寸应根据所选用的树脂材料的固化收缩比做适量的增量调整，以保证产品固化成型后的尺寸，重点是安装配合的尺寸满足设计要求；模具的表面质量决定产品的外观质量，可以做精磨处理或精磨后电镀处理。模具在树脂绝缘互感器的生产过程中起着非常重要的作用。

互感器真空浇注模具必须保证互感器的一次绕组、二次绕组、出线端子及其他零件等定位准确，模具应带有一次端子标志及二次端子标志。模具的分模方式应考虑装模、拆模方便，组装后满足密封要求，保证浇注及固化过程中树脂混合料不渗漏。浇注时容易排气，以保证产品外观及性能满足要求。

制作模具的材料可以采用压力铸造铝或采用钢材。铝模由于造价高、使用寿命相对较短、不易于维修，目前很少采用；用钢板制造的模具机械强度高，表面较光洁，主要有拼块镶装结构（组合模）和焊接成型结构两种。拼装模的组成单件多，但装卸模方便，分型合理可以减少合模缝，能够得到很好的浇注体外观。焊接模组合件少，由拼块零件焊接而成，适宜于浇注外形复杂、尺寸较大和重量较大的产品。模具的分模方式、浇料口位置及脱模斜度应考虑浇注、接线、装模、卸模方便，要能及时而方便地由模具中取出浇注体，不产生机械损伤。

（2）树脂及硅橡胶。

目前我国浇注绝缘电流互感器使用的树脂有环氧树脂和不饱和树脂两种。不饱和树脂可常温固化，浇注工艺简单，但其电气和机械强度较低，耐热性较差。此外，不饱和树脂的饱和蒸气压高，不饱和树脂混合胶及浇注时均不宜真空脱气，浇注体内有气泡；不饱和树脂的固化收缩率大，混合胶固化时容易开裂。因此不饱和树脂多用于低压产品。环氧树脂的固化收缩率小，饱和蒸气压低，混合胶高温流动性好，适合在高温、高真空下浇注，可以最大限度地脱气，因此产品性能更好，适用于35kV及以下电压等级的电流互感器。

对于浇注绝缘电流互感器绝缘材料的选用，户内产品采用户内型环氧树脂即可满足要求，通常使用的双酚A型环氧树脂或其他等同性能的树脂，不宜用于户外，因为这类树脂混合胶在日光较长时间的照射下浇注体表面的树脂会出现粉化，容易积存灰尘，容易受潮，表面泄漏电流增大；凝露或淋雨时，潮湿的表面容易产生电晕或树枝状放电。这种树脂混合胶经受不住电弧烧灼，表面会留下不可恢复的炭化痕迹，形成导电通道，逐步增大表面泄漏，进而导致沿面击穿，影响产品的绝缘寿命。

户外产品可以选用耐紫外线、抗老化、耐腐蚀且憎水性好的户外专用树脂，也可采用环氧树脂浇注成型后外挂高温硫化硅橡胶的复合绝缘形式。多年来硅橡胶复合绝缘的生产技术在我国得到快速发展，且已广泛应用于避雷器、互感器、户外真空断路器、户外绝缘子等。高温硫化硅橡胶的特性及优点有：

1）具有良好的耐电起痕和耐电蚀损性。

2）具有良好的憎水性、憎水迁移性和很高的憎水迁移寿命。

3）硅橡胶具有憎水恢复效应。

4）具有优良抗紫外线性能。

5）产品具有自洁性。

（3）铁心的封闭处理。

全浇注电流互感器铁心应作封闭处理，以防止树脂进入铁心，影响铁心性能。常用的封闭材料有聚氯乙烯带、聚氯乙烯黏带、薄的软橡胶带等。

（4）铁心及绕组等金属构件的缓冲处理。

树脂混合胶固化时按一定收缩率收缩会产生应力，环氧树脂的收缩率可达0.8%～1.2%。不饱和树脂的固化收缩率比环氧树脂的大。

若树脂固化的收缩力作用到铁心上，将使铁心导磁性能变坏，影响产品性能。铁心和二次绕组、一次绕组及其他金属件线膨胀系数很小，树脂的膨胀系数较大，要考虑产品运行发热，尤其是短路状态下突然升至高温膨胀。电流互感器一次绕组、二次绕组、铁心及其他金属件要适当考虑加缓冲层，缓冲量应能补偿树脂固化的收缩量，以保证产品不产生裂纹甚至开裂。缓冲层的厚度既要考虑缓冲材料的弹性，还要考虑构件尺寸，包括断面尺寸及轮廓尺寸，尺寸越大缓冲厚度应越厚，而且各个方位所加的缓冲层的轮廓大小应略大于构件的轮廓。为防止浇注体开裂，在产品结构设计上应尽量使各部分的树脂层厚度相差不要太大，避免急剧过渡，金属构件的形状要合理。

缓冲材料要求柔软、有弹性，在较高温度下不变硬；在浇注状态下不应被树脂胶填充而导致缓冲失效。常用的缓冲材料有皱纹纸、软橡胶带或橡胶板、发泡硅胶板、聚氨酯板、泡沫塑料等。对常压浇注的互感器缓冲材料可以采用皱纹纸，考虑最外层浸上树脂后不起缓冲作用，应至少半叠包扎两层，且包扎时要控制拉伸力度不应将皱纹拉平，否则会影响缓冲效果。对真空浇注的电流互感器的缓冲材料在没有封闭处理的情况下建议不采用皱纹纸作缓冲材料，因为真空浇注状态下，环氧树脂容易渗入皱纹纸，固化后皱纹纸与树脂固化为一体，起不到缓冲作用。缓冲材料可以选用软橡胶带或橡胶板、发泡硅胶板、聚氨酯板、泡沫塑料等。

4. 分裂铁心电流互感器结构

没有自身一次导体和一次绝缘，其铁心可以按铰链方式打开（或以其他方式分离为两个部分），套在载有被测电流的绝缘导线上再闭合的电流互感器，通常也称作“开合式电流互感器”，如图 6－24 所示。

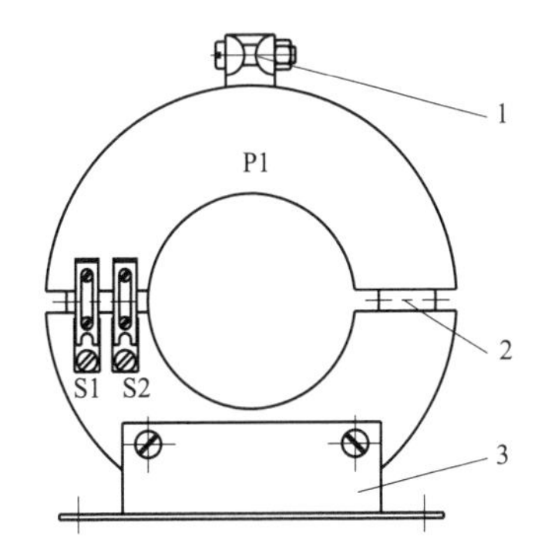

图 6－24　分裂铁心电流互感器结构图

1—绑扎钢带及螺栓；2—铁心分裂处；3—底座

分裂铁心电流互感器由于没有一次导体和一次绝缘，只有铁心和二次绕组，产品本身的电压等级为低压，二次对地工频耐压一般为 3kV。如果安装在电压等级较高的绝缘电缆上，则可以用于电压等级较高的电力系统中。这种电流互感器一般有两种，一种给电流指示仪表提供电流信号作为测量用，另一种给零序保护装置提供电流信号作为零序保护用。

对于测量用的分裂铁心电流互感器，由于铁心切口后损耗较大，所以一般精度不高，容量不大，而且其精度及输出容量与变比大小有关，大变比容易满足精度及容量要求；变比越小的精度越低，容量越小。因此其变比一般在 300/5A 以上。零序用分裂铁心电流互感器在配电网应用比较普遍，其内孔穿过三相电缆，孔径大小由三相电缆的外径尺寸决定。

分裂铁心电流互感器结构比较简单，目前常用的有两种结构形式：一种是将二次绕组固定安装在模具内再用环氧树脂浇注成型；另一种是以注塑成型的塑壳作为互感器的模具，将二次绕组及二次端子安装在塑壳内用环氧树脂灌封成型。然后从中间切口，最后用金属扎带或高强塑料带扎紧或用螺栓紧固，可以带底座、底板或在内孔安装弹性橡胶件作为安装固定用。分裂铁心电流互感器的优点是可以按铰链方式打开，安装方便。

5. 套管式电流互感器结构

没有自身一次导体和一次绝缘，可直接套装在绝缘的套管上或绝缘的导线上的电流互感器。

套管式电流互感器本身为低压产品，耐压 3kV，如果安装在电压等级较高的绝缘套管或绝缘导线上，则可以用于电压等级较高的电力系统当中。常见的有两种结构形式：一种是将二次绕组固定安装在模具内再用环氧树脂浇注成型；另一种是先按互感器外形注塑加工成空心塑壳，然后将二次绕组及二次端子安装在塑壳内用环氧树脂灌封成型。

6. 母线式电流互感器结构

没有自身一次导体，但有一次绝缘，可直接套装在导线或母线上使用的电流互感器，如

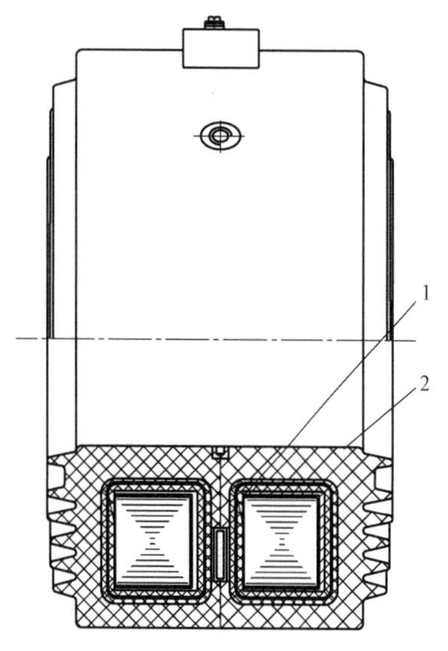

图 6-25 母线式电流互感器
1—二次绕组；2—高压屏蔽

图 6-25 所示。

母线式电流互感器额定一次电流较大（通常为 2000A 及以上），互感器不带一次绕组，只有二次绕组。二次绕组一般采用支架固定，即先将加工好的二次绕组固定在支架上，再通过支架将二次绕组整体固定在模具上，调整好位置后，互感器中心留有窗口，窗口大小应能穿过电力系统的母线，有时也应考虑母线加热缩套或其他绝缘的尺寸。母线式电流互感器虽然没有自身一次导体，但需充分考虑一次绝缘，由于母线与互感器窗口内壁之间有一定间隙，为了消除高压侧与窗口内壁的空气间隙放电，需设有高压屏蔽，屏蔽层应与窗口内安装的高压母线可靠连接。常用引线连接，或加装弹簧挤压母线连接，也有高压屏蔽采用导电胶材料与高压母线直接接触。高压屏蔽可以采用半导电漆，也可采用薄铜板或铝板制成的筒套或用金属网制成屏蔽筒。

7. 单匝贯穿式电流互感器结构

一次导体是由一根或多根并联的棒形导体构成的电流互感器。单匝贯穿式电流互感器一次绕组一般用圆铜棒加工，一次端子为扁铜排加工；二次绕组的铁心为环形铁心，二次绕组通过支架与模具定位，采用环氧树脂真空浇注，中间带法兰或支架。这种结构电流互感器一次绕组与二次绕组的端面处电场比较集中，两端浇注体尺寸要适当加长，以保证产品有足够的外绝缘距离，如图 6-26 所示。

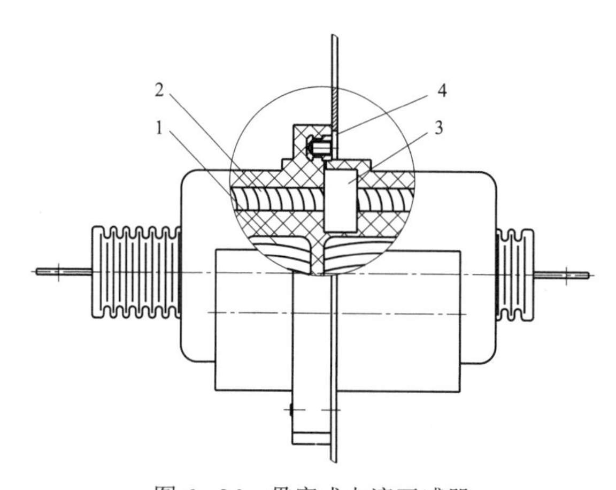

图 6-26 贯穿式电流互感器
1—二次绕组；2—一次绕组；3—地屏蔽；4—固定板

贯穿式安装的电流互感器也有小电流比的多匝贯穿式结构，这种结构的产品一次绕组有一部分经过安装的法兰部位，此处电场非常集中，可以采取措施加以改善：一是在此处局部增加绝缘层厚度；二是法兰的开孔尺寸在保证整体强度的基础上适当加大，使其远离一次绕组经过的部位，增加空气绝缘距离。

8. 支柱式电流互感器结构

兼作一次电路导体支柱式电流互感器，如图 6－27 所示。支柱式电流互感器是电力系统中品种最多且应用最为广泛的中压电流互感器，变比及绕组数比较灵活，可做成单铁心电流互感器或多铁心电流互感器，也可制作变比可选电流互感器。变比可选的实现方式有两种方式，常用的是二次中间抽头方式，另一种是一次绕组串并联方式。小变比的一次绕组（多为 400A 及以下）可以是 2 匝或以上；大变比的（多为 500A 及以上）为单匝，由导电杆、连接板及一次端子焊接成型或螺栓紧固，也有通过锻造或铸造的方式加工成型。

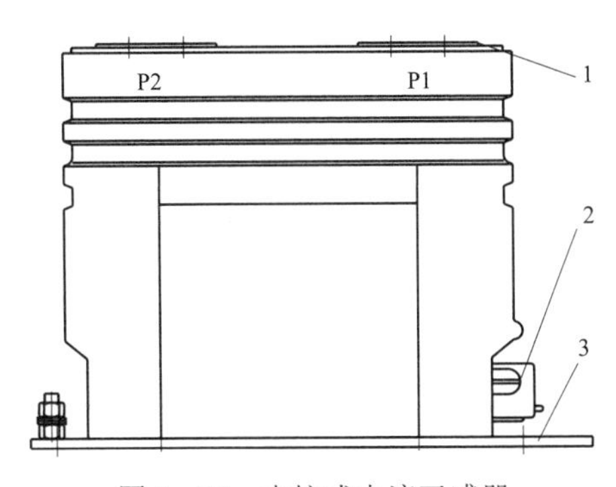

图 6－27　支柱式电流互感器

1—一次端子；2—二次端子及封罩；3—底板

全浇注结构的支柱式电流互感器一次绕组、二次绕组及安装底板用的嵌件等构件分别组装到浇注模具内，以环氧树脂混合料作为主要绝缘材料浇注到模具内固化成一个整体。一次绕组及二次绕组除了一次端子和二次端子外露，其余部分全部在浇注体内。

支柱式电流互感器应根据产品的形状及尺寸考虑对绕组及构件加缓冲层，以消除树脂混合胶因固化收缩产生的应力，同时采取必要的屏蔽措施以提高局部放电水平，对于二次引线套绝缘管的部位，在浇注固化过程中绝缘管内部容易存在微小气泡，产生局部放电。可以采用增加中间电极的方法均匀电场，以提高局部放电水平。

9. 倒立式电流互感器结构

二次绕组及铁心置于产品顶部的电流互感器，如图 6－28 所示。倒立式电流互感器，二次绕组及铁心在产品顶部，一次绕组为单匝的直接贯穿于二次绕组的中心轴；小电流一次绕组为多匝的，其一次绕组环绕在二次绕组的上半部分并部分穿过二次绕组中心轴。一次端子多在上部两端引出；二次绕组接线端子在产品下部。

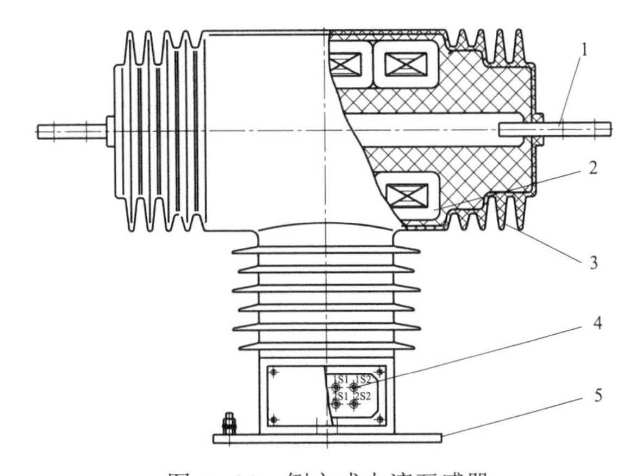

图 6－28　倒立式电流互感器

1—一次绕组；2—二次绕组；3—硅橡胶外绝缘；4—二次端子；5—底板

固体绝缘倒立式电流互感器的一次高压部分对接地构件及二次端子的高度应按不小于相应电压等级的对地空气绝缘距离，一次端子对二次及地应有足够的爬电距离，可以适当设计伞裙以增加表面爬电距离，由于二次绕组端部与一次端子部位电场相对比较集中，要采取相应的屏蔽措施改善电场强度，使其绝缘性能及局部放电水平满足标准要求。

6.3.3　独立式六氟化硫（SF_6）气体绝缘电流互感器的结构

六氟化硫气体绝缘电流互感器如图 6－29 所示，电流互感器由壳体、套管、二次出线盒和底座等部分组成。将具有地电位的二次绕组放在产品的上部，结构上属于倒立式结构。躯壳采用防锈铝合金加工而成，顶部安装压力释放器，采用不锈钢金属防爆片，当产品内部发生高能放电，压力达到 0.85MPa 时，防爆片爆裂，迅速地释放压力。二次绕组组装后用有机绝缘材料浇注固定在铝合金屏蔽筒内，整个屏蔽筒用环氧树脂绝缘支撑件支撑，避免了运输过程中绕组松动。一次绕组与二次绕组之间用六氟化硫气体绝缘，六氟化硫气体的绝缘性能稳定、可靠，且具有绝缘自恢复功能。一次绕组为贯穿式导电杆结构，导电杆截面大、长度短，散热好；动、热稳定性能好，最大热稳定电流值达 63kA/3s（一次绕组串联时）。

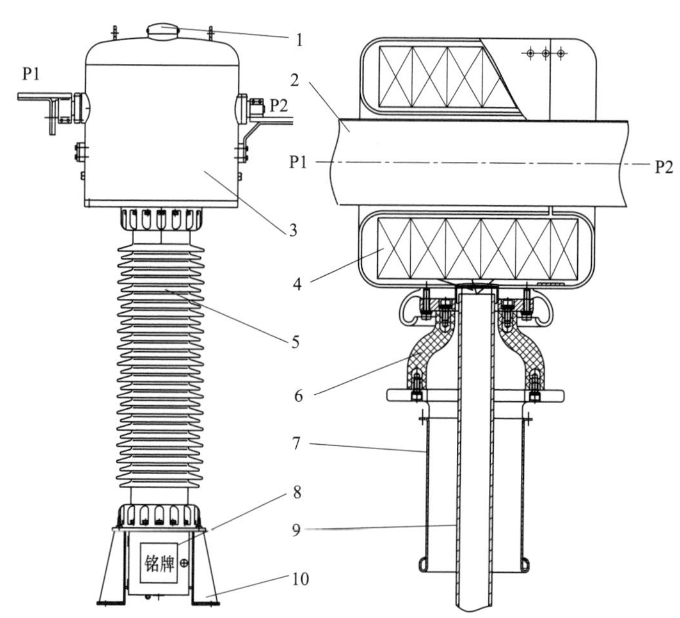

图 6－29　六氟化硫气体绝缘电流互感器的外形、器身结构图

1—防爆片；2—一次绕组；3—壳体；4—二次绕组；5—瓷套；6—支持绝缘子；7—屏蔽筒；8—二次出线盒；9—二次引线管；10—底座

一次绕组从二次绕组中心穿过，可使一次绕组和二次绕组具有最佳的对称分布，无漏磁通影响。二次绕组引出线通过引线管引至底座上的出线盒内供用户使用。

外绝缘套管分硅橡胶复合绝缘套管和高强度瓷套两种形式，供用户选用。

底座上安装二次出线盒、SF_6 气体密度继电器、充气阀及补气信号控制接点。密度继电器可同时进行压力检测与报警，具有自动温度补偿功能（转换为 20℃下的压力），当压力降低到最低工作压力以下时，发出报警信号，要求补气，可对产品内的气体压力进行远距离监控。气体阀门为单向自封阀门，密度继电器可进行拆卸，阀门自动关闭，不会造成漏气。

密封圈采用三元乙丙橡胶材料，适用于高低温变化及环境温度严酷的地区，年漏气率小于 0.5%。

SF_6气体无色、无味、不燃，具有较高的绝缘强度、优良的灭弧性能和良好的冷却特性。

SF_6是一种化学稳定性很好的气体，但在电弧的高温作用下将分解为硫和氟原子，它们可能与SF_6气体及电极材料中所含氧气、电极的金属蒸气作用而生成低氟化物SOF_2、SO_2F_2、SF_4、SOF_4和金属氟化物。当气体中含有水分时，上述部分产物还会发生水解作用而生成腐蚀性很强的氢氟酸（HF）。在含水量较多的情况下，SF_6气体在 200℃以上也会发生水解反应而产生 HF、SO_2。

HF、SF_4、SO_2等对绝缘材料和金属材料有腐蚀作用，特别是对含硅材料有很强的腐蚀性。因此，一方面要严格控制SF_6气体的含水量，另一方面要选用能耐受上述产物的绝缘材料。

纯SF_6气体是无毒的，若纯度低，就会含有SF_4、S_2F_{10}、HF、SO_2等有毒杂质，SF_6气体因放电而产生的一些分解物也是有毒的。因此在制造、试验、检修SF_6电气设备时，要特别注意有毒问题，不仅要严格控制SF_6气体的纯度，还要采取防护措施。

SF_6气体在 20℃，0.1MPa 下密度为 6.164g/L，比空气大，约为空气的 5 倍，会积聚在地面附近，因此要注意工作场地的排气。

SF_6气体是一种高耐电强度的气体，均匀电场中的电气强度约为相同压力下空气的 2.5～3 倍，在 0.3MPa 时，其电气强度和变压器油的电气强度相当。

SF_6气体绝缘互感器中对各种金属件的表面粗糙度要求比油浸式互感器的高，尤其要注意不能在电极表面有凸起物，电极表面积越大，凸起物会使一些放电偶然出现的概率越大，因而使击穿电压降低。固体绝缘材料的表面粗糙度对表面闪络放电有一定的影响，因此要求固体绝缘表面光滑。固体绝缘与电极接触部分可能存在的气隙会大大降低闪络电压，要合理设计以消除这些气隙的影响。

SF_6气体对导电微粒和灰尘十分敏感，自由金属微粒或灰尘会大大降低SF_6气体的击穿电压。固体绝缘表面的污秽、受潮，闪络电压也会明显的降低。因此要严格控制生产场地的降尘量、温度和相对湿度。

SF_6气体绝缘互感器中的不均匀电场，其放电电压低，电极放电会分解SF_6气体。因此在产品设计时应采取屏蔽措施，降低电极表面的电场强度，提高其放电电压，使其在规定的电压不放电。

SF_6气体绝缘电流互感器一次绕组短，而且不包绝缘，散热好，在较大短时热电流下动、热稳定性能好。由于没有绝缘包扎过程，所以制作工期短，产品重量轻。但是由于二次绕组在上部，互感器重心高，抗地震性较差。由于其结构紧凑，对于制造工艺与零部件质量都有较高的要求。

6.4　油浸式电流互感器的关键制造技术

6.4.1　铁心制造工艺

1. 铁心结构

（1）卷绕铁心。

由带状硅钢片绕制而成，卷绕铁心外形尺寸如图 6–30 所示。主要有圆环形、矩形和扁圆形三种。铁心卷绕方向应和硅钢片辗压方向一致。铁心卷绕完成后需经退火处理，矩形和扁圆形铁心退火时要用胎具定型，以免受热变形。为防止铁心松散，内圈开始的两片间和外圈最后的两片间要用点焊焊牢。卷绕铁心以控制规定的尺寸和重量来保证有效截面。

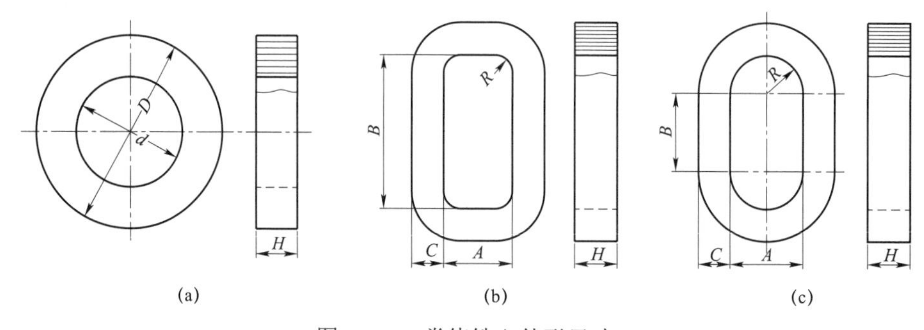

图 6–30　卷绕铁心外形尺寸

（a）圆环形；（b）矩形；（c）扁圆形

（2）开口铁心。

将图 6–30 所示的卷绕铁心按设计要求切断成两瓣或数瓣，称为开口铁心。卷绕铁心退火定型后，再经浸渍处理（浸树脂漆等），然后切开。浸渍的目的是：片间黏合在一起，防止切开后铁心片散开；避免切断时冷却液和金属屑进入铁心内。要求切口端面平行，还要求清除切断时形成的毛刺避免片间短路。低压树脂浇注电流互感器有时在浇注后将铁心连带绕组一起切开。

开口铁心又分为“C”型铁心和有气隙的铁心。“C”型铁心（不留气隙）可以使二次绕组打开，可方便地卡在一次绕组、母线或电缆上。稳态保护用 PR 级电流互感器和暂态保护用 TPY、TPZ 级电流互感器，按设计要求在断口处加垫非磁性垫片达到气隙尺寸，以减小剩磁。切口铁心用厚度为 0.5～1mm 的不锈钢带绑扎紧。

（3）叠片铁心。

叠片铁心由冲剪成的条形冷轧硅钢片叠积而成，如图 6–31 所示。剪切铁心片时应注意冷轧硅钢片的辗压方向与磁力线方向一致。叠片铁心为 1 片和 2 片一叠的叠装方式，最好采用 1 片一叠方式，尽可能减小铁心接缝的影响。

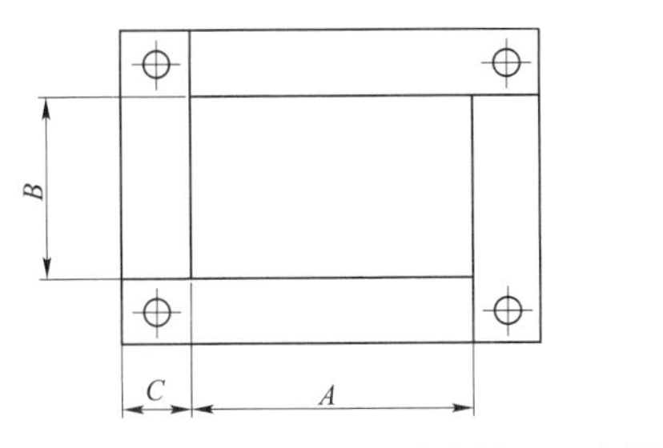

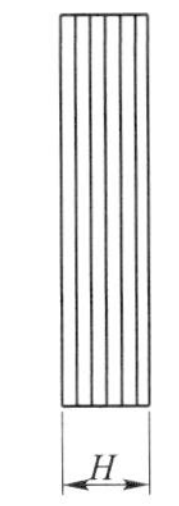

图6-31　叠片铁心示意图

2. 铁心选用原则

（1）在合理的空间及合适的安匝数条件下，根据相关技术参数，选择铁心材质（铁心常用软磁材料参数见表6-12）和铁心尺寸。

（2）计量级绕组并且一次安匝数比较低时，宜采用超微晶合金或坡莫合金制造。

（3）一般精度的测量级铁心及零序互感器用的铁心，一般采用初始磁导率低的硅钢片制造。

（4）保护级的铁心采用高饱和磁感应强度的硅钢片制造。

（5）对于PX级等拐点电动势有要求的产品，要测量铁心的规定点的感应电动势是否达到设计要求，从而保证半成品及成品满足设计要求，降低成品不合格率。

表6-12　　电流互感器铁心常用软磁材料参数

基本参数	超微晶合金	坡莫合金（1J85）	硅钢片
饱和磁感应强度 B_s/T	1.25	0.75	2.0
初始磁导率 μ_0	（4～8）$\times 10^4$	（5～8）$\times 10^4$	～10^3
最大磁导率 μ_m	60×10^4	60×10^4	4×10^4
居里温度/℃	570	400	740
密度/（g/cm^3）	7.25	8.75	7.65
厚度/mm	0.025～0.035	0.15	0.3

3. 卷铁心热处理工艺

制造互感器的铁心材料有热轧硅钢片、冷轧硅钢片、坡莫合金及超微晶合金等，很少使用热轧硅钢片。冷轧硅钢片的导磁性能有方向性，磁力线方向与硅钢片辗压方向一致时，铁心损耗和励磁电流明显减小。硅钢片的导磁性能对机械应力敏感。在铁心制造过程中，由于剪切、卷绕甚至搬运过程中受到机械力作用，在一定程度上使硅钢片的晶粒破碎和晶格扭曲，使稳定的磁畴排列遭到破坏，产生内部应力。为恢复和提高硅钢片的磁性能，必须对铁心片进行消除应力的热处理（简称退火）。硅钢片铁心退火工艺见第2章2.5.1的第3条。

4. 开口卷铁心的浸渍处理及切口

（1）浸渍处理的目的。一是使铁心片间黏合和提高卷铁心的刚性；二是防止放置时间过长，铁心端边生锈；三是对C形铁心开口时避免切割和切开后变形，也防止切割过程中冷却液和切屑进入铁心片间缝隙，同时也防止铁心片间松散，影响铁心的性能。

（2）浸渍材料。以树脂及相应的固化剂配成，采用压力浸渍，压力不低于 0.2MPa。

（3）切割。C 形铁心切割通常利用金钢砂盘或合金钢圆盘锯在锯床或铣床上进行，也可采用线切割工艺切口，但不经济，冷却液以变压器油为宜。切口后各铁心均不能互换，需做明显标志防止混淆。

（4）C 形铁心截面磨光。采用专用磨床进行，注意研磨方向与铁心片方向一致。磨光后的铁心表面要进行清理，在其铁心端面涂抹防锈液，外加硅胶套作为护套保护。

6.4.2 绝缘包绕工艺

1. 包扎场所的基本要求

绝缘包扎是油浸式互感器具有可靠电气绝缘性能的关键工序。要求包扎场所的洁净度较高，应是门窗密封良好的防尘间，日降尘量不超过 20mg/m^2。人员进入防尘间须更衣换鞋戴帽并进行风浴。降尘量应定期检测，及时处理问题，防止降尘量超标。防尘间应有适当的空调措施，保持合适的温度、湿度和换气量，对于保证操作人员健康和产品质量都很重要。防尘间内应有适当的吊运设备和可靠的专用吊具，避免吊运一次绕组时发生变形和损伤绝缘。

2. 一次绕组的基本包扎方式

一次绕组绝缘包扎通常采用 0.12～0.2mm 厚的高压电缆纸（或普通电缆纸），由切纸机切成 16～20mm 宽的纸带盘进行包扎。纸带沿一次绕组线芯外做螺旋式包绕，大多数情况采用 1/2 叠（半叠）方式，后一圈纸带压叠前一圈纸带宽度的 1/2，每包绕一圈纸带前进的节距为纸带宽度的一半。有时也采用 3/4 叠方式，每一圈压叠纸带宽度的 3/4，节距为纸带宽度的 1/4，在同样绝缘厚度下，1/2 叠的爬电路径比 3/4 叠的长，故 1/2 叠最常用。其他压叠方式则很少采用，其包绕示意图如图 6－32 所示。

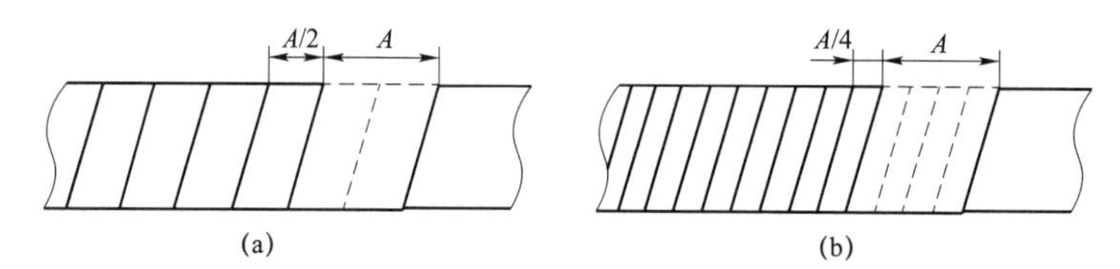

图 6－32　1/2 叠（半叠）和 3/4 叠包绕示意图

（a）1/2 叠；（b）3/4 叠

在油纸绝缘介质中，纸是主要的固体介质。无论用机器包扎或用手工包扎，或因操作者经验不同，以及受纸厚度偏差的影响，实际的包扎厚度都应满足理论计算值的规定。因此在包扎工艺上，通常同时控制包扎层数和包扎厚度，即要求包扎紧实、纸量足够和尺寸准确。

包扎 U 形或吊环型结构的环部绝缘时，由于环形内、外圆半径的差别，同一圆心角的内、外圆弧长不相等。当外圆面纸带按规定的压叠方式包扎时，内圆面的纸带压叠将密集，内圆面绝缘厚度必定大于外圆面的厚度。为保证绝缘性能，外圆面各层纸带的包扎必须满足设计规定的要求。

对于环部绝缘厚度较大或内、外圆半径差别较大的情况，为避免内圆面绝缘厚度增加过于严重，甚至难以包扎，需在外圆面局部加垫附加绝缘。通常采用齿纸，它是用 1/2 叠绝缘纸带制成的一片纸带束，如图 6－33 所示，齿纸的长度和宽度按实际需要制作。在包扎中，加垫的齿纸长度方向垂直于包绕纸带，以放置在长度方向错开一半的半叠齿纸两层和包绕半叠纸带两层为一组，依次进行到外圆面绝缘厚度符合要求为止，这样使包绕的纸带减少一半，降低内圆面绝缘的增厚。

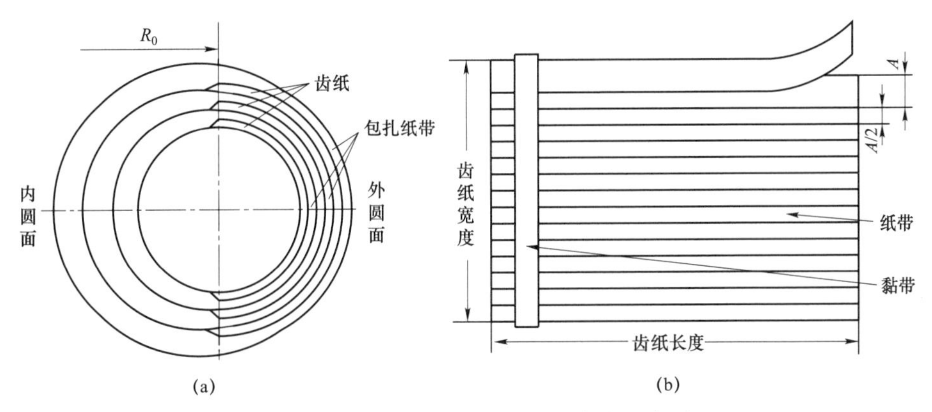

图 6－33　外圆面局部加垫附加绝缘示意图

（a）环部绝缘加垫齿纸示意图 R_0–环部导体轴线弯曲半径；（b）齿纸（纸带束）A–纸带宽度

3. 二次绕组包扎方式

高压电流互感器大多数采用环形二次绕组。在圆环型铁心上或组装后的开口铁心上绕制导线即可构成环形二次绕组，如图 6－34 所示。绕线前先包扎铁心绝缘，油浸式电流互感器最常用的方法是用 0.5mm 或 0.2mm 厚绝缘纸板剪口做成角环（图 6－35）包在铁心内、外圆面上，角环剪口在铁心两个端面上翻折，铁心两个端面还要垫绝缘纸圈。须用两张角环同时包扎，剪口处要错开。包扎角环后再用电缆纸带半叠包扎两层，共同构成铁心绝缘。也可以用电缆纸带半叠包在铁心上作为铁心绝缘。

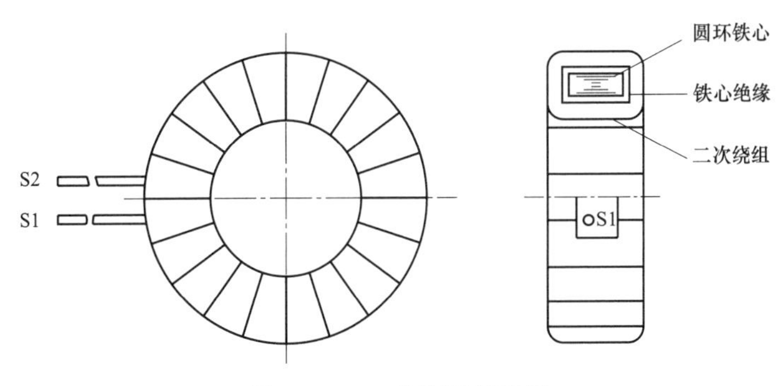

图 6－34　二次绕组示意图

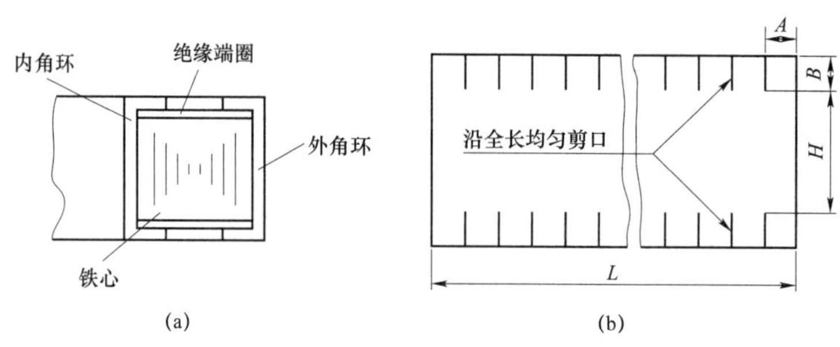

图 6-35　铁心绝缘包扎示意图

（a）铁心绝缘；（b）角环

判断环形二次绕组绕向的方法与筒形绕组一样，以第一层线匝构成的螺旋方向为准，图 6-36a 所示为左绕向，图 6-36b 所示为右绕向。

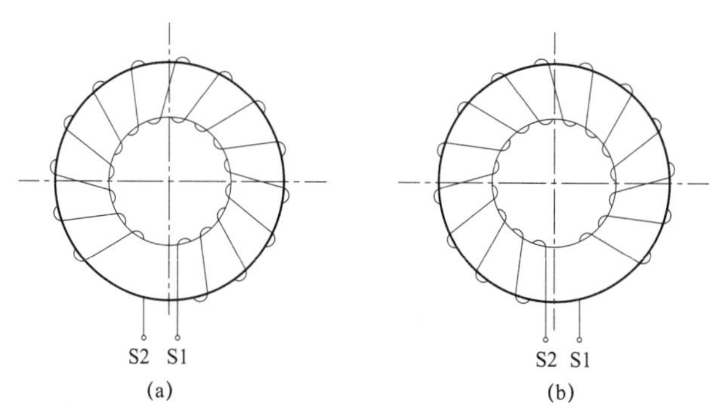

图 6-36　环形二次绕组绕向示意图

（a）左绕向；（b）右绕向

环形二次绕组选择 QQ-2 漆包线可以满足匝间绝缘的要求。电流互感器在正常工作电流和短时热电流时，二次绕组匝间电压都不高，漆包导线完全可以满足要求，因为漆包线标准规定两根导线间的击穿电压从几百伏到几千伏。二次绕组开路时层间电压较高，应有层间绝缘。环形二次绕组导线的层间绝缘用电缆纸带或聚酯薄膜带半叠 1～2 层。二次绕组引出线多数由原线引出。当二次导线较细或二次引出线很长，且要经过多次转弯才能到达二次接线板时，须换成软电缆线引出。

4. 正立式电流互感器的绝缘包绕

（1）正立式电流互感器 U 形一次线圈整形、绝缘包扎。

工艺流程：一次线芯整形→一次线圈绝缘包扎。

1）一次线芯整形。

① 铜线一次线芯整形。检查纸包扁铜线规格尺寸，应符合图纸和标准要求，检查扁铜线的绝缘是否完好，如果有破损，需用纸带修复。然后按图纸给定的导线长度及根数下线，按图纸规定的顺序从下至上、从里到外在绕线模上成型。线芯成型后用热收缩带稀绕扎紧，直线部分垫纸板条，用热收缩带扎牢，扣上下两瓣绝缘管成一个整圆，纵向接缝不得错位，轴向接缝要错开至少 50mm，然后用热收缩带稀绕扎牢；环部用皱纹纸垫成圆形，用热收缩带

扎紧；直线与环部过渡处适当修整，使整个线芯断面尺寸一致。

② 铝（铜）管一次线芯整形。检查铝（铜）管尺寸是否符合图纸要求，铝（铜）管不得有扭曲变形、磕碰划伤等缺陷。用白布和酒精把铝（铜）管内外表面擦拭干净。按图示位置将作为零屏引线的铝带粘接牢固，半圆铝（铜）管分别外包皱纹纸带 1/2 叠 4 层作为一次匝间绝缘，将包完匝间绝缘的两半圆铝（铜）管合成一个整圆，在线芯端部垫“[”形绝缘纸板，然后用热收缩带在整个线芯上稀绕一层扎紧。用钢板尺画出主轴线（采用三点定位法），如图 6－37 所示，由主轴线确定主绝缘基准线，用红蓝铅笔明确标出。包扎零屏绝缘（电缆纸带包扎保证 2 层，包扎形式自行调整），零屏直径允许偏差±0.5mm。

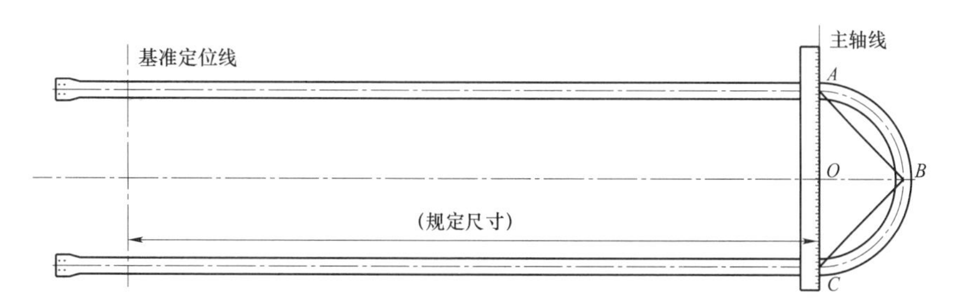

图 6－37　三点定位法示意图

③ 零屏包扎。零屏直线部分和环部均用打孔铝箔 1/3 叠包扎 1 层。两端部用不打孔铝箔 1/3 叠包扎 100mm 长，且端头折边，铝带的另一端折回到零屏上，与铝箔充分接触。

2）一次线圈绝缘包扎。

① 端屏包扎：端屏长度小于 200mm 的全部采用半导体纸带 1/3 叠包扎，端屏长度大于 200mm 的采用半导体纸带和打孔铝箔混合包扎的方法。即端屏前端 100mm 长用半导体纸带 1/3 叠包 1 层，剩余长度用打孔铝箔 1/3 叠包 1 层。半导体纸带与铝箔的连接处铝箔应伸入半导体纸带内 30mm。

② 主屏包扎：所有主屏（不包括零屏和地屏）均采用半导体纸带与打孔铝箔混合包扎的方法。即主屏前端 300mm 长用半导体纸带 1/3 叠包 1 层，环部用半导体纸带 1/2 叠包至主轴线前 30mm 处，剩余长度用打孔铝箔 1/3 叠包 1 层。半导体纸带与铝箔的连接处铝箔应伸入半导体纸带内 30mm。

③ 地屏包扎：采用打孔铝箔 1/3 叠包扎 1 层，两端部用不打孔铝箔 1/3 叠包扎 100mm 长，且端头折边。按图纸要求位置放置地屏引出线。

④ 主绝缘包扎：主绝缘包扎均采用 18mm 宽、0.125mm 厚电缆纸带 1/2 叠包扎，环部以外圆面 1/2 叠为准。在包扎过程中相邻两层纸带的绕向应相反，以避免绝缘窜动。绝缘包扎以包扎层数为基准，并在上端屏及主屏之前分别测量直线部分的绝缘外径及环部的高度和厚度尺寸，绝缘厚度应均匀一致，并符合图纸要求。当绝缘外径不足或超出时，允许适当增加或适当减少绝缘，绝缘外径偏差±0.5mm。

（2）链型结构绝缘包扎。

工艺流程：一次线芯绕制→一次线圈环部整形→一次线圈绝缘包扎。

1）一次线芯绕制。

一次线圈绕线方式：一次线圈绕线方式分为多层、多层双饼、单层双饼、单层并绕等几种方式，整形前先把包扎好绝缘的二次线圈直接带入。

① 多层。自导线的一端按图纸中规定的每层匝数和层数紧密绕制，每层的两端各匝用热收缩带扎紧在相邻各匝上。

② 多层双饼、单层双饼。导线稀绕1层用热收缩带扎紧，自导线的中间弯折换位，再按图纸中规定的每层匝数和层数自导线中间分别向两端绕制构成双饼。

③ 单层并绕。将导线平均分为两股，每股均用热收缩带半叠1层扎紧，两股导线按上下排列绕制，即构成一层。

④ 一次匝间包绕。P1和P2一次线圈引线分别用皱纹纸半叠5层，再用热收缩带半叠1层；然后将P1与P2合并，用热收缩带稀绕1层扎紧，在其接合处和三角区地带加垫高压电缆纸整形，直线段用无纬绑扎带半叠1层，再包皱纹纸半叠2层。

2）一次线圈环部整形。

首先对一次线圈环部用皱纹纸加垫整形，使其断面呈圆形，再包皱纹纸半叠2层。

3）一次线圈主绝缘包扎。

一次线圈整形后测量线圈尺寸，作为确定绝缘厚度的基准。主绝缘采用皱纹纸半叠包扎，在对角线方向测量，主绝缘厚度满足规定要求。为保证环部内外圆周上主绝缘厚度一致，在外圆周上加垫皱纹纸调节；三角区地带也采用皱纹纸调节，引线部分的主绝缘从根部到顶部要逐渐减小，略呈锥形。整个一次线圈外包皱纹纸半叠3层。再用热收缩带半叠包1层。在一次线圈与二次线圈之间各加垫1张纸板。

5. 倒立式电流互感器的绝缘包绕

工艺流程：包扎准备→初步包扎→一次线圈绝缘包扎。

（1）包扎准备。

在半叠机上用0.15mm×20mm电缆纸1/2叠卷绕，按常规产品的宽度或包扎单上规定尺寸用红色聚酯薄膜透明胶带粘贴控制，中间用聚酯薄膜透明胶带粘贴（视宽度确定数量，最少两条）制作环部角环，用专用割刀分割并按规格叠放。

三角区角环按包扎单上规定的角环图号，用工装模板画出形状后用剪刀裁剪而成。按包扎顺序叠放。

衬裙要分别用0.15mm×10mm和0.15mm×20mm的电缆纸1/3叠制作。

电位屏导向带制作：采用两个0.04mm×30mm的镀锡铜箔，中间垂直方向夹一根长200mm的引出线，进行锡焊制成，镀锡铜箔的长度按电压等级确定，规格见表6-13。

表6-13　镀锡铜箔的长度

序号	电压等级/kV	铜箔长度/mm
1	110～170	1000
2	220	1600
3	500	1900

（2）初步包扎。

将二次绕组屏蔽罩壳吊到器身包扎机上，应水平稳定牢靠，高低适中，P1面朝上。按器身包扎单，查看罩壳序号是否一致，罩壳表面是否光滑。用红蓝铅笔标出各级台阶号及P1侧。将套管端部的6根电位屏导向带成星形用聚酯薄膜透明胶带粘贴在罩壳上，贴在壳体上不能有缝隙，转弯处向外捏摺用聚酯薄膜透明胶带粘贴，末头用聚酯薄膜透明胶带十字粘贴。用方形半导体皱纹纸隔板 0.3mm×150mm×150mm（一边开口，中间有孔）插入套管与罩壳间，压住导向带，紧贴于根部，用聚酯薄膜透明胶带粘贴四角。用半导体皱纹纸包扎，起始端轴向至上述隔板孔上方5～10mm。用聚酯薄膜透明胶带粘贴牢，由外向内往左边轴向包扎，重叠5mm。末端对准起端，剪断并用聚酯薄膜透明胶带粘贴固定在隔板上。

（3）绝缘包扎。

用长爪游标卡尺（测量爪长300mm，精度0.05mm）测量半导体皱纹纸包扎后的罩壳各部位尺寸（按包扎单上要求部位）并填写包扎单。然后，按包扎单上第一层数字依顺序正式包扎。

先放三角区角环，按角环号顺压纸带放入三角区内。角环要与套管垂直，宽度对称，用50mm宽的皱纹纸包扎三角区范围。再放置头部角环，将配剪好的角环，起始端离套管根部30mm，上下对称用聚酯薄膜透明胶带粘牢。末尾端离套管根部30mm剪断，用聚酯薄膜透明胶带交叉粘牢。角环要紧实，上下要对称，起末端要根据三角区的实际情况配剪。然后用0.18mm×30mm的皱纹纸包扎角环。包扎要从左向右进行，重叠5mm。下面抹胶水，上面用聚酯薄膜透明胶带十字粘贴。然后，再用50mm宽的皱纹纸进行“蜂网式”包扎（打包）固定绝缘。

以此类推直至按包扎工艺单完成全部绝缘包扎。

（4）高压屏包扎。

用50mm半导体皱纹纸重叠5mm包扎，从环部一侧包至另一侧及套管与环部的过渡区，在头部半导体皱纹纸上放置若干条相互垂直的铜编织带，组成若干个“口”字型。按图纸规定的引出线的位置上下对称放置4条镀锡铜带（双层），用聚酯薄膜透明胶带粘贴固定。

为保证器身在装配时不受损并固定电位屏，在头部再放一张头部角环，用30mm宽的皱纹纸稀包扎一圈，至此包扎全部结束。倒立式产品绝缘结构示意图如图6-38所示。

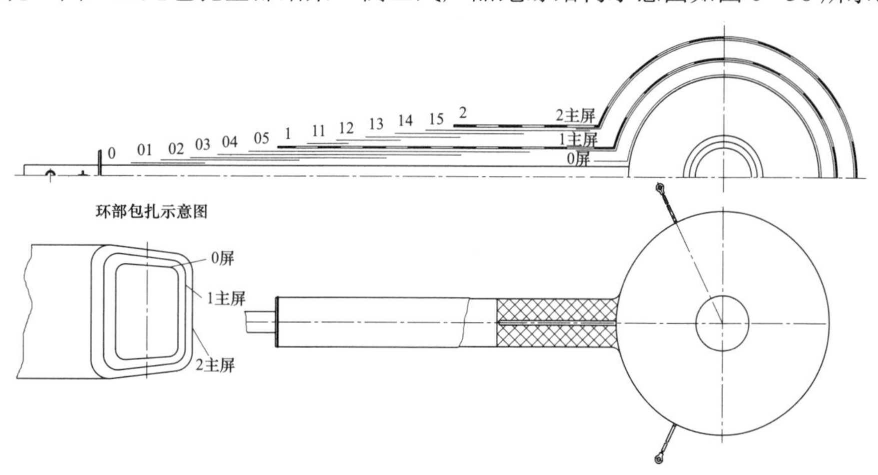

图6-38 倒立式产品绝缘结构示意图

6.4.3 绝缘干燥工艺

35kV 及以上电压等级的互感器大多为油浸式，采用油纸绝缘结构。绝缘干燥工艺一般分为一步法干燥工艺和分部法干燥工艺。

1. 一步法干燥工艺

一步法干燥工艺：是将产品的器身（未干燥）、瓷套、底座（油箱）、储油柜等进行装配（不装膨胀器），然后将产品整体放入真空干燥罐进行干燥处理。根据产品结构特点选择具体的干燥工艺。

2. 分步法干燥工艺

（1）干燥方法分类。

1）普通的真空干燥法。这种工艺方法主要适用于中低电压等级绝缘层较薄的产品。详见第 2 章 2.5.3 第 2 条介绍。

2）热风循环真空干燥法。热风循环真空干燥工艺较普通的真空干燥可显著提高加热和干燥效果，特别是对高电压等级绝缘厚的产品效果更为明显。详见第 2 章 2.5.3 第 3 条介绍。

3）煤油气相真空干燥法。煤油气相干燥的全部干燥过程是在一个实际上几乎无氧环境下进行的，因此，其加热温度可高达 130℃，比传统干燥法提高约 20℃。仅从这一点看，煤油气相干燥法使得绝缘内的水蒸气分压增加了 2 倍，扩散系数增加了 1 倍以上，而干燥时间则可以大大的缩短。详见第 2 章 2.5.3 第 4 条介绍。

4）变压真空干燥法。变压真空加热干燥的过程是在不同的时间阶段采取不同温度和真空度进行绝缘干燥处理的方法。

（2）变压真空干燥法。

变压真空干燥工艺过程曲线如图 6－39 所示。

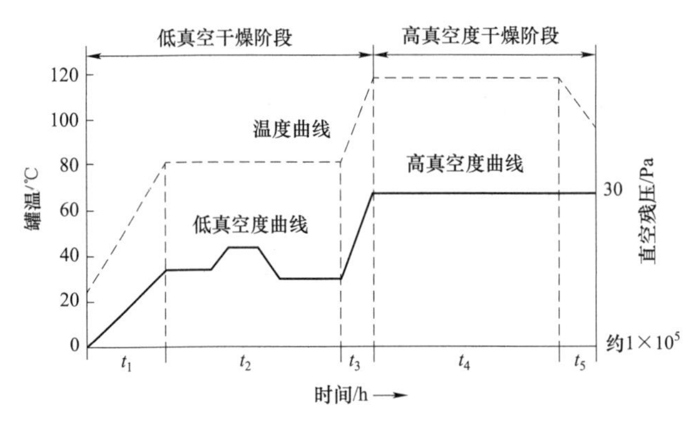

图 6－39 变压真空干燥工艺过程曲线

t_1：升温阶段，启动加热系统对干燥罐进行加热，以不高于 10℃/h 的升温速度进行升温，并对干燥罐进行抽真空。

t_2：间歇式低真空干燥阶段，罐内温度维持在（80±5）℃。

t_3：二次升温阶段，将干燥罐内温度升至（115±5）℃。

t_4：高真空干燥阶段，启动真空泵及增压泵，干燥罐内真空残压维持在 30Pa 以下，维持干燥罐内温度（115±5）℃。

t_5：测量露点阶段，关闭导热油阀门停止加热，每隔 2h 测一次露点，连续 3 次露点稳定在－50℃以下，认定处理合格。

最后为降温阶段，当罐温降至 80℃以下时方可解除真空，打开罐盖，出罐。

6.4.4　互感器注油工艺

1. 互感器注油

将处理合格后的变压器油经真空注油系统对互感器进行注油（包括真空检漏、真空注油、油压检漏等几个阶段）。

真空注油工艺过程曲线如图 6－40 所示。

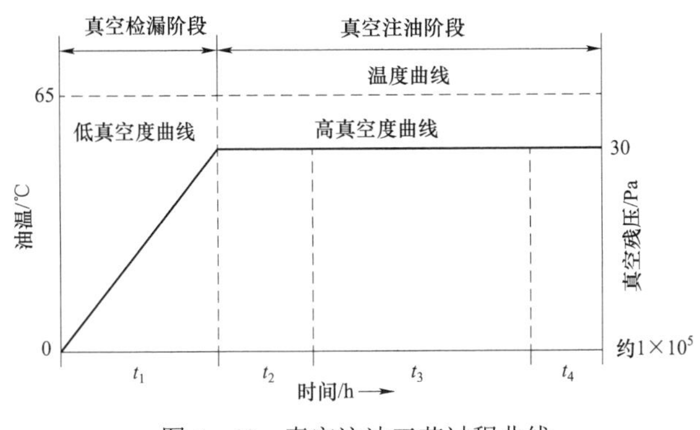

图 6－40　真空注油工艺过程曲线

t_1：真空检漏阶段，启动真空泵及增压泵对产品抽真空，观察真空残压下降情况，如真空残压很快下降到 30Pa 以下，即认为检漏合格。

t_2：真空脱气阶段，真空残压维持在 30Pa 以下。

t_3：真空注油阶段，分多次对产品注油［注油时油温为（65±5）℃］。

t_4：抽真空阶段，按工艺要求对产品抽真空，在抽空时间结束时油杯中应无气泡。

最后为油压检漏阶段，关闭真空阀门，启动潜油泵对产品加油压，调整溢流阀门的流量维持油压在 0.2MPa，逐台检查产品有无渗漏油现象。

2. 膨胀器注油

用胶管与膨胀器注油管相连接，缓慢向膨胀器内注油至规定高度，同时开启膨胀器放油阀将膨胀器内的空气排净。均匀摇动膨胀器将残留的气泡排出。

6.5　电流互感器的试验

电流互感器试验一般分为例行试验、型式试验、特殊试验、交接试验、预防性试验等。

6.5.1 例行试验

例行试验项目：

（1）气体露点测量（适用于气体绝缘产品）。

（2）一次端工频耐压试验。

（3）局部放电测量。

（4）电容量和介质损耗因数测量。

（5）段间工频耐压试验。

（6）二次端工频耐压试验。

（7）准确度试验。

（8）标志的检验。

（9）环境温度下密封性能试验。

（10）压力试验（适用于气体绝缘产品）。

（11）二次绕组电阻（R_{ct}）测定。

（12）二次回路时间常数（T_s）测定。

（13）额定拐点电动势（E_k）和 E_k 下励磁电流的试验。

（14）匝间过电压试验。

（15）绝缘油性能试验。

（16）绝缘电阻测量。

（17）绕组直流电阻测量。

6.5.2 型式试验和特殊试验

1. 型式试验项目

（1）温升试验。

（2）一次端冲击耐压试验。

（3）户外型互感器的湿试验。

（4）电磁兼容（EMC）试验。

（5）准确度试验。

（6）外壳防护等级试验。

（7）环境温度下密封性试验（适用于气体绝缘产品）。

（8）压力试验（适用于气体绝缘产品）。

（9）短时电流试验。

2. 特殊试验项目

（1）一次端截断雷电冲击耐压试验。

（2）一次端多次截断冲击试验。

（3）传递过电压试验。

（4）机械强度试验。

（5）内部电弧故障试验。

（6）低温和高温下的密封性能试验（适用于气体绝缘产品）。

（7）腐蚀试验。

（8）着火危险试验。

（9）绝缘热稳定试验。

3. 准确度试验

（1）测量用电流互感器的比值差和相位差要求。

测量用电流互感器的准确级以该准确级在额定一次电流和额定负荷下最大允许比值差（ε）的百分数来标称。

测量用电流互感器的标准准确级为 0.1 级、0.2 级、0.5 级、1 级、3 级和 5 级；特殊用途的测量用电流互感器的标准准确级为 0.2S 级和 0.5S 级。

对于 0.1 级、0.2 级、0.5 级和 1 级，在二次负荷为额定负荷的 25%～100%之间任一值时，其额定频率下的比值差和相位差应不超过表 6－1 所列限值。

对于 0.2S 级和 0.5S 级，在二次负荷为额定负荷的 25%～100%之间任一值时，其额定频率下的比值差和相位差应不超过表 6－2 所列限值。

对于 3 级和 5 级，在二次负荷为额定负荷的 50%～100%之间任一值时，其额定频率下的比值差应不超过表 6－3 所列限值。对 3 级和 5 级的相位差限值不予规定。

对所有的准确级，负荷的功率因数均应为 0.8（滞后），当负荷小于 5VA 时，应采用功率因数为 1.0，且最低值为 1VA。

对额定输出最大不超过 15VA 的测量级，可以规定扩大负荷范围。当二次负荷范围扩大为 1VA 至 100%额定输出时，比值差和相位差应不超过表 6－1～表 6－3 所列相应准确级的限值。在整个负荷范围，功率因数应为 1.0。

具有扩大电流额定值的互感器，试验应以额定扩大一次电流值代替 120%额定电流值进行。

（2）P 级和 PR 级保护用电流互感器的比值差、相位差和复合误差要求。

在额定频率和连接额定负荷时，其比值差、相位差和复合误差应不超过表 6－5 所列限值。负荷的功率因数应为 0.8（滞后），当负荷小于 5VA 时应采用功率因数为 1.0。

（3）TPX、TPY 和 TPZ 级电流互感器的比值差、相位差和暂态误差要求。

电流互感器连接额定电阻性负荷时，其比值差和相位差应不超过表 6－6 所列限值。

电流互感器连接额定电阻性负荷，在规定的工作循环（或对应于规定暂态面积系数 K_{td} 的工作循环）下，其暂态误差 $\hat{\varepsilon}$（对 TPX 和 TPY 级）或 $\hat{\varepsilon}_{ac}$（对 TPZ 级）应不超过表 6－6 所列限值。

（4）电流互感器的比值差和相位差试验方法。

其试验接线如图 6－41 所示。

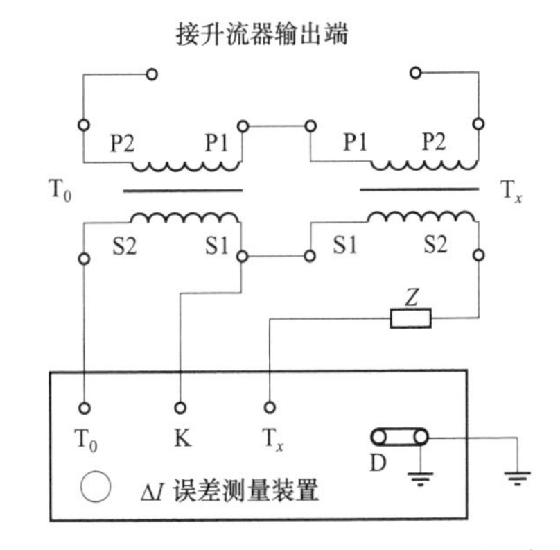

图 6－41　准确度试验接线图（比较法）

T_0—标准电流互感器；T_x—被测电流互感器；Z—电流互感器负载箱；P1、P2—一次绕组端子；S1、S2—二次绕组端子

对于 0.1 级、0.2 级、0.5 级和 1 级测量用电流互感器，准确度型式试验应在 5%、20%、100%、120%额定电流和额定频率下进行，其输出应为额定负荷的 25%、100%。

对于 0.2S 级和 0.5S 级特殊用途的测量用电流互感器，准确度型式试验应在 1%、5%、20%、100%、120%额定电流和额定频率下进行，其输出应为额定负荷的 25%、100%。

对所有的准确级，负荷的功率因数均应为 0.8（滞后），当负荷小于 5VA 时，应采用功率因数为 1.0，且最低值为 1VA。

保护用电流互感器的比值差和相位差试验应在额定一次电流和额定负荷下进行。

（5）测量用电流互感器的仪表保安系数（FS）测定试验方法。

仪表保安系数的标准值为 FS5 和 FS10。通常采用直接法试验，试验时以实际正弦波的额定仪表限值一次电流通过一次绕组，二次绕组接额定负荷，负荷的功率因数在 0.8（滞后）～1 之间。

额定仪表限值一次电流应为测出复合误差大于 10%时的最小一次电流值。但由于此数值较难迅速测出，故通常采用施加额定一次电流乘以仪表保安系数（FS）的一次电流，测得的复合误差应大于 10%。

（6）P 级和 PR 级保护用电流互感器的复合误差试验方法。

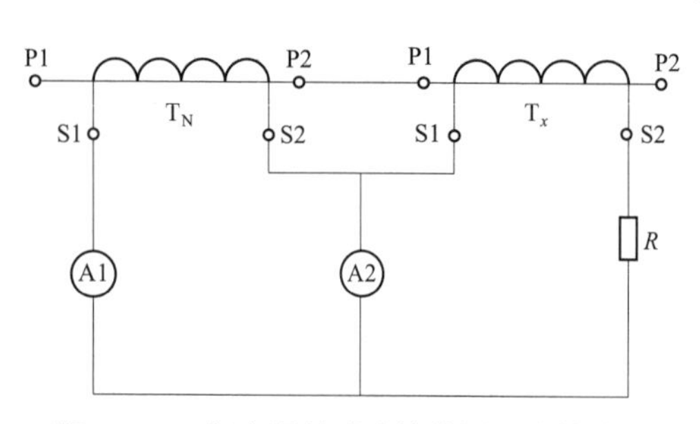

图 6－42　复合误差试验接线图（直接法）

T_N—基准互感器；T_x—被试互感器；A1、A2—电流表；R—负载电阻；P1、P2——次绕组端子；S1、S2—二次绕组端子

复合误差试验接线图如图 6－42 所示。

复合误差一般采用直接法进行测量，试验时以实际正弦波的额定准确限值一次电流通过一次绕组，二次绕组接额定负荷，负荷的功率因数在 0.8（滞后）～1 之间。

复合误差试验时二次电流较大，测试时间应尽量短，除采用图中电流表测量外，通常采用示波器或暂态记录仪进行测量。测试用负荷箱不应采用测量额定一次电流下误差时的负荷箱，而应采用能承受额定准确限值一次电流的测量复合误差电流通用的负荷箱。

6.5.3　交接试验

根据 GB 50150《电气装置安装工程　电气设备交接试验标准》的规定，电流互感器交接试验项目应包括下列内容。

（1）测量绕组的绝缘电阻，应符合下列规定：

1）应测量一次绕组对二次绕组及外壳、各二次绕组间及其对外壳的绝缘电阻，绝缘电阻值不宜低于 1000MΩ。

2）测量电流互感器一次绕组段间的绝缘电阻，绝缘电阻值不宜低于 1000MΩ，由于结构原因无法测量时可不测量。

3）测量电容型电流互感器的末屏对外壳（地）的绝缘电阻，绝缘电阻值不宜小于 1000MΩ。当末屏对地绝缘电阻小于 1000MΩ时，应测量其 $\tan\delta$，其值不应大于 2%。

4）测量绝缘电阻应使用 2500V 绝缘电阻表。

（2）电压等级 35kV 及以上油浸式互感器的介质损耗因数（$\tan\delta$）与电容量测量，应符合表 6－14 的规定。

表 6－14　　$\tan\delta$（%）限值　　（t：20℃）

种　类	20～35/kV	66～110/kV	220/kV	330～750/kV
油浸式电流互感器	2.5	0.8	0.6	0.5
充硅脂及其他干式电流互感器	0.5	0.5	0.5	—
油浸式电流互感器末屏	—	2		

1）互感器的绕组 $\tan\delta$ 测量电压应为 10kV，$\tan\delta$（%）不应大于表 6－14 中数据。当对绝缘性能有怀疑时，可采用高压法进行试验，在（0.5～1）$U_m/\sqrt{3}$ 范围内进行，其中 U_m 是设备最高电压（方均根值），$\tan\delta$ 变化量不应大于 0.2%，电容变化量不应大于 0.5%。

2）对于倒立油浸式电流互感器，二次线圈屏蔽直接接地结构，宜采用反接法测量 $\tan\delta$ 与电容量。

3）末屏 $\tan\delta$ 测量电压应为 2kV。

4）电容型电流互感器的电容量与出厂试验值比较超出 5%时，应查明原因。

（3）互感器的局部放电测量，应符合下列规定：

1）局部放电测量宜与交流耐压试验同时进行。

2）电压等级为 35～110kV 互感器的局部放电测量可按 10%进行抽测。

3）电压等级 220kV 及以上互感器在绝缘性能有怀疑时宜进行局部放电测量。

4）局部放电测量时，应在高压侧监测施加的一次电压。

5）局部放电测量的测量电压及允许的视在放电量水平应按表 6－15 确定。

表 6－15　　测量电压及允许的视在放电量水平

种类	测量电压	允许的视在放电量水平/pC	
		环氧树脂及其他干式	油浸式和气体式
电流互感器	$1.2U_m/\sqrt{3}$	50	20
	U_m	100	50

（4）互感器交流耐压试验，应符合下列规定：

1）应按出厂试验电压的 80%进行，并应在高压侧监视施加电压。

2）电压等级 66kV 及以上的油浸式互感器，交流耐压前后宜各进行一次绝缘油色谱分析。

3）电压等级 220kV 以上的 SF_6 气体绝缘互感器，特别是电压等级为 500kV 的互感器，宜在安装完毕的情况下进行交流耐压试验；在耐压试验前，宜开展 U_m 电压下的老练试验，时间应为15min。

4）二次绕组间及其对箱体（接地）的工频耐压试验电压应为2kV，可用2500V绝缘电阻表测量绝缘电阻试验替代。

5）电压等级110kV及以上的电流互感器末屏对地的工频耐受电压应为2kV，可用2500V绝缘电阻表测量绝缘电阻试验替代。

（5）绝缘介质性能试验，应符合下列规定：

1）绝缘油的性能应符合GB 50150规定。

2）充入SF_6气体的互感器，应静放24h后取样进行检测，气体水分含量不应大于250μL/L（20℃ 体积分数）；对于750kV电压等级，气体水分含量不应大于200μL/L。

3）电压等级在66kV以上的油浸式互感器，对绝缘性能有怀疑时，应进行油中溶解气体的色谱分析。油中溶解气体组分总烃含量不宜超过10μL/L，H_2含量不宜超过100μL/L，C_2H_2含量不宜超过0.1μL/L。

（6）绕组直流电阻测量，应符合下列规定：

同型号、同规格、同批次电流互感器绕组的直流电阻和平均值的差异不宜大于10%，一次绕组有串、并联接线方式时，对电流互感器的一次绕组的直流电阻测量应在正常运行方式下测量，或同时测量两种接线方式下的一次绕组的直流电阻。倒立式电流互感器单匝一次绕组的直流电阻之间的差异不宜大于30%。当有怀疑时，应提高施加的测量电流，测量电流（直流值）不宜超过额定电流（方均根值）的50%。

（7）检查互感器的接线绕组组别和极性，应符合设计要求，并应与铭牌和标志相符。

（8）互感器误差及变比测量，应符合下列规定：

1）用于关口计量的互感器应进行误差测量。

2）用于非关口计量的互感器，应检查互感器变比，并应与制造厂铭牌值相符，对多抽头的互感器，可只检查使用分接的变比。

（9）测量电流互感器的励磁特性曲线，应符合下列规定：

1）当继电保护对电流互感器的励磁特性有要求时，应进行励磁特性曲线测量。

2）当电流互感器为多抽头时，应测量当前拟定使用的抽头或最大变比的抽头。测量后应核对是否符合产品技术条件要求。

3）当励磁特性测量时施加的电压高于绕组允许值（电压峰值 4.5kV），应降低试验电源频率。

4）330kV及以上电压等级的独立式、GIS和套管式电流互感器，线路容量为300MW及以上容量的母线电流互感器和各种电压等级的容量超过1200MW的变电站带暂态性能的电流互感器，其具有暂态特性要求的绕组，应根据铭牌参数采用交流法（低频法）或直流法测量其相关参数，并应核查是否满足相关要求。

（10）密封性能检查，应符合下列规定：

1）油浸式互感器外表应无可见油渍现象。

2）SF_6气体绝缘互感器定性检漏应无泄漏点，怀疑有泄漏点时应进行定量检漏，年泄漏率应小于 1%。

6.5.4　预防性试验

预防性试验是电力设备运行和维护工作中的一个重要环节，是保证电力系统安全运行的有效手段之一。预防性试验可参照 DL/T 596《电力设备预防性试验规程》进行，其试验项目、周期和要求见表 6－16。

表 6－16　　电流互感器的试验项目、周期和要求

<table>
<tr><th>序号</th><th>项目</th><th>周期</th><th>要　求</th><th>说明</th></tr>
<tr><td>1</td><td>绕组及末屏的绝缘电阻</td><td>（1）投运前
（2）1～3 年
（3）大修后
（4）必要时</td><td>（1）绕组绝缘电阻与初始值及历次数据比较，不应有显著变化
（2）电容型电流互感器末屏对地绝缘电阻一般不低于 1000MΩ</td><td>采用 2500V 绝缘电阻表</td></tr>
<tr><td>2</td><td>tanδ及电容量</td><td>（1）投运前
（2）1～3 年
（3）大修后
（4）必要时</td><td>（1）主绝缘 tanδ（%）不应大于下表中的数值，且与历年数据比较，不应有显著变化
<table>
<tr><td colspan="2">电压等级/kV</td><td>20～35</td><td>66～110</td><td>220</td><td>330～500</td></tr>
<tr><td>大修后</td><td>油纸电容型
充油型
胶纸电容型</td><td>—
3.0
2.5</td><td>1.0
2.0
2.0</td><td>0.7
—
—</td><td>0.6
—
—</td></tr>
<tr><td>运行中</td><td>油纸电容型
充油型
胶纸电容型</td><td>—
3.5
3.0</td><td>1.0
2.5
2.5</td><td>0.8
—
—</td><td>0.7
—
—</td></tr>
</table>
（2）电容型电流互感器主绝缘电容量与初始值或出厂值差别超出±5%范围时应查明原因
（3）当电容型电流互感器末屏对地绝缘电阻小于 1000MΩ时，应测量末屏对地 tanδ，其值不大于 2%</td><td>（1）主绝缘 tanδ试验电压为 10kV，末屏对地 tanδ试验电压为 2kV
（2）油纸电容型 tanδ一般不进行温度换算，当 tanδ值与出厂值或上一次试验值比较有明显增长时应综合分析 tanδ与温度、电压的关系，当 tanδ随温度明显变化或试验电压由 10kV 升到 $U_m/\sqrt{3}$ 时，tanδ增量超过±0.3%，不应继续运行
（3）固体绝缘互感器可不进行 tanδ测量</td></tr>
<tr><td>3</td><td>油中溶解气体色谱分析</td><td>（1）投运前
（2）1～3 年（66kV 及以上）
（3）大修后
（4）必要时</td><td>油中溶解气体组分含量（体积分数）超过下列任一值时应引起注意：
总烃　100×10^{-6}
H_2　150×10^{-6}
C_2H_2　2×10^{-6}（110kV 及以下）
　　　1×10^{-6}（220～500kV）</td><td>（1）新投运互感器的油中不应含有 C_2H_2
（2）全密封互感器按制造厂要求（如果有）进行</td></tr>
<tr><td>4</td><td>交流耐压试验</td><td>（1）1～3 年（20kV 及以下）
（2）大修后
（3）必要时</td><td>（1）一次绕组按出厂值的 85%进行。出厂值不明的按下列电压进行试验
<table>
<tr><td>电压等级/kV</td><td>3</td><td>6</td><td>10</td><td>15</td><td>20</td><td>35</td><td>66</td></tr>
<tr><td>试验电压/kV</td><td>15</td><td>21</td><td>30</td><td>38</td><td>47</td><td>72</td><td>120</td></tr>
</table>
（2）二次绕组之间及末屏对地为 2kV
（3）全部更换绕组绝缘后，应按出厂值进行</td><td></td></tr>
</table>

续表

序号	项目	周期	要求	说明
5	局部放电测量	（1）1～3 年（20～35kV 固体绝缘互感器） （2）大修后 （3）必要时	（1）固体绝缘互感器在电压为 $1.1U_m/\sqrt{3}$ 时，放电量不大于 100pC，在电压为 $1.1U_m$ 时（必要时），放电量不大于 500pC （2）110kV 及以上油浸式互感器在电压为 $1.1U_m/\sqrt{3}$ 时，放电量不大于 20pC	
6	极性检查	（1）大修后 （2）必要时	与铭牌和标志相符	
7	各分接头的变比检查	（1）大修后 （2）必要时	与铭牌和标志相符	更换绕组后应测量比值差和相位差
8	校核励磁特性曲线	必要时	与同类型互感器特性曲线或制造厂提供的特性曲线相比较，应无明显差别	继电保护有要求时进行
9	密封检查	（1）大修后 （2）必要时	应无渗漏油现象	试验方法按制造厂规定
10	一次绕组直流电阻测量	（1）大修后 （2）必要时	与初始值或出厂值比较，应无明显差别	
11	绝缘油击穿电压	（1）大修后 （2）必要时	见 DL/T 596	

注：1. 投运前是指交接后长时间未投运而准备投运之前，及库存的新设备投运之前。

2. 定期试验项目见序号 1、2、3、4、5。

3. 大修后试验项目见序号 1、2、3、4、5、6、7、9、10、11（不更换绕组，可不进行 6、7、8 项）。

第7章　电流互感器的安装、运行、故障诊断及处理

7.1　电流互感器的安装与日常维护

电流互感器是构成输变电系统不可或缺的组成部分，其一次串接于电力系统中，因安装维护不当导致的事故较多，严重威胁到电力系统的安全运行。

电流互感器分类较多，其安装和日常维护的注意事项和要求也有一些差别，这里重点介绍油浸式、充气式和固体浇注式产品的现场安装和日常维护注意事项和要求。

7.1.1　电流互感器的安装

对于变电站建设中，为保证工期，电流互感器产品需要在土建完工前运抵现场，现场不当的搬运和存储会对后期安装和运行带来很大的影响，若为了方便，将互感器产品存放在施工现场或道路两旁，会导致瓷套损坏、出线盒磕碰损伤；现场搬运过程中重心不稳或使用吊具不当，会导致的瓷套损坏或摔损等。

现场存放、搬运和安装的注意事项和方法。

1. 现场的搬运和存储

当产品运至现场时，需要现场接收人员查看互感器的表头，因互感器厂家在运送产品至现场时，其多个项目在同一辆货车上，存在现场卸错货的现象，当安装时发现货物与实际使用的不一致，导致无法安装。

为避免产品在运输过程中发生损伤，《国家电网有限公司十八项电网重大反事故措施》中要求电流互感器产品在运输过程中需要安装重力加速度测试仪，互感器厂家在包装箱的外部装有重力加速度测试条，当运输过程中的急刹车和道路颠簸大于10倍的重力加速度时，其测试条动作。在运至现场时需要查看测试条，当发现变红时可以拒收，并与互感器制造厂家联系，确定后续的处理方案。

在产品运至现场时，验收人员需要查看产品包装箱是否有损伤，是否有渗漏油的问题，若未发现问题，在后续的现场搬运中应采用与运输中相同的防范措施。如需进行长距离搬运，建议不拆除互感器的原有包装或按照原来的方式重新装箱。

互感器的现场存放，需要采取以下措施：

（1）将互感器存储在安全、通风条件良好，不会使其倾覆的环境中，避免污染，保护好套管，使其不会受到损坏，对于户内用互感器产品，必须存放于户内。

（2）存储时的温度条件与运行条件相同。

（3）在任何情况下，互感器卧倒放置的时间都不能过长。

（4）按照有关要求。

2. 产品竖起和移动

按不同类型产品的吊装方法从包装箱内吊出互感器。互感器产品竖起时应使用棉吊带进行，避免因使用钢丝绳等硬物导致产品瓷套部分的损伤，互感器的重量可从铭牌上查到，起重机应能承受互感器的重量。为避免吊起时产品受到冲击力导致产品外部或内部的损伤，在吊运时应缓慢进行；在水平移动互感器时，应防止摆动。

对于倒立油浸式电流互感器产品，其产品吊装如图 7－1 所示，使用 U 形夹或其他防脱钩的装置将吊绳与产品上的吊装点相连接，可以使用一台或两台起重机同时起吊，将产品从包装箱内吊出，并竖直。当使用一台起重机时，应调整头部吊绳和底座吊绳之间的长度，使之吊点位于产品第一和第二伞裙中间，竖起时绳子的方向与地面必须成 90°，且在起吊时应避免起重机的急行车，导致产品的损伤。水平运输时，应缓慢进行，运输路途中应无其他物体，避免磕碰；当使用两台起重机水平运输和竖起时，应保证起重机的同步性，避免头部过低，绝缘油的重量使膨胀器出现不可逆的变形。现场移动时使用产品的吊装孔。

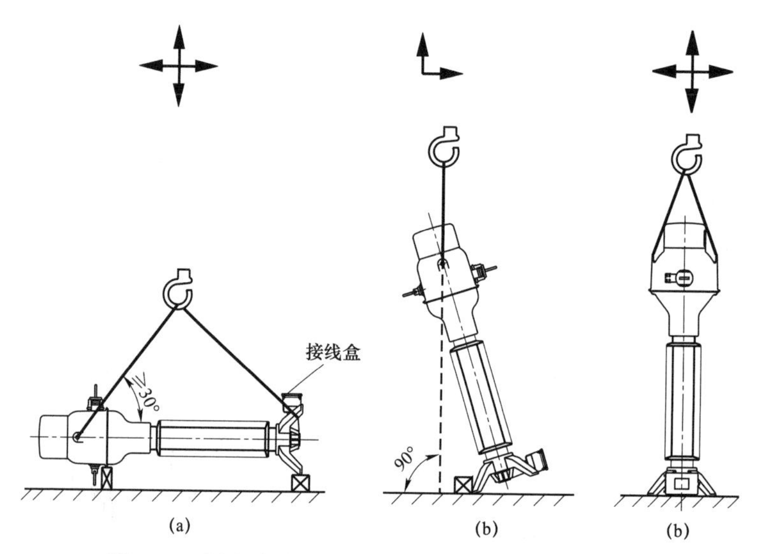

图 7－1 倒立式油浸式电流互感器的现场运输和竖起

（a）水平运输；（b）竖起；（c）垂直运输

对于正立式电流互感器产品，110kV 及以下的电流互感器产品因其产品高度不高，在运输过程中采用正立运输的方式，在设计和生产过程中没有考虑卧倒运输的可能，在现场时禁止将产品放倒。在吊装过程中的倾角不应大于 15°，避免导致一次绕组之间发生内部短路，造成变比错误，吊装方式如图 7－2 所示。对于 220kV 及以上的电流互感器产品因其产品高度过高，在运输中存在限高、重心不稳容易倾倒等因素，均采用卧倒运输的方式。现场的竖起和移动方式如图 7－3 所示，使用柔软的吊绳进行竖起和运输，以免对瓷套造成损坏。

对于充气式电流互感器产品，其产品吊装如图 7－4 所示，因其外形结构和油浸倒立式电流互感器产品相似，现场的竖起和移动可以参考油浸倒立式电流互感器的竖起和移动方式。因运输中会存在颠簸等不利因素，为保证运输的安全性，在运输过程中要降低产品内部的压力，在安装完成后使用专用充气设备将气体充至额定气压。

无论是何种产品，在竖起和移动时必须采用设备本体上的专用吊装部件进行吊装，且在竖直放置时，地面需水平、平坦，否则应在垂直位置放置垫片，以减少扭曲压力。

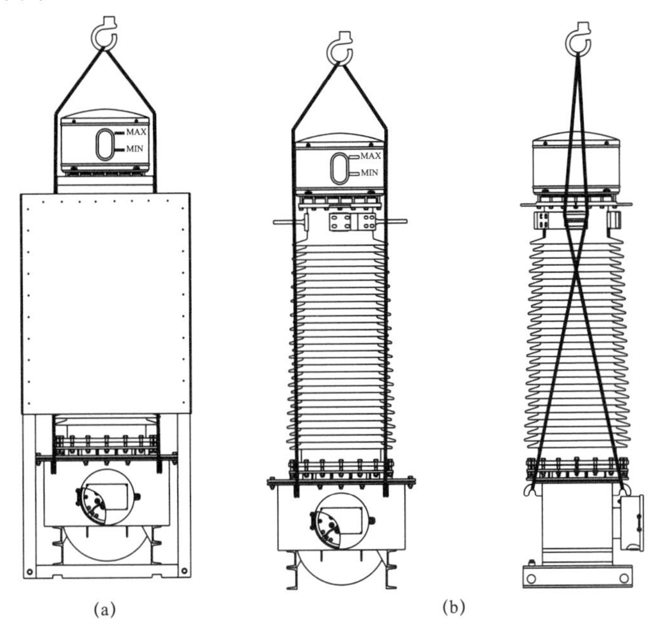

(a)　　(b)

图7-2　110kV及以下正立式电流互感器的现场运输

（a）带包装箱水平运输；（b）水平及竖直移动

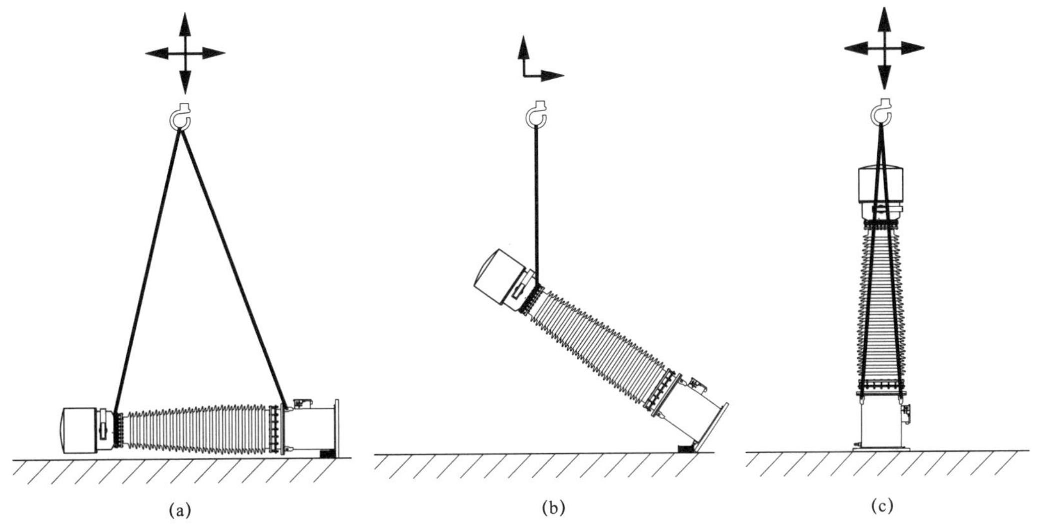

(a)　　(b)　　(c)

图7-3　220kV及以上正立式电流互感器的现场运输和竖起

（a）水平运输；（b）竖起；（c）垂直运输

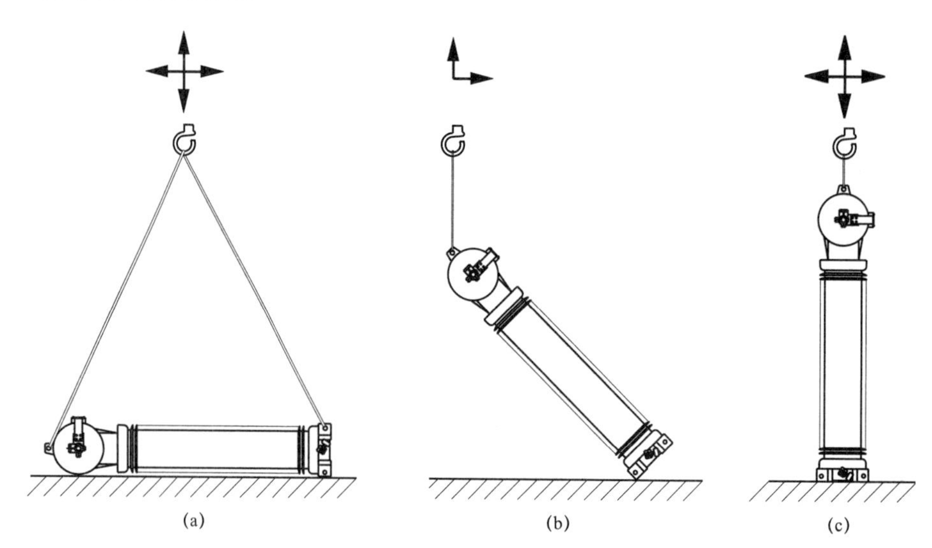

图 7－4　充气式电流互感器现场运输和竖起
（a）水平运输；（b）竖起；（c）垂直运输

3. 接地

在互感器的接地端和系统地电位间必须有一个低电阻通路。接地端的机械强度必须足够高以承受系统的短路电流。互感器产品的接地点通常为铁质或铝制件，为保证接地的可靠性，需对接触面使用砂纸打磨，以去除氧化层。因电流互感器绝缘采用电容分压的方式，不可靠或不恰当的接地，其接触点会出现较高电压，将对人身安全造成威胁，并且不能保证互感器的安全运行。

4. 高压端连接

在与高压端连接前，对各接触表面进行清洗，必要时使用砂纸打磨，以去除外表面的氧化层，确保有足够的接触面积，保证良好的电气接触性能，避免产生过热性故障，一次接线端子的等电位联结必须牢固可靠。连接件采用高强度的不锈钢螺栓或热镀锌螺栓，保证连接的紧固。为保证长时间有效的接触压力，所有的螺栓连接需采用弹簧垫圈。

除非采取特殊的预防措施，否则铝制件和铜制件避免直接接触，以避免因电化学反应导致接触面腐蚀、松动。对于铝制件和铜制件的连接，在接触面处采用耐腐蚀的镀层或用铜铝过渡片分隔。

电流互感器的一次端子所承受的机械力不应超过制造厂规定的允许值；静态耐受载荷一般在 2500～5000N 之间，依据 GB 20840.1 中设备的最高电压进行选取，其接线端子之间必须有足够的安全距离，防止引线线夹造成一次绕组短路。

5. 二次接线端

作为电流互感器产品的输出端，二次绕组端子的连接至关重要，现场存在误接、开路、变比接错及连接不可靠等问题，会对产品和系统的安全运行产生影响。

在处理二次绕组误接、开路、变比接错及连接不可靠等问题前，确保系统处于未通电状态；为避免由附近运行的设备所引起的游离电磁场的影响，互感器一次绕组的两端需可靠接地。

在接线前，需要参照产品的铭牌进行二次端子的连接。二次接线常采用 $4mm^2$ 的铜线，

且二次负荷阻抗需不大于铭牌标志的额定二次负荷阻抗，以保证互感器的准确度，其额定二次负荷阻抗的计算方法为

$$Z_{\mathrm{b}} = \frac{S_{\mathrm{r}}}{(I_{\mathrm{sr}})^2} \tag{7-1}$$

式中　Z_{b}——额定二次负荷阻抗，Ω；

S_{r}——额定二次负荷，VA；

I_{sr}——额定二次电流，A。

为保证测试精度和检验二次线是否开路或接触不良，需从互感器的接线端测试二次负荷阻抗，并做好记录。进行检修时再次测试，两次测试值进行对比，从而判断负荷部分的连接是否可靠。

对于使用的二次绕组，电流互感器产品的一次 P1 端与二次绕绕组的 S1 端为同名端，在二次绕组固定电位接地时需考虑保护装置、计量及测量装置的极性，以免发生极性不一致而导致保护误动作、计量及测量不准确的情况发生；对于未使用的二次绕组，由于其开路时，根据电磁感应定律，其一次电流全部用于励磁，二次绕组两端会出现很高的电压，有时会高于 10kV，严重威胁人身及设备安全，因此需要将其短接并可靠接地。在短接时宜采用 4mm^{2}及以上的铜导线，如果短接导线线径过细，对于未使用的保护级绕组，如 5P30 级绕组，发生短路故障时，电流互感器的二次电流为额定电流的 30 倍，电流过大导致短接线熔断。如果未及时发现并消除故障，重合闸后的产品二次绕组开路运行，会造成二次绕组发热，变压器油裂解产生气体，严重时会导致局部放电量增大。

对于产品的末屏端子，需使用铜导线可靠、独立接地，严禁将末屏与未使用的二次绕组使用同一根线接地。

6. 金属膨胀器的运输保护（油浸式产品）

绝缘油因温度变化引起油的体积变化，需要膨胀器进行油补偿。膨胀器的材料多采用 0.3～0.4mm 厚的不锈钢板，在运输时使用泡沫垫块对膨胀器进行防护，在运抵现场后需拆除膨胀器保护垫块，以恢复膨胀器油补偿的功能。

拆除膨胀器保护垫块的方法如图 7－5 所示。在运输和现场搬运后移开罩盖 1，取出保护膨胀器用的泡沫 2，并将罩盖 1 放回原处，用预先安装的平头螺栓 3 紧固。

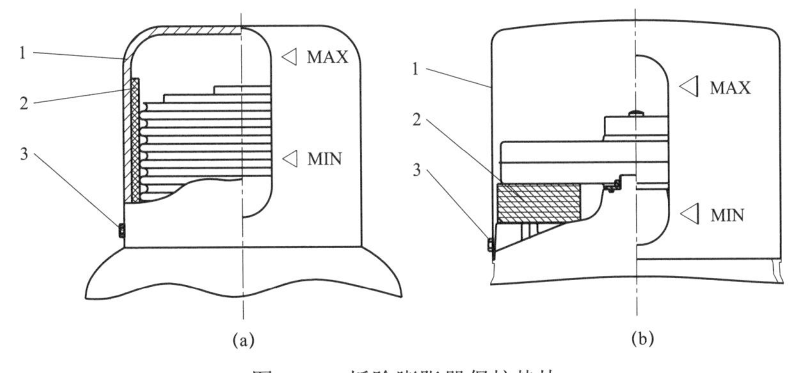

图 7－5　拆除膨胀器保护垫块

（a）波纹式膨胀器；（b）盒式膨胀器

7. 补充气体（充气式产品）

对于充气式电流互感器产品，为保证运输的安全性，在产品出厂试验完成后，出厂前会降低产品内部的 SF_6 气体压力。安装时，密封检查合格后才可对互感器充 SF_6 气体至额定压力，静置 24h 后进行 SF_6 气体微水测量，气体密度表、继电器必须经校验合格。

7.1.2 电流互感器的日常维护

1. 一般规定

（1）电流互感器二次绕组所接负荷应在准确等级所规定的负荷范围内。

（2）电流互感器允许在设备最高电压下和额定连续热电流下长期运行。

（3）电流互感器二次侧严禁开路，备用的二次绕组应短接接地。

（4）运行中的电流互感器二次侧只允许有一个接地点。其中公用电流互感器二次绕组二次回路只允许且必须在相关保护柜屏内一点接地。独立的、与其他电压互感器和电流互感器的二次回路没有电气联系的二次回路应在开关场一点接地。

（5）电流互感器在投运前及运行中应注意检查各部位接地是否牢固可靠，末屏应可靠接地，严防出现内部悬空的假接地现象。

（6）应及时处理或更换已确认存在严重缺陷的电流互感器。对怀疑存在缺陷的电流互感器，应缩短试验周期进行跟踪检查以便分析和查明原因。

2. 日常维护中应注意的问题

运行人员正常巡视时应检查记录互感器油位情况。对运行中渗漏油的互感器，应根据情况限期处理，必要时进行油样分析。

产品正常运行情况下，油浸式互感器内部的绝缘油和有机绝缘材料，在热效应和电场的作用下，会逐渐老化和分解，产生少量的各种低分子烃类气体及一氧化碳、二氧化碳等气体。在发生热和电气故障的情况下也会产生这些气体，这两种气体的来源在技术上不能区分，在数值上也没有严格的界限。因此在判断设备是否存在故障以及故障的严重程度时，要根据设备运行的历史状况和设备的结构特点及外部环境等因素进行综合判断。

有时设备内并不存在故障，但由于其他原因，在油中也会出现上述气体，要注意这些可能引起误判断的气体来源。例如，油中含有水，可以与铁反应生成氢气，过热的铁心层间油裂解也生成氢气。新的不锈钢部件中也可能在钢的加工过程或焊接时吸附氢而又慢慢释放到油中。特别是在温度较高，油中溶解有氧时设备中某些油漆（醇酸树脂）在某些不锈钢的催化下，甚至可能生成大量的氢气，某些改型的聚酞亚胺型的绝缘材料也可生成某些气体而溶解于油中。在投入运行后，检测到油中含气量偏高，可能是由于变压器油在高电场作用下分解出气体（主要为氢气）等。因此当利用气体分析结果确定设备内部是否存在故障及其严重程度时，要注意加以区分。

对于全密封型互感器，油中气体色谱分析仅氢气单项超过注意值 150μL/L 时，应跟踪分析，注意其产气速率，并进行综合诊断。如果产气速率增长较快，应加强监视；如果监测数据稳定，则属非故障性氢超标，可进行脱气处理。当发现油中有乙炔，乙炔超过注意值时，需缩短试验周期进行跟踪检查并分析查明原因。对绝缘状况有怀疑的互感器，应运回试验室进行全面的电气绝缘性能试验，包括局部放电试验。

运行中互感器的膨胀器异常伸长顶起上盖或出现异常响声时，应立即退出运行。

日常巡检应严格按照DL/T 664《带电设备红外诊断应用规范》的规定，开展互感器的精确测温工作。新建站、改扩建站或大修后的互感器，应在投运后不超过一个月内（但至少在24h以后）进行一次精确检测。220kV及以上电压等级的互感器每年在季节变化前后应至少各进行一次精确检测。在高温大负荷运行期间，对220kV及以上电压等级互感器，应增加红外检测次数。精确检测的测量数据和图像应存入数据库。

加强电流互感器末屏接地检测、检修及运行维护管理。对结构不合理、线径偏小、强度不够的末屏接地部分，应进行改造，检修结束后应检查确认末屏接地是否良好。

7.2　电流互感器的检修及故障处理

7.2.1　电流互感器检修的基本要求及项目

电流互感器检修通常配合预防性试验进行，预防性试验不合格的设备一般是不能投入运行的，这时应当联系制造厂进行针对性的专业处理。

对于预防性试验合格的电流互感器设备，安装投运前还应进行如下项目的检查：

（1）检查一次绕组端子导电排连接。一次端子导电排应可靠连接，接触面应去除氧化层并迅速涂抹导电膏，同时如果一次连接线进行过检修，还应保证连接导线和导电排有足够的截面积。

（2）检查末屏端子是否可靠接地。电流互感器末屏端子应可靠接地。

（3）检查二次绕组连接。电流互感器任何一个二次绕组都不允许开路运行，对没有用到的二次绕组应用导线进行短接。对接有负荷的二次绕组，还应测量负荷一侧的阻抗，其阻抗值应在设备允许的范围内。

7.2.2　电流互感器的故障处理

1. 一次绕组连接不良的故障现象及处理

在电力系统中，电流互感器串接于电力系统中，除需要承受高电压外，还需要承受送电负荷电流的考验，其一次绕组的连接至关重要。在产品运行过程中，当送电负荷发生很大变化时，一次电流已超过额定一次电流时，需要通过换接连接件或换接连板来改变一次绕组的串、并联连接方式，来保证设备和系统的安全运行。

电流互感器的一次绕组直接串接在主回路中，承载的一次电流通常会很大。如果互感器的一次绕组连接不良，会造成局部过热、油位升高、变比错误、绝缘油色谱分析试验结果超标等情况，若不及时发现和处理，将会使故障发展，导致主绝缘损坏而最终损坏电流互感器。

电流互感器一次绕组连接不良，通常是由以下几个原因引起：

（1）一次接线端子板与一次设备线夹两者接触平面不平整，安装时又未能修平，随着运行时间增长，接触面间产生氧化层，电流通过时会引起过热。

（2）使用库存产品更换故障产品或进行大修后，在对一次端子进行连接时，未去除接触面的氧化层，使连接处阻抗过大，发热严重，导致膨胀器油位偏高。

（3）一次接线端子板的紧固螺栓未拧紧或紧固工艺不当造成接触不良。如4孔接线板连接时使用的4只M12×65螺栓，先拧紧1只后再拧紧其他螺栓，造成引线设备线夹变形，接触面受力不均造成接触不良。正确的方法应是对角均匀拧紧各紧固螺栓。

（4）在改变电流互感器一次绕组串、并联连接方式时，未清除换接连接件及换接连板表面长期形成的氧化层，也未检查或修整接触平面，连接时紧固螺栓工艺不当，造成一次绕组连接不良。

（5）每年预防性电气试验拆装引线设备线夹，因拆装工艺不当或为防止互感器接线板拆装时受力变形，有时只拆除断路器侧或隔离开关侧引线，导线的自重作用力超过一次接线端子板承受的机械强度允许值时，电流互感器一次接线端子板弯曲变形，造成接触不良引起发热。

（6）设备端子与导线端子的材质不同，在安装时未使用过渡材料，在长期运行过程中的电化学反应，导致接触点阻抗增大，发热，甚至断裂。

（7）在改变产品一次串、并联结构时，连接螺栓没有紧固，在测试变比时会存在变比测试与实际不符的情况，且多次测试结果没有可比性。

为防止一次绕组连接不良，首先要改进电流互感器回路中的连接结构，加大接触面积，增加接触面之间的压力，必要时要有防松措施以提高紧固件的可靠性。若发现有过热后产生的氧化层，应清除一次引线接触面氧化物，涂导电膏后重新组装紧固。一次接线端子板螺栓、螺母松动，串、并联换接连接件或换接连板螺栓、螺母松动等，均可能使接触电阻增大，从而导致局部过热故障。

测量回路电阻法可以大范围地检查电流互感器导电回路电气连接是否良好，有助于发现问题并及时修理。电流互感器的一次绕组直流电阻测试可以检查一次绕组接头的焊接质量、绕组有无匝间短路，以及引线是否接触不良等问题。DL/T 50150《电气装置安装工程 电气设备交接试验标准》对电流互感器一次、二次绕组直流电阻的要求是，同型号、同规格、同批次电流互感器绕组的直流电阻和平均值的差异不宜大于10%。互感器在投运前和大小修后要进行一次绕组直流电阻测量，以便及时发现由于振动和机械应力等原因所造成的导线断裂、接头开焊、接触不良等缺陷。

电流互感器投运后应做好油色谱分析工作，若发现油色谱异常，应根据测试结果进行判断是否存在局部过热现象。若出现局部过热，应进行一次侧的直流电阻测量，其值应与出厂试验值、交接试验值比较，以便及早发现导电回路接触不良的缺陷，防止事故的发生，保证电网安全运行。

2. 末屏连接不良的故障现象及处理

末屏是电流互感器主绝缘结构的低压电极。在电流互感器高压端子与接地端子之间分布着一系列电极结构，用以改善电场分布。通常与高压端子连接的电极称为零屏，与接地端子连接的电极称为末屏。零屏和末屏一般由铜箔或者铜编织带构成，在零屏和末屏之间分布着几个到几十个铝箔或半导电纸带构成的中间电极，这些电极构成了一组串联的电容器组，电极与电极之间的电压按照串联电容器容抗成正比分布。

一旦末屏与地之间接触不良或开路，使末屏与地之间的容抗变大，系统电压将施加在末屏与地之间，从而引起击穿故障。击穿会发生在末屏与接地体之间绝缘的最薄弱点。末屏连接不良引发的故障有以下几种情况：

（1）末屏端子在空气中与接地体击穿。

末屏端子在空气中与接地体击穿是最常发生的一种情况，当电流互感器安装或检修后没有将末屏与地可靠连接，通电后会引起末屏对地放电，放电的声音大小与放电能量大小以及放电间隙大小有关，这时候互感器二次指示正常。但长时间放电会引起二次端子绝缘件烧坏，严重时会燃烧起火并引起漏油，如果不及时退出运行，将引起更大事故。

这种故障一般在巡检时可以听到端子盒有放电声，同时散发出绝缘材料焦糊的气味。如果早期发现，停电后确认端子绝缘件未损坏，只需把末屏重新接地，就可送电运行。

（2）末屏引线或端子在电流互感器内部击穿。

末屏引线或端子在互感器内部击穿的情况时有发生。如果末屏未接地或者接地不良也会引起内部油隙击穿，此时巡检也会听到互感器内部有“咕咕咕”的声音。如果持续时间较长，内部会产生大量气体，使膨胀器膨胀，油位指示偏高。

发现这种故障情况，应尽快退出运行，使末屏可靠接地，同时检查油位指示，并从互感器底部取油样进行绝缘指标和气相色谱分析。如果油位和油样指标正常，才可投入运行；如果油位和油样指标异常，应更换合格的绝缘油，并进行绝缘试验，合格后才可投入运行。

（3）末屏与器身托架击穿。

在电流互感器中，末屏和器身托架之间为绝缘纸隔离，因此末屏未接或接触不良也会引起末屏与托架之间的绝缘击穿。由于末屏和托架之间绝缘层很薄，击穿点会形成导通状态，运行中二次指示正常，巡检听不到异常声音，很容易被忽视。这种情况下长期运行会引起油样色谱分析结果异常。如果发现末屏未接地，但设备运行正常，应及时退出运行，使末屏可靠接地，并检查油样，如果油样异常，应返回厂家处理。

（4）末屏与器身托架之间局部放电。

接地线端子接触不良，在末屏与器身托架之间的绝缘层中会产生大面积局部放电，设备长时间运行后膨胀器油位升高，油样总烃和氢气增加，解体后会发现故障部位有大面积局部放电痕迹。

3. 二次绕组开路的故障现象及处理

通常电流互感器有 1～2 个测量绕组和 2～6 个保护绕组，每个绕组都具有独立的磁路与一次电流相匝链，因此任何一个二次绕组都不能开路运行。每个绕组所接的负荷应在电流互感器标称范围内，同时未接负荷的绕组（备用绕组）应用导线短接接地。

如果二次绕组开路运行，通常会有两种可能的故障现象。

（1）二次绕组击穿。

二次绕组开路运行时，绕组两端会感应出极限感应电动势，极限感应电动势通常为几百伏到数万伏，保护绕组的极限感应电动势比测量绕组的极限感应电动势要更高，从而引起二次绕组击穿。

如果击穿点发生在二次绕组端子外部，会在击穿点发生持续放电，很短时间内烧蚀附近的导线和绝缘材料，引起二次端子板损坏，出现漏油，严重时还会烧坏临近的其他绕组端子，引起保护失效。如果持续漏油和局部过热还会引起主绝缘损坏击穿，引起系统对地短路的严重事故。

如果击穿发生在电流互感器内部，设备运行时会有“咕咕咕”的放电声，若持续时间长还会引起设备油位升高。还有另一种情况是匝间击穿，这时通常没有明显的故障迹象。

二次绕组开路故障在运行初期很容易判断，只需用钳形电流表测量一下各绕组二次电流，进行简单折算就可以发现。

（2）二次绕组未击穿。

如果电流互感器二次绕组开路运行，二次绕组未击穿的情况下，一次电流会使电流互感器该绕组铁心深度饱和，饱和的铁心会迅速升温，从而使该绕组临近的主绝缘过热老化，最终造成主绝缘损坏击穿，形成系统对地短路，短路能量瞬间释放会造成电流互感器膨胀器严重拉伸甚至爆炸。

二次绕组未击穿的情况下开路运行通常不会迅速表现出故障迹象，因为绝缘油的循环散热，绝缘介质温度会逐渐升高，介质老化会持续较长时间，常常从运行到击穿会经历数月时间。故障初期常表现为油位逐渐升高，红外测温提示该设备温度偏高。这种故障隐蔽性强，故障危害严重，应引起高度重视。

二次绕组开路运行的情况通常发生在新安装的设备或者刚检修过的设备上，由于操作疏忽致使二次开路，通常在投运初期就会有放电的迹象并能听到放电的声音，因此，新安装的设备在投运前应检查二次绕组连接线是否正确、连接是否可靠，在投运后尽快测量各二次绕组电流，发现异常及时纠正。在设备投运的初期几个月应观察设备油位变化，有条件时用红外成像仪定期跟踪设备温度变化，一般能及时发现。如果击穿发生在端子外部，发现及时并纠正，设备还可以正常运行。如果击穿发生在电流互感器内部，则需要进行相应的试验，如油样色谱分析、绝缘电阻测量、绕组励磁特性以及绕组匝间绝缘试验，试验合格才可以投运。

4. 局部放电引起的故障现象及处理

局部放电是指设备内部由于浸渍不良、悬浮杂质、尖端等引起的介质内部局部的放电现象。GB 20840.1《互感器　第1部分：通用技术要求》对电流互感器局部放电量以及检测方法都有明确的规定。标准规定电流互感器在 U_m 以及 $1.2U_m/\sqrt{3}$ 电压下的视在局部放电量应分别不大于10pC和5pC。

局部放电量应符合标准的规定，但是由于种种原因可能引起设备局部放电量的增长，比如运输等原因造成绝缘介质变形损伤、绝缘油裂解造成绝缘介质中产生气泡、油中含气量过高析出气泡、局部放电迅速发展扩大等原因，都会造成运行中的电流互感器局部放电量超标。

局部放电量超标是影响电流互感器产品安全运行因素之一，最常见的现象是运行中发生膨胀器异常拉伸变形。局部放电引起的故障常常表现为两种现象：

一种是缓慢的局部放电发展。设备运行一年以上，膨胀器显示油位上升，油样色谱分析显示乙炔、总烃、氢气超标，红外测温没有明显异常。这种情况会导致局部绝缘老化最终发展为主绝缘贯穿性击穿，引发膨胀器开裂喷油甚至爆炸。

另一种情况是局部放电快速发展。通常发生在初期运行几个月里，表现为短期内膨胀器油位升高甚至拉伸变形，油样色谱分析没有明显异常。这是因为局部放电造成主绝缘介质内部绝缘油快速裂解，产生大量气体使内部油的体积增大，膨胀器拉伸变形。但这种情况下绝缘油裂解产生的烃类气体和氢气还没有扩散到互感器底部的取油阀附近，所以油样色谱分析在短时间内难以发现异常。

局部放电引起的电流互感器故障现场无法修复，也不能自行恢复，最终会导致绝缘击穿。因此一旦诊断为局部放电引起的故障，应马上退出运行。

电流互感器大多是水平卧放运输的，经过长途运输的电流互感器油中会溶解微量的气体，因此安装前应正立静放至少 1 周时间才可安装投运，通过静放让油中的气体析出并汇集在顶部膨胀器中，同时通过静放，也可以使油中悬浮的各种杂质颗粒沉降到油箱底部，从而保证绝缘中局部放电量恢复到规定值以内。有条件时最好在投运前进行局部放电检测，满足规程要求才可投运，否则继续静放直到合格。

局部放电的检测受环境电磁干扰影响较大，特别是户外进行试验时局部放电信号常常淹没在干扰信号中，需要经验丰富的检测人员才能识别。

投运初期的电流互感器定期检查膨胀器油位指示以及取油样进行色谱分析能及时发现异常，因此投运初期最好增加巡检频次，如果发现油位持续升高应停电检查，如果色谱分析异常则应退出运行并通知设备制造厂进行处理。

5. 末屏介质损耗因数超标的故障现象及处理

电力系统中运行着大量油纸绝缘电流互感器，这种互感器以油浸纸作为主绝缘介质，采用铝箔电容屏进行电场改善，以 110～500kV 电压等级独立式设备为主。关于油纸绝缘电流互感器末屏对地介质损耗因数 $\tan\delta$ 的测量方法，在很多文献中已有述及。作为一项重要的预防性试验项目，末屏介质损耗因数测量对判断设备绝缘完好状况有十分重要的意义，通常认为它是判断设备绝缘受潮的直接有效的方法。

由于各个厂家设备结构不尽相同，特别是随着技术的进步，设备内部结构有了较大的变化，比较典型的结构有绝缘包绕在 U 形一次绕组上的正立式电流互感器和绝缘包绕在二次绕组罩壳上的倒立式电流互感器两种。不同的绝缘结构，末屏的位置和结构不尽相同，末屏介质损耗因数所表征的对象不尽相同，设备受潮的部位和对其的影响也不尽相同。

GB 20840.2《互感器　第 2 部分：电流互感器的补充技术要求》及 DL/T 596《电力设备预防性试验规程》分别都对电流互感器末屏介质损耗因数 $\tan\delta$ 测量值进行了要求。标准规定在测量电压 3kV 时，油纸绝缘的电容型电流互感器末屏介质损耗因数 $\tan\delta \leqslant 2\%$。这个标准是以 U 形结构正立式电流互感器为代表提出的。下面通过对两种典型电流互感器不同结构的分析，阐述末屏介质损耗因数测量值表征的意义及其在预防性试验和故障诊断中的应用。

末屏对地介质损耗因数大都采用西林电桥进行测量，测量时电压施加在末屏端子上，二次绕组和油箱短接后接入电桥，通过桥臂回路接地。测量末屏介质损耗因数的基本原理图如图 7-6 所示，根据桥臂平衡方程，$\tan\delta = \omega C_4 R_4$。

由于电流互感器二次绕组出线端子和末屏端子一般安装于同一块端子板上，端子板安装于金属箱壳上，绝缘距离很近，实际测量时，高压端子也处于较高电位，回路相对复杂，电容量也较小，易受各种因素的影响，主要影响因素有：

（1）二次端子泄漏电流的影响。

（2）主绝缘部分电容屏沿套管表面泄漏电流的影响。

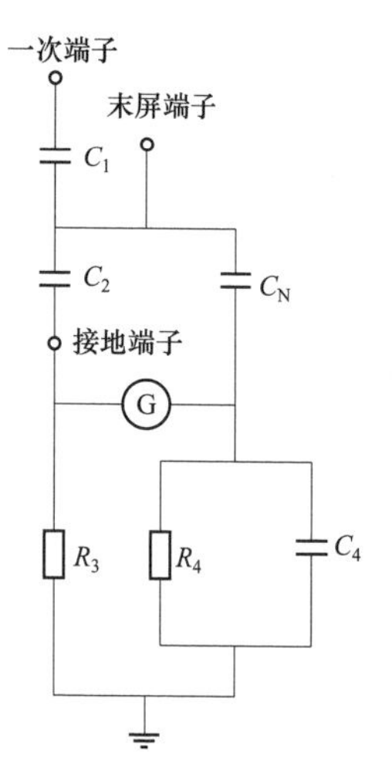

图 7-6 西林电桥测量末屏 tanδ基本原理

C_1—主绝缘等效电容；C_2—末屏对地绝缘等效电容；C_N—标准电容器；G—检流计；R_3、C_4、R_4—西林电桥桥臂参数

（3）其他杂散电容和泄漏电流的影响。

这些因素会给测量结果造成较大偏差。

图 7-7 为正立式电流互感器结构示意图，测量末屏介质损耗因数时电压施加在末屏端子上，其中主要的影响因素有两个：其一是与要测试的末屏对地电容 C_2 并联的电阻 R_b，R_b 除代表绝缘介质本身的损耗外，同时也有端子板本身的损耗以及表面泄漏；其二是末屏电压同时施加于主电容 C_1 上，经过主电容 C_1、瓷套管泄漏电阻 R_s 的泄漏电流，一次端子对地杂散电容 C_s 的泄漏电流，末屏对地电容 C_2 的泄漏电流均会混入测试回路，对测试结果会造成一定影响。

图 7-7 中，U 形结构的电容型电流互感器末屏位于主绝缘的最外层，与接地体（外壳）之间加包绝缘纸作为末屏绝缘。当器身因某种原因受潮时，因末屏位于最外侧，其绝缘性能明显下降，表现出末屏对地介质损耗因数测量值偏大。

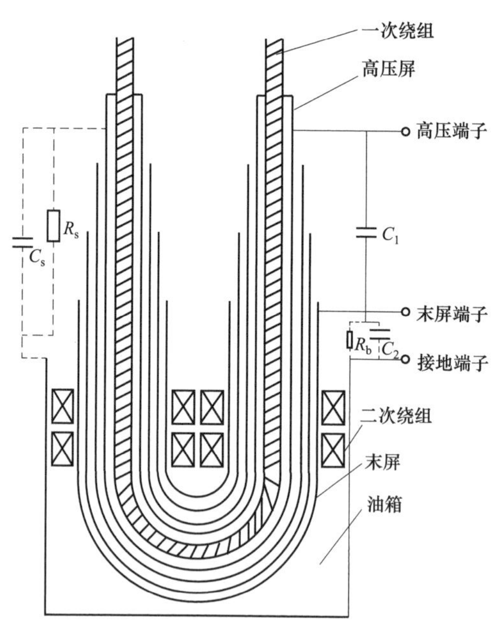

图 7-7 正立式电流互感器结构示意图

C_1—主绝缘等效电容；C_2—末屏对地绝缘等效电容；C_s—一次侧对地杂散电容；R_b—二次接线端子泄漏电阻；R_s—瓷套管泄漏电阻

判断 C_2 受潮与否可以通过测量末屏介质损耗因数，同时辅助以测量绝缘油的水分含量。当测得末屏介质损耗因数偏大（如超过 2%），而绝缘油的水分和介质损耗有明显升高，一般可判断器身绝缘受潮。对器身受潮引起的末屏介质损耗因数超标，多是由于产品密封问题造成设备进水，对此，首先要检查产品外观看有无渗漏油，小瓷瓶有无裂纹，一般能找到故障部位。现场处理除修复破损部位外，还应进行循环换油，以使内部水分排出，才能继续使用。在制造厂修理可加热并真空脱气，重新注油。如果实测末屏介质损耗因数超标，但油样水分正常，则应考虑其他因素。

大多数制造厂是把末屏端子与二次绕组端子安装在同一块二次端子板上分别引出，但也有通过独立的小瓷瓶引出。无论哪种方式，二次端子板本身的泄漏电流会影响末屏测量时的介质损耗因数值，因此对于端子板的材质要选用电导值较小，表面不易受潮或表面憎水性好的材料。末屏电容一般在 1000pF 左右，其容抗值为 3MΩ左右，若按 2%的介质损耗因数值计算，端子板的绝缘电阻必须大于 150MΩ。如果因端子板表面受潮吸水，造成末屏对地介质损耗因数 $\tan\delta$ 升高，一般可以在通风干燥后恢复正常。

人们常常会忽略外绝缘瓷套管对末屏介质损耗因数的影响，大多数情况下瓷套的釉面是致密的，水汽或污秽仅仅覆盖在表面，但在生产和运行中也有一些瓷套因为釉面太薄，瓷质稀松，憎水性差，水汽和污秽浸入瓷质内部极难排除，往往造成末屏介质损耗因数超标。从图 7－7 可以看出，测量末屏介质损耗因数时通过主电容 C_1 和瓷套管泄漏电阻的电流经油箱进入电桥，瓷套管吸潮导致表面泄漏电流增大，从而引起末屏介质损耗因数升高。

油浸倒立式电流互感器在电力系统中也被广泛采用，按照标准 GB 20840.2 及 DL/T 596 要求，对这种结构的电流互感器也要进行末屏介质损耗因数 $\tan\delta$ 测量。事实上这种结构的电流互感器很少有末屏介质损耗因数超标的现象，实测值通常在 0.5%以下。图 7－8 是油浸倒立式电流互感器结构示意图。

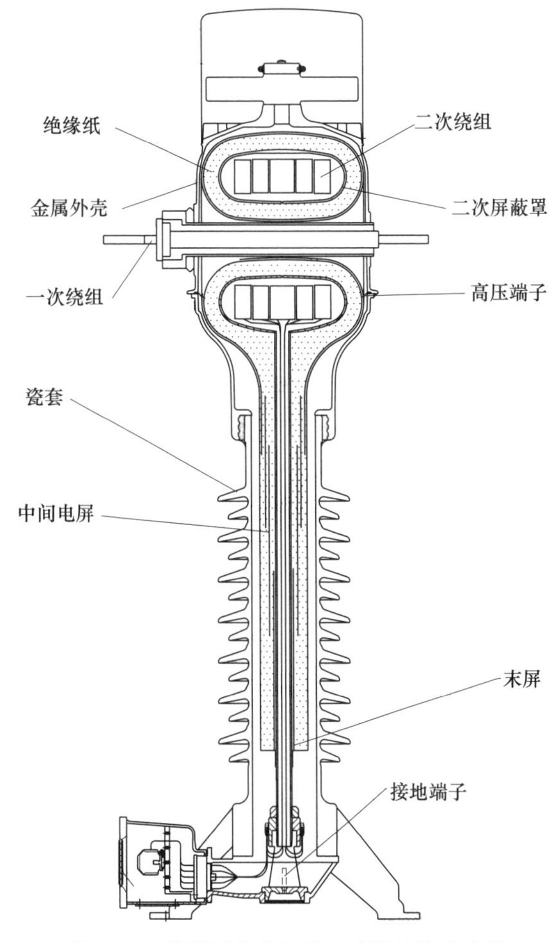

图 7－8　油浸倒立式电流互感器结构示意图

和正立式电流互感器不同，这种电流互感器的末屏在电容套管的内层，它是在二次引线管（接地体）外包绕足够的绝缘之后，再紧紧包裹一层铝箔，铝箔和引出铜箔构成末屏电极，末屏的外面包绕阶梯状主屏和紧实的绝缘纸，最外面是高压电屏，高压电屏与设备一次端子相连接。由于结构上的变化，其末屏电容值比正立式电流互感器大了5倍以上，相关的影响因素明显降低。

从结构上可以看出，这种电流互感器如果有水汽浸入，会首先影响到主屏间电容和介质损耗因数，而末屏包裹在厚厚的绝缘里面，内部不易受潮。同时，这种结构的末屏对接地的铝管电容和主屏对末屏电容都是同轴圆柱结构，电场较均匀，电容量较大，末屏介质损耗因数和主屏介质损耗因数的测量值也接近。对于倒立式电流互感器来说，考虑二次端子板等因素的影响，如果端子板的绝缘电阻在100MΩ时，对于电容较小的110kV倒立电流互感器，末屏电容按6000pF计算，其附加介质损耗因数仅为0.53%，加上本身的介质损耗，其介质损耗因数不会大于1%，标准要求末屏对地$\tan\delta \leqslant 2\%$，显然余度较大。

对于油纸绝缘电流互感器，测量末屏介质损耗因数是诊断互感器受潮故障的有效方法，配合油样微水测量，能及时发现设备受潮状况。但对不同结构设备的具体特点，应采用相应的考核标准。正立式结构的电流互感器末屏对外壳电场不均匀，电容量小，处在设备器身的最外层，设备受潮时末屏介质损耗因数$\tan\delta$值表现灵敏，能很好地判断设备受潮状态，配合微水分检测，能迅速诊断设备故障点。而对于倒立式电流互感器，器身受潮会首先在主绝缘的$\tan\delta$值中表现出来，而末屏对地电容量大、电场较均匀、不易受潮，末屏介质损耗因数对设备受潮反应不敏感，交接试验和预防性试验时应区别对待。

6. 主绝缘介质损耗因数异常引起的故障现象及处理

主绝缘介质损耗因数测量结果也会受到外界因素影响，具体分析方法参照上一节末屏介质损耗因数分析方法进行，这里主要针对主屏介质损耗因数异常分析几种典型故障现象。

（1）绝缘介质引起的主绝缘介质损耗因数异常。

对于油浸式电流互感器而言，主绝缘介质损耗因数超标主要由绝缘干燥不良、绝缘受潮、绝缘老化三种情况引起。绝缘干燥不良通常是同批设备整体介质损耗因数偏大，这种情况如果逐年检测介质损耗因数稳定，不超过标准允许值，产品油样水分含量不超过标准允许值，则可以运行。如果是绝缘受潮引起的主绝缘介质损耗因数偏大，会有明显的特征，首先表现为介质损耗因数值逐年增长，对于正立式电流互感器，因为末屏在主绝缘的外层，绝缘受潮首先会在末屏介质损耗因数表现出来，即末屏介质损耗因数增大。对于倒立式电流互感器，主屏介质损耗因数增大的现象会比末屏更明显。绝缘老化也会引起主绝缘介质损耗因数偏大，主要集中在老旧产品中，通常伴随着油样绝缘指标下降，色谱分析会有乙炔、氢气、烃类含量增长。

（2）局部放电引起的主绝缘介质损耗因数超标。

运行产品的预防性试验通常没有条件进行局部放电检测，所以更多地靠介质损耗因数测量来判断设备绝缘状况。绝缘良好的电流互感器主绝缘介质损耗因数随测量电压升高基本保持不变，如果主绝缘介质损耗因数随着测量电压升高而明显增大，比如成倍增大，一般可判断为局部放电引起的。这种情况也会伴随油样中乙炔、氢气、烃类等气体含量明显增大。

对于局部放电引起的介质损耗因数异常，应尽快退出运行，由设备制造厂进行修理。

（3）产品表面污秽受潮引起的介质损耗因数超标。

前一节分析了瓷套表面受潮引起末屏介质损耗因数超标的现象，同样道理，瓷套表面污秽受潮也会引起主绝缘介质损耗因数值超标。大多数正立式电流互感器末屏引出线有专门的端子引出，如果按照标准规定的方法将末屏和油箱一起接进电桥测量的值超标，这时可以将油箱接地，单独将末屏引入电桥进行测量，如果测量结果正常，则可判断为瓷套污秽或者受潮引起。对于倒立式电流互感器，也可以采取单独将末屏引入电桥进行测量，从而判断介质损耗因数超标的原因，但由于各设备厂家产品结构不完全相同，要根据具体情况进行分析。

第 8 章　电 子 式 互 感 器

高压互感器是保证电力系统安全和可靠运行的重要设备，它将系统运行的高电压、大电流转变为低电压、小电流，供给仪表和继电保护装置实现测量、计量、保护等功能，其失效或故障往往会造成很大的损失。随着电力系统向大容量、超高压和特高压方向发展，对电力设备小型化、智能化及高可靠性的要求越来越高，电子式互感器应运而生。近年来，伴随光纤和电子技术的进步，各种电子式互感器得到了迅速的发展。区别于传统电磁式互感器，电子式互感器具有绝缘结构简单、无磁饱和、暂态响应范围大及体积小等优点，已经成为最具发展潜力的新型互感器。

8.1　电子式互感器的类型

按照应用输电系统分类，分为电子式交流互感器和电子式直流互感器。

按一次传感部分是否需要供电分类，分为有源型电子式互感器和无源型电子式互感器。有源型电子式互感器需要向传感头部分提供工作电源，主要采用三种供电方式，即激光供电、线圈取能和站供电源供电。无源型电子式互感器无需向传感头部分提供电源。

8.1.1　电子式交流互感器的类型

电子式互感器由一次传感器（线圈、分压器等）、采集器、合并单元等组成。

（1）按功能划分，电子式交流互感器分为电子式电流互感器、电子式电压互感器和电子式电流电压互感器。

电子式电流互感器包括基于低功率线圈和罗氏线圈（Rogowski 线圈）组合的有源型电子式电流互感器和基于法拉第（Faraday）磁光效应或赛格耐克（Sagnac）效应的无源型电子式光学电流互感器。

电子式电压互感器包括基于电容分压或电阻分压原理的有源型电子式电压互感器和基于电光泡克耳斯（Pockels）效应、基于电光克尔（Kerr）效应以及基于逆压电效应的无源型电子式光学电压互感器。

（2）按结构形式划分，电子式互感器分为 GIS（封闭式气体绝缘组合电器）用电子式互感器、AIS（空气绝缘的敞开式开关设备）用电子式互感器、集成式电子式互感器。

8.1.2　电子式直流互感器的类型

电子式直流互感器由一次传感器、远端模块和合并单元等组成。

按功能划分，电子式直流互感器分为电子式直流电流互感器和电子式直流电压互感器。

电子式直流电流互感器包括基于分流器原理、罗氏线圈或霍尔传感器原理的有源型电子式直流电流互感器和基于法拉第磁光效应的无源型直流光学电流互感器。

电子式直流电压互感器包括基于阻容分压原理的有源型电子式电压互感器和基于 Pockels 效应和逆压电效应的无源型直流光学电压互感器。

按结构形式划分，电子式直流互感器分为支柱式电子式直流互感器、悬挂式电子式直流互感器和集成式电子式直流互感器。

8.2　电子式互感器的原理

对于电子式互感器（Electronic Instrument Transformers，ET），国际标准 IEC 60044－7/8 中对其进行了定义。电子式电流互感器和电子式电压互感器一般原理框图分别如图 8－1 和图 8－2 所示，根据采用技术的不同，图中的某些部分可以省略。

电子式互感器的构成一般可分为一次传感器、一次转换器、传输系统、二次转换器和合并单元。如果系统配有一次或二次转换器，则分别需要附加一次或二次电源。一次传感器用于将一次电流或电压转换成另一种便于测量、传输的物理量。一次转换器将一次传感器传输出的物理量转换成适合传输或标定的数字信号或模拟信号，通常也被称作变送器、采集器、信号调理器、远端模块等。传输系统承担将一次传感器或一次转换器输出信号传至二次转换器。二次转换器按照标准约定的格式，将信号传输到合并器或二次仪表。合并单元（Merging Unit，MU）是多台电子式互感器输出数据报文的合并器和以太网协议转换器。一次电源为一次转换器供电，二次电源为二次转换器供电。

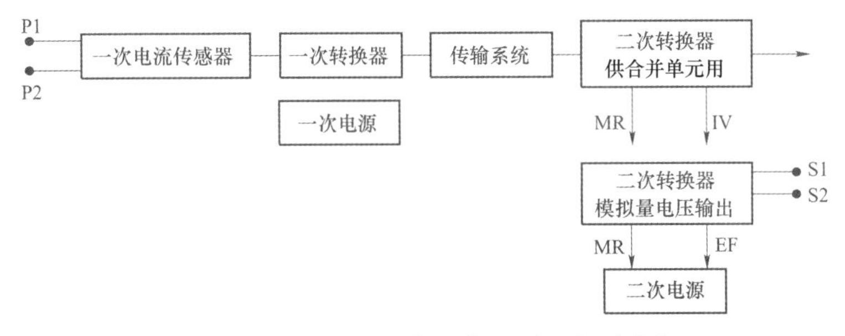

图 8－1　电子式电流互感器一般原理框图

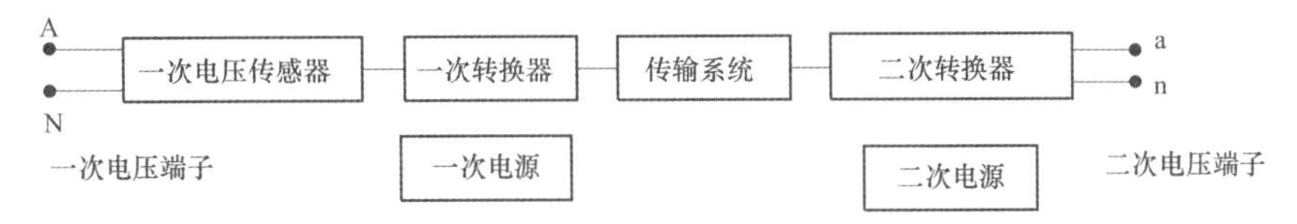

图 8－2　电子式电压互感器一般原理框图

8.2.1　电子式电流互感器的原理

1. 有源型电子式电流互感器的原理

有源型电子式电流互感器基于传统电磁感应原理，以低功率铁心线圈和罗氏线圈作为传感元件。在实际应用中，一般是两种线圈相结合，其中低功率铁心线圈作为测量用，罗氏线圈作为保护用。

（1）低功率线圈的原理。

电磁式电流互感器基于电磁感应原理，其二次电流与一次电流实际成正比，并且在连接方法正确时其相位差接近于零。根据相关国标要求，其二次额定输出电流为5A或1A。电磁式电流互感器一、二次绕组之间设计有足够的绝缘，以保证所有低压设备与高电压相隔离。在忽略励磁电流的情况下，额定电流比与额定匝数比成反比，即

$$\frac{I_{pr}}{I_{sr}}=\frac{N_{sr}}{N_{pr}} \tag{8-1}$$

式中 I_{pr} ——额定一次电流，A；

I_{sr} ——额定二次电流，A；

N_{pr} ——额定一次绕组匝数，匝；

N_{sr} ——额定二次绕组匝数，匝。

低功率线圈基于电磁感应原理，是一种装有取样电路用作电流转换电压的铁心线圈，是传统电磁式互感器的一种发展，其低功率的特点扩展了测量的动态范围，并且其设计尺寸及重量较传统电磁式电流互感器具有很大优势。低功率线圈输出电压信号，其相位与一次电流相位一致，其幅值与一次电流幅值成正比关系。

（2）罗氏线圈的原理。

罗氏线圈属于具有特殊结构的空心线圈，空心螺线管均匀绕制在非磁性材料的环形骨架上。罗氏线圈原理如图8-3所示。罗氏线圈的相对磁导率与空气中的相对磁导率相同，这也是区别于传统互感器的一个显著特征。基于罗氏线圈的电子式电流互感器与传统电流互感器的工作原理均建立在法拉第电磁感应定律上。但是，罗氏线圈具有无磁饱和、测量电流频带宽、响应速度灵敏和测量精度高等特点。罗氏线圈实际上是一种一次侧为单匝线圈、二次侧为多匝线圈的电流互感器，其作用就是将一次侧母线上的高电压大电流信号转变成二次侧的低电压小电流信号，目的是便于后续信号的采集与处理，其输出信号 e 与被测电流 i 有如下关系

$$e(t)=-\mu_0 ns\frac{\mathrm{d}i}{\mathrm{d}t} \tag{8-2}$$

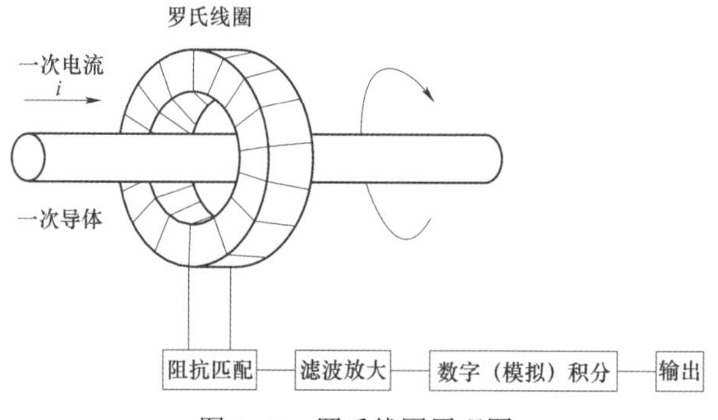

图8-3 罗氏线圈原理图

式中　μ_0 ——真空磁导率，$\mu_0=4\pi\times10^{-7}$，H/m；

n ——线圈匝数密度，匝/m；

s ——线圈截面积，m^2；

$\frac{di}{dt}$ ——一次母线电流变化率。

根据式（8-2），利用微电子技术对线圈的输出信号进行积分变换便可求得被测一次母线电流。

低功率线圈电流互感器（Low-Power Current Transformers，LPCT）和罗氏线圈电流互感器由于有电子元器件，因此需要电源，也称为有源电子式电流互感器。目前一般采用两种供能方式：激光供能+小 CT（电流互感器）取能相结合的方式和地电位供能。图 8-4 为典型有源电子式电流互感器的两种原理图。

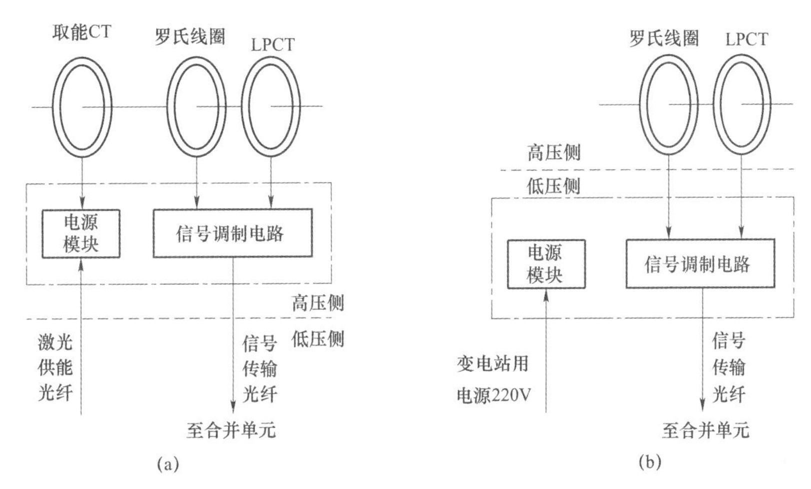

图 8-4　有源电子式电流互感器的两种原理图

（a）激光供能+小 CT 取能；（b）地电位供能

2. 无源型电子式电流互感器的原理

无源型电子式电流互感器是采用基于法拉第磁光效应原理实现一次电流的测量，又称为光学电流互感器。

法拉第磁光效应是指在介质中磁场与光线相互作用的现象。当一束线偏振光沿着与磁场平行的方向通过磁光材料时，线偏振光的振动平面将产生偏转，如图 8-5 所示，线偏光振动平面偏转角的大小与磁电场强度度和光在磁场中所经历的路径距离成正比。法拉第磁光效应是法拉第于 1845 年发现的，故称之为法拉第磁光效应或法拉第旋转效应。图 8-5 为法拉第磁光效应原理图。

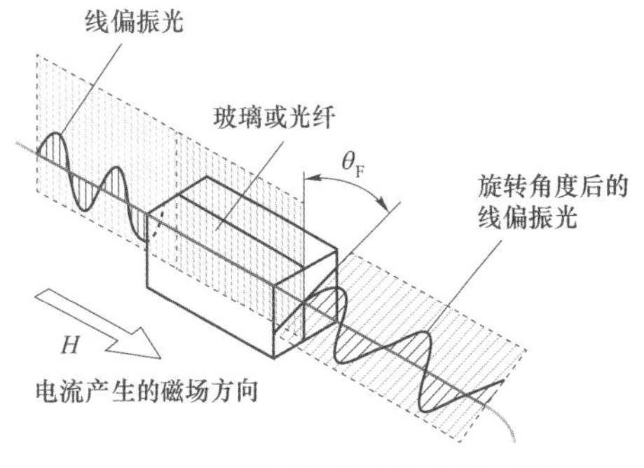

图 8-5　法拉第磁光效应原理图

法拉第磁光效应的定量关系即通过介质的光的振

动平面偏转角的大小 θ_F 可表示为

$$\theta_F = \int VH\mathrm{d}l \tag{8-3}$$

式中　V——维尔德（Verdet）常数；

H——磁电场强度度，A/m；

l——光在磁场中所经历的路径距离，m。

如果将敏感光路设计成一个闭合环路，那么穿过敏感环路的电流所产生的磁场将作用于闭合环路，产生法拉第相角的大小将遵守安培环路定律，公式如下

$$\theta_F = \oint_N VH\mathrm{d}l = VN\oint_N H\mathrm{d}l = NVI \tag{8-4}$$

式中　N——敏感路径的圈数（或匝数）；

I——通过环路的总电流，A。

式（8-4）即是建立光学电流传感的基本关系式。它的意义是：一束线偏振光，沿磁光介质构成的环路绕行 N 圈后，其偏转角 θ_F 与环路所包围面积内的电流有固定的对应比例关系。

采用法拉第磁光效应的光学电流传感器，都采用闭环光路来设计传感头，以避免磁场不均匀给测量和计算造成困难。具体传感方案可以进一步分为光路布置方案和信号解调方案，最基本的光路布置方案有磁光玻璃和光纤线圈两种，最常见的信号解调方案有偏振角检测和相位检测两种。两种典型的设计方案为磁光玻璃＋偏振解调方案和光纤线圈＋相位干涉解调方案。

目前最常用的设计方案为采用光纤线圈＋相位干涉解调方案的反射式光纤电流传感器，其原理框图如图 8-6 所示。

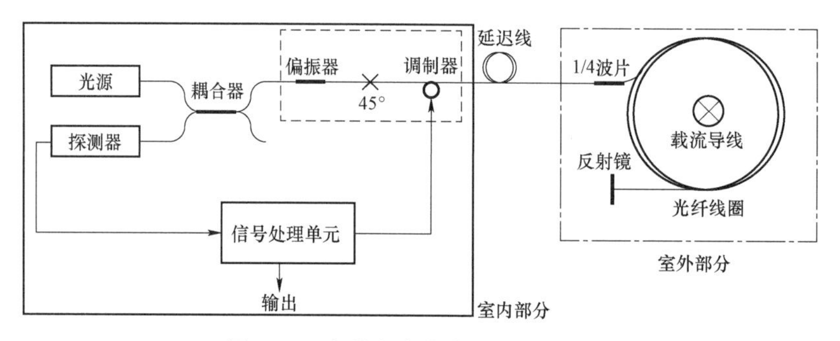

图 8-6　光学电流传感器的原理框图

光源发出的光由耦合器分光后由光纤偏振器起偏为线偏振光，经 45° 熔接点分解为相互正交的 X 轴线偏光和 Y 轴线偏光，再由相位调制器进行初始相位调制，调制后在保偏光纤延迟线中传输进入 $\lambda/4$ 波片，相互正交的 X 轴线偏光和 Y 轴线偏光通过 $\lambda/4$ 波片后，分别转变为左旋和右旋的圆偏振光进入传感光纤，由于受到 Faraday 效应影响，这两束圆偏振光产生相位差，在经过反射镜反射后这两束光左旋变右旋，右旋变左旋，并且在传感光纤再次受到 Faraday 效应的影响使产生的相位差加倍。

两束光波之间产生的相位差为

$$\Delta\varphi_i = 2NVi \tag{8-5}$$

式中　N——敏感光纤的匝数，匝；

V——维尔德常数；

i——穿过敏感光纤环的电流，A。

当再经过$\lambda/4$波片后恢复为线偏振光，并携带了$\Delta\varphi_i$信息，经过光纤延迟线返回到多功能调制器发生干涉，并由耦合器进行探测，干涉后的发光强度为

$$P = P_0[1+\cos(\varphi_b + \Delta\varphi_i)] \tag{8-6}$$

式中　P——输出信号发光强度，cd；

P_0——峰值发光强度，cd；

φ_b——调制幅度，rad。

耦合器输出的信号携带了被测电流信息，通过运算放大器对信号进行放大、隔直，A/D 转换器在数字信号处理器的控制下对模拟电压信号进行采样、解调，完成数字滤波和积分处理，并执行相位控制等运算，将控制信号通过 D/A 转换器施加到调制器，完成相位置零的闭环操作。

8.2.2　电子式电压互感器的原理

1. 有源型电子式电压互感器的原理

有源型电子式电压互感器采用电容分压传感器、电阻分压传感器或电感分压传感器测量一次电压，在高压测量方面应用较多的是电容分压传感器。

（1）GIS 用电子式电压互感器的原理。

GIS 用电子式电压互感器原理基于同轴电容分压器电容分压原理，同轴电容分压器的中间电极与一次母线之间形成电容 C_1，中间电极与接地屏蔽之间形成电容 C_2。为提高电压测量的精度，改善电压测量的暂态特性，在电容分压器的输出端并联一精密小电阻。其原理示意图如图 8－7 所示。

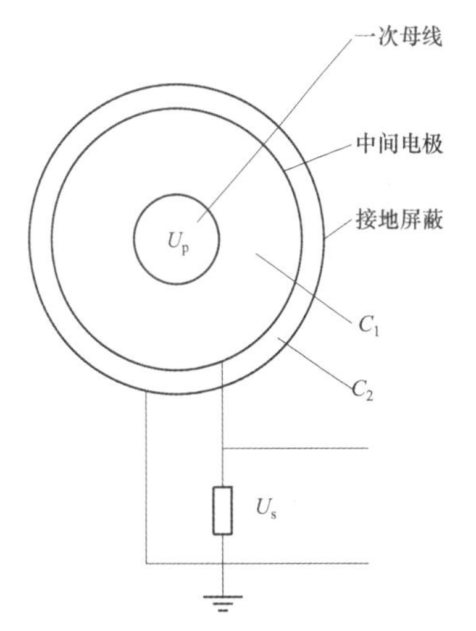

图 8－7　同轴电容分压器原理示意图

同轴电容分压器的输出信号 U_s 与被测一次母线电压 U_p 有如下关系

$$U_s(t) = RC_1\frac{\mathrm{d}U_p}{\mathrm{d}t} \tag{8-7}$$

式中　R——精密电阻，Ω；

C_1——高压电容，F；

$\frac{\mathrm{d}U_p}{\mathrm{d}t}$——一次母线电压变化率。

根据式（8－7），利用采集器的积分处理模块对同轴电容分压器的输出信号进行积分变换，便可求得被测一次母线电压。

（2）AIS 用电子式电压互感器的原理。

AIS 用电子式电压互感器基于柱式电容分压器分压原理，通过电压变换器将电容分压器

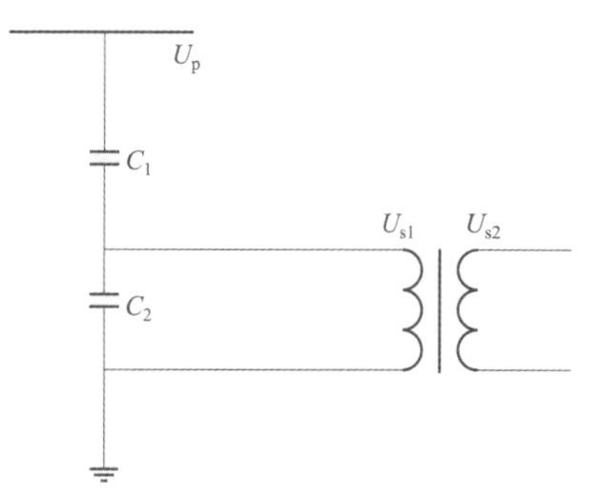

图 8-8 柱式电容分压器原理示意图

二次输出转换成小电压信号，以供采集器使用。其原理示意图如图 8-8 所示。

电容分压器二次输出电压为

$$U_{s1} = U_p \frac{C_1}{C_1 + C_2} \tag{8-8}$$

式中 U_p ——一次电压，V；

C_1 ——电容分压器高压臂电容值，F；

C_2 ——电容分压器低压臂电容值，F。

电压变换器将电容分压器输出电压进行二次变换，其二次输出电压 U_{s2} 与 U_{s1} 成正比，具体比例根据实际情况而定，推荐电压比为 100V/1.5V。

U_{s2} 与 U_p 成正比例关系，因此在采集器处理上与 GIS 用电子式电压互感器有所区别，无需积分处理模块，使用时应当注意区分。

2. 无源型电子式电压互感器的原理

无源型电子式电压互感器，利用光学元件作为传感器，利用光纤进行信号传输，也称光学电压互感器。光学电压互感器主要有基于电光 Pockels 效应、基于电光 Kerr 效应和基于逆压电效应的互感器。目前应用较多的是基于电光 Pockels 效应的光学电压互感器。

Pockels 效应就是某些晶体在外加电场作用下，晶体由各向同性变为各向异性的双折射晶体。当线性偏振光投射到双折射晶体的端面，入射光束就会变成初相角相同、而电位移矢量相互垂直的两束光。由于其在晶体中传播速度的不同，射出时有一定的相位差，采用检偏器将相互垂直的两射出光束变成偏振相同的相干光，产生相干干涉，从而将相位调制光变成振幅调制光，将相位差的测量转化为发光强度的测量，最后获得被测电压值。

图 8-9 为横向调制光学电压互感器的原理示意图。光学电压互感器的光路传感系统主要由起偏器、λ/4 波片、BGO（$Bi_4Ge_3O_{12}$，BGO）晶体、检偏器和准直透镜等光学元件构成，光输出强度的变化与外加电压成正比，只要通过光电变换和信号处理就能测量被测电压，这就是光学电压互感器的基本原理。

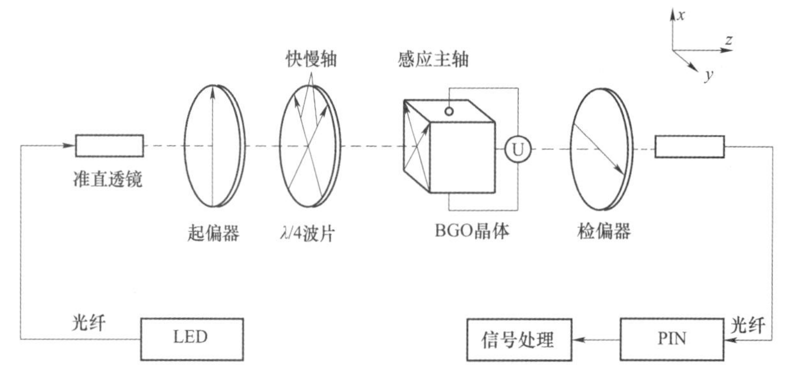

图 8-9 光学电压互感器原理示意图

8.2.3 电子式交流电流电压互感器的原理

电子式交流电流电压互感器是电子式电流互感器和电子式电压互感器的有机结合，其原理与电子式电流互感器和电子式电压互感器的原理相同，电子式电流互感器部分采用低功率线圈+罗氏线圈测量一次电流，电子式电压互感器部分采用电容分压原理测量一次电压。

8.2.4 电子式交流互感器采集器的原理

电子式交流互感器采集器也称一次转换器，主要作用是采集电子式电流互感器线圈和电子式电压互感器电容分压器的输出信号，通过滤波处理、A/D 采样，转换成数字信号。其中罗氏线圈的输出与同轴电容分压器的输出需要进行积分处理。数字信号按标准协议通过 E/O 模块转换，以串行数字光信号的形式输出至合并单元。图 8-10 为电子式交流互感器采集器的原理示意图。

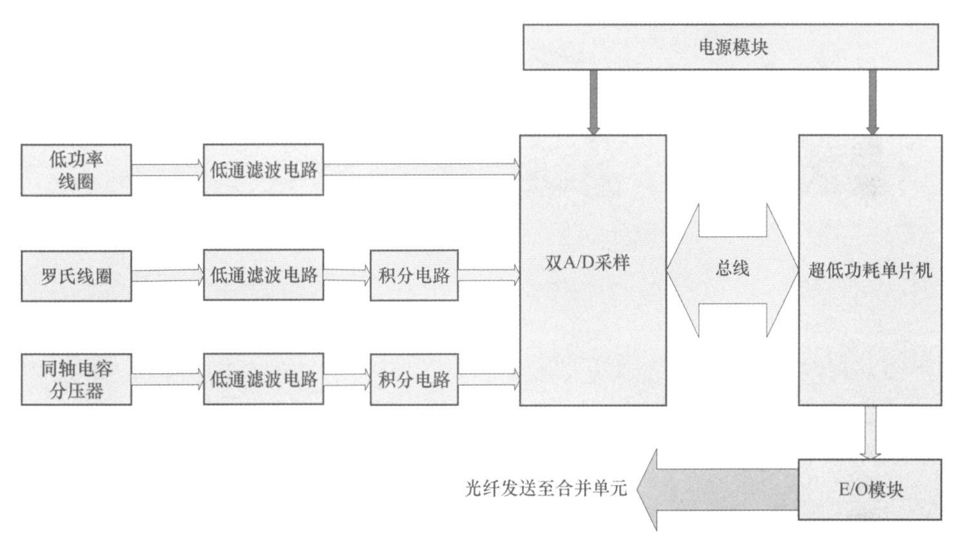

图 8-10 电子式交流互感器采集器的原理示意图

电子式交流互感器利用一次传感器转换一次电流、一次电压，利用采集器实时接收、处理并转换成数字光信号，通过光缆将采集信号传输到合并单元。

8.3 电子式交流互感器的结构

8.3.1 GIS 用有源型电子式互感器的结构

1. 电子式电流互感器的结构

低功耗线圈绕制方法与传统铁心线圈绕制方法相同。

罗氏线圈绕制方法如图 8-11 所示，罗氏线圈的骨架通常采用环氧玻璃布板加工而成，线圈的绕制层数、绕制均匀程度对线圈的性能有很大影响。线圈多层绕制将使输出结果偏大，因此如果线圈能够单层绕下时，最好单层绕制。如果线圈仅缠绕在部分骨架上，则线圈输出电压幅值将成比例缩小，所以在绕制线圈时，应尽可能将线圈在骨架上均匀分布。

罗氏线圈的绕制采用了回绕技术，如图 8-12 所示。罗氏线圈包围导体一周相当于一个大闭环，会受轴向磁场的干扰，如果在线圈绕制时，增加大圆周的回绕线，可以抵消轴向磁场的干扰，回绕线应与原环绕方向相反，匝数也与原环绕的圈数相等。由于正反绕向感应的电动势相互抵消，所以能起到抗干扰的作用。

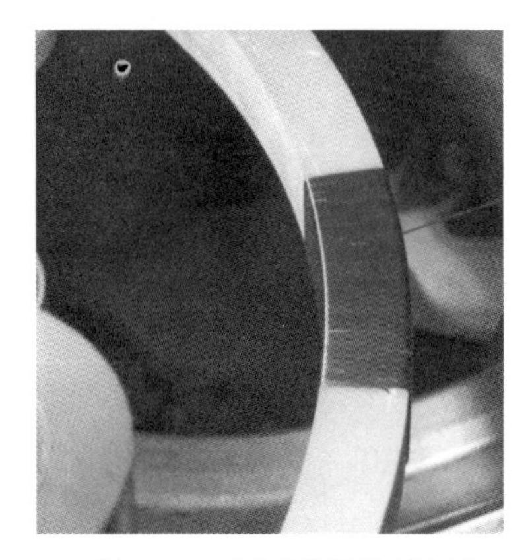

图 8-11 罗氏线圈绕制方法

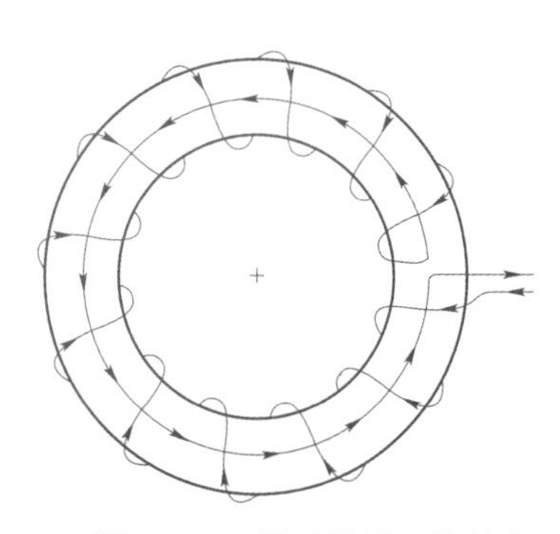

图 8-12 罗氏线圈回绕技术

低功耗线圈和罗氏线圈绕制好后被密封在铝制屏蔽盒内，如图 8-13 所示，注意屏蔽盒的设计应避免形成短路环。同时应注意电子式电流互感器线圈的极性，即 P1 与 P2 的方向应为减极性（即标有 P1、S1 的端子在同一瞬间具有同一极性），在安装时应与 CT 外壳 P1、P2 标志方向一致。线圈内径与外径根据 GIS 需要确定。电子式电流互感器线圈的输出一般为测量线圈额定输出 1.5V，保护线圈额定输出 150mV。

GIS 用电子式电流互感器外形结构示意图如图 8-14 所示，主要由安装法兰 1、电流互感器线圈 2、壳体 3、屏蔽 4、一次母线 5、密封端子板 6、端子箱 7、采集器 8、传输光缆 9、供电电缆 10、合并单元 11 组成，内部充 SF_6 气体绝缘。电子式电流互感器与 GIS 断路器（CB）外壳或分支筒相连。合并单元组屏后位于控制室。

图 8-13 电子式电流互感器线圈图

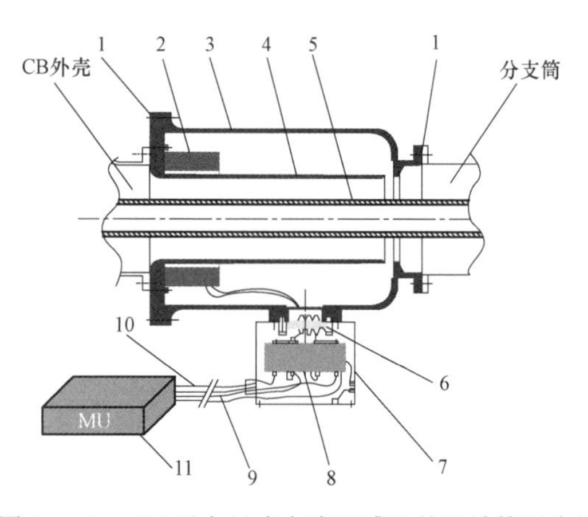

图 8-14 GIS 用电子式电流互感器外形结构示意图

根据双重化配置原则，单相电子式电流互感器线圈包括一个低功率线圈和两个罗氏线圈。低功率线圈用于传感测量用电流信号，罗氏线圈用于传感保护用电流信号。配置两个完全相同采集器，互为备用，以保证电子式互感器具有较高的可靠性。采集器接收并处理低功率线圈、罗氏线圈的输出信号，采集器输出的数字信号由光缆传送至合并单元。采集器的工作电源由GIS汇控柜内的DC 220V（或DC110V）提供。采集器安装在端子箱内，双重化冗余配置。

2. 电子式电压互感器的结构

GIS用电子式电压互感器同轴电容分压器典型结构示意图如图8－15所示，主要由一次母线、中间电极、接地屏蔽和其他屏蔽件组成，内部充SF_6气体绝缘。信号引出端子与中间电极等电位，用于感应电压信号的引出。同轴电容分压器固定在支撑法兰上，支撑法兰上设计有接地螺孔。

GIS用电子式电压互感器结构示意图如图8－16所示，主要由绝缘子1、壳体2、一次导体3、同轴电容分压器4、防爆装置5、采集器6、密封端子板7、端子箱8、传输光缆9、供电电缆10和合并单元11组成，采用SF_6气体绝缘。合并单元组屏后位于控制室。

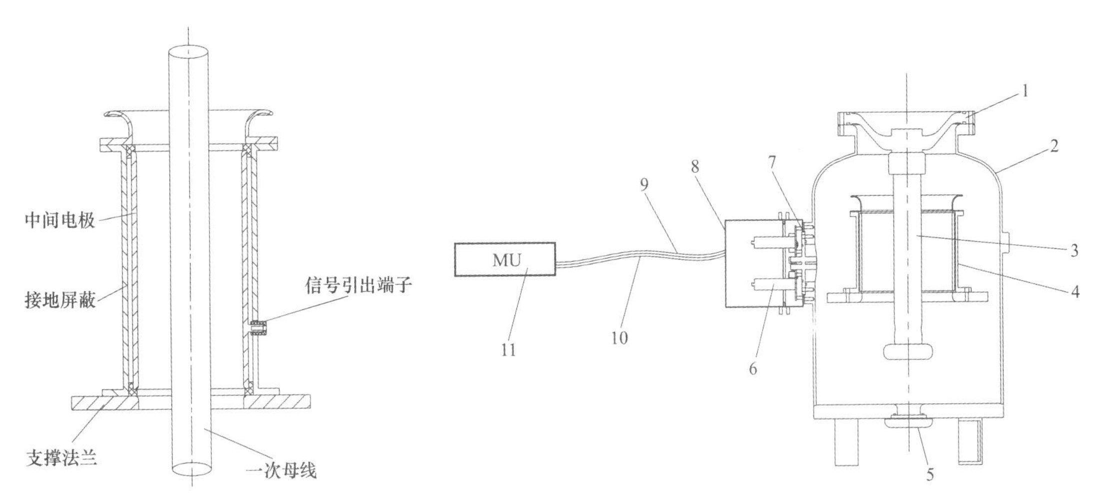

图8－15　同轴电容分压器典型结构示意图　　图8－16　GIS用电子式电压互感器结构示意图

同轴电容分压器按比例实时传感一次电压，采集器接收并处理电容分压器的输出信号，配置两个完全相同采集器，互为备用，保证电子式互感器具有较高的可靠性。采集器输出的数字信号由光缆传送至合并单元。采集器的工作电源由GIS汇控柜内的DC 220V（或DC 110V）提供。采集器安装在端子箱内，双重化冗余配置。

3. 电子式电流电压互感器的结构

GIS用电子式电流电压互感器外形结构示意图如图8－17所示，主要由安装法兰1、电流互感器线圈2、壳体3、同轴电容分压器4、SF_6气体5、一次母线6、密封端子板7、端子箱8、采集器9、传输光缆10、供电电缆11和合并单元12组成。电子式电流电压互感器与GIS断路器（CB）外壳或分支筒相连。合并单元组屏后位于控制室。

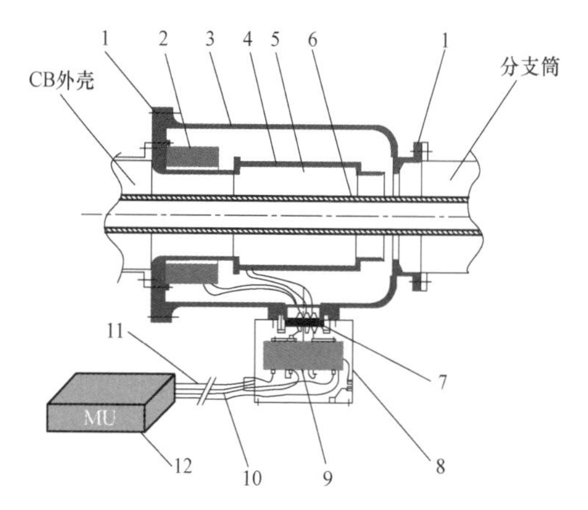

图 8－17 GIS 用电子式电流电压互感器外形示意图

根据双重化配置原则，电流互感器包括一个低功率线圈和两个罗氏线圈。电压互感器由一个同轴电容分压器组成。低功率线圈用于传感测量用电流信号，罗氏线圈用于传感保护用电流信号，电容分压器用于传感电压信号。配置两个完全相同采集器，互为备用，保证电子式互感器具有较高的可靠性。采集器接收并处理低功率线圈、罗氏线圈和电容分压器的输出信号，采集器输出的数字信号由光缆传送至合并单元。采集器的工作电源由 GIS 汇控柜内的 DC 220V（或 DC110V）提供。采集器安装在端子箱内，双重化冗余配置。

8.3.2 AIS 用有源型电子式互感器的结构

1. 电子式电流互感器的结构

AIS 用电子式电流互感器使用时需要与一次母线串联，主要由高压躯壳、线圈、采集器、光纤复合绝缘子、底座、合并单元构成。采用硅橡胶复合绝缘，无需充 SF_6 气体，因此具有绝缘结构简单可靠、环保和无需维护等优点。传感线圈及采集器密封在高压躯壳内，光纤复合绝缘子承担高压侧与低压侧的绝缘，同时在光纤绝缘子内埋覆传输光缆，用于采集器与合并单元的信息传输并为高压侧的采集器提供激光供能，传输光缆芯数需要冗余配置，即备用光缆数量不少于光缆总数量的 50%。在底座内设计了光纤熔接盒，用于光纤复合绝缘子内光缆与安装现场地沟内的光缆进行熔接保护。其结构示意图如图 8－18 所示。

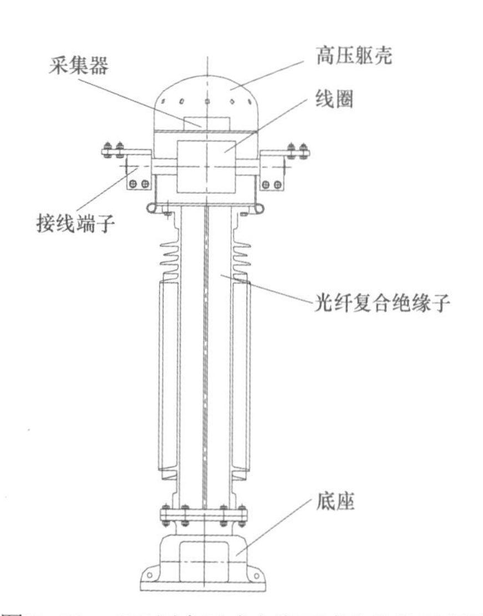

图 8－18 AIS 用电子式电流互感器结构示意图

2. 电子式电压互感器的结构

AIS 用电子式电压互感器使用时需要与一次母线并联，主要由电容分压器、复合绝缘套管、底座、合并单元构成。电容分压器密封在复合绝缘套管内，内部充 SF_6 气体绝缘，采集器安装在底座的接线盒内，采用直流供电。同时在底座上设计有充气接口，用于产品的气体回收及充气。其结构示意图如图 8－19 所示。

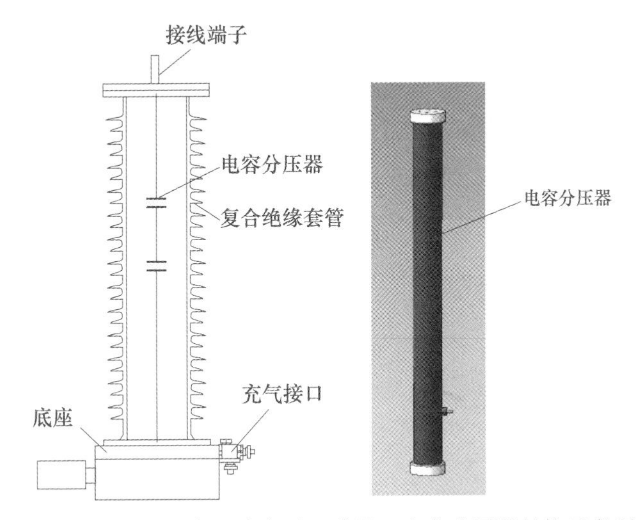

图 8－19　AIS 用电子式电压互感器、电容分压器结构示意图

3. 电子式电流电压互感器的结构

AIS 用电子式电流电压互感器使用时需要与一次母线串联，主要由壳体、电流互感器采集器、电流互感器线圈、光纤复合绝缘套管、柱式电容分压器、底座、电压互感器采集器和一次母线构成，柱式电容分压器与光纤复合绝缘套管之间充 SF_6 气体绝缘。传感线圈及电流互感器采集器密封在高压躯壳内，光纤复合绝缘套管承担高压侧与低压侧的绝缘，同时在复合套管内埋覆传输光缆，用于电流互感器采集器与合并单元的信息传输并为高压侧的采集器提供激光供能。在底座内设计光纤熔接盒和电压互感器采集器，光纤熔接盒用于光纤复合绝缘子内光缆与安装现场地沟内的光缆进行熔接保护，通过地沟电缆为电压互感器采集器提供直流供电。其结构示意图如图 8－20 所示。

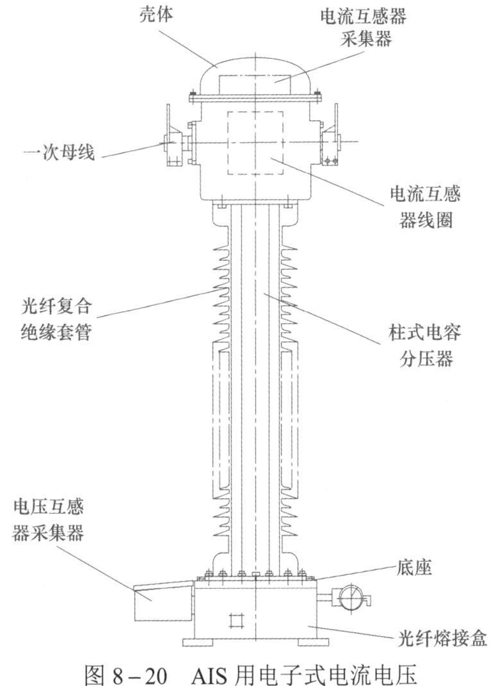

图 8－20　AIS 用电子式电流电压互感器结构示意图

8.3.3　GIS 用无源型电子式互感器的结构

1. GIS 用无源型光学电流互感器的结构

GIS 用无源型光学电流互感器结构如图 8－21 所示，光纤环采用外置嵌入方式，集成在 GIS 外壳的连接法兰的凹槽内。GIS 外壳与连接法兰密封连接，使光纤环位于气室的外部。光纤环盖板采用绝缘板，防止光纤环形成环流。采集器安装在 GIS 躯壳上或与合并单元安装在控制柜内。

图 8-21 GIS 用无源型光学电流互感器结构

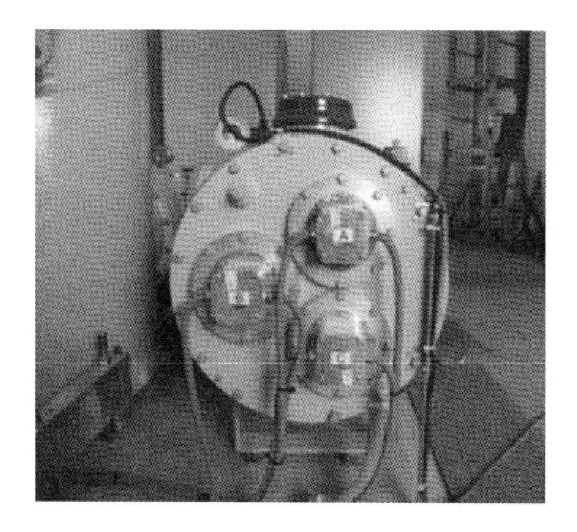

图 8-22 罐体式光学电压互感器

2. GIS 用无源型光学电压互感器的结构

GIS 用光学电压互感器与 GIS 的集成分为罐体式和嵌入式两种方式。

（1）罐体式。罐体式光学电压互感器（Optical Voltage Transformers，OVT）安装接口与常规 GIS 电压互感器相同，如图 8-22 所示。独立气室，充 SF_6 绝缘，实现非接触电压测量。不存在铁磁谐振、二次短路、绝缘破坏等安全隐患，具有体积小、重量轻、现场维护简便等优点。产品覆盖 110～500kV 电压等级。

（2）嵌入式。嵌入式 OVT 直接在罐体侧壁开口附着安装，不需要独立的罐体及气室，依靠 GIS 内部 SF_6 实现绝缘，实现真正意义上的非接触电压测量，从而大大减小了空间尺寸，实施灵活，并且安全性高，维护性好。

8.3.4 AIS 用无源型电子式互感器的结构

1. AIS 用无源型光学电流互感器的结构

光学电流互感器分为基于法拉第（Faraday）磁光效应的磁光电流互感器和基于赛格耐克（Sagnac）效应的全光纤电流互感器，其中全光纤电流互感器应用较多。

AIS 用光学电流互感器结构示意图如图 8-23 所示，主要由一次母线、光纤传感器、光纤复合绝缘子、采集器、光缆及合并单元等组成。

2. AIS 用无源型光学电压互感器的结构

根据由高压绝缘部件与光学电压传感器构成的一次部分的不同，AIS 用无源型光学电压互感器分为电容分压型 OVT、全电压型 OVT、叠层介质分压型 OVT 和分布式 OVT 四种类型，其中，全电压型 OVT 应用较多。

电容分压型 OVT 系统结构示意图如图 8-24 所示，主要由电压传感部分、信号传输部分和信号处理部分三个单元构成。电容分压器结构示意图如图 8-25 所示，电容分压器低压输出部分并联有限幅元件。

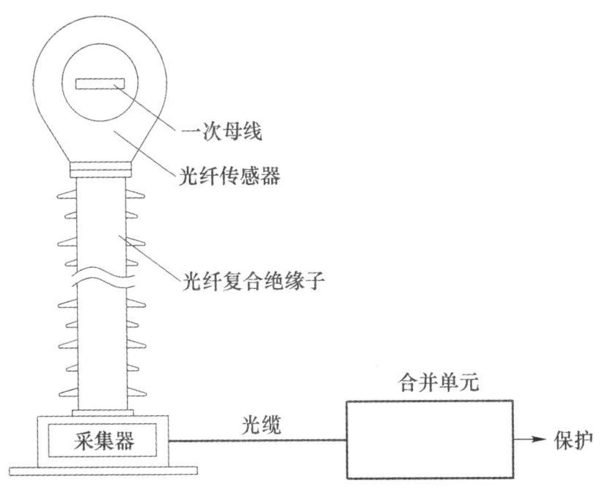

图8-23 AIS用光学电流互感器示意图结构

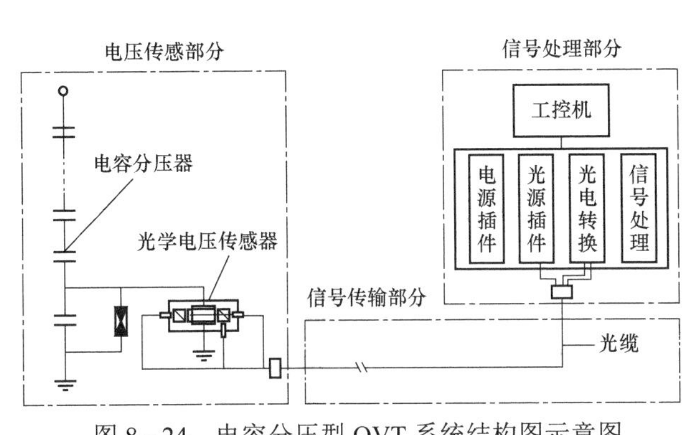

图8-24 电容分压型OVT系统结构图示意图

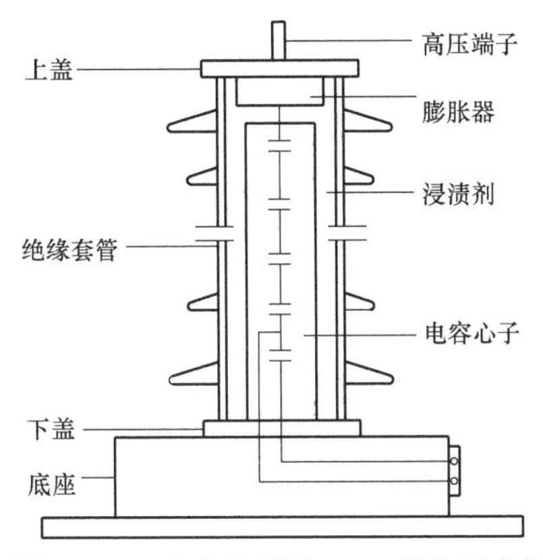

图8-25 电容分压器OVT结构示意图

全电压型OVT结构示意图如图8-26所示，主要由6个部分组成：① 高压电极和地电极，将被测高电压产生的电场施加在传感器上；② 绝缘套管，保证互感器内部及外部的绝缘要求；③ 光学电压传感器，位于绝缘套管中部，将被测电压调制成与被测电压或电场相关的信号；④ 传输光缆，将从光源出射的光传输给光学电压传感器，将传感器出射的调制光传输给光电转换电路；⑤ 光源和信号处理单元（包括光源电路、光电转换电路以及信号处理电路）发送直流光信号，并对调制光信号进行光电变换及相应的信号处理；⑥ 二次转换器和合并单元，光学电压传感器系统的输出经二次转换器和合并单元处理，最后输出供测量和保护用的数字信号。

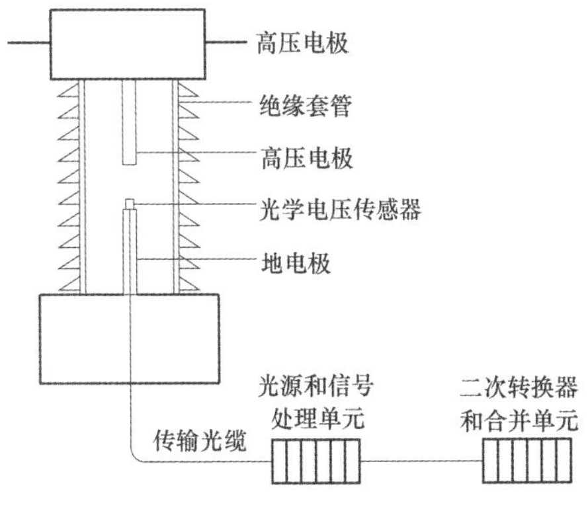

图8-26 全电压型OVT结构示意图

叠层介质分压型OVT结构如图8-27所示，包括高压电极、BGO晶体、地电极、光纤、透光介质以及数据处理单元等。

分布式 OVT 结构示意图如图 8－28 所示，包括高压电极、屏蔽介质、光学微型电场传感头、接地电极、光纤和数据处理单元等。

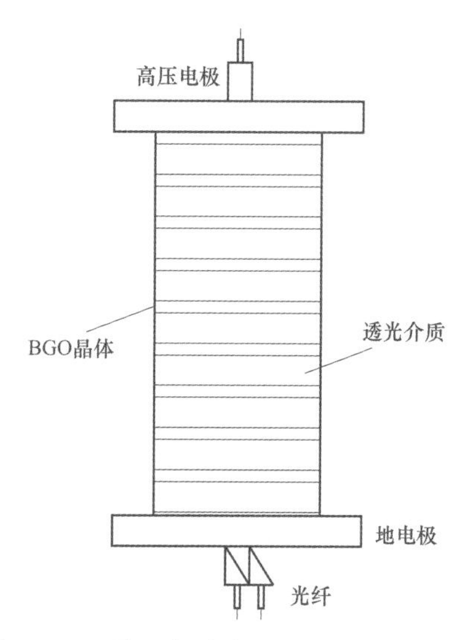

图 8－27　叠层介质分压型 OVT 结构示意图

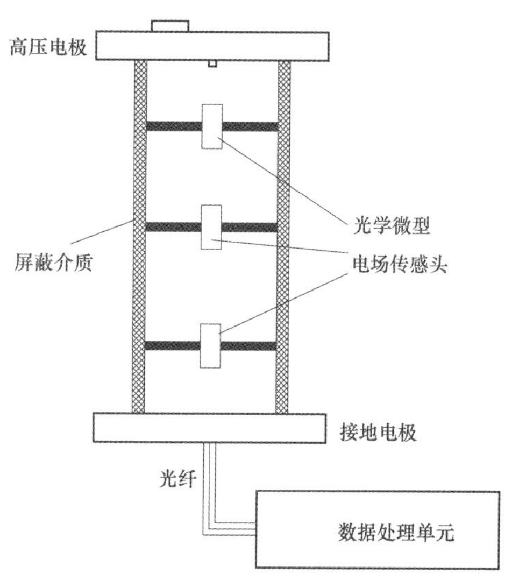

图 8－28　分布式 OVT 结构示意图

8.3.5　智能隔离断路器用电子式电流互感器的结构

智能隔离断路器用电子式电流互感器可选用有源型电子式电流互感器或无源型光学电流互感器。

1. 有源型电子式电流互感器的结构

有源型电子式电流互感器，保护采用罗氏线圈，测量采用低功率线圈，采集器供电方式为激光电源和取能线圈双路供电，可实现交流大电流的测量，并以数字信号形式通过光纤提供给保护、测量等相应装置。

智能隔离断路器用有源型电子式电流互感器样机如图 8－29 所示，电子式电流互感器外置于隔离断路器灭弧室与支柱绝缘子之间，采集器置于悬式光纤绝缘子顶部，悬式光纤绝缘子固定于断路器支架上，合并单元位于控制柜内。整体结构紧凑，节省占地空间。

2. 无源型光学电流互感器的结构

智能隔离断路器用无源光学电流传感器嵌入隔离断路器灭弧室与支柱绝缘子的连接法兰内，其应用现场如图 8－30 所示。连接法兰内设计防止形成闭环的绝缘垫，支柱绝缘子为光纤复合绝缘子，光学电流传感器通过保偏光纤经由光纤支柱绝缘子与控制柜内的采集器相连接。

8.3.6　罐式断路器、变压器用电子式互感器的结构

电子式电流互感器通常采用外置式安装在罐式断路器和变压器出线套管的末端，如图 8－31 和图 8－32 所示。外置式电子式电流互感器外壳不能构成封闭回路，否则，当一次导体通电时，封闭回路中会产生感应电流，导致电子式电流互感器输出的一次电流值非正常地变小，不能正常工作。

图 8－29　智能隔离断路器用有源型电子式互感器样机

图 8－30　运行于安徽团山的 252kV 智能隔离断路器

图 8－31　罐式断路器安装的光纤电流互感器

图 8－32　变压器中性点安装的电子式电流互感器

8.3.7　电子式交流互感器采集器的结构

电子式交流互感器采集器外形如图 8－33 所示，其正面板如图 8－34 所示，1、2 端子用于接入测量线圈（标有“测量”标记的屏蔽电缆）的 S1、S2；3、4 端子用于接入罗氏线圈（标有“保护”标记的屏蔽电缆）的 S1、S2；5、6 端子用于接入同轴电容分压器（标有“电压”标记的屏蔽电缆）的 da、dn。各屏蔽电缆的屏蔽线接入 10 端子，与采集器外壳等电位。所用端子为 PCB 用压接端子。DATA 为串行数字光数据输出，ST 接口。传输光纤类型为多模 62.5/125μm，光波长为 850nm。

图 8－33　电子式交流互感器采集器外形图

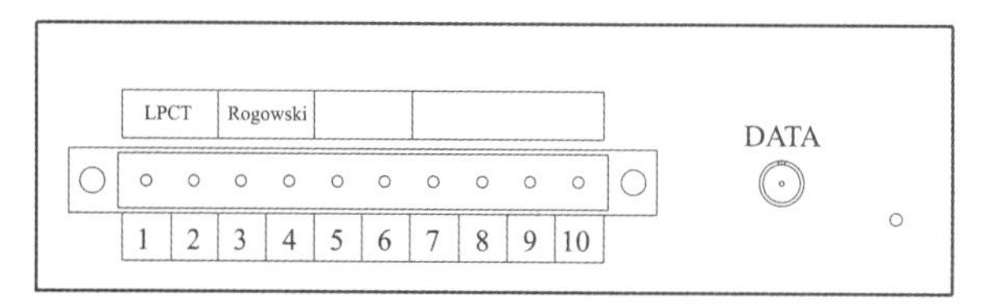

图 8－34　电子式交流互感器采集器正面板

电子式互感器采集器的侧面用于接入带屏蔽层的供电电缆，其适用电源为 AC 85～264V、50Hz 或 DC 90～370V。电源接入 N 和 L，G 用于接屏蔽电缆的屏蔽层。其侧面板如图 8－35 所示。

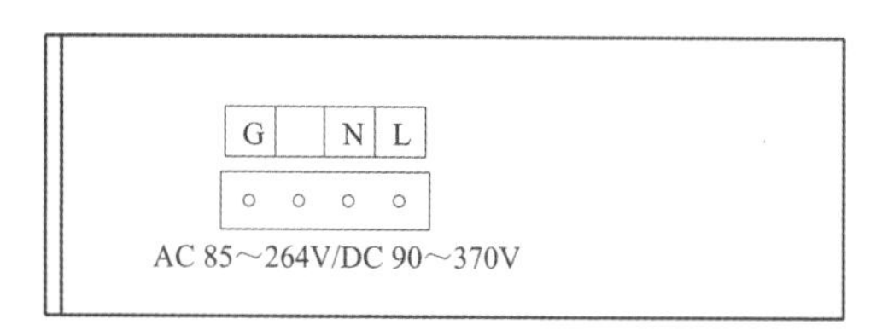

图 8－35　电子式互感器采集器侧面板

8.4　电子式直流互感器的原理

8.4.1　电子式直流电流互感器的原理

电子式直流电流互感器工作原理如图 8－36 所示，包括一次电流传感器、远端模块、光纤复合绝缘子、信号传输系统和合并单元等。

一次电流传感器串联在一次回路中，包括分流器和罗氏线圈。分流器利用电阻分压原理测量直流电流，是一种测量直流电流元件，它串接于被测直流线路中，其额定输出电压值有 75mV、150mV 等，分流器具有使用方便、稳定性高、抗冲击强等特点。罗氏线圈基于电磁感应定律输出正比于谐波电流微分的电压信号，用于线路的谐波测量。

一次转换器也称为远端模块，位于高压侧一次电流传感器下方的远端模块箱内，负责将测量元件传输过来的弱电压信号进行滤波、放大、A/D 转换、电光转换，将被测信号转换为数字光信号形式输出，其工作电源由低压侧合并单元内的激光源提供。

信号传输系统主要由光纤和绝缘子组成，绝缘子采用悬式或支柱结构，通过内埋光纤的方式实现高低压侧绝缘。

合并单元接收和处理来自远端模块的数据，同时为高压侧远端模块提供能量。

电子式直流电流互感器将成熟的分流器技术与光纤通信技术相结合，解决了高低压间绝缘及外界电磁干扰两大问题，是目前国内外直流输电系统中较多采用的技术方案，在我国直流输电工程中有大量应用。

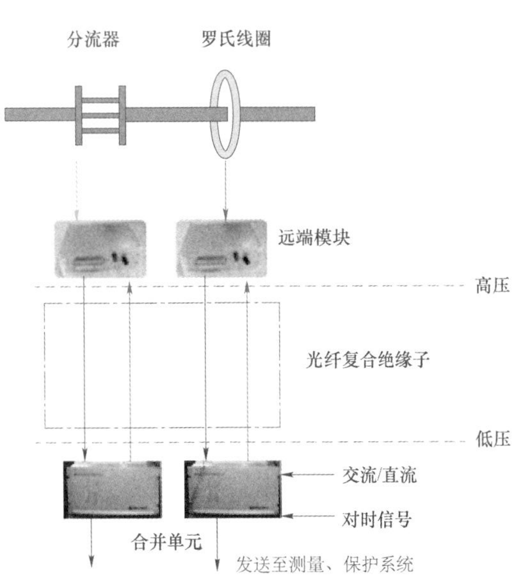

图 8-36 电子式直流电流互感器互感器工作原理

8.4.2 电子式直流电压互感器的原理

电子式直流电压互感器工作原理如图 8-37 所示，由直流户外场中的分压器、电阻分压模块、远端模块、传输光缆和位于控制室内的合并单元五部分组成。

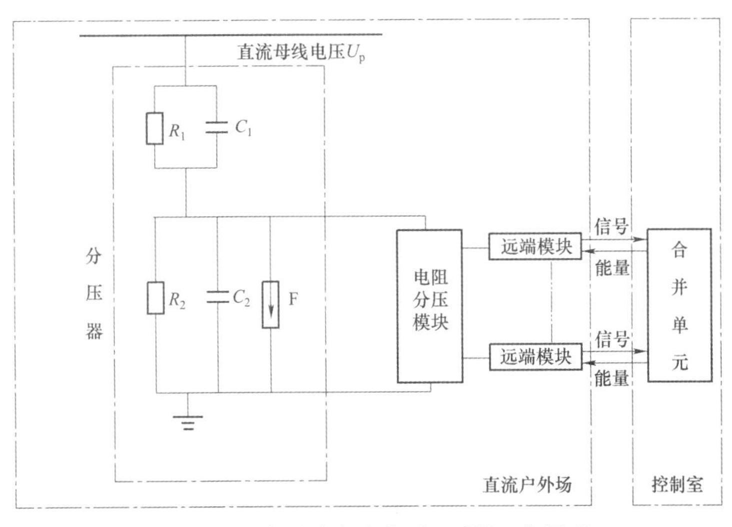

图 8-37 电子式直流电压互感器工作原理

分压器是由高压臂和低压臂组成的直流电压变换装置，高低压臂的元件通常为电阻、电容或两者的组合，高压工程用电子式直流电压互感器分压器主要采用阻容分压器，具有电阻分压器低频性能好、电容分压器高频性能好的优点。阻容分压器利用精密电阻分压器传感直流电压，利用并联电容分压器均压并保证频率特性。直流输入电压加到整个装置上，而直流输出电压则取自低压臂，额定二次输出为 50V。为了保证二次侧的安全，在低压臂上并联 1 个电压限制装置 F，以限制抽头与地之间的电压。

如图 8–37 所示，直流母线电压为 U_p；高压臂电阻为 R_1，电容为 C_1；低压臂电压为 U_s，电阻为 R_2，电容为 C_2。

当传感直流电压时

$$U_s = U_p \frac{R_1}{R_1 + R_2} \tag{8-9}$$

分压比

$$K_1 = \frac{U_p}{U_s} = \frac{R_1 + R_2}{R_2} \tag{8-10}$$

当传感高频电压时

$$U_s = U_p \frac{C_1}{C_1 + C_2} \tag{8-11}$$

$$K_1 = \frac{U_s}{U_p} = \frac{C_1 + C_2}{C_1} \tag{8-12}$$

由于 U_s 远小于 U_p，因此 R_2 远小于 R_1，C_1 远小于 C_2。无论在高频还是低频状态下，分压器分压比均应维持恒定，即

$$\frac{R_1 + R_2}{R_2} = \frac{C_1 + C_2}{C_1} \tag{8-13}$$

由此推出

$$R_1 C_1 = R_2 C_2 \tag{8-14}$$

电阻分压模块工作原理如图 8–38 所示。电阻分压盒是一个低压阻容分压网络，电阻分压盒将分压器输出的50V中压信号转换为多个额定值为5V的低压信号给远端模块进行处理。与分压器一样，电阻分压模块也具有电阻分压器低频性能好、电容分压器高频性能好的优点，利用精密电阻分压器传感分压器输出直流电压，利用并联电容分压器均压并保证频率特性。电阻分压盒的各组阻容分压的高压臂与低压臂有相同的时间常数。

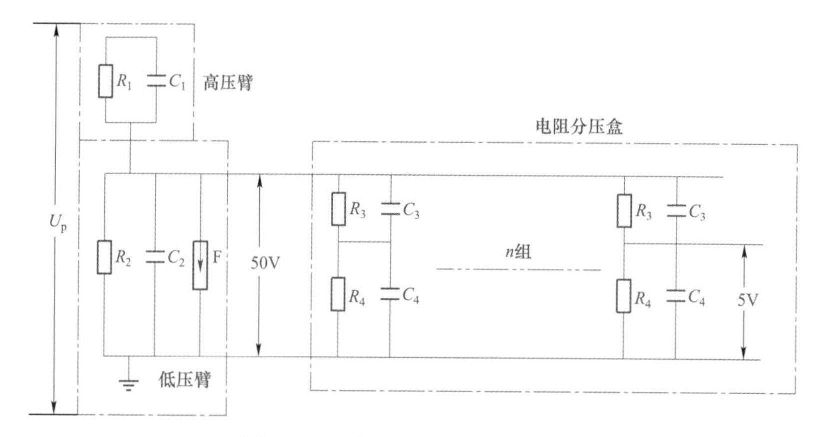

图 8–38　电阻分压模块工作原理

远端模块负责将电阻分压模块传输来的弱电压信号进行滤波、放大、A/D 转换、电光转换，将被测信号转换为数字光信号形式输出，其工作电源由低压侧合并单元内的激光源提供。

合并单元接收和处理来自远端模块的数据，同时为高压侧远端模块提供能量。

8.4.3　电子式直流电流互感器远端模块的原理

电子式直流电流互感器远端模块也称电子式直流电流采集器，主要作用是采集电子式电流互感器分流器和罗氏线圈的输出信号，通过滤波处理、A/D 采样，转换成数字信号，其中罗氏线圈的输出需要进行积分处理。数字信号按标准协议通过 E/O 模块转换，以串行数字光信号的形式输出至合并单元。采集器采用激光电源进行供电。电子式直流电流互感器采集器的原理示意图如图 8－39 所示。

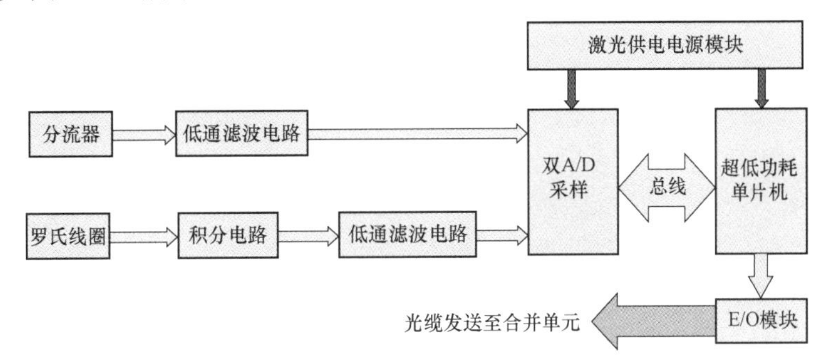

图 8－39　电子式直流电流互感器采集器的原理示意图

电子式直流电流互感器利用上述传感器转换一次电流，利用采集器实时接收、处理并转换成数字光信号，通过光缆将采集信号传输到合并单元。

8.4.4　电子式直流电压互感器远端模块的原理

电子式直流电压互感器远端模块也称为电子式直流电压采集器，主要作用是采集电子式电压互感器分压器的输出信号，通过滤波处理、A/D 采样，转换成数字信号。数字信号按标准协议通过 E/O 模块转换，以串行数字光信号的形式输出至合并单元。采集器采用激光电源进行供电。电子式直流电压互感器采集器的原理示意图如图 8－40 所示。

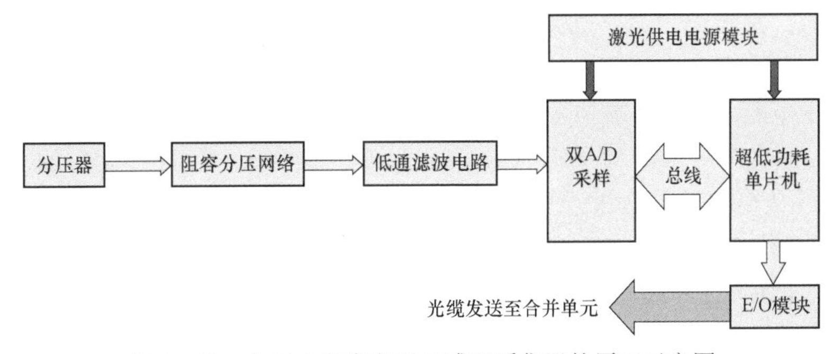

图 8－40　电子式直流电压互感器采集器的原理示意图

电子式直流电压互感器利用上述传感器转换一次电压，利用远端模块实时接收、处理并转换成数字光信号，通过光缆将采集信号传输到合并单元。

8.5 电子式直流互感器的结构

8.5.1 电子式直流电流互感器的结构

电子式直流电流互感器为支柱式结构或悬挂式结构，电子式直流电流互感器结构示意图如图 8-41 所示，主要由一次传感头、远端模块、光纤复合绝缘子、合并单元等四部分组成。

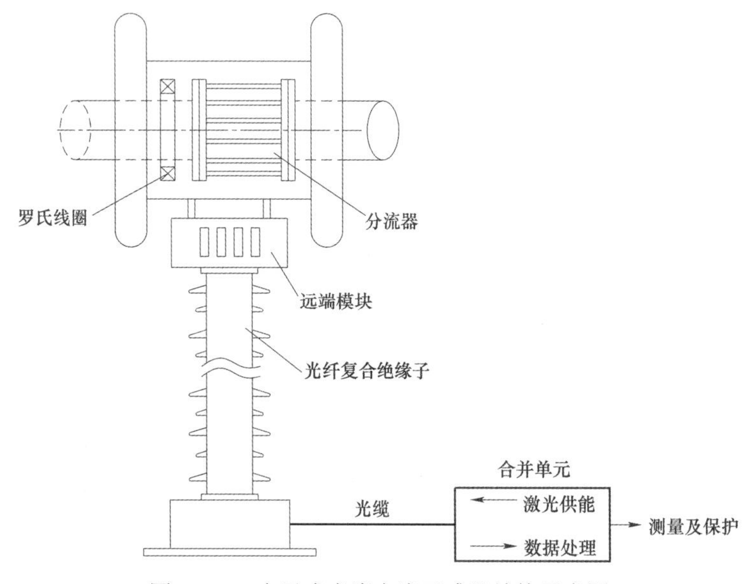

图 8-41 电子式直流电流互感器结构示意图

（1）一次传感头。一次传感头包括一个分流器及一个罗氏线圈，分流器用于测量直流电流，罗氏线圈用于测量谐波电流。

（2）远端模块。远端模块也称一次转换器。根据工程需要电子式直流电流互感器可以配多个完全相同的远端模块，多个远端模块互为备用，保证电子式电流互感器具有较高的可靠性。远端模块接收并处理分流器及罗氏线圈的输出信号，远端模块的输出为串行数字光信号。远端模块的工作电源由位于控制室的合并单元内的激光器提供。

（3）光纤复合绝缘子。绝缘子为内嵌光纤的复合绝缘子。绝缘子内嵌 24 根 62.5/125μm 的多模光纤，实际一般使用 12 根光纤（6 根传输激光，6 根传输数字信号），其余光纤备用。光纤绝缘子高压端数据光纤以 ST 接头与远端模块对接，功率光纤以 FC 接头与远端模块对接，低压端光纤以熔接的方式与传输光缆对接，传输光缆为铠装多模光缆。

（4）合并单元。合并单元置于控制室，合并单元一方面为远端模块提供供能激光，另一方面接收并处理远端模块下发的数据，并将测量数据按规定的协议（IEC 60044-8 或 TDM）

输出供二次设备使用。

8.5.2　电子式直流电压互感器的结构

电子式直流电压互感器为自立式结构，充 SF_6 气体绝缘或固体绝缘。电子式直流电压互感器结构示意图如图 8－42 所示，主要由分压器、电阻分压盒、远端模块及合并单元组成。其中合并单元放置在控制室内，采用光缆和远端模块相连接。分压器采样信号经远端模块送至合并单元供二次控制、测量、保护设备用。

（1）分压器。直流分压器由高压和低压两部分集合而成。高压部分由一些电阻和电容先并联，然后再串联在一起；低压部分的设计原理与高压部分相似，并配有保护放电间隙保证低压回路的元件安全。分压器的电阻、电容元件固定在硅橡胶复合绝缘筒内，内绝缘采用 SF_6 或固体介质。阻容分压器的高压臂与低压臂具有相同的时间常数，这样可使分压器具有很好的频率特性及暂态特性。

（2）电阻分压盒。电阻分压盒是一个低压阻容分压网络，电阻分压盒将分压器输出的低压信号转换为多个额定值为 5V 的信号给远端模块进行处理。电阻分压盒的各组阻容分压的高压臂与低压臂有相同的时间常数。

（3）远端模块。电子式电压互感器一般配置 4～10 个完全相同的远端模块（远端模块的数量可根据工程需求进行扩展），多个远端模块互为备用，保证电子式电压互感器具有较高的可靠性。4～10 个远端模块分别接于电阻盒的 4～10 个二次输出端。远端模块的输出为串行数字光信号，远端模块的工作电源由位于控制室的合并单元内的激光器提供。

（4）合并单元。置于控制室，一方面为远端模块提供供能激光，另一方面接收并处理远端模块下发的数据，并将测量数据按 IEC 60044－8 标准或 TDM 总线协议输出供二次设备使用。

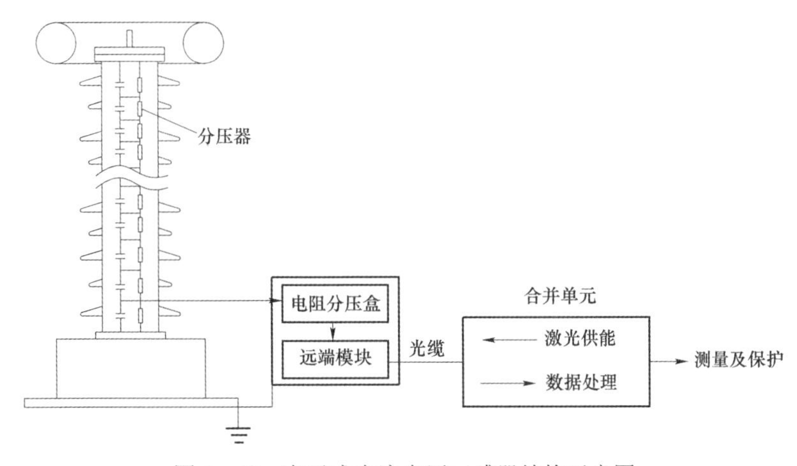

图 8－42　电子式直流电压互感器结构示意图

8.5.3　电子式直流电流互感器远端模块的结构

电子式直流电流互感器远端模块安装方式如图 8－43 所示，由采集单元和母板两部分组成。采集单元包括多个直流电流采集单元和 1 个谐波电流采集单元，直流电流采集单元用于采集分流器输出的小电压信号，谐波电流采集单元用于采集罗氏线圈输出的小电压信号。母板中，1、2 端子用于接入分流器输出信号线（标有“SHUNT”标记的屏蔽电缆）的 S1、S2，3、4 端子用于接入罗氏线圈输出信号线（标有“Ros”标记的屏蔽电缆）的 S1、S2，母板将 1 路分流器输入信号扩展为多路直流输出信号，罗氏线圈输出交流信号仍保持为 1 路。直流电流采集单元与母板直流输出信号部分连接在一起，谐波电流采集单元与母板交流信号部分连接。

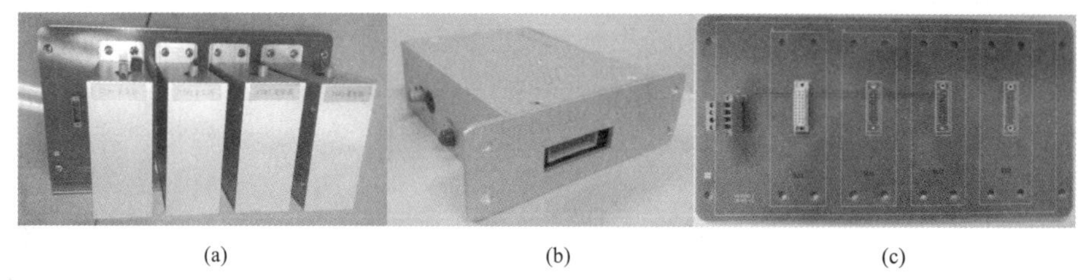

(a) (b) (c)

图 8－43 电子式直流电流互感器远端模块安装方式

（a）远端模块；（b）采集单元；（c）母板

采集单元中，POWER 为激光电源供电输入，FC 接口；DATA 为串行数字光数据输出，ST 接口，传输光纤类型为多模 62.5/125μm，光波长为 850nm；CLK 为备用，主要用于光数据接收，ST 接口。

8.5.4 电子式直流电压互感器远端模块的结构

电子式直流电压互感器远端模块外形如图 8－44 所示。远端模块中，AI 为模拟电压信号输入，用于接收电子式直流电压互感器输出的小电压信号，接口类型是 RP－SMA；POWER 为激光电源供电输入，FC 接口；DATA 为串行数字光数据输出，ST 接口，传输光纤类型为多模 62.5/125μm，光波长为 850nm；CLK 为备用，主要用于光数据接收，ST 接口。

图 8－44 电子式直流电压互感器远端模块外形

8.6 电子式互感器的合并单元

合并单元是国际电工委员会在IEC 61850和IEC 60044－7/8标准中定义的一个概念，它是电流、电压互感器的接口装置，是电流、电压互感器与保护、测控装置的中间接口，在一定程度上合并单元实现了数据的共享和数字化，是遵循IEC 61850标准的智能化变电站的数据来源，它通过完成电流和电压信号的同步采集，来输出数字信息给二次保护、测控设备。

8.6.1 合并单元的原理与功能

合并单元在智能化变电站系统起着信号转化和合并的作用，通过电缆（模拟量输入式合并单元）对互感器的二次输出进行就地采集或通过光纤（电子式互感器合并单元）接收电子式互感器的数字量输出，然后经过内部转化后，通过光纤将互感器的电流、电压值上送给测控、保护等间隔层二次设备。其主要功能是汇集（或合并）多个互感器的输出信号，获取电力系统电流和电压瞬时值，并以确定的数据品质传输到电力系统电气测量仪器和继电保护设备。其每个数据通道可以传送一台或多台的电流和（或）电压互感器的采样值数据。模拟量输入式合并单元能汇集并采样传统电流互感器、电压互感器输出的模拟信号，并进行传输。

合并单元按原理可分为电子式互感器合并单元和模拟量输入式合并单元。电子式互感器合并单元是用来对二次转换器的电流或电压数据进行时间相关组合的物理单元。模拟量输入式合并单元是对传统互感器的二次电流或电压进行采集转换后的数据进行时间相关组合的物理单元。

合并单元按功能可分为间隔合并单元和母线合并单元。间隔合并单元适用于线路间隔和主变压器间隔。间隔合并单元合并1个间隔内ABC三相电流、电压数据并发送，作为主变压器间隔合并单元时还可以发送间隙电流和零序电压。数据通过光纤发送，遵循IEC 61850－9－2标准协议。母线合并单元适用于高压侧母线间隔。母线合并单元合并1～2条母线的ABC三相电流、电压数据并发送。数据通过光纤发送，遵循IEC 60044－8协议所定义的点对点串行数据接口标准。合并单元在系统中的功能如图8－45所示。

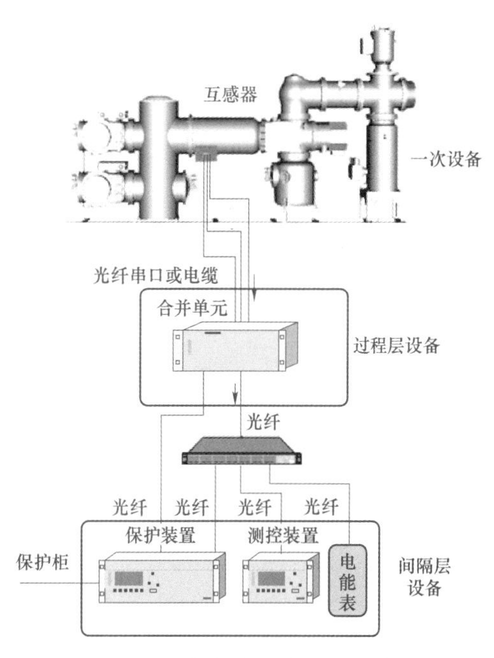

图8－45 智能电网中的合并单元

8.6.2 合并单元的硬件结构及安装

合并单元一般采用IEC标准机箱模块化结构，嵌入式安装方式，采用一体化的前面板和可插拔的背板端子与外部连接。合并单元统一采用4U高度的标准机箱，前面板LED指示灯和后面板接线的模式。前面板的 LED 灯为装置的运行、告警等的状态指示。后面板用于与互感器及二次设备（测控装置、保护装置等）的连接，与常规互感器的连接为电缆，与电子式互感器的连接为光纤，与二次设备的连接为光纤。合并单元机箱如图 8－46a 所示。

合并单元采用插件式结构，板卡通过装置的后部插入和拆下，方便了板卡的安装与更换。各板卡功能采用模块化设计，可根据工程需要灵活配置装置的板卡。

合并单元在安装时必须在屏柜或开关柜内开孔位置的上下留有足够的空间用于装置散热。装置的所有硬件模块必须紧密插入到装置上对应的插槽位置。

合并单元在投入使用前要确保装置良好接地。良好的接地是装置抗电磁干扰最重要的措施，合并单元在后面板上有一个接地端子，可以通过扁平铜绞线进行一点接地。

合并单元采用模块化设计，各个插件可根据工程的需要灵活配置，易于扩展、易于维护。合并单元板件结构分布如图 8－46b 所示，插件通过母线板进行通信，采用航空接插件进行物理连接，方便插拔，并且连接可靠。显示面板可以有效地表达合并单元的工作状况，方便现场调试和维护。合并单元具有完备的自检功能，自检发现的大多数问题会触发装置报警，可以提醒用户及时采取补救措施，只有少数硬件故障导致装置闭锁。

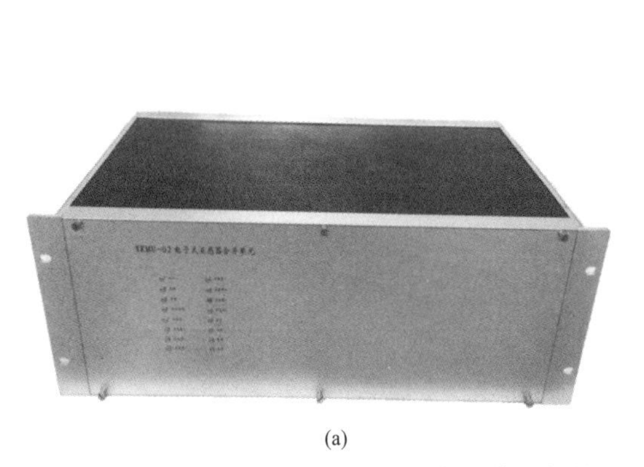

(a)

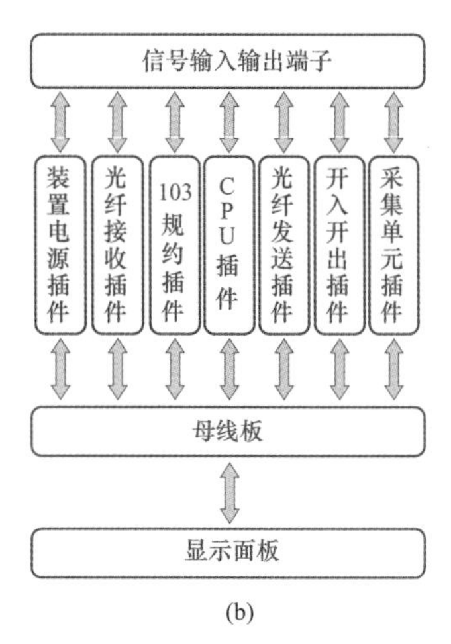

(b)

图 8－46　合并单元机箱图及板件结构分布图

（a）机箱图；（b）板件结构分布图

8.6.3　合并单元模型文件

合并单元作为 IEC 61850 中一个物理设备，应建模为一个 IED 对象，装置模型 ICD 文件中 IED 名应为“TEMPLATE”。实际工程系统应用中的 IED 名由系统配置工具统一配置。该 IED 对象是一个容器，包含 Server 对象，Server 描述了一个设备外部可见（可访问）的行为，每个 Server 至少应有一个访问点（AccessPoint）。支持过程层自动化的间隔层设备，对上与变电站层设备通信，对下与过程层设备通信，可采用不同访问点分别与变电站层和过程层进行通信。所有访问点应在同一个 ICD 文件中体现。Server 对象中至少包含一个 LD 对象，合并单元 LD 的 inst 名为“MU”，合并单元中 GOOSE 的访问点 LD 的 inst 名为“PI”。需要通信的每个最小功能单元建模为一个 LN 对象，属于同一功能对象的数据和数据属性应放在同一个 LN

对象中。LN类的数据对象统一扩充。统一扩充的LN类，合并单元逻辑节点见表8-1。

表8-1　　合并单元逻辑节点列表

功能类	逻辑节点	逻辑节点类	M/O	LD
基本逻辑节点	管理逻辑节点	LLN0	M	MU
	物理设备逻辑节点	LPHD	M	
电压	A相电压互感器	TVTR	M	
	B相电压互感器	TVTR	M	
	C相电压互感器	TVTR	M	
	零序电压互感器	TVTR	O	
同期电压	A相电压互感器	TVTR	O	
测量电流	A相电流互感器	TCTR	M	
	B相电流互感器	TCTR	M	
	C相电流互感器	TCTR	M	
	零序电流互感器	TCTR	O	
保护电流	A相电流互感器	TCTR	M	
	B相电流互感器	TCTR	M	
	C相电流互感器	TCTR	M	
	零序电流互感器	TCTR	O	
主变压器间隙电流	间隙电流互感器	TCTR	O	
其他	内部告警信号	GGIO	M	
	温湿度测量	GGIO	O	

逻辑节点只实现了对装置自动化功能的定义和划分，构建了信息模型的框架，但还不具备可访问和可操作的特性。要实现对信息模型的访问和操作，还需建立逻辑节点的标准化信息语义，即用数据对象对逻辑节点进行标准化的描述。合并单元的基本数据对象如图8-47所示，其中，DPL为设备铭牌，ISI为整数状态，INC为可控整数状态，LPL为逻辑节点铭牌，SAV为采样值，SPS为单点状态信息，ASG为模拟定值，Amp为电流采样值，Volt为电压采样值。

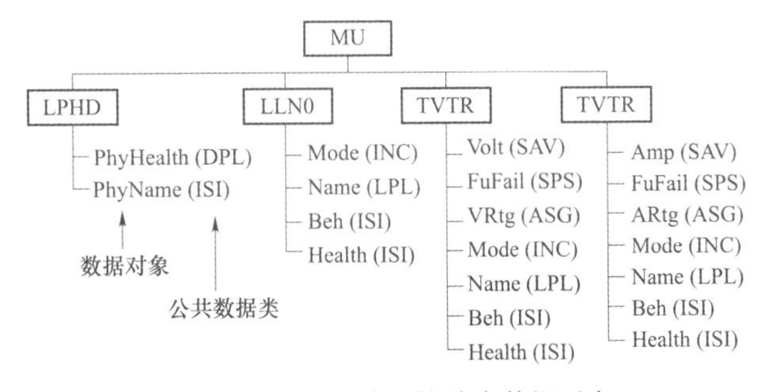

图8-47　合并单元的基本数据对象

数据属性是数据对象的内涵，是信息模型中信息的最终承载者，对信息模型的一切操作都归结到对数据属性的读写上。在结构化的信息模型中数据属性必须放在确定的语义空间中，即具有完整的路径描述才具有确定、没有歧义的语义。以合并单元中数据对象 Amp 为例进行说明，它所包含的数据属性如图 8-48 所示。

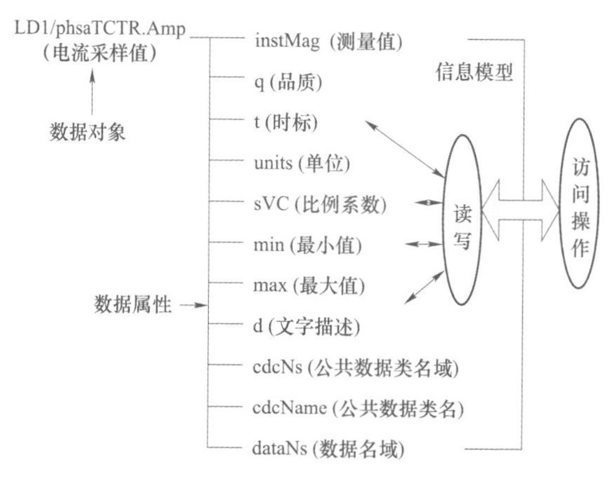

图 8-48　电流采样值的数据属性

8.6.4　合并单元通信协议

合并单元的输入为电子式互感器的采集器，输出为保护装置、测控装置和计量设备，所以涉及的通信协议包括合并单元与采集器通信协议，以及合并单元输出协议。

1. 合并单元与采集器通信协议

电子式互感器合并单元与采集器之间的数据通信采用串行传输，可采用异步方式传输，也可采用同步方式传输，传输介质采用光纤传输。

（1）异步方式传输。

1）电子式互感器合并单元和采集器的数据通信为串行通信，数据传输帧格式见表 8-2。

2）电子式互感器合并单元和采集器之间宜采用多模光纤，逻辑“1”定义为“光纤灭”，逻辑“0”定义为“光纤亮”。光缆类型宜为 62.5/125μm 多模光纤，光纤接头宜采用 ST 接头。

表 8-2　　数据传输帧格式

<table>
<tr><th>bit 位</th><th>7</th><th>6</th><th>5</th><th>4</th><th>3</th><th>2</th><th>1</th><th>0</th></tr>
<tr><td rowspan="9">用户数据（9 字节）</td><td>msb</td><td colspan="6" rowspan="2">DataChannel 1 号　电流或电压</td><td></td></tr>
<tr><td></td><td>lsb</td></tr>
<tr><td>msb</td><td colspan="6" rowspan="2">DataChannel 2 号　电流或电压</td><td></td></tr>
<tr><td></td><td>lsb</td></tr>
<tr><td>msb</td><td colspan="6" rowspan="2">DataChannel 3 号</td><td></td></tr>
<tr><td></td><td>lsb</td></tr>
<tr><td>msb</td><td colspan="6" rowspan="2">DataChannel 4 号</td><td></td></tr>
<tr><td></td><td>lsb</td></tr>
<tr><td>msb</td><td colspan="6">状态字</td><td>lsb</td></tr>
<tr><td>求和取反</td><td>msb</td><td colspan="6">用户数据的求和取反校验</td><td>lsb</td></tr>
</table>

3）采用工业标准 UART 进行异步串行通信，其每个字节数据流示意图如图 8－49 所示。每个字节由 11 位组成，1 个启动位为“0”，8 个数据位，2 个停止位为“1”。

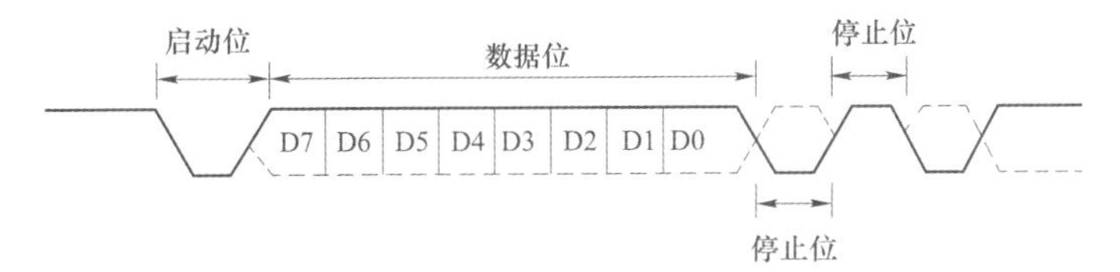

图 8－49　异步通信单字节数据流示意图

4）帧结构的说明：

① 每帧固定长度 10 字节，每个字节 8 位。

② 每帧两个字节组成一个通道，共 4 个通道。

③ 状态字由 1 个字节表示多种状态。

④ 用户数据之后跟随一个 8 位的求和取反校验序列。

（2）同步方式传输。

1）传输介质宜采用光纤传输系统，逻辑“1”定义为“光纤亮”，逻辑“0”定义为“光纤灭”。光缆类型为 62.5/125μm 多模光纤，光纤接头宜采用 ST 接头。

2）应用层帧格式与异步方式类似。

2. 合并单元输出协议

合并单元常用的通信协议有 IEC 60044－8、IEC 61850－9－1 和 IEC 61850－9－2LE，目前 IEC 61850－9－1 由于其通道数目的限制，参数配置灵活性不够，应用较少。本节详细介绍 IEC 61850－9－2LE 和 IEC 60044－8 协议。

（1）IEC 61850－9－2LE 协议。

IEC 61850－9－2LE 报文在链路层传输都是基于 ISO/IEC 8802－3 的以太网帧结构。帧结构定义见表 8－3。

表 8－3　　IEC 61850－9－2LE 以太网帧结构

字节	数据定义	2^7	2^6	2^5	2^4	2^3	2^2	2^1	2^0
1		前导字段 Preamble							
2									
3									
4									
5									
6									
7									
8		帧起始分隔符字段 Start－of－FrameDelimiter（SFD）							
9	MAC 报头 HeaderMAC	目的地址 Destinationaddress							
10									

续表

字节	数据定义	2^7	2^6	2^5	2^4	2^3	2^2	2^1	2^0
11	MAC 报头 HeaderMAC	目的地址 Destinationaddress							
12									
13									
14									
15		源地址 Sourceaddress							
16									
17									
18									
19									
20									
21	优先级标记 Priority tagged	TPID							
22									
23		TCI							
24									
25		以太网类型 Ethertype							
26									
27	以太网类型 PDU Ether – typePDU	APPID							
28									
29		长度 Length							
30									
31		保留 1reserved1							
32									
33		保留 2reserved2							
34									
35		APDU							
..									
..									
..									
..									
..									
..		可选填充字节							
..									
..		帧校验序列 Framechecksequence							
..									
..									
..									

帧格式说明：

1）前导字节（Preamble）。前导字段，7字节。Preamble字段中1和0交互使用，接收站通过该字段知道导入帧，并且该字段提供了同步化接收物理层帧接收部分和导入比特流的方法。

2）帧起始分隔符字段（Start–of–FrameDelimiter）。帧起始分隔符字段，1字节。字段中1和0交互使用。

3）以太网mac地址报头。以太网mac地址报头包括目的地址（6个字节）和源地址（6个字节）。目的地址可以是广播或者多播以太网地址。源地址应使用唯一的以太网地址。

IEC 61850–9–2LE多点传送采样值，建议目的地址为01–0C–CD–04–00–00到01–0C–CD–04–01–FF。

4）优先级标记（Prioritytagged）。为了区分与保护应用相关的强实时高优先级的总线负载和低优先级的总线负载，采用了符合IEEE 802.1Q的优先级标志。

5）以太网类型Ethertype。由IEEE著作权注册机构进行注册，可以区分不同应用，IEC 61850–9–2LE的以太网类型码为16进制88BA。

6）以太网类型PDU。APPID是应用标志，建议在同一系统中采用唯一标志，面向数据源的标志。为采样值保留的APPID值范围是0x4000–0x7fff。可以根据报文中的APPID来确定唯一的采样值控制块。

长度Length是从APPID开始的字节数。

7）应用协议数据单元APDU。一个APDU可以由多个ASDU链接而成，采用与基本编码规则（BER）相关的ASN.1语法对通过ISO/IEC 8802–3传输的采样值信息进行编码，基本编码规则的转换语法具有T–L–V（类型–长度–值（Type–Length–Value）或者是标记–长度–值（Tag–Length–Value））三个一组的格式。所有域（T、L或V）都是一系列的8位位组，值V可以构造为T–L–V组合本身。

8）帧校验序列。4个字节。该序列包括32位的循环冗余校验（CRC）值，由发送MAC方生成，通过接收MAC方进行计算得出，以校验被破坏的帧。

（2）IEC 60044–8协议。

1）IEC 60044–8标准中的链路层选定为IEC 60870–5–1的FT3格式，IEC 60044–8FT3链路层格式见表8–4。采用曼彻斯特编码，首先传输MSB（最高位）。

2）IEC 60044–8串行通信光波长范围为820～860nm（850nm），光缆类型为62.5/125μm多模光纤。

3）链接服务类别为S1：SEND/NOREPLY（发送/不回答）。这实际上反映了互感器连续和周期性地传输其数值，并不需要二次设备的任何认可或应答。

4）传输细则：

R1：空闲状态是二进制1。两帧之间按曼彻斯特编码连续传输此值1，为了使接收器的时钟容易同步，由此提高通信链接的可靠性。两帧之间应传输最少20个空闲位。

R2：帧的最初两个八位字节代表起始符。

R3：16个八位字节用户数据由一个16bit校验序列结束。需要时，帧应填满缓冲字节，以完成给定的字节数。

R4：由下列多项式生成校验序列码：

X16+X13+X12+X11+X10+X8+X6+X5+X2+1

注：此规范生成的16bit校验序列需按位取反。

R5：接收器检验信号品质、起始符、各校验序列和帧长度。

表8-4　　IEC 60044-8 FT3链路层格式

字节	状态	2^7	2^6	2^5	2^4	2^3	2^2	2^1	2^0
字节1-2	起始符	0	0	0	0	0	1	0	1
		0	1	1	0	0	1	0	0
字节3-20	数据块1		16字节数据						
	CRC	msb	数据块1的CRC						
									lsb
字节21-38	数据块2		16字节数据						
	CRC	msb	数据块2的CRC						
									lsb
字节39-56	数据块3		16字节数据						
	CRC	msb	数据块3的CRC						
									lsb
字节57-74	数据块4		16字节数据						
	CRC	msb	数据块4的CRC						
									lsb

8.7 电子式交流互感器的试验

为了确保应用于智能变电站的电子式互感器相关设备的各项功能指标满足现场运行的需要，我们需要对电子式互感器进行例行试验、型式试验、特殊试验及现场试验。其主要试验依据标准有：GB/T 20840.7《互感器　第7部分：电子式电压互感器》，GB/T 20840.8《互感器　第8部分：电子式电流互感器》。

8.7.1 电子式交流互感器的例行试验

电子式电流互感器的例行试验项目主要包括端子标志检验、一次端的工频耐压试验、局部放电测量、低压器件的工频耐压试验、准确度试验、密封性能试验、电容量和介质损耗因数测量（如适用）、数字量输出的补充例行试验、模拟量输出的补充例行试验。

电子式电压互感器的例行试验项目主要包括端子标志检查、一次电压端的工频耐压试验、局部放电测量、低压器件的工频耐压试验、准确度试验、电容量和介质损耗因数测量。

准确度试验中，测量用电子式电流互感器准确级一般选取0.2S，保护用电子式电流互感器准确级一般选取5TPE。测量用电子式电压互感器准确级一般选取0.2，保护用电子式电压互感器准确级一般选取3P。

8.7.2　电子式交流互感器的型式试验及特殊试验

电子式电流互感器的型式试验项目主要包括短时电流试验、温升试验、额定雷电冲击试验、操作冲击试验、户外型电子式互感器的湿试验、无线电干扰电压试验、传递过电压试验、低压器件的耐压试验、电磁兼容发射试验、电磁兼容抗扰度试验、准确度试验、保护用电子式电流互感器的补充准确度试验、防护等级的验证、密封性能试验、振动试验、数字量输出的补充型式试验。

电子式电压互感器的型式试验项目主要包括额定雷电冲击试验、操作冲击试验、户外型电子式电压互感器的湿试验、准确度试验、异常条件耐受能力试验、无线电干扰电压试验、传递过电压试验、电磁兼容发射试验、电磁兼容抗扰度试验、低压器件冲击耐压试验、暂态性能试验。

除非另有规定，所有的绝缘型式试验均应在同一台电子式互感器上进行。

电子式电流互感器的特殊试验项目主要包括一次端的截断雷电冲击试验、机械强度试验、谐波准确度试验等。

电子式电压互感器的特殊试验项目主要包括一次电压端的截断雷电冲击试验、机械强度试验。

下面对部分型式试验进行说明。

1. 电磁兼容试验

多数情况，一台电子式互感器可以分成几个主要部件，例如，位于控制柜区的电路部分和位于开关站区的电路部分，对这些电路部分都要进行电磁兼容试验。

电磁兼容发射试验应按GB 4824的试验程序进行。试验限值的规定值为组1，A级。试验优先在组装完整的条件下进行，但为了试验简便，如果有的部件不包含电子器件，则可以只对其余的部件进行试验。

电磁兼容抗扰度试验包括谐波和谐间波抗扰度试验、电压慢变化抗扰度试验、电压暂降和短时中断抗扰度试验、浪涌（冲击）抗扰度试验、电快速瞬变脉冲群抗扰度试验、振荡波抗扰度试验、静电放电抗扰度试验、工频磁场抗扰度试验、脉冲磁场抗扰度试验、阻尼振荡磁场抗扰度试验、射频电磁场辐射抗扰度试验，其试验水平和评价准则详见GB/T 20840.8。

2. 准确度试验

电子式电流互感器准确度试验包括基本准确度试验、温度循环准确度试验、准确度与频率关系的试验、元器件更换的准确度试验、信噪比试验。

电子式电压互感器准确度试验包括基本准确度试验、准确度与温度关系的试验、准确度与频率关系的试验、元器件更换的准确度试验。

基本准确度试验分为测量用电子式互感器和保护用电子式互感器基本准确度试验。

测量用电子式电流互感器的准确级，是以该准确级在额定电流下所规定最大允许电流误差的百分数来标称。测量用电子式电流互感器的标准准确级为0.1、0.2、0.5、1、3、5。特殊用途的测量用电子式电流互感器的标准准确级为 0.2S、0.5S。测量用电子式电流互感器一般按照 0.2S 的准确级要求来进行试验，其额定频率下的电流误差和相位误差规定见表 8–5。

表 8–5　　特殊用途的测量用电子式电流互感器的误差限值

准确级	在下列额定电流（%）下的电流（比值）误差±（%）					在下列额定电流（%）下的相位误差									
						±（′）					±crad				
	1	5	20	100	120	1	5	20	100	120	1	5	20	100	120
0.2S	0.75	0.35	0.2	0.2	0.2	30	15	10	10	10	0.9	0.45	0.3	0.3	0.3
0.5S	1.5	0.75	0.5	0.5	0.5	90	45	30	30	30	2.7	1.35	0.9	0.9	0.9

测量用电子式电压互感器的准确级，是以该准确级在额定电压及标准参考范围负荷下所规定最大允许电压误差的百分数来标称。测量用电子式电压互感器的标准准确级为 0.1、0.2、0.5、1.0、3.0。测量用电子式电压互感器一般按照 0.2 的准确级要求来进行试验，在 80%、120% 的额定电压及功率因数为 0.8（滞后）的 25%、100%的额定负荷下，其额定频率时的电压误差和相位误差，应不超过表 8–6 规定的限值。

表 8–6　　测量用电子式电压互感器的误差限值

准确级	电压（比值）误差±（%）	相位误差	
		±（′）	±crad
0.1	0.1	5	0.15
0.2	0.2	10	0.3
0.5	0.5	20	0.6
1.0	1.0	40	1.2
3.0	3.0	不规定	

保护用电子式电流互感器的准确级，是以该准确级在额定准确限值一次电流下所规定最大允许复合误差的百分数来标称，其后标以字母“P”（表示保护）或字母“TPE”（表示暂态保护电子式电流互感器准确级），保护用电子式电流互感器的标准准确级为 5P、10P 和 5TPE。保护用电子式电流互感器一般按照 5TPE 的准确级要求来进行试验，其额定频率下的误差应不超过表 8–7 规定的限值。

表 8–7　　保护用电子式电流互感器的误差限值

准确级	在额定一次电流下的电流误差（%）	在额定一次电流下的相位误差		在额定准确限值一次电流下的复合误差（%）	在准确限值条件下的最大峰值瞬时误差（%）
		（′）	crad		
5TPE	±1	±60	±1.8	5	10
5P	±1	±60	±1.8	5	—
10P	±3	—	—	10	—

保护用电子式电压互感器的准确级，是以该准确级在 5%额定电压至额定电压因数相对应的电压及标准参考范围负荷下所规定最大允许电压误差的百分数来标称，其后标以字母“P”。保护用电子式电压互感器的标准准确级为 3P 和 6P。保护用电子式电压互感器一般按照 3P 的准确级要求来进行试验，其额定频率下的电压误差和相位误差应不超过表 8－8 规定的限值。

表 8－8　　保护用电子式电压互感器误差限值

准确级	在下列额定电压 U_p/U_{pr} 下（%）								
	2			5			x①		
	电压误差 ±（%）	相位误差		电压误差 ±（%）	相位误差		电压误差 ±（%）	相位误差	
		±（′）	±crad		±（′）	±crad		±（′）	±crad
3P	6	240	7	3	120	3.5	3	120	3.5
6P	12	480	14	6	240	7	6	240	7

① x 为额定电压因数乘以 100。

电子式互感器温度循环准确度测试应在下列条件下进行：

（1）额定频率。

（2）施加额定电流或额定电压。

（3）测试过程中被试品一直处于正常工作状态。

（4）元器件处在其规定的最高和最低环境气温。

温度循环准确度测试应严格按照图 8－50 所示试验图进行。

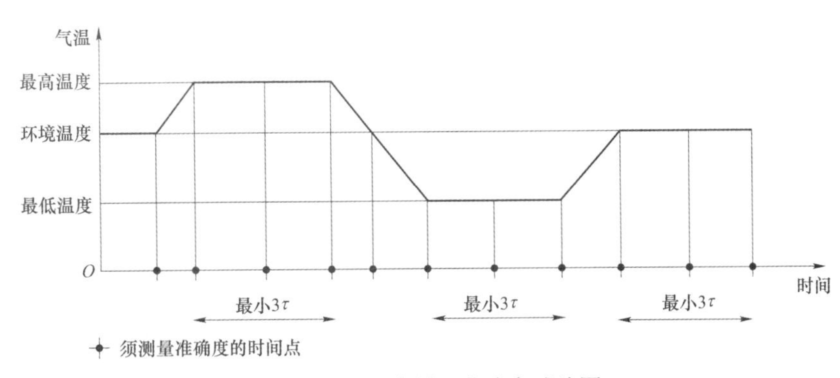

图 8－50　温度循环准确度试验图

在正常使用条件下，各测量点测得的误差应在相应准确级的限值以内。

3. 保护用电子式电流互感器的补充准确度试验

采用直接试验法，在额定准确限值一次电流、暂态电流下分别进行复合误差试验和暂态特性试验，5TPE 级误差应不超过表 8－7 所列限值。

8.7.3 电子式交流互感器的现场试验

1. 试验项目

现场试验为每台电子式互感器都应承受的试验。现场试验项目主要分为对一次设备的试验和对合并单元的试验。

对电子式互感器一次设备的现场试验包括端子标志检验、一次端的工频耐压试验、误差试验、数字量输出光纤传输功率的测量和二次直流偏移电压的测量。

对合并单元的试验包括合并单元瞬间上电掉电冲击试验、合并单元与保护测控装置联调试验、电压并列功能测试、GPS 同步时钟精度测试、光口发送功率的检查等。

现场试验项目的顺序没有标准化，但误差试验应在其他试验后进行；一次端的工频耐压试验应按规定试验电压值的 80%进行。

2. 合并单元试验方法

对于合并单元的试验项目，具体的试验按照以下方法进行：

（1）合并单元供电短时中断试验。给采集器施加额定的电压、电流信号，在正常的运行过程中，关闭合并单元的电源，然后重启，监控重启过程中合并单元输出的采样值报文，从合并单元输出的第一帧报文开始即应与现场实际状态一致，并且幅值误差和相位误差应满足标准要求。

（2）GPS 同步时钟精度测试。合并单元应能够接收 IPPS、IRIG－B 或者 IEC 61588 协议对时信号，合并单元正常情况下对时精度不超过±1μs。

（3）光口发送功率的检查。将光功率计接入合并单元的光口，要求光波长 1300nm 光接口应满足（－20～－14）dBm，光波长 850nm 光接口应满足（－19～－10）dBm。

（4）合并单元与保护测控装置联调试验。电子式互感器的输出应满足测控和保护装置的需求。

8.8 电子式直流互感器的试验

电子式直流互感器主要试验依据标准有 GB/T 26216.1《高压直流输电系统直流电流测量装置　第 1 部分：电子式直流电流测量装置》、GB/T 26217《高压直流输电系统直流电压测量装置》，在标准中规定了电子式直流互感器的例行试验、型式试验、特殊试验和现场试验。

8.8.1 电子式直流互感器的例行试验

电子式直流电流互感器例行试验项目主要包括端子标志检验、二次转换器的功能试验、光纤及其终端的光学检查、直流耐受电压试验及局部放电测量、阶跃响应试验、频率响应试验、准确度试验、数字量输出的补充例行试验、模拟量输出的补充例行试验。其中准确度试验在其他例行试验都完成后进行。

电子式直流电压互感器例行试验项目主要包括高压支路电容及介质损耗因数测量、高压支路电阻测量、高压支路的工频干耐受电压及局部放电测量、直流干耐受电压及局部放电测量、低压支路工频耐压试验、直流电压分压比试验、低压支路限幅元件检查、密封试验、低压支路电阻测量、低压支路电容测量、低压器件的工频耐压试验、频率响应试验、暂态响应试验、端子标志试验和数字量输出的补充例行试验。

下面对部分例行试验进行说明。

1. 光纤及其终端的光学检查

全部光缆的最大允许衰减不大于 6dB。

2. 阶跃响应试验

电子式直流电流互感器在二次转换器输入电压发生以下要求的阶跃变化时记录电流测量结果。

0p.u.　到　1p.u.

1p.u.　到　0p.u.

其中 1p.u.指额定一次电流对应的电压，测得的电流曲线应满足：

最大过冲：＜20%；

上升时间（达到阶跃值 90%的时间）：＜250μs；

＜100μs（柔性直流输电系统适用）；

趋稳时间（幅值偏差不超过阶跃值 1.5%）：＜5ms。

3. 频率响应试验

电子式直流电流互感器采用 50Hz 交流电流进行频率响应试验，方均根值等于 0.1p.u.额定直流电流。

电子式直流电压互感器输入 50Hz 正弦波信号，测量幅值（交流变比）误差和相位误差。

电子式直流电流互感器幅值误差不超过 3%，相角误差不超过 500μs；电子式直流电压互感器幅值误差不超过 3%，相角误差不超过 500μs。

4. 电子式直流电流互感器的准确度试验

电子式直流电流互感器在常温下，对 0.1p.u.、0.2p.u.、1.0p.u.、1.2p.u.直流电流进行准确度测量，验证满足工程规定的准确级要求。

对于采用分流器的直流测量装置，可通过对一次转换器施加测量电压的方式验证产品的大电流测量性能，测量电压至少应选取对应于额定一次直流电流的±1p.u.、±1.2p.u.、±2p.u.、±3p.u.、±6p.u.的电压。

表 8－9 为电子式直流电流互感器的标准准确级，电子式直流电流互感器一般按照 0.2 级进行准确度试验。

表 8－9　　电子式直流电流互感器的电流误差

<table>
<tr><th rowspan="2">准确级</th><th colspan="5">在下列额定电流下的电流误差
±（%）</th></tr>
<tr><th>10%</th><th>20%</th><th>100%～120%</th><th>120%～300%
（不含 120%）</th><th>300%～600%
（不含 300%）</th></tr>
<tr><td>0.1</td><td>0.4</td><td>0.2</td><td>0.1</td><td rowspan="3">1.5</td><td rowspan="3">10</td></tr>
<tr><td>0.2</td><td>0.75</td><td>0.35</td><td>0.2</td></tr>
<tr><td>0.5</td><td>1.5</td><td>0.75</td><td>0.5</td></tr>
</table>

续表

准确级	在下列额定电流下的电流误差±（%）				
	10%	20%	100%～120%	120%～300%（不含 120%）	300%～600%（不含 300%）
1.0	3.0	1.5	1.0	3、5、10	
1.5	4.5	2.25	1.5		

注：对于 1.0 级和 1.5 级，110%以上额定电流下的误差可从推荐值±3%，±5%，±10%中选取。

5. 直流电压分压比试验

分别在 0.1p.u.和 1p.u.的额定直流电压值下测量直流电压分压比，测量的直流电压分压比与额定分压比的误差应满足工程规定的准确级要求。

表 8－10 为电子式直流电压互感器标准准确级，电子式直流电压互感器一般按照 0.2 级进行误差试验。

表 8－10　　电子式直流电压互感器电压误差

准确级	在下列测量范围时，电压误差±（%）			
	0.1p.u.	0.2p.u.	1.0p.u.	1.0p.u.～1.5p.u.
0.1	0.4	0.2	0.1	0.3
0.2	0.75	0.35	0.2	0.5
0.5	1.5	0.75	0.5	1.0
1.0	3.0	1.5	1.0	3、5、10

8.8.2 电子式直流互感器的型式试验及特殊试验

对于电子式直流电流互感器，型式试验应包括但不局限于下述试验项目。其中准确度试验应在短时电流试验和绝缘试验前后分别进行。

电子式直流电流互感器的型式试验项目包括短时电流试验、温升试验、雷电冲击电压试验、操作冲击电压试验、直流耐受电压试验和局部放电测量、极性反转试验、低压器件的耐压试验、无线电干扰电压测量、准确度试验、阶跃响应试验、频率响应试验、干热试验、湿热试验、温度循环试验、人工污秽试验、电磁兼容试验、防护等级的验证和数字量输出的补充型式试验。

电子式直流电流互感器的特殊试验项目包括抗震试验和机械强度试验。

电子式直流电压互感器的型式试验项目包括绝缘试验（应对装配完整的分压器进行雷电冲击耐受电压试验、操作冲击耐受电压试验、直流干/湿耐受电压试验、极性反转试验及局部放电测量）、无线电干扰电压测量、人工污秽试验、密封试验、电容和介质损耗因数的测量、高压支路电阻的测量、直流电压分压比试验、暂态响应试验、频率响应试验、低压器件冲击耐压试验、电磁兼容性（EMC）试验、数字量输出的补充型式试验和防护等级的验证。

电子式直流电压互感器的特殊试验项目包括污秽条件下垂直套管人工淋雨闪络试验、机械强度试验和抗震试验。

下面对部分型式试验进行说明。

1. 准确度试验

电子式直流电流互感器在环境温度－40℃、＋20℃和＋85℃时分别进行准确度试验。

在一次电流为 0.1p.u.～1.2p.u.直流电流情况下，进行准确度试验。对于采用分流器的直流测量装置，可通过对一次转换器施加测量电压的方式验证产品的大电流测量性能，测量电压至少应选取对应于额定一次直流电流的±1p.u.、±1.2p.u.、±2p.u.、±3p.u.、±6p.u.的电压。准确级要求见表 8－9，通常选取 0.2 级。

2. 直流电压分压比试验

在电子式直流电压互感器量程内，在高压端施加从零到量程所允许的最大电压进行高压端和低压端之间的直流电压分压比的测量。测量应在两种极性下进行，对于每一种极性的电压，应在 5 个以上大约等距的电压水平上进行测量。测量在（－40～85）℃温度变化范围进行。

在进行所有电压分压比测量时，被测的电压测量装置应带有电气负荷，包括连接在其低压端的过电压保护元件。试验中的电气负荷应与受测电子式电压互感器在现场所带的负荷等效。

测量的直流电压分压比应满足准确级要求，准确级要求见表 8－10，通常选取 0.2 级。

3. 阶跃响应试验

在一次电流发生以下要求的阶跃变化时记录电流测量结果。

0p.u.　　到　0.1p.u.

0.1p.u.　到　0p.u.

并在二次转换器输入电压发生以下要求的阶跃变化时记录电流测量结果。

0p.u.　　到　1p.u.

1p.u.　　到　0p.u.

0.5p.u.　到　0.25p.u.

0.5p.u.　到　0.75p.u.

测得的电流曲线应满足：

最大过冲：＜20%；

上升时间（达到阶跃值 90%的时间）：＜250μs；

＜100μs（柔性直流输电系统适用）；

趋稳时间（幅值偏差不超过阶跃值 1.5%）：＜5ms。

4. 暂态响应试验

系统的暂态响应通过阶跃电压响应进行测定。在电子式直流电压互感器的高压端施加测量范围 10%以上的一个阶跃电压，在输出端测量输出电压曲线。测得的输出电压曲线应满足：

响应时间应：≤250μs；

≤100μs（柔性直流输电系统适用）。

5. 频率响应试验

（1）电子式直流电流互感器。测试其对频率为 1200Hz 及以下的正弦输入信号的幅值和相位的测量误差，可以仅在 50Hz 以及 50Hz 的偶次谐波频率下进行试验。

50～300Hz：施加方均根值为不小于 10% I_r 对应的正弦输入信号。

300～1200Hz：施加方均根值为不小于 5% I_r 对应的正弦输入信号。

对 50～1200Hz，幅值误差不超过 3%，相角误差不超过 500μs。

（2）电子式直流电压互感器。在测量装置输入端分别施加频率为 50Hz、100Hz、200Hz、300Hz、400Hz、500Hz、600Hz、700Hz、800Hz、900Hz、1000Hz、1200Hz、2000Hz 和 3000Hz 的正弦波试验电压，进行频率响应特性测量，测量包括交流电压幅值（交流变比）和相位。

输入电压可采用正弦波信号，或采用经用户同意的信号波形，试验输入电压值大于 1kV（方均根值）。

测得的频率响应特性应满足：

1）频率（50～3000Hz）响应精度：幅值误差≤3%，相位误差≤500μs。

2）截止频率（－3dB）：≥3kHz。

6. 干热试验

电子式直流电流互感器进行干热试验。对于分流器与一次转换器：－40℃及＋85℃，分别进行试验；对于安装在户内的二次转换器：＋55℃。持续时间均为 16h。

如果测量误差保持在要求的范围内，并且二次转换器的联锁信号正常，则试验通过。

7. 湿热试验

针对电子式直流电流互感器的户外部分进行湿热试验。温度为 40℃，温度容许偏差范围为±2℃，相对湿度 93%，湿度容许变化范围为－3%～＋2%，持续时间为 96h。如果测量误差保持在要求的范围内，并且联锁信号正常，则试验通过。

8.8.3 电子式直流互感器的现场试验

1. 电子式直流电流互感器的现场试验

投运前根据招标文件上规定的现场试验进行试验，如无规定现场试验，可按照以下试验项目进行现场试验：

（1）外观检查。

（2）测量绝缘电阻。绝缘试验前后均应进行本项试验。测量一次端子对接地端的绝缘电阻，绝缘电阻不应小于 1000MΩ。

（3）极性检查。检查极性是否与端子标志相一致。

（4）准确度测量。根据现场的试验条件选择合适的试验电流值，一次回路按试验电流值的大小调节升流器的输出电流，利用标准电流互感器及电子式互感器校验仪检查准确度是否满足要求。如果不满足要求，则通过参数配置软件对误差进行调节。

（5）光路检查。合并单元供电后，应检查光纤光路工作是否正常。

（6）直流耐压试验。试验电压为例行试验时的 80%，持续时间 5min。

2. 电子式直流电压互感器的现场试验

现场试验应包括但不限于下述项目：

（1）外观检查。

（2）测量光电流（适用时）。连接好所有的光缆（从电子式直流电压互感器连接到对应的控制保护测量屏柜或合并单元），安装好激光防护盖子，启动测量屏柜。输入端施加不小于10%额定直流电压，在测量屏上测量光电流。试验通过的判据为测得的光电流值不大于设备手册要求的限值。

（3）直流分压比检查。一次侧施加试验电压（不小于 10%额定直流电压），检查二次控制保护系统测量值，包括极性检查和幅值检查。检查结果应满足设备技术条件要求。

（4）直流耐压试验。在一次侧端子上施加直流电压，试验电压值为型式试验中试验电压值的 80%，持续时间 5min。

（5）密封性能检查。对充 SF_6 气体的电子式直流电压互感器，应定性检测有无泄漏点，有怀疑时进行定量检漏，年漏气率小于 0.5%。

（6）绝缘介质性能试验。套管中的绝缘介质性能试验一般情况下可不进行，但对绝缘性能有怀疑时，应依据 GB 50150《电气装置安装工程电气设备交接试验标准》检测绝缘介质性能。

8.9 电子式互感器的安装、维护、故障诊断及处理

电子式互感器现场安装、维护并无统一标准，本节结合工程经验对电子式互感器现场安装、维护等工作进行了整理，供使用单位参考。

8.9.1 电子式交流互感器的安装

1. 开箱

仔细查看包装箱标志牌上标明的箱号及重量，然后选择合适的起重机和吊绳进行吊装，吊装到合适位置后开箱，开箱时需应遵循以下原则：

（1）开箱后根据包装箱清单检查包装箱内零部件数量是否正确，保护是否完好，有无锈蚀和机械损坏。

（2）如果遇阴雨、风沙天气，最好不要开箱。如果必须开箱，请务必搭棚遮盖，或在室内进行。

（3）拆除包装箱时要小心谨慎，注意不要损坏产品。

（4）搬运产品时要适当垫木块或软布。对于关键零部件、专用工具和辅消材料，应使用塑料薄膜衬底并覆盖。

（5）SF_6 密封部件不可粘染任何灰尘，也不能有任何损坏。

（6）任何阀门不得随意拧动。

（7）在安装前，产品的包装盖板不得拆除。

2. 安装

（1）一次设备安装。GIS 用电子式电流互感器或电子式电流电压互感器出厂前已与 GIS

组装在一起，现场不需要单独安装，电子式电流电压互感器现场安装图如图 8－51 所示。

图 8－51 GIS 用电子式电流电压互感器安装图（山西长风商务变压器）

GIS 用电子式电压互感器与 GIS 分别包装运输，现场需要进行安装。首先将电子式电压互感器和 GIS 分别进行清理，将电子式电压互感器与 GIS 电压互感器接口进行对接，保证密封面的密封性，最后将充气管道安装在电子式电压互感器上，其安装图如图 8－52 所示。

图 8－52 GIS 用电子式电压互感器安装图（山西长风商务变压器）

AIS 用电子式互感器安装时，采取垂直吊装方式，将产品放到预留支架基础上，采用螺栓进行固定，其现场安装如图 8－53 所示。

图 8－53 AIS 用电子式电流互感器现场安装图（四川泰兴工程）

（2）二次设备安装。对合并单元要轻拿轻放，安装在合并单元屏柜中。

3. 接地

将电子式互感器接地点与变电站接地系统进行连接。

4. 充气

电子式互感器 SF_6 气体运输压力为微正压，现场不需要再抽真空。但注入 SF_6 气体前，首先要检查一下 SF_6 气体压力表，如果压力表值正常，即可充气，否则应对电子式互感器进行真空处理，当真空抽至133Pa以下时，才可进行充气。

抽真空步骤：在设备的充气口与真空泵间接好充气管，在检查完成泵的转向后启动真空泵，确认气道无泄漏后再开启产品上的阀门；在真空度达到133Pa（1mmHg）后继续抽30min；当停机时，应先关上通向真空泵的阀门，严防真空泵油倒入设备中。

充 SF_6 气体步骤：首先连接气瓶与充气管，利用气瓶内气体压力，吹除充气管管道内的空气；然后连接充气管接头与设备的充气口，并紧固；之后调节好气瓶减压阀和阀门，观察产品的 SF_6 压力表，当表压达到规定的压力值后并略高0.02～0.03MPa，先关闭设备充气口阀门，再关闭气瓶阀门和减压阀；最后取下充气管接头，安装设备充气口阀门盖板（小心密封圈脱落），充气工作完成。

5. 配线

按照现场二次接线图对电子式互感器进行配线，将电缆、光缆进行安装。

6. 一次导体连接

将电子式互感器接线端子与系统其他设备进行连接。

7. 调试

为电子式互感器供电，检查电子式互感器工作是否正常。

8.9.2 电子式直流互感器的安装

根据工程需求电子式直流互感器可选择不同的安装方式，通常分为支柱式安装和悬挂式安装两种。

支柱式电子式直流互感器需按照以下步骤进行安装。

1. 安装前检查

本产品装箱运输时，电子式互感器一次本体、均压环和合并单元都是单独装箱。在各自开箱后，应检查各部件有无破裂、损伤，产品铭牌、合格证是否与订货单相符，装箱清单是否与实物相符，检查合格后再清理表面灰尘污垢，以待备用。

2. 安装

（1）吊运。产品放置在坚固的包装箱内，转运时按产品和包装箱上标志的运输方向吊装或运输。拆除包装箱时要小心谨慎，注意不要损坏产品。在用起重设备将产品吊出包装箱的过程中，必须使用吊带（不能使用钢丝绳），采用单钩双吊点方式，应缓慢匀速，切忌间歇性加速或加力，在吊运的过程中防止损坏复合绝缘子伞裙，转运吊装示意图如图8－54所示。

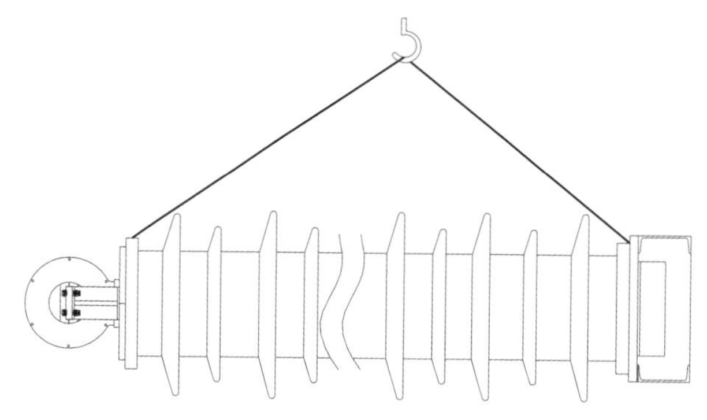

图 8-54 转运吊运示意图

（2）安装一次本体。产品在出厂时，除均压环外，已经组装完成。安装前应对产品进行全面检查，证实产品完全无损后方可进行安装。

根据产品大小将一次本体采用单钩或双钩方式垂直吊起，要求吊运平稳，应避免间歇吊运，时刻关注吊绳及吊钩，不允许吊绳和吊钩有任何松动。吊运时产品下面严禁人员走动。

通过底座上的安装孔将电子式直流互感器直接固定于现场的基座上，将高压侧均压环安装在产品头部；将一次本体接线板串接到变电站一次回路中。产品现场安装如图 8-55 所示。

(a)

(b)

图 8-55 安装在金中工程金官站的 500kV 支柱式电子式直流互感器

（a）电子式直流电流互感器；（b）电子式直流电压互感器

（3）安装光纤熔接盒或远端模块箱。对于电子式直流电流互感器，低压侧需安装光纤熔接盒；对于电子式直流电压互感器，低压侧需安装侧挂式远端模块箱。

（4）底座接地。在电子式互感器底座上标有接地符号，该符号旁有专用的接地连接端子，用接地导体连接接地连接端子和变电站接地系统。

（5）充气。当产品为气体绝缘设备时，需按照充气操作规程充入额定压力绝缘气体。

（6）安装二次设备。将装有合并单元的屏柜安装在控制室。

（7）二次配线。按照二次接线图给合并单元屏柜配线；铺设一次本体与合并单元屏柜之间的光缆；铺设合并单元屏柜与光纤汇控箱、二次保护装置、二次故障录波设备等其他二次设备之间的光缆并进行连接；按照二次接线图完成合并单元与电源之间、合并单元与一次本体之间、合并单元与后台二次设备之间、合并单元与地之间、屏柜与地之间电缆及光缆的连接。

3. 光纤熔接

将一次本体和与合并单元屏柜之间的光缆分别与一次本体下端光纤和二次屏柜的光纤汇控箱的光纤进行熔接。

悬挂式电子式直流互感器通常为电子式直流电流互感器，与支柱式电子式直流互感器安装的区别在于一次本体的安装。当安装一次本体时，先将一次本体与均压环固定在一起，然后吊装到一次母线上固定，最后将一次本体低压侧固定到低压侧下端的支柱上，如图8－56所示。

图8－56　悬挂式电子式直流电流互感器安装图

8.9.3　电子式互感器的维护

电子式互感器投运后，应进行必要的运行检查、定期维护和检修。电子式互感器检查和维护的重点应以绝缘状态、电子线路工作状态、光通信线路传输性能变化、辅助电源系统的运行状态为主。鉴于目前尚无电子式互感器维护的相应标准，因此本书涉及的项目仅作为一种建议，供使用单位参考。

1. 投运后的巡视

（1）巡视周期。新投运电子式互感器设备首先应监视运行，未发现异常后，转入正常巡视。监视运行期间，应执行有人值守电站工作规程，及时处理异常情况。转入正常巡视后，应有定期的人工巡视，无人值守电站每周至少人工巡视一次，根据运行状态逐渐转入无人值守运行。在高温、高湿、气象异常、高负荷、自然灾害期间及灾后，应及时巡视。

（2）巡视项目。

1）外观是否完好，一次连接点是否有发热、变色、跳火，外露接点是否有锈蚀发展趋势，产品是否倾斜。

2）电子式互感器外绝缘表面是否清洁，有无裂纹、积灰、污秽、油污及放电现象或留有放电痕迹，在夜晚进行巡检时，注意外绝缘是否有放电火花。

3）检查接线盒、光纤熔接箱是否进水。

4）有无异常振动、异常声音、异常气味，接地螺栓是否因振动而松动。

5）与电子式互感器有关的输出（测量值、保护值、绝缘气体压力值、合并单元屏柜温度、湿度）是否在正常范围。

6）合并单元运行是否正常，装置界面上的“运行”和“采样”显示灯是否保持常亮状态，“同步”灯是否常亮，“告警”灯是否不亮。

7）外露的通信线路连接是否完好无损。

2. 投运后的检修

电子式互感器的检修分为小修和大修，电子式互感器的电子器件的调整、外表面的清理、补漆、金具更换、连接紧固等操作属于小修范围，可在现场进行。电子式互感器的内部传感部件、采集器、合并单元、绝缘支撑件的整体更换或解体维修属于大修范围，可根据故障情况在大修车间或返厂维修。

（1）检修周期。

1）小修1～3年一次，结合预防性试验（或年检）一起进行，可根据电站所在地污染程度、气候条件、自然灾害、负荷大小确定。

2）大修无固定周期，可根据预防性试验结论及运行情况决定。

3）临时性检修应视运行中问题严重程度确定。

（2）检修项目。

1）外观结构检查及绝缘清理。

2）检查一、二次接线，紧固固定螺栓、接地螺栓。

3）更换损坏金具。

4）对脱漆面补漆。

5）对二次输出值不正常的电子式互感器进行校验和重新调准。

6）对运行或试验中不正常电子器件、模块进行维修或更换。

7）对有问题的通信线路进行检修或更换。

8.9.4　电子式互感器的故障诊断及处理

电子式互感器同样存在常规互感器的问题，如一次连接不良、二次设备掉电等故障，本节不再赘述，仅针对电子式互感器常见的一些故障进行分析。

1. 电子式交流互感器的常见故障及处理方法

（1）GIS中快速暂态过电压（VFTO）现象所引起的故障及处理。

随着 GIS 运行电压和 SF_6 气压的提高，因隔离开关、接地开关和断路器的例行操作和其他原因会导致发电机出口断路器（GCB）动作，而引起的快速暂态过程将更会明显和严重，可能形成若干不良影响。尤其是由隔离开关切合空载母线的例行操作，因其操作的概率和频数大，操作周期长，分合闸时间最长可达几秒钟，并且动、静触头之间会发生上百次的电弧击穿与重燃，产生的高频脉冲信号数量有上千次，脉冲频率从几千赫兹到几兆赫兹，造成 VFTO 现象不可避免。

110kV 以上的 GIS 大都采用同轴布置，当 VFTO 沿 GIS 母线导管传输时，最终都要经其壳体返回并注入接地系统构成回路，导致地电位的暂态升高，形成暂态电磁场，对 GIS 周围空间的弱电设备，如电子式互感器的采集单元产生干扰，对二次信号线产生干扰，从而导致电子式互感器的输出波形产生毛刺，造成差动保护动作，引起 GIS 跳闸。

解决 VFTO 对有源式电子式互感器影响的措施如下：

1）降低一次设备外壳接地电阻。经测试，某种型号电子式互感器外壳通过 1 根 $100mm^2$ 铜带接地，测得最高暂态快速过电压幅值约为 28kV；当通过 2 根 $100mm^2$ 铜带接地时，测得最高暂态快速过电压幅值约为 18kV。因此可通过加强接地，降低 GIS 设备外壳至地网之间的电感值，使快速暂态过电压快速引入地网以降低作用于电子式互感器设备上的过电压幅值。

2）设置过电压抑阻装置。在电子式电压互感器一次本体输出端和二次回路间串接突变过电压抑阻装置，承受暂态过电压，防止突变过电压对二次电路板的冲击，从而实现电子式互感器安全、可靠、高精度的测量。

3）提高采集单元与一次设备之间的绝缘水平。采集单元外壳与电子式互感器外壳在空气中的绝缘距离应大于互感器外壳可能出现的快速过电压要求的空气绝缘距离。

4）采集单元箱体置地。通过把采集单元箱体置地，降低暂态过电压的干扰。

（2）对地杂散电容所引起的故障及处理。

电子式电压互感器一次本体通过屏蔽线将信号传输到采集器，信号线的处理对电子式电压互感器的误差影响很大，信号线与采集器的连接可能通过中间接头，信号线焊接在中间接头的端子上，如果焊接质量不好，易积攒杂散电容，使低压臂的总电容发生变化而影响电子式电压互感器的输出精度，导致输出电压的暂降。针对这种情况，应检查输送信号屏蔽线，尤其检查接头处，是否有毛刺，在信号线与采集器之间尽量不要有中间接头。

（3）采集器供电不稳定。

有源电子式电流互感器在高压侧的采集器供电一般为线圈取电和激光供电两种方式，在线路电流达到线圈取电的要求值时，通过线圈取电，此时激光处于关闭状态；在线路电流没达到线圈取电的要求值时，由合并单元中的激光器通过光纤进行供电。工程应用中会出现采集器供电不稳定的情况，主要有以下几种原因：

1）激光功率不足，由于光纤损耗太大，激光器老化等原因，导致到达采集器的光功率不足，出现采集器供电异常。

2）对于线圈取电和激光供电切换问题，由于取能线圈的差异性，线圈取电和激光供电切换时留的裕度不够，导致采集器供电出现短时中断现象。

处理措施为降低采集器的功耗，严格控制光纤的质量，设计供电时保留足够的裕度。

（4）双 A/D 数据不一致。

按照 GB/T 14285《继电保护和安全自动装置技术规程》规定："除出口继电器外，装置内的任一元件损坏时，装置不应误动作跳闸"。电子式互感器采用两路独立的 A/D 进行保护电流数据采样，通过合并单元对多路数据进行合并，送入保护装置，从而满足保护完全独立的要求。在工程实践中，两路独立的双 A/D 采样存在一些问题，影响后续的保护逻辑判断，或者网络报文分析仪的录波误启动。导致双 A/D 数据不一致的原因有几种：

1）积分电路的影响。因为罗氏线圈的特性，输出电压与 di/dt 成正比，后续的调理电路中一般增加硬件积分电路，由于零输入响应分量的存在和积分漂移，会导致输出信号叠加直流分量，而引发问题。

2）由于 A/D 采样的不同时，以及合并单元中的插值算法，导致两个通道存在时间上的差异，瞬时误差超出范围。

处理措施为：改进积分电路，减少输出的直流量；选择并行的 A/D 芯片，减少采样时序引起的误差。

2. 电子式直流互感器的常见故障及处理方法

（1）电子式直流电压互感器远端模块接地不良引起的故障及处理方法。

电子式直流电压互感器远端模块箱体中远端模块通过安装板固定在远端模块箱中，远端模块外壳通过安装板、远端模块箱与大地相连。通过试验证明，远端模块箱可靠接地，直流分压器输出正常；断开远端模块箱接地线，会使直流电压测量值比正常值大 6%左右；远端模块箱可靠接地，远端模块与远端模块箱之间绝缘，也会使直流电压测量值比正常值大 6%左右。通过上述试验结果可以确定，电子式直流电压互感器测量值偏高可能是远端模块箱接地不可靠或远端模块安装板与远端模块箱箱体之间导通连接不可靠引起的。

针对远端模块接地不良，采取的措施主要有：

1）将远端模块箱外壳与支架之间增加接地线连接。

2）在远端模块箱体内安装板与箱体之间增加专用接地线，确保安装板可靠接地。

3）将远端模块外壳与箱体之间增加软铜线连接，进一步增加远端模块接地的可靠性。

（2）局放引起的故障及处理方法。

电子式直流电压互感器是一种高精度电压测量设备，对局部放电比较敏感，反映在输出电压波形上，会有很多毛刺。

遇到这种故障采取的措施主要有：

1）检查电子式直流电压互感器附近其他设备对局部放电的影响，如某些设备高压侧管母接头连接松动、低压侧有尖角等，也会产生对空气放电，从而反映在直流电压输出波形中。

2）检查远端模块箱和低压臂，远端模块箱接地电阻需要控制在 1Ω左右，检查远端模块箱和低压臂接线有无松动，电路板焊接有无缺陷，低压臂电阻值、电容值是否正确。

3）检查分压器气室气体，检查有无放电成分。

4）检查高压臂，主要检查电阻值和电容值，连接部分是否有零部件松动，导致悬浮电位，检查零部件是否有放电痕迹。

第 9 章　直流工程用零磁通电流互感器

零磁通电流互感器是一种电磁式直流电流变换装置，用于直流输电系统换流站中性线及接地线路上的直流电流（包含交流分量）的测量。目前国内换流站使用的零磁通电流互感器原理基本相同。本章主要以 RITZ 公司生产的 EMVI 型零磁通电流互感器为例介绍它的工作原理、结构、试验、安装、调试、维护、故障诊断及处理（参考了 RITZ 公司公开的说明书：DC and AC Compensating Measuring Device－Type EMVI）。

9.1　直流工程用零磁通电流互感器的工作原理

将交流电流互感器看作一种自动控制系统，它包括检零和负反馈两个基本部分，两者互相配合使得电流互感器正常工作。

检零：检测一次电流与二次电流的磁动势差值，并输出用于控制的信号，且该信号与磁动势差值基本成正比关系。这是通过交流磁动势在铁心产生交流磁通，交流磁通在二次绕组感应交流电压来实现的。

负反馈：检零输出的信号（二次绕组的感应电压）在二次绕组和负载上产生二次电流，二次电流通过二次绕组匝数的作用形成二次磁动势，它与一次磁动势作用总是相反，使得合成磁动势减小，即产生了负反馈的作用。电流互感器的二次绕组断开，可认为无法产生负反馈，系统因而无法正常工作。

很显然，普通电流互感器无法用于变换和测量直流电流。根本原因在于，直流电流在铁心中产生直流磁通，而直流磁通无法在绕组中感应电压，进而无法在二次绕组中产生电流。即普通电流互感器变换直流电流时无法检零，进而无法负反馈。

通过以上分析，如果解决了直流磁通的检测问题，就有可能设计电磁式直流电流互感器。

9.1.1　直流磁通检测器

检测直流磁通最直接的方式是采用霍尔传感器。这种传感器的输出电压与它感受到的磁电场强度度成正比，因此它可以作为一种直流、交流磁通检测器。

在铁心内切开一个气隙，放入一个霍尔传感器，接入辅助电路，如图 9－1 所示，即为一种简单的霍尔检零式零磁通电流互感器。霍尔传感器检测铁心内磁通的大小，并输出相应电压信号，

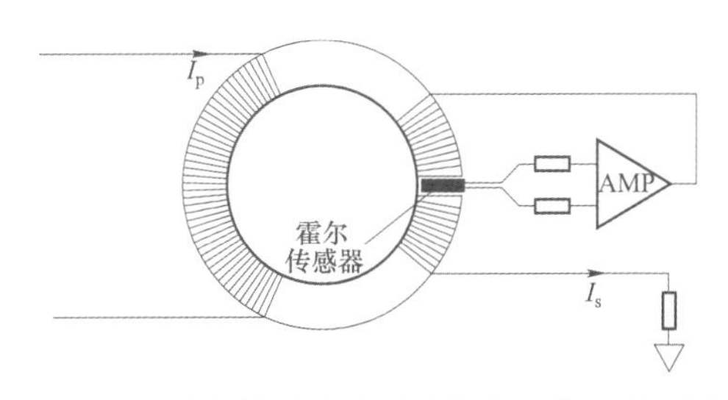

图 9－1　霍尔检零式零磁通电流互感器原理图

驱动后级功率放大器（AMP）输出二次电流，使得一次电流和二次电流在铁心内产生的磁动势大小相等、方向相反，完成了被测电流的比例变换。由于放大器具有极高的电压放大倍数，霍尔传感器输出极小的电压即可维持系统的平衡，因此铁心内几乎为零磁通状态。

霍尔检零式零磁通电流互感器在冶金行业中得到广泛的应用。由于霍尔传感器易受温度和外磁场影响，长期可靠性和准确度相对较低，因此没有在直流输电系统中使用。

双铁心调制解调器是普遍使用的另一种直流磁通检测器。依据其调制解调原理的不同，又可细分为偶次谐波原理、峰差解调原理、峰值检测原理等。这里介绍直流输电系统用零磁通电流互感器所采用的峰值检测原理。

考虑如图 9－2 所示一个简单的峰值检测式直流磁通检测器原理电路。

在铁心上绕制一个励磁绕组，给它施加方波电压励磁 U，绕组内将流过电流 I，电阻 R 上的压降 U_R 代表了流过绕组的电流。调节励磁电压的幅值和频率至合适值，U 和 U_R 的波形如图 9－3 所示。

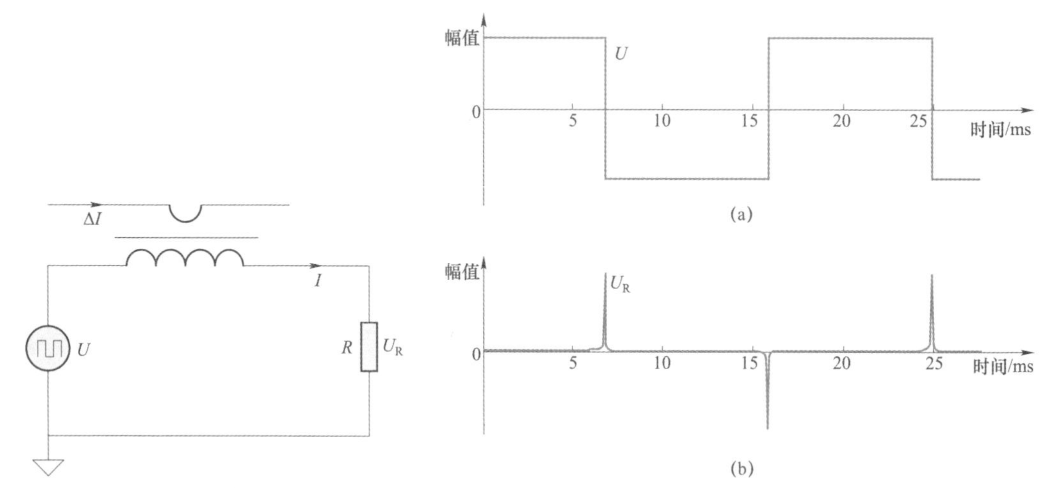

图 9－2 峰值检测式直流磁通检测器原理电路图

图 9－3 峰值检测式直流磁通检测器关键参量波形图 A（方波励磁）
（a）励磁电压波形；（b）励磁电流波形

励磁电流在每周期内出现一个正峰和一个负峰。该现象可简单解释如下：如图 9－3a 所示，施加交流方波励磁电压后，铁心内磁通匀速上升，绕组感应电压约等于外加电压，铁心绕组等效为高阻抗，励磁电流非常小。当铁心达到饱和时，铁心绕组等效为低阻抗，励磁电流迅速增大，在采样电阻 R 上产生如图 9－3b 中所示的脉冲电压。方波电压变为负值后，电路各参量变化过程分析与正方波电压相同，励磁电流会产生一个负峰。理想情况下，励磁电流的正、负峰值相同。

如果对峰值检测式直流磁通检测器再分别施加正、负直流电流ΔI（图 9－2 中的ΔI，称为“净安匝”），U_R 的波形如图 9－4 所示。

由图 9－4 可以看到，对峰值检测式直流磁通检测器额外施加“净安匝”时，其输出电压（励磁电流在电阻上的压降）的正、负峰不再对称。“净安匝”在一定幅值范围内，检测器输出电压峰值的变化量与施加的“净安匝”大小成正比，且与其方向有关联。这表明，如图 9－2 所示电路具有直流磁通的检测能力。

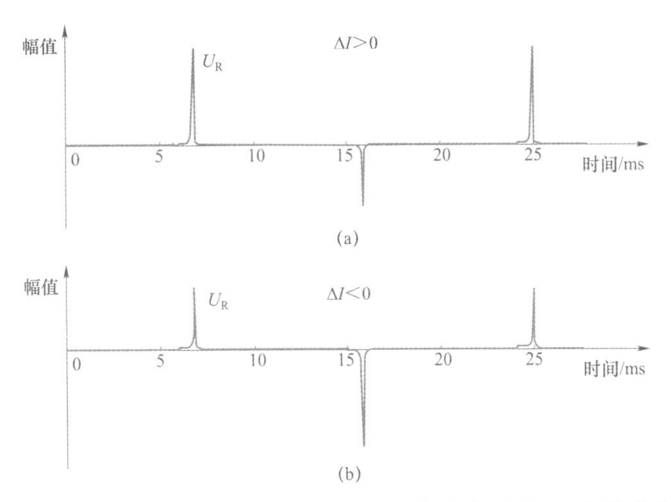

图 9－4　峰值检测式直流磁通检测器关键参量波形图 B（方波励磁）

（a）“净安匝”为正时的励磁电流波形；（b）“净安匝”为负时的励磁电流波形

采用正弦波励磁电压时，这种直流磁通检测器的励磁电压和励磁电流波形如图 9－5 所示。

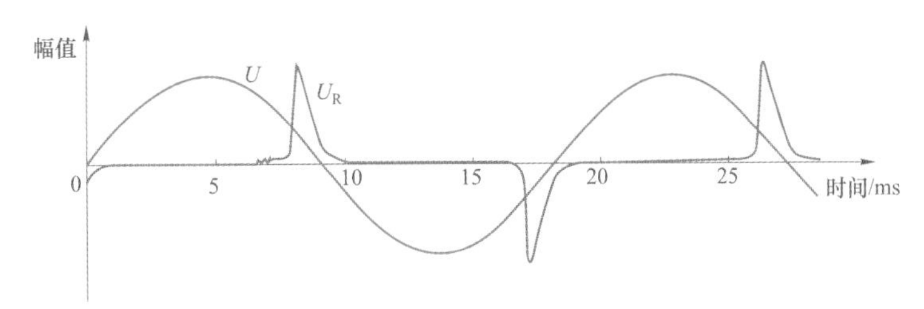

图 9－5　峰值检测式直流磁通检测器关键参量波形图（正弦波励磁）

由以上分析，为了检测直流磁通，这种检测器具有以下几种特征：

（1）需要从外部电路施加交流励磁电压，该励磁电压既可以是方波，也可以是正弦波或三角波。事实上，绝大部分零磁通电流互感器都需要外部电路给铁心施加辅助交流励磁。

（2）在励磁电压的每个周期内，铁心在特定的相位角下进入饱和状态，并稳定地维持一定时间；为了使得铁心能够进入稳定的饱和状态，励磁电压的幅值必须足够高，频率也应具有适当的稳定性。

虽然具体电路实现可能不同，不同厂家生产的零磁通电流互感器均采用类似原理的直流磁通检测器。采用该检测器并借鉴图 9－1 所示霍尔检零式零磁通电流互感器的思想，即可构成峰值检测式零磁通电流互感器。

9.1.2　EMVI 型零磁通电流互感器

以 RITZ 公司生产 EMVI 型零磁通电流互感器为例，介绍零磁通电流互感器的工作原理，如图 9－6 所示，其他公司（例如 HITECH）的产品原理与其基本相同。为方便读者阅读国外产品说明书，本章后文相关示意图采用符号“▬”表示绕组，“＝”表示环形铁心，我国一般采用波浪线表示绕组。

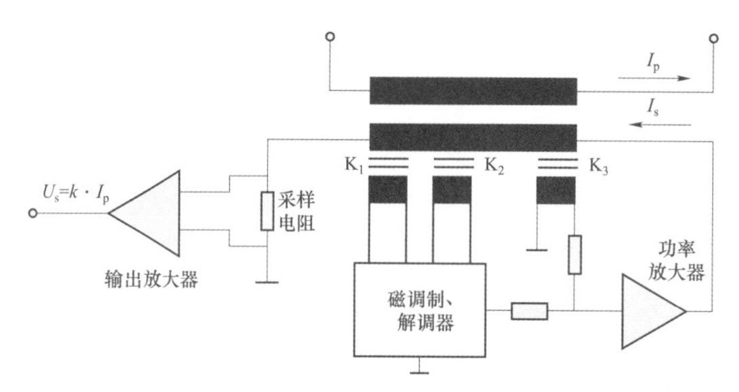

图 9－6　EMVI 型零磁通电流互感器工作原理示意图

铁心绕组部分主要包含以下几部分，直流检测线包 K_1、K_2，交流检测线包 K_3，二次绕组（流过二次电流 I_s）和一次绕组（流过一次电流 I_p）。直流检测线包 K_1 与磁调制、解调器的原理在 9.1.1 中进行了介绍。线包 K_1 和 K_2 的铁心、绕组参数完全相同，从基本工作原理的角度，不需要直流检测线包 K_2。它与 K_1 一起接到电子单元中的交流励磁源，不过绕组的极性相反。交流励磁电流在这两个铁心中产生的磁通方向也相反，这可以避免在二次绕组中产生过高的感应电压。因此线包 K_2 的重要作用是抑制调制铁心 K_1 在二次电流中产生的噪声，与线包 K_1 一起构成直流磁通检测器，线包 K_3 是一个交流磁通检测器。

该零磁通电流互感器工作原理可简述如下：一次电流 I_p 和二次电流 I_s 合成“净安匝”的残余磁动势作用于三个线包 K_1、K_2 和 K_3，K_1、K_2 检测直流残余磁通，K_3 检测交流残余磁通，产生的信号叠加后进入功率放大器输入，功率放大器输出驱动二次绕组产生和调整二次电流 I_s，使得一次电流 I_p 和二次电流 I_s 合成后的残余磁动势接近为零，互感器工作于正常的、零磁通状态。与普通电流互感器相同，一次电流与二次电流之比等于其一次绕组、二次绕组匝数的反比。二次电流 I_s 流过采样电阻，其压降信号进入差分放大器变为单端的电压输出。输出电压大小与一次电流成正比关系，用 k 表示。

$$U_s \approx kI_p \tag{9-1}$$

值得注意的是，零磁通电流互感器虽然主要用于直流电流的测量，但它也具有交流电流的变换能力，这源于其优良的频率响应特性，一般带宽均高于 10kHz。高带宽的主要作用除了响应一次电流中的高频分量，还能够快速跟踪一次电流的变化，真实还原故障电流的波形，维持系统稳定性。

9.2　直流工程用零磁通电流互感器的结构

由 9.1 中原理所述，零磁通电流互感器包括一次传感器、二次电子单元和连接电缆 3 个部分。下面重点介绍一次传感器和二次电子单元。

9.2.1　一次传感器

零磁通电流互感器的一次传感器包括铁心绕组和主绝缘构件。与普通电流互感器相比，铁心多、绕组多、配置复杂，而在主绝缘结构上并无太大原理性的区别，这里不过多讲述。

图 9-7～图 9-9 为 RITZ 和 HITECH 公司生产的几种零磁通电流互感器的一次传感器。

图 9-7　中性线上的零磁通电流互感器一次传感器（RITZ）

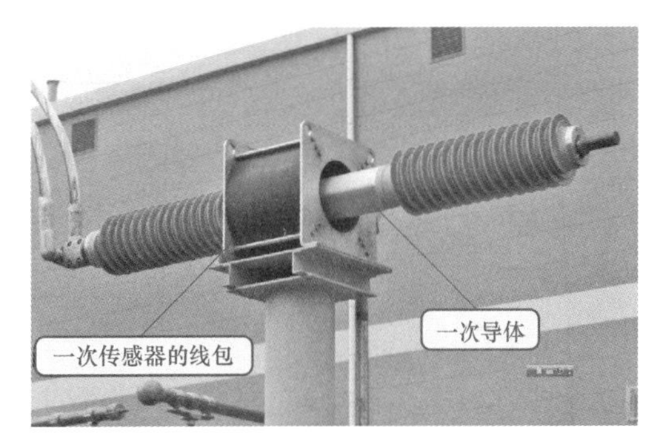

图 9-8　中性线上的零磁通电流互感器一次传感器（HITECH）

图 9-7 所示的一次传感器的主绝缘结构与普通倒立式电流互感器类似，而图 9-8 和图 9-9 所示结构则采用高压套管实现一次与二次的绝缘。

每一个传感器内可能包括几组独立的铁心绕组，每一组连接一个二次电子单元，构成互为备用的冗余结构。

图 9-6 的原理图只给出了铁心绕组的配置示意图，实际结构为厂家技术秘密，不对外公开，一种可能的铁心结构示意图如图 9-10 所示。

图 9-9　阀厅内的零磁通电流互感器一次传感器（HITECH）

在直流检测铁心和交流检测铁心上分别绕制励磁绕组和检测绕组，构成了直流检测线包 K_1、K_2 和交流检测铁心线包 K_3，然后装入由若干铁心构成的屏蔽铁心内，整体绕制两个完全相同的二次绕组（正常工作时二者并联以增大绕组截面积，测试时其中一个二次绕组当一次绕组使用）即完成了线包的加工。而一次绕组一般由穿心母线构成单匝结构。

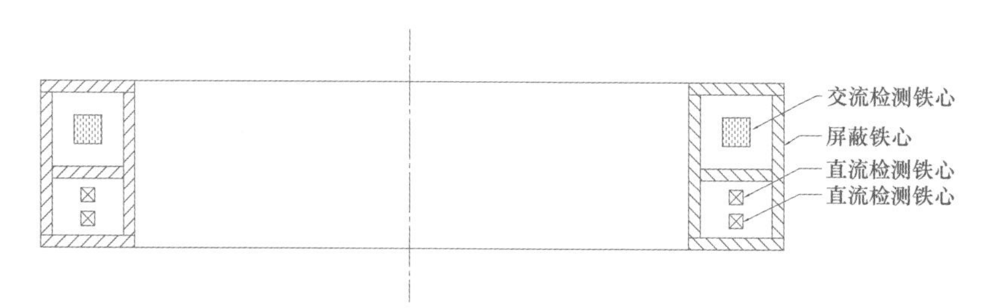

图 9-10 一种零磁通互感器铁心结构示意图

9.2.2 二次电子单元

图 9-11 为 RITZ 公司生产的二次电子单元外观照片。

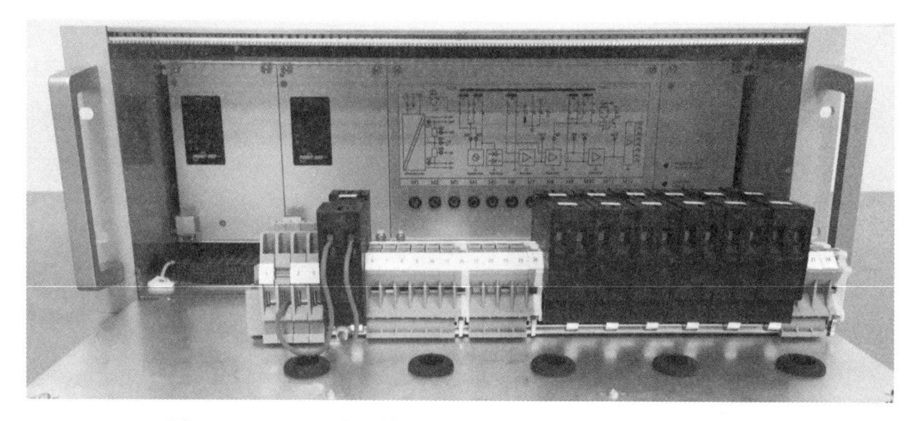

图 9-11 RITZ 公司的二次电子单元（EMVI 714EZ 型）

不同厂家的二次电子单元模块的内部组成大致相同，RITZ 公司的电子单元开放了更多的测试接口。以该电子单元为例，介绍零磁通电流互感器电子单元的内部基本组成。依据设备说明书，EMVI 714EZ 型电子单元的原理示意图如图 9-12 所示。

如图 9-12 所示，该电子单元主要包括三个可插拔模块及若干 PCB 电路板组成。

1. SE1

这是一个可插拔模块，包含控制、监测、精密分流器和输出放大等功能。

（1）励磁信号发生器（Excitation Gen.）。又称为振荡器（Oscillator）。该电路产生正弦波信号，用于励磁两个直流检测线包 K_1（N1 绕组）和 K_2（N2 绕组）。励磁电流经过连接电缆流入 N1 绕组的 2 端和 N2 绕组的 3 端，然后分别从 N1 绕组的 1 端和 N2 绕组的 4 端流回信号发生器。它包含一个可在外部进行幅值调节的电位器（Ampl. Adjust），用于将励磁电流的幅值调整至合适的值。一般在互感器首次安装调试时，更换连接电缆后或更换一次传感器后，应根据说明书，将励磁电流调整至规定的幅值。

（2）峰值检测器（Peak Detect）。用于检测流入 N1 绕组励磁电流的峰值。该部分电路的输出信号的大小表征了直流检测线包内残余直流磁通的大小。它包含一个可在外部进行失调电压调节的电位器（Offset Adjust）。当互感器安装完成，且无一次电流时，可利用该电位器调节功率放大器（Power Ampl.）的输出电压至接近于零值，此时互感器的零位误差最小。

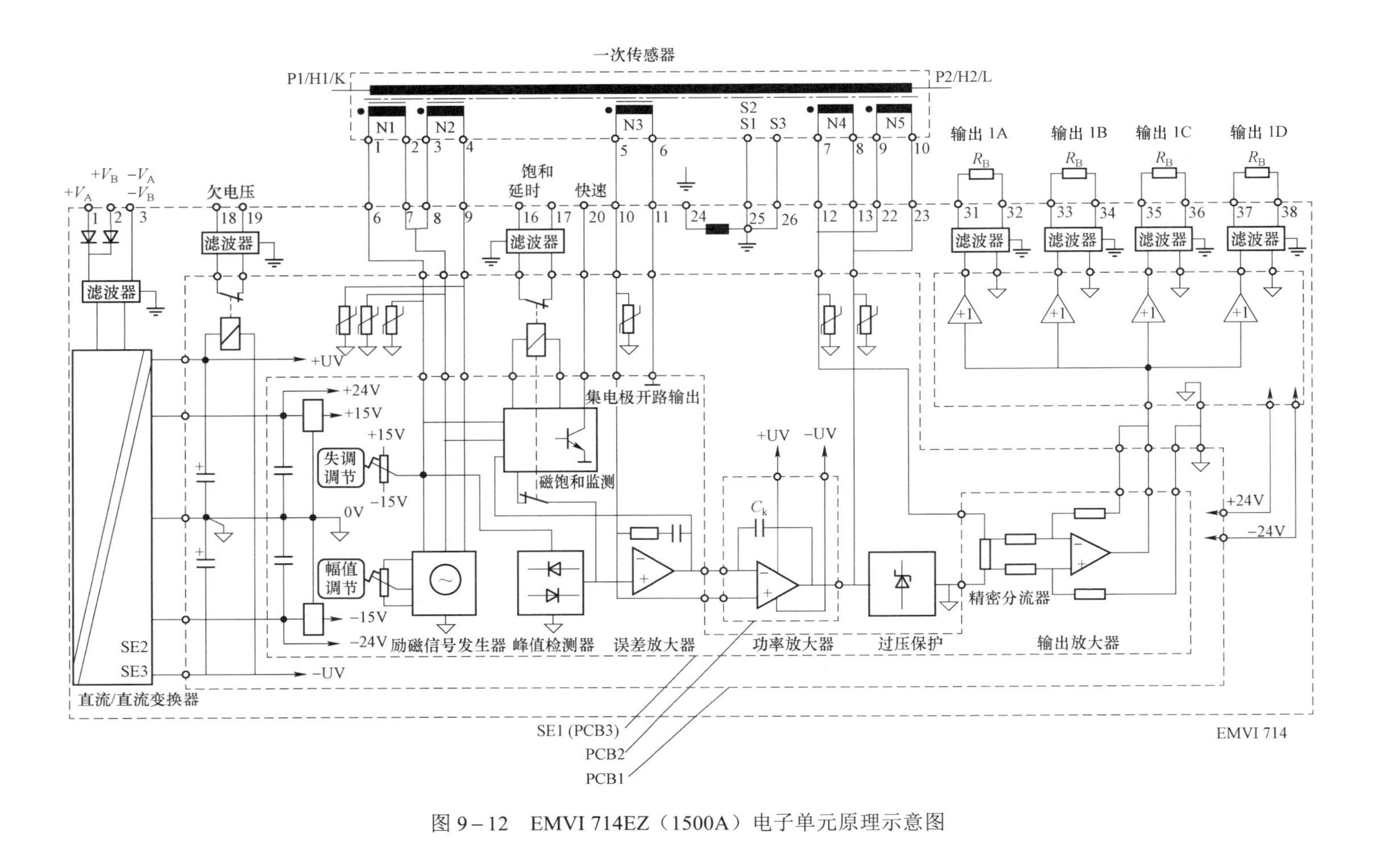

图 9－12　EMVI 714EZ（1500A）电子单元原理示意图

（3）误差放大器（Error Ampl.）。该部分电路将来自直流检测器和交流检测器的信号进行合成、滤波和放大，并供给后级功率放大电路。一次电流为零时，该部分输出电压为零。

（4）磁饱和监测（Monitoring）。该部分综合交流励磁信号、励磁电流信号和误差放大器输出信号来判断铁心是否处于非正常饱和状态，当检测到饱和时，通过继电器使得电子模块输出的16、17节点断开，给出磁饱和信号。互感器正常工作时，16、17节点闭合。

（5）精密分流器（Shunt）。功率放大器输出的二次电流流过分流器产生压降，该压降表征了二次电流的大小。

（6）输出放大器（Output Ampl.）。这是一个差分放大器，将分流器输出的压降转换为单端电压并进行放大，将互感器的转换系数调整至额定值，例如1.667V/1500A。

2. SE2/SE3

这是两个可插拔DC/DC模块，将直流110V电源变换为可供内部电路使用的各种电源，例如，±24V和功率放大器使用的双极性电源。

3. 功率放大器（Power Ampl.）

该部分接收来自误差放大器（Error Ampl.）的信号，进行功率放大，为二次绕组提供二次电流。功率级通常安装于厚重的散热片上，以利于功率放大器的散热。

4. 保护板

该保护板包含各种过电压保护器件，主要用于防止各种暂态过程绕组产生的过电压可能对电子模块的损坏。该部分还提供欠电压（Under-Voltage）监测功能。当检测到电子模块内部电压过低时，通过继电器使得电子模块输出的18、19节点断开，给出欠电压信号。互感器正常工作时，18、19节点闭合。

5. 多路输出级（Multiple Output Stage）

输出放大器（Output Ampl.）输出的电压通过4个缓冲放大器（增益为1）作为零磁通电流互感器的最终输出，一共4路，输出节点为31、32、33、34、35、36、37、38。其中节点32、34、36、38为输出的低端。

9.3 直流工程用零磁通电流互感器的试验

零磁通电流互感器的试验一般包括例行试验、型式试验、现场交接试验及后续的状态检修试验。例行试验、型式试验见相关标准，本节重点讲述现场交接试验和状态检修试验，参照的标准包括：GB/T 26216.2《高压直流输电系统直流电流测量装置 第2部分：电磁式直流电流测量装置》；GB 50150《电气装置安装工程电气设备交接试验标准》；Q/GDW 1168《输变电设备状态检修试验规程》。

9.3.1 现场交接试验

在零磁通电流互感器安装完好并完成所有的连接后进行试验，用来检查设备没有因运输和存储而损坏。

1. 外观检查

应对下述内容进行外观检查：

（1）外观完好无损，设备部件完整，设备端子、电缆标志清晰。

（2）表面清洁。

（3）足够的绝缘距离。

（4）设备和基架的接地牢固可靠。

（5）电缆连接可靠。

2. 密封性能检查

检查互感器油面，外表应无可见油渍现象，必要时按照 GB/T 22071.1《互感器试验导则　第 1 部分：电流互感器》中的规定进一步检查。

对于 SF_6 气体绝缘式零磁通电流互感器，定性检查有无泄漏点，必要时按照 GB/T 11023《高压开关设备六氟化硫气体密封试验方法》中的规定进行定量检测，年泄漏率应小于 0.5%。

3. 绝缘电阻测量

测量零磁通电流互感器一次传感器和传输系统的各绝缘部件间的绝缘电阻，试验前宜断开传输系统（电缆）与一次传感器、二次电子单元的连接。

（1）测量一次传感器的一次端子对地的绝缘电阻。所有短路的二次绕组、座架、箱壳（如果有）和铁心（如果有一个专用的接地端子）均应接地，使用 2500V 绝缘电阻测试仪测量一次端子对地的绝缘电阻。绝缘电阻不应小于 1000MΩ。

（2）使用 500V 绝缘电阻测试仪测量各低压绕组（包括二次绕组、励磁绕组、交流检测绕组）之间及其对外壳的绝缘电阻，由于结构原因而无法测量时可不进行测量。绝缘电阻不应小于 500MΩ。

注意，在直流耐压试验后应再次测量一次传感器的一次端子对地的绝缘电阻，测得的绝缘电阻不应发生明显的衰减。

4. 直流耐压试验

本项试验仅适用于独立安装的零磁通电流互感器。

试验电压应施加在一次端子与地之间。试验时，短路的二次绕组、座架、箱壳（如果有）和铁心（如果有一个专用的接地端子）均应接地。试验电压为出厂耐压试验电压值的 80%，持续时间应为 5min，按照 GB/T 16927.3《高电压试验技术　第 3 部分：现场试验的定义及要求》中的规定进行。试验过程中，应无击穿或闪络发生。

5. 电容量和介质损耗因数的测量

本项试验仅适用于独立安装的零磁通电流互感器。试验方法按照 GB/T 26216.2 进行。

电容量与出厂值比较应无明显变化，其变化达±5%时应查明原因；介质损耗角正切 $\tan\delta$ 不应大于 0.5%。

6. 绝缘介质性能试验

绝缘介质性能试验，应符合下列要求：

（1）绝缘油的性能应符合 GB 50150 的要求。

（2）SF_6 气体的性能。SF_6 气体充入设备并静置 24h 后取样，气体水分含量不应大于

250μL/L（20℃体积分数）。

（3）电压等级在 66kV 以上的油浸式零磁通电流互感器，应进行油中溶解气体的色谱分析。油中溶解气体组分总烃含量不宜超过 10μL/L，H_2 含量不宜超过 100μL/L，C_2H_2 含量不宜超过 0.1μL/L。

7. 极性检查

一次端子注入不低于 5% 额定电流的直流电流，极性应与端子标志一致。极性检查试验可与准确度测量试验合并进行，利用误差测量装置的极性指示功能或误差测量功能，确定被试直流电流测量装置的极性。

注：当直流电流从互感器一次的 P1 端流入时，二次输出电压应为正值。

8. 准确度测量试验

从一次端子注入直流电流，试验零磁通电流互感器各输出通道的准确度是否满足相关技术规范或标准的要求。准确度测量试验应在被试互感器额定电流的 5%、20%、100%下进行。准确度试验原理图如图 9－13 所示。

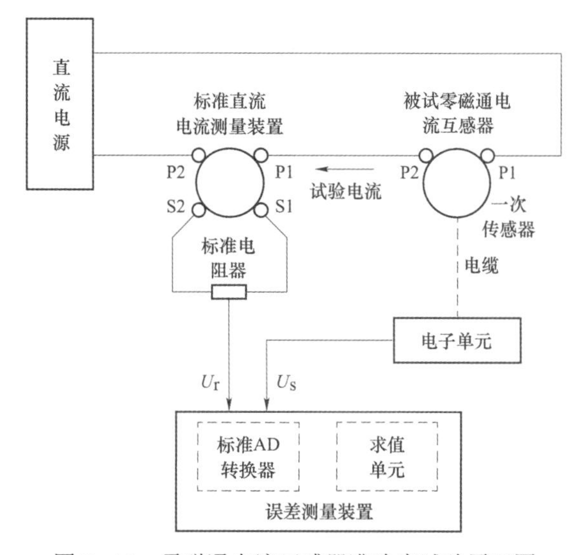

图 9－13　零磁通电流互感器准确度试验原理图

误差测量装置同步测量标准直流电流测量装置和被试零磁通电流互感器的二次输出电压 U_r 和 U_s，通过求值单元计算出被试直流电流测量装置的电流误差。

电流误差（用百分数表示）按式（9－2）计算。

$$\varepsilon = \frac{K_s U_s - K_r U_r}{K_r U_r} \times 100\% \tag{9-2}$$

式中　K_r——标准直流电流测量装置的转换系数，A/V；

K_s——被试零磁通电流互感器的转换系数，A/V；

U_r——标准直流电流测量装置的二次输出电压，V；

U_s——被试零磁通电流互感器的二次输出电压，V。

9.3.2　状态检修试验

依据 Q/GDW 1168 的相关规定，零磁通电流互感器的状态检修试验包括巡检、例行试验和诊断性试验三类。详细试验方法及要求参照 Q/GDW 1168。

（1）巡检：指为掌握设备状态，对设备进行的巡视和检查。零磁通电流互感器的巡检项目为外观检查。

（2）例行试验：指为获取设备状态量，评估设备状态，及时发现事故隐患，定期进行的各种带电检测和停电试验。零磁通电流互感器的例行试验项目为红外热像检测、一次绕组绝缘电阻测量、电容量及介质损耗因数测量。

（3）诊断性试验：指巡检、在线监测、例行试验等发现设备状态不良，或经受了不良工况，或受家族缺陷警示，或连续运行了较长时间，为进一步评估设备状态进行的试验。零磁通电流互感器的诊断性试验项目为绝缘油试验、交流耐压试验、局部放电测量、电流比校核、绝缘电阻测量、高频局部放电检测。

需要注意的是，一般零磁通电流互感器均具有两个相同匝数的二次绕组，因此诊断性试验中的电流比校核，可以采用等安匝的方式，在较小一次电流下进行试验。以 EMVI 型零磁通电流互感器为例，电流比校核（更准确的说，准确度试验）的试验接线图如图 9－14 所示。

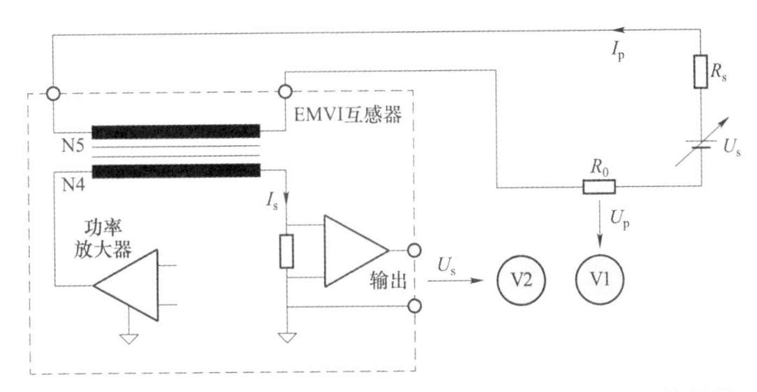

图 9－14　EMVI 型零磁通电流互感器等安匝准确度试验接线图

解开 N4 和 N5 绕组的短接片，将 N5 绕组从二次电子单元断开。将可调电源 U_s、辅助电阻 R_s、标准电阻 R_0（一般也称为分流器）与 N5 绕组连接。对 N5 绕组施加测试电流 I_p，利用两块数字万用表测量电流在标准电阻 R_0 上的压降 U_p 和二次电子单元的输出为 U_s。

通过查阅该互感器的说明书可知，该互感器额定一次电流为 1500A，额定二次电流为 0.5A，额定二次电压为 1.666 7V，则该互感器的额定转换系数为 1500A/1.666 7V，而在图 9－14 等安匝准确度试验中其额定转换系数变换为 0.5A/1.666 7V。理想情况下，二次输出电压应为一次试验电流的 3.333 4 倍。因此被测互感器的误差可用公式表述为

$$\varepsilon=\frac{\dfrac{U_s R_0}{U_p}-3.3334}{3.3334}\times 100\% \tag{9-3}$$

该试验有以下几点需要注意：

（1）为了避免一次试验电流的波动对试验结果造成影响，应在 N5 绕组回路中串入一个辅助功率电阻 R_s，阻值可取为 N5 绕组直流电阻的 5～10 倍，并具有合适的功率，一般 100Ω/100W 即可。

（2）为获得精确的结果，在试验环境下，数字万用表的测量准确度应优于 0.02%，标准电阻的准确度应优于 0.05%。

（3）若怀疑一次传感器周围磁场对互感器的准确度有影响，则应按图 9－13 进行准确度试验，并将误差测量结果与图 9－14 试验测得的结果进行比较，如果两者差异过大（>0.1%），应查明原因。

9.4 直流工程用零磁通电流互感器的安装和调试

以 EMVI 型零磁通电流互感器为例，介绍它的安装和调试过程。安装、调试完毕后应按照状态检修试验中的准确度试验方法简单地确认互感器是否工作正常。需要注意，不能在电子单元通电、二次绕组开路的情况下对一次传感器进行操作，有产生危险高电压的风险！

安装和调试主要参照图 9－15 给出的电子单元的端子示意图。

9.4.1 电子单元的预调试

不连接传输电缆，单独对电子单元进行以下调试。

（1）连接 110V 直流供电电源至电子单元的端子 1（＋）和端子 3（－）或备用的端子 2（＋）和端子 3（－）之间，供电电缆的截面积不应低于 $2.5mm^2$。

（2）SE2/SE3 两个 DC/DC 模块的绿灯应正常发光。测量端子 1（＋）和端子 3（－）或 2（＋）和端子 3（－）之间的直流电压，理论电压应为 110V，电压介于 93～121V 之间视为正常。端子 1（＋）和端子 3（－）或 2（＋）和端子 3（－）之间流过的电流应小于 140mA。

（3）检查电子单元内部供电电源。测量 M1、M4（0V 参考点，GND）和 M2、M4（GND）之间的直流电压，理论电压应为±24V，实际电压在±（22～26）V 之间视为正常。测量 M3、M4（GND）和 M5、M4（GND）之间的电压，理论电压应为±15V，实际电压在±（14～16）V 之间视为正常。

（4）测试电源继电器的簧片触点。测试端子 18 和端子 19 之间的直流电阻，正常应为 0。断开外部直流供电电源，端子 18 和端子 19 之间的直流电阻应为无穷大。

（5）测试控制继电器的簧片触点。恢复外部直流供电电源，测试端子 16 和端子 17 之间的直流电阻，正常应为无穷大。

（6）检查励磁信号发生器（Excitation Gen.）。励磁信号发生器产生的电压为正弦波，利用示波器测量 M6、M4（GND）测试孔间电压的波形，需满足以下要求：

1）波形为理想正弦波形状，裸眼观测无畸变。

2）电压有效值为 5～8V。

3）周期为 18.18ms（±10%）。

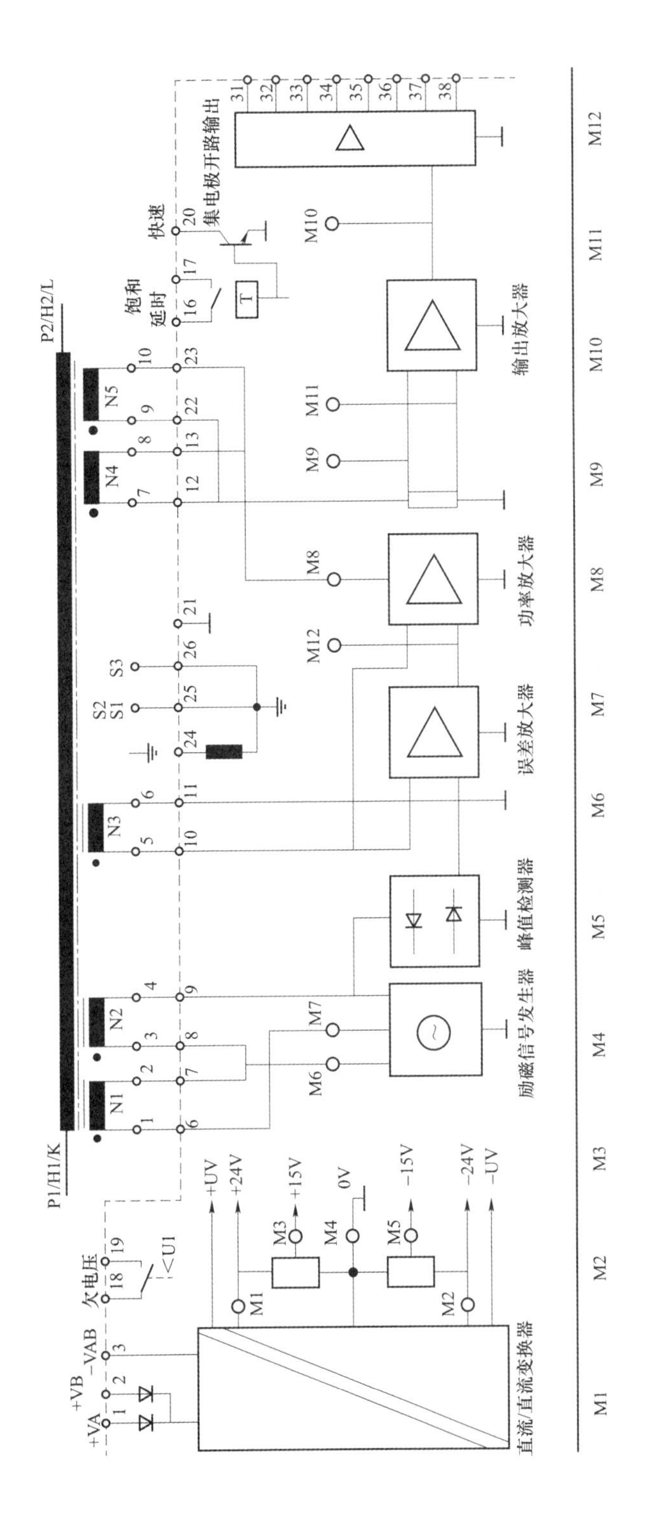

图9－15 EMVI 型零磁通电流互感器电子单元端子示意图

（7）检查功率放大器（Power Ampl.）。测量 M8、M4（GND）之间的直流电压，正常应为+（45～51）V 或-（45～51）V。

（8）检查输出级。测量 M9、M11 及 M10、M4（GND）之间的直流电压，正常输出电压应小于 1mV。测量端子 31 和端子 32、端子 33 和端子 34、端子 35 和端子 36、端子 37 和端子 38 之间的直流电压，正常输出电压均应小于 2mV。

9.4.2　连接一次传感器和传输电缆

连接一次传感器和传输电缆，要注意的基本原则是：所有的绕组不与电缆屏蔽层或地直接相连，如图 9－16 所示，按如下步骤完成电缆的连接。

（1）电缆型号为 FKAR－PIG 150/250V 8×2×1.0。这种电缆有 16 根芯线，每根芯线截面积 1.0mm^2，分为 8 对，每对芯线含独立屏蔽层，最外层为总屏蔽层，也可使用相同配置的其他品牌电缆。

（2）按图 9－16 对应标号完成一次传感器的 N1～N5 绕组与传输电缆的连接。其中芯线⑩⑬、⑪⑭、⑯⑲、⑰⑳分别在两端并联连接，以增大导线截面积。

（3）完成一次传感器侧传输电缆屏蔽层的连接。短接 N1～N3 绕组对应芯线的屏蔽层并连接至传感器的 S（S1+S2）端子。短接 N4、N5 绕组对应芯线的屏蔽层并连接至 S3 端子。电缆最外部屏蔽层连接至 S4 端子。

（4）多余的芯线可在电子单元侧与其屏蔽层短接并与 N1～N3 绕组对应芯线的屏蔽层连接。

（5）在电子单元侧测量各绕组的直流电阻（包含传输电缆的电阻）。N1、N2、N3 绕组的直流电阻均应介于 7～20Ω之间，N4、N5 绕组的直流电阻均应介于 20～30Ω之间。

9.4.3　连接二次电子单元和传输电缆

连接二次电子单元和传输电缆之前，确保关闭电子单元的供电电源且一次无电流。否则可能会引起危险的过电压，损坏设备或危及操作人员安全。

（1）完成传输电缆和二次电子单元的连接。各绕组连接至电子单元对应端子。短接 N1～N3 绕组对应芯线的屏蔽层并连接至电子单元的 25 号端子。短接 N4、N5 绕组对应芯线的屏蔽层并连接至电子单元的 26 号端子。将电子单元的 24 号端子及电缆的最外部屏蔽层接地。

（2）确认已完成零磁通电流互感器的所有连接及接地，开启供电电源。

（3）检查励磁电流。利用示波器测量 M6、M4（GND）间的励磁电压和 M7、M4（GND）间的励磁电流波形。其正常励磁波形如图 9－17 所示。

1）励磁电压和励磁电流的周期为 18.18ms，误差±10%以内可视为正常。

2）调节面板上的幅值调节（Amplitude adjust）电位器旋钮，使励磁电流正负峰值为 2V。

3）励磁电流正峰和负峰之间平坦部分的幅值几乎为零。

（4）调节失调电压。利用万用表的直流挡、最低量程测量 M8、M4（GND）测试孔之间的直流电压，调节面板上的失调调节（Offset adjust）电位器旋钮，使该电压小于±1mV。

（5）电源继电器和控制继电器的簧片触点 18、19 及 16、17 应处于闭合状态。

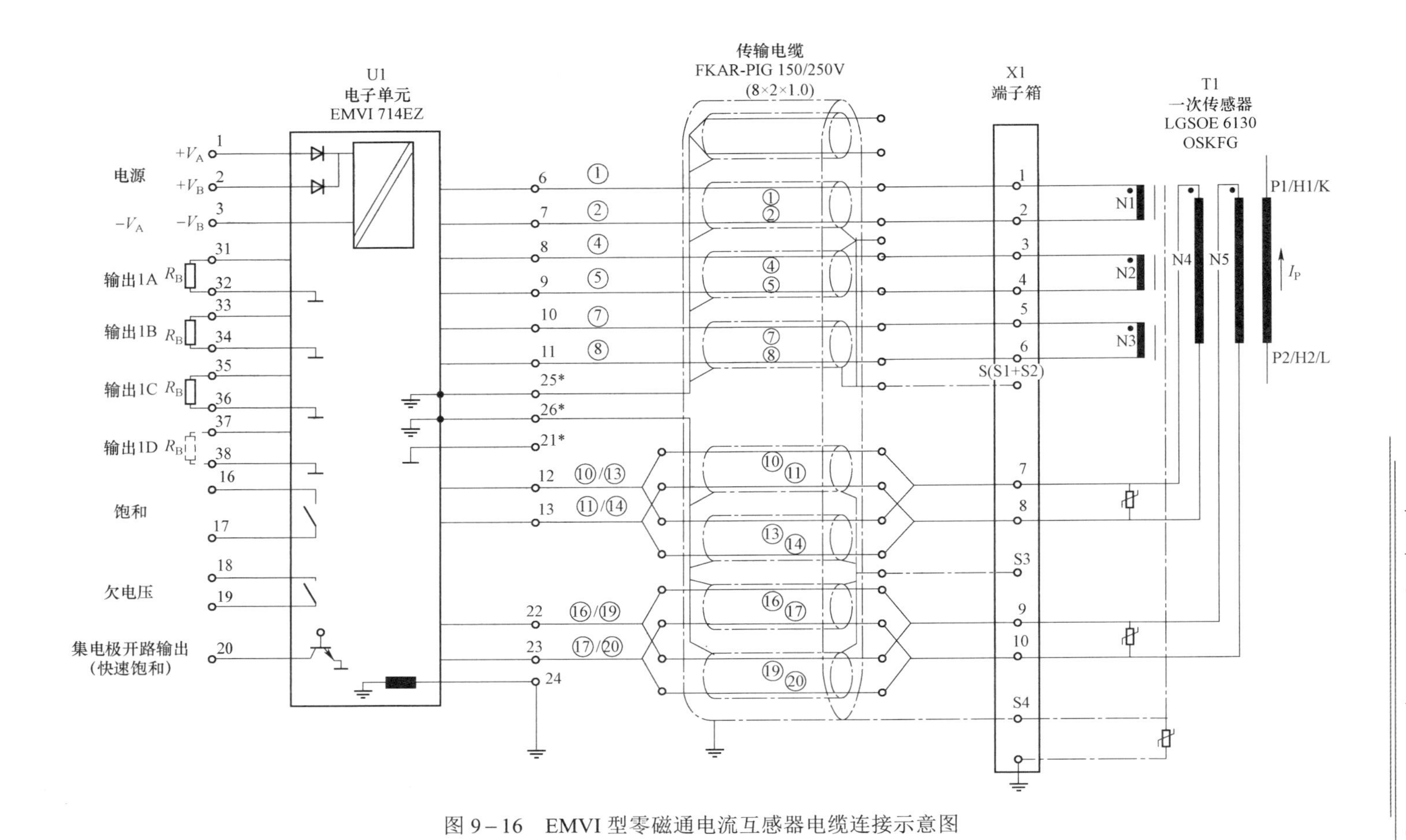

图 9－16　EMVI 型零磁通电流互感器电缆连接示意图

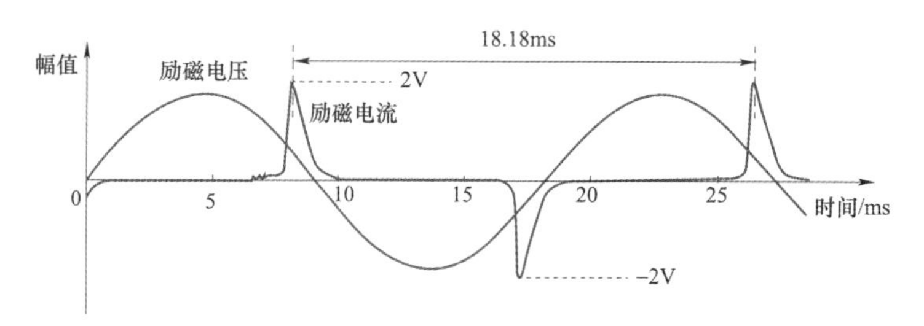

图 9-17 EMVI 型零磁通电流互感器的励磁电压和励磁电流波形

9.5 直流工程用零磁通电流互感器的维护、故障诊断及处理

直流输电系统用零磁通电流互感器一般在电子单元的面板上提供了许多标准 4mm 测试插孔，这为互感器的维护、故障定位提供了便利条件。以 RITZ 公司生产的 EMVI 型（额定电流为 1500A）为例，参照图 9-15 给出的二次电子单元端子示意图，介绍零磁通电流互感器的维护、故障诊断。

9.5.1 维护

零磁通电流互感器一般是免维护的，有相当一部分故障源于电缆连接的松动，建议尽量减少断开连接电缆等操作。正常运行后期的维护可参照 9.4 节相关内容简单地调节励磁电流峰值和失调电压并检查电缆的连接状况。

9.5.2 故障诊断及处理

由于零磁通电流互感器原理、结构的复杂性，某些技术细节未公开，故障诊断较为困难。特别是二次电子单元含有大量电子元器件，某些非核心元器件的损坏造成的影响可能不能明显地从外在表现出来，有可能在使用中出现偶发、能自恢复的异常，但难以复现故障过程。本节给出的故障诊断及处理措施更多是从理论上、经验性的分析得出的结果，实际故障情况可能更为复杂。

大致上，零磁通电流互感器的故障可分为两类，即一次对二次的主绝缘故障和互感器回路故障。

互感器回路故障又可分为电源故障、环路内故障和环路外故障，可以以这个顺序依次进行故障诊断测试。下面分析各种可能存在的故障来源和故障现象，给出部分的典型故障波形。

进行故障诊断时首先需要注意以下几个方面：

（1）不能在电子单元通电、二次绕组开路的情况下对一次传感器进行操作，会有产生危险高电压的风险。

（2）某些测量仪表，例如一些多通道示波器或数据采集卡，它的几个输入通道共地并连接至电源保护地，使用它们进行测试时，其低压端应接电子单元的电位参考点（例如 EMVI 714EZ 电子单元的 M4 插孔），避免造成短路；而通道隔离示波器、台式数字万用表、手持数字万用表等测量设备则不受此限制。

（3）电子单元内部继电器的触点有寿命限制，触点开断次数寿命一般在 10 万次量级。如果遇到继电器频繁吸合、断开的故障，确定故障后进一步处理前，建议先断开电子单元电源，避免造成继电器的损坏或继电器开关触点电气性能的下降。

1. 电源故障

利用手持万用表或台式数字万用表的直流电压挡（调整至合适的量程），参照 9.4 节相关内容检查电子单元外部供电电源和内部供电电源。

当 SE2/SE3 这两个 DC/DC 模块的 I_{OL} 灯闪烁或常亮时，表示模块输出过电流，这通常意味着电子单元的功率放大器（Power Ampl.）饱和，输出了非常大的二次电流。

2. 环路内故障

准确判断环路内故障需准确地理解零磁通电流互感器的基本工作原理，由 9.1.2 节的原理分析可知，它是一个闭环负反馈系统。正常工作时，电子单元输出的二次电流大小按比例始终跟踪一次电流的大小。这一闭环过程可描述如下：

一次电流与二次电流的安匝（电流与匝数的乘积）之差作用于直流磁通检测线包 K_1→N1 绕组内励磁电流峰值变化→峰值检测器（Peak Detect）输出电压变化→功率放大器（Power Ampl.）输出电压变化→功率放大器（Power Ampl.）输出的二次电流变化→一次电流与二次电流的安匝差变小。

这个封闭环路内的功能电路损坏、由连接电缆断开或接触不良造成的环路断开均称为环路内故障。与环路内功能电路密切相关的部分，例如，励磁信号发生器（Excitation Gen.）、交流检测线包及信号调理电路也可视为环路内部分。零磁通电流互感器的大部分故障均为环路内故障。

环路内的任何部件发生故障（包括连接电缆的断开或接触不良）均会造成系统闭环失败，二次电流无法跟踪一次电流，一次电流与二次电流的安匝差变大，最终使得功率放大器饱和，二次电流会增大至功率级能够输出的最大值，并可能不断在正、负之间来回切换，呈现一种低频振荡现象。

另一种情况是由于环路内某些元器件的损坏，使得环路频率特性发生变化。如某干扰频率信号沿环路发生 180° 相移，且幅值未得到足够的衰减，则负反馈变为正反馈，功率级的输出电压和输出电流呈现同频率的振荡，严重时会造成系统闭环失败。通常该振荡频率比前述低频振荡的频率高得多。

鉴于许多环路内故障来源于一次传感器与二次电子单元之间的连接问题，首先看看各种连接断开或松动的典型外在表现。

（1）N1 绕组松动。N1 绕组是 EMVI 型零磁通电流互感器的直流磁通检测器的核心部件。N1 绕组松动将造成励磁电流变小，难以将它对应的铁心励磁至饱和，进而无法检测一次电流和二次电流的安匝差，必然将造成系统闭环失败。

测试 N1 绕组松动的影响。将 N1 绕组松开，分别在 N1 绕组中串联电阻 300Ω、500Ω、1000Ω和完全开路，测试电子单元的输出值，并将输出值折算至一次电流，各种情况下输出电流随时间变化曲线如图 9－18 所示。

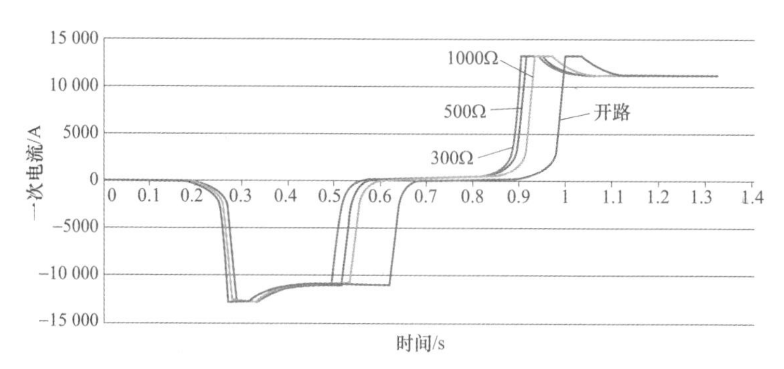

图 9－18 N1 绕组松动对零磁通电流互感器输出电流的影响

N1 绕组松动将造成 EMVI 型零磁通电流互感器输出饱和，输出电流达到额定输出电流的 6 倍以上，并呈现低频振荡（周期达到秒级），振荡频率与绕组松动处的接触电阻有关。

（2）N2 绕组松动。N2 绕组是直流磁通检测器的辅助部件。N2 绕组松动将造成流过该绕组的电流变小，两个直流磁通检测铁心的磁通量无法保持平衡，将在二次绕组中感应较大的电压，功率级将输出交流电压与该电压进行平衡。虽然这不会影响互感器电流比例变换基本功能的实现，但会造成二次电流出现小幅波动，加大系统噪声，有可能会造成难以预料的影响。可在功率级的输出端［测试孔 M8 和 M4（GND）之间］看到与励磁信号同频率的振荡电压。

（3）N3 绕组松动。N3 绕组是 EMVI 型零磁通电流互感器的交流磁通检测器。N3 绕组松动造成互感器环路频率特性发生重大改变，将造成系统闭环失败。

测试 N3 绕组松动的影响。将 N3 绕组松开，分别在 N3 绕组中串联电阻 200Ω、500Ω、1000Ω和完全开路，测试电子单元的输出值，并将输出值折算至一次电流，各种情况下输出电流随时间变化曲线如图 9－19 所示。

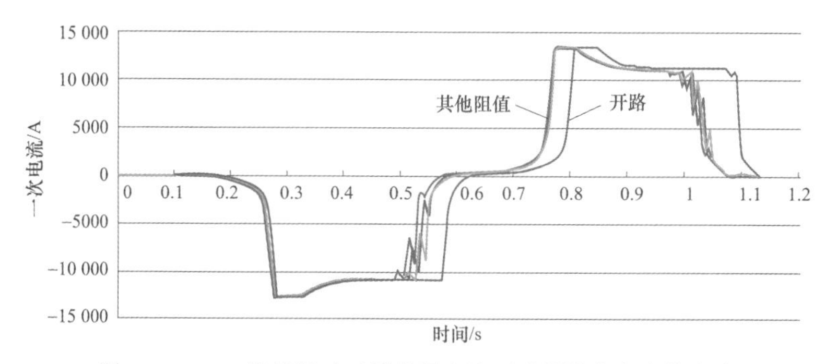

图 9－19 N3 绕组松动对零磁通电流互感器输出电流的影响

N3 绕组松动将造成 EMVI 型零磁通电流互感器输出饱和，输出电流达到额定输出电流的 6 倍以上，并呈现低频振荡（周期达到秒级），振荡频率与绕组松动处的接触电阻有关。另外与 N1 绕组松动的情况相比，输出信号中还存在高频的振荡。

（4）N4 绕组或 N5 绕组松动。N4 绕组和 N5 绕组并联作为零磁通电流互感器的二次绕组，两个绕组断开时，互感器将没有二次电流。两个绕组并联使用，一起松动的概率比较小。

上述（1）～（4）为零磁通电流互感器的核心功能部件未损坏，绕组连接正确，但由于接触松动，造成故障的典型外在表现，如果故障录波装置录取的故障电流波形与上述电流波形接近，应考虑绕组松动的可能性。

按照以下步骤查找零磁通电流互感器的故障，涉及断开或连接传输电缆时，均应先关闭电子单元的电源。

（1）关闭供电电源，人工检查传输电缆在一次传感器侧和电子单元侧的连接是否牢固可靠。

（2）断开连接电缆在电子单元侧的连接，测量各绕组的直流电阻（包含连接电缆的电阻值），测得的绕组直流电阻值应与上次测量值或厂家说明书中给出的参考值基本保持一致。

（3）依据9.3.1节相关内容测量绝缘电阻。

（4）恢复传输电缆的连接，开启电子单元的电源。保持一次电流为零，检查功率级的输出电压（测试孔M8与M4之间的电压）及二次电流波形（测试孔M9与M4之间的电压），二次电流应为零。功率级的输出电压应几乎为零，可能存在峰值0.1V以下的干扰电压，该干扰电压与励磁信号相关。此时可基本认为零磁通电流互感器的环路工作正常。

（5）检查励磁信号发生器（Excitation Gen.）。励磁信号发生器产生的电压应满足9.4节中对励磁信号的要求。如果励磁电压存在异常，应断开电子单元电源及传输电缆，测量励磁信号发生器空载情况下的输出电压。若该电压仍异常，排除示波器测量问题后应考虑励磁信号发生器存在故障的可能性。

（6）检查励磁电流。励磁信号发生器在N1绕组产生励磁电流。利用示波器测量M7、M4测试孔间的电压。正常励磁电流波形如9.4节中图9－17所示。

正常励磁电流波形需满足以下要求：

1）励磁电流正负峰值均约为2V，误差±20%以内可视为正常，励磁电流过小将使得直流检测线包K_1和K_2的铁心无法进入饱和状态。

2）两个正峰或负峰之间的时间为18.18ms，误差±10%以内可视为正常。

3）励磁电流正峰和负峰之间平坦部分的幅值几乎为零。

通常零磁通电流互感器工作不正常时，由于一次电流与二次电流安匝差不为零，将无法检测到如图9－17所示波形。此时应关闭电源，断开N4、N5绕组使互感器工作于开环状态，仅保留N1、N2、N3绕组与电子单元的连接，再次监测励磁电流波形，若仍无法满足上述要求，排除示波器测量问题后，应考虑峰值检测器存在故障的可能性。

（7）检查功率放大器（Power Ampl.）。功率级内部主要为一个功率放大器电路，它的输入来自一个极高增益的误差放大器（Error Ampl.）及交流检测电路。一般在故障状态下或在开环状态下（二次绕组断开），功率级的输入信号非常大，功率级会出现电压饱和，难以准确判断功率级是否正常。参考的测试方法如下：

断开二次绕组（N4、N5绕组）与电子单元的连接，对一次传感器的P1、P2端施加一个幅值可调（0～2A）、正负方向可调的直流电流，同时用示波器监测功率级输出电压，即M8、M4测试孔间的电压。若通过调节测试电流，功率级输出电压的幅值可短暂地发生变化或者极性发生翻转，甚至可调节到较小值，有较大概率表明功率级和前端的误差放大器工作正常。

3. 环路外故障

如果未发现电源问题和环路内故障，应考虑环路外故障的可能性。环路外故障一般不影响零磁通电流互感器核心部分的正常工作。

（1）电子单元输出值不准确或输出饱和。参照图 9－14 给出的等安匝准确度试验接线图，依次测试分流器输出信号（测试孔 M9 和 M11）、第一级输出放大器的输出信号（测试孔 M10 和 M4）和多路缓冲放大器的输出信号（端子 31～端子 38）的准确度。由此可确定故障的来源。

（2）继电器故障。正常工作时，电源继电器（端子 18 和 19）和控制继电器（端子 16 和 17）的触点应保持闭合状态。

下　篇

电 力 电 容 器

第 10 章　电力电容器的发展概述

10.1　电力电容器的发展状况

17 世纪初，William Gilbert 对磁和电进行了实验研究，是他最先用“电”这个术语来描述物体之间摩擦产生的力，将两个摩擦起电的物体之间的力称为“电”。William Gilbert 认识到磁和电之间的区别。1729 年，Stephen Gray 发现了电的导体。在 1733 年，Charles Dufay 则是第一个提出了电排斥力的概念。

1745 年，荷兰莱顿大学的物理学和数学教授 Pieter van Musschenbroek 发现了静电荷。之后用被称为莱顿瓶（Laiden Jar）的玻璃瓶做试验，自此第一个电容器问世。此后，先是对电容器作为一个电气元件在物理学方面开展理论研究，随后再研发电容器的工业产品，从此开始了电容器的发展历史。经过了 100 多年漫长的发展过程后，电容器于 1919 年在美国从一个纯物理概念转化为实际的节能产品，并开始了工业应用。

那时的电容器用很厚的锡箔作为电容器极板，采用较厚的电工绝缘纸作为极间绝缘介质，浸渍天然的矿物油，每千乏（kvar）重量达数千克。

20 世纪中期，随着对电容器的不断研究，电容器技术也在不断进步。

我国有规模的电力电容器生产基地西安电力电容器厂（现西安西电电力电容器有限责任公司）于 1953 年开始筹建，是在苏联援助的情况下进行的，是第一个五年计划期间国家基本建设 156 项重点工程之一，1958 年通过国家验收后正式投产。发展至今，已经形成一个拥有大大小小众多厂家的制造产业。电力电容器应用于低压、中压、高压、超高压、特高压各个电压等级的电力网络，我国民族企业完全能自主设计和生产，经过不断地自主创新，现在我国电网投运的电力电容器，大部分都是国产产品，依赖进口的时代已经成为过去，这是我国电力电容器制造企业的骄傲，也是我国电力电容器制造企业的实力体现。同时，我国也逐步发展成为电力电容器研发、生产、应用的重要基地。国外先进的电力电容器设备也都在中国运行，促使我国电力电容器制造企业的技术进步。

电力电容器经过了全纸电容器、膜纸复合电容器、全膜电容器三个发展阶段。在 20 世纪 70 年代国外就使用全膜电容器代替膜纸复合电容器，而我国还主要生产膜纸复合电容器。进入 80 年代后，我国陆续从国外引进了先进的高压全膜电容器制造技术和部分关键设备。经过对引进技术的消化吸收和攻关成果的应用，基本具备了批量生产全膜电容器的能力，全行业在 90 年代末实现了电力电容器的全膜化，这是我国电力电容器发展史上的一个重要里程碑。进入 21 世纪，电容器行业不断创新，产品设计、工艺进行了大幅改进和提升，技术性能指标显著提高。产品电容偏差、损耗角正切值、局部放电量显著降低，工作电场强度稳步提升，比特性明显改善，运行质量明显提高。产品技术性能指标达到国际先进水平。当然，产品技术经济指标比特性和国外先进公司相比还有一定的差距，生产成本较高。

电力电容器的技术发展离不开所使用原材料的更新换代，浸渍剂、薄膜材料以及铝箔作为电容器制造的关键原材料，对电力电容器的使用质量及寿命有着至关重要的影响。

10.1.1　浸渍剂

20 世纪 80 年代初，由欧洲、美国、日本等国家研制并大量使用的电容器浸渍剂有 PXE（苯基二甲苯基乙烷，商业名称 S 油）、PEPE（苯基乙苯基乙烷，商业名称低温 S 油）、IPB（异丙基联苯）以及少量的 DTE（双甲苯基醚）、DIPN（二异丙基萘）等芳香烃合成油。1984 年由法国 ELF ATOCHEM－PRODELEC 公司开发的 JARYLEC C101（化学名称缩写 M/DBT）浸渍剂，其优良的析气性及低温局放性能逐渐被认识，世界上越来越多的电容器生产厂商都纷纷采用 C101 浸渍剂制造高压全膜电容器产品。C101 被认为是世界上目前芳香度高、凝固点低、低温黏度小的电容器绝缘油，属新一代电容器浸渍剂。芳香度高、凝固点低、低温黏度小的电容器绝缘油还有 SAS－40、SAS－60E 等。

我国为了发展高压全膜电容器，改善产品低温性能、比特性并达到国际先进水平，1991 年首次在国内研制成功 M/DBT 苄基甲苯浸渍剂，经过后续产品试制和试验验证，表明国内 M/DBT 浸渍剂电容器的寿命与国外 M/DBT 浸渍剂电容器的寿命相当，超过了 PXE 浸渍剂电容器的寿命，M/DBT 浸渍剂的技术在化工合成方面达到了国际先进水平。随后经过多方协调和努力建厂投产，解决了我国高压全膜电容器浸渍剂的问题。

10.1.2　薄膜材料

薄膜理化性能的优劣直接影响电容器设计参数的选取。国外对聚丙烯薄膜性能要求注意力集中在电弱点上。ABB 公司和法国电力公司（EDF）大量的试验表明，弱点的多少和性质对电容器寿命影响很大。长期老化击穿在很大程度上决定于在弱点处发生的变化，老化试验前后对介质测试结果表明，在薄膜弱点处电压耐受值下降最大。要提高电容器的工作电场强度并确保电容器的使用寿命，主要研究方向是限制弱点的数量。弱点（导电粒子、杂质颗粒、空隙、不纯物、结晶缺陷等）的存在不仅决定于材料的纯度，还与制造工艺和管理有关。

国内薄膜制造企业不断改善生产条件，改进粗化工艺，能够成功生产出 9～18μm 的粗化膜，耐压水平也不断提高，基本上满足了生产全膜电容器的需要。

在金属化膜方面，应用范围不断扩大，扩展应用到直流、脉冲、电力电子电容器中，网格式“安全膜”的生产和应用很普遍。

10.1.3　铝箔

目前国外公司广泛使用厚度为 4.5μm 的铝箔。为降低电容器元件边缘电场强度，目前普遍采用铝箔折边技术，也有公司采用激光切割铝箔，也能达到同样的效果。

国内广泛使用厚度为 5～5.5μm 的铝箔，制造厂家的生产条件有了很大改善，产品质量也有了明显提高，经过多年的技术进步，已经能完全满足电力电容器的制造需要。

10.1.4　制造设备

我国电力电容器的技术进步，另一个重要因素是电力电容器制造装备水平的提升。使用了几十年的老式卷制机更新为全自动卷制机，手动控制的真空浸渍设备更新为全自动真空浸渍系统，单一生产设备分散组合的电容器生产工序更新为功能高效的辊道式器身生产线，采用了外壳自动加工成型设备、机器人外壳自动焊接设备、机器人成品喷漆系统、熔丝自动加工设备、绝缘件自动加工机、产品自动高压测试和输送设备等，这些新一代的生产工艺装备构成了电力电容器的先进制造设备体系。电力电容器的元件卷制、真空浸渍的先进制造设备先是从国外进口，2006 年以来逐步实现国产化，目前国产的先进制造设备性能和主要技术指标已经达到了国际先进水平，可与进口设备相媲美，并且成功实现了从电力电容器设备的配角到主角的转变。尤其是电力电容器行业生产厂家进行了新一轮的技术改造，使得工艺装备和制造能力又得到一次飞跃，完全满足了国家电力建设发展的需要。

10.2　电力电容器的用途

10.2.1　电容

电容是衡量导体储存能力的物理量。在两个相互绝缘的导体上加一定的电压，就会存储一定的电量。其中一个导体存储正电荷，另一个导体存储负电荷，负电荷与正电荷的容量相等。加在两个导体上的电压越高，存储的电量越多。存储的电量与所加的电压成正比，两者比值称为电容。若电压用 U 表示，电量用 Q 表示，电容用 C 表示，则有

$$C=\frac{Q}{U} \tag{10-1}$$

电容的基本单位是法拉（F），也常用微法（μF）、纳法（nF）或者皮法（pF）来表示。它们之间的数量关系为 $1\text{F}=10^6\mu\text{F}$，$1\mu\text{F}=10^3\text{nF}$，$1\text{nF}=10^3\text{pF}$。

10.2.2　电容器

电容器是一种储存电荷的容器。它是由两片靠得较近的金属片，中间隔以绝缘物质构成的。电容器依靠它的充放电功能来工作，在回路中当电源开关未合上时，电容器的两片金属板是不带电的；当合上开关时，电容器正极板上的自由电子便被电源吸引，并推送到负极板上。由于两极板之间隔有绝缘材料，因此从正极板移动来的自由电子便堆积在负极板上。正极板电子数量减少带上正电，负极板由于电子数量的增加而带上负电，这样两个极板之间有了电位差，当电位差与电源电压相等时，电容器充电结束。此时即使将电源断开，电容器仍能保持充电电压不变。若将两个极板用导线连接，由于电位差的原因，电子便会经导线回到正极，直到两极板之间的电位差为零，电容器又处于不带电状态。在电容器充放电过程中，加在两个极板上的交流电频率高，电容器的充放电次数增加，充放电电流亦增强。也就是说，对于频率高的交流电，电容器的阻碍作用减少，即容抗小；而电容器对于频率低的交流电产生的容抗大，对直流电阻力无穷大，电容器具有隔直流作用。

容抗和电容成反比关系，容抗和频率也成反比关系。若容抗用 X_C 表示，电容用 C 表示，

频率用f表示，则有

$$X_C = \frac{1}{2\pi fC} \tag{10-2}$$

容抗的单位为Ω，当交流电的频率f和电容值C已知，即可计算出容抗值。

10.2.3 电力电容器的分类

用于电力系统和电工设备的电容器称为电力电容器，电力电容器的种类很多，无论电力系统还是工矿企业都离不开电力电容器。

电力电容器分类方式较多，一般常按其用途进行分类，具体见表10-1。

表10-1 电力电容器的分类

序号	电力电容器名称	序号	电力电容器名称
1	并联电容器	8	压缩气体标准电容器
2	串联电容器	9	防护电容器
3	交、直流滤波电容器	10	电力电子电容器
4	脉冲电容器	11	谐振电容器
5	感应加热装置用电力电容器	12	电动机起动电容器
6	交流断路器用均压电容器	13	电动机运行电容器
7	耦合电容器		

10.2.4 电力电容器的作用

电力电容器根据不同的电力系统背景及工况，其作用也各不相同，下面选取一些使用广泛同时又非常重要的电容器，对其作用做简要说明。

1. 并联电容器

并联电容器在交流电力系统中与负荷相并联，类似于一个容性负荷，向系统发出容性无功功率。因此，并联电容器能补偿系统的感性无功功率，提高系统运行的功率因数，提高受电端母线的电压水平；同时，减少了线路上感性无功的输送，减少了电压和功率损耗，因而提高了线路的输电能力。

并联电容器是最基本的一种电力电容器，是我国电力系统应用最为广泛的电容器产品，是输变电的重要设备之一。

并联电容器的结构类型较多，主要有油浸壳式并联电容器、集合式并联电容器（油浸式和充气式）、箱式并联电容器、自愈式并联电容器等不同的结构形式。

2. 串联电容器

串联电容器是一种无功补偿设备。通常串联在高压线路中，其主要作用是从补偿（减少）感抗的角度来改善系统电压，以减少电能损耗，提高系统的稳定性，提高电力输送能力。

串联电容器串接在输电线路中，其作用有以下几点：

（1）提高线路末端电压。串接在线路中的电容器，利用其容抗 X_C 补偿线路的感抗 X_L，使线路的电压降落减少，从而提高线路末端（受电端）的电压，一般可将线路末端电压最大可提高10%～20%。

（2）降低受电端电压波动。当线路受电端接有变化很大的冲击负荷（如电弧炉、电焊机、电气化铁道等）时，串联电容器能消除电压的剧烈波动。这是因为串联电容器在线路中对电压降落的补偿作用是随通过电容器的负荷而变化的，具有随负荷的变化而瞬时调节的性能，能自动维持负荷端（受电端）的电压值。

（3）提高线路输电能力。由于线路串联了电容器的补偿电抗 X_C，线路的电压降落和功率损耗减少，相应地提高了线路的输送容量。

（4）改善了系统潮流分布。在闭合网络中的某些线路上串联一些电容器，部分地改变了线路电抗，使电流按指定的线路流动，以达到功率经济分布的目的。

（5）提高系统的稳定性。线路串联电容器后，不仅提高了线路的输电能力，而且其本身也提高了系统的静稳定。当线路故障被部分切除时（如双回路被切除一回、单回路单相接地切除一相），系统等效电抗急剧增加，此时，串联电容器将进行补偿，使系统总的等效电抗减少，从而提高了线路系统输送的极限功率 P_{max}，具体见式（10－3），从而提高系统的动稳定。

$$P_{max} = \frac{U_1 U_2}{X_L - X_C} \tag{10-3}$$

串联电容器还应用于很多波动性负载，如电阻焊接、电弧炉、锯木厂、轧钢厂、粉碎机、电力牵引、风力涡轮机、感应发电机和电弧焊接等。

3. 滤波电容器

主要包括交流滤波电容器和直流滤波电容器。在交流配电系统和用户变电站，与电阻器、电抗器等组成滤波装置用以滤除负载产生的谐波，同时具有无功补偿功能。在高压直流输电换流站的交流场，交流滤波电容器与电阻器、电抗器等组成滤波器用以滤除换流阀产生的谐波、补偿换流阀工作所需要的无功功率。直流滤波电容器安装在直流输电换流站的直流场，与电阻器、电抗器等组成直流滤波器，用以滤除直流线路电流中的谐波成分，防止对附近通信系统的干扰。

4. 脉冲电容器

主要起储能作用，利用电容器的充放电性能获得瞬时大功率、脉冲高电压或强脉冲电流。用于冲击电压发生器、冲击电流发生器、冲击分压器及其他非连续脉冲装置；用于断路器试验振荡回路、连续脉冲装置等；用于直流高压设备及整流滤波装置。

5. 感应加热装置用电力电容器

用于频率为40～50 000Hz的感应加热装置系统中，以提高功率因数，改善回路的电压或频率等电气特性。

6. 高压交流断路器用均压电容器

与高压交流断路器断口相并联，用以改善断口间电压分布以及抑制暂态恢复电压上升的电容器，从而提高分断能力。

高压断路器为使串联的多断口的电压得到平衡分配，并联了均压电容器。开关在关合状态时，电容不起作用；当开关在分闸状态时，串联的多个断口就相当于多个电容串联在一起，这时由于电压降的存在，会使串联断口间产生电位差，电压分布不匀衡。为消除这种不平衡，给串联的每个断口再并联一个较大的电容，这个电容类似于一个充电电容，向原串联在一起的电容同时充电，这样就使断口间的电压得到平衡。这是均压电容器的主要用途。

断路器电容器的第二个用途就是抑制开关在开断过程中断口间暂态恢复电压，有利于减轻开关开断故障电流时的负荷，利用的是容性元件电压不可跃变的原理。

7. 耦合电容器

耦合电容器是使强电和弱电两个系统通过电容器耦合并隔离，提供高频信号通路，阻止低频电流进入弱电系统，保证人身安全。带有电压抽取装置的耦合电容器除以上作用外，还可抽取工频电压供保护及重合闸使用，起到电压互感器的作用。耦合电容器还可以组成电容分压器，构成电容式电压互感器的重要组成部分。主要用于高压电力线路的高频通信、测量、控制、保护以及在抽取电能装置中作为部件用。

8. 压缩气体标准电容器

与高压电桥配合用于测量介质和高压电气设备的介质损耗角正切与电容值，也可用作测量工频高压的分压电容器。

9. 防护电容器

连接于线和地之间，用来降低大气过电压的波前陡度和波峰峰值，配合避雷器保护发电机、电动机等设备。

10. 电力电子电容器

用于电力电子设备中，如过电压保护、直流和交流滤波、开关回路、直流储能、辅助逆变器等，并能在正弦、非正弦电流和电压下连续运行的设备。

11. 谐振电容器

谐振电容器是用于电力网络或试验回路中，与电抗器组成基波谐振电路的电容器。

12. 电动机起动电容器

向电动机辅助绕组提供超前电流，且当电动机一旦正常运转，即从电路中断开的电容器。

单相电动机流过的单相电流不能产生旋转磁场，需要用电容来分相，目的是使两个绕组中的电流产生近于 90° 的相位差，以产生旋转磁场。在这个旋转磁场作用下，转子就能自动起动。

13. 电动机运行电容器

与电动机辅助绕组相连接，以帮助电动机起动并改善在运行状况下转矩的电力电容器。

第 11 章　电力电容器的原理

11.1　电力电容器的工作原理

电力电容器种类繁多，性能不同，应用不同，本部分主要介绍使用较为广泛的电力电容器产品的工作原理。

11.1.1　并联电容器的补偿工作原理

并联电容器是电力系统中必不可少的电气设备，产品量大面广，由于交流电力系统中大多数为感性设备，因此需要电容器补偿系统中感性负荷所需要的无功功率，以提高电网功率因数、降低线路损耗，以节约电能。同时它还能提高输电线路的送电能力，释放系统的容量。此外，也能在一定程度上起到辅助调压作用。它的补偿原理可由图 11－1 加以说明。

如图 11－1 所示，并联电容器 C 与供电设备（如变压器）或感性负荷并联，即并联电容器发出的容性无功可以补偿负荷所消耗的感性无功。

当未接电容 C 时，流过电阻 R 的电流为 $\dot{I}_R$，流过电感 L 的电流为 $\dot{I}_L$。电源供给的电流与 $\dot{I}_1$ 相等，则有 $\dot{I}_1=\dot{I}_R+\dot{I}_L$，此时相位角为 φ_1，功率因数为 $\cos\varphi_1$。并联接入电容 C 后，由于电容电流 $\dot{I}_C$ 与电感电流 $\dot{I}_L$ 方向相反（即电容电流 $\dot{I}_C$ 超前电压 90°，而电感电流滞后电压 90°），使得电源供给的电流从 $\dot{I}_1$ 减少到 $\dot{I}_2$，$\dot{I}_2=\dot{I}_R+(\dot{I}_L+\dot{I}_C)$，相位角减小到 φ_2，相对应功率因数则提高到 $\cos\varphi_2$。并联电容器补偿相量图如图 11－2 所示。

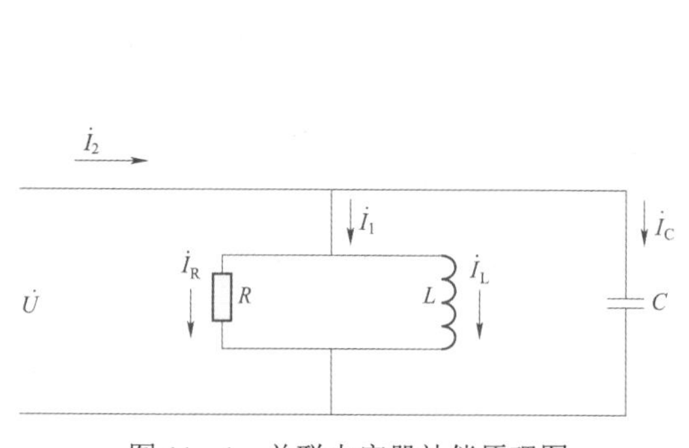

图 11－1　并联电容器补偿原理图

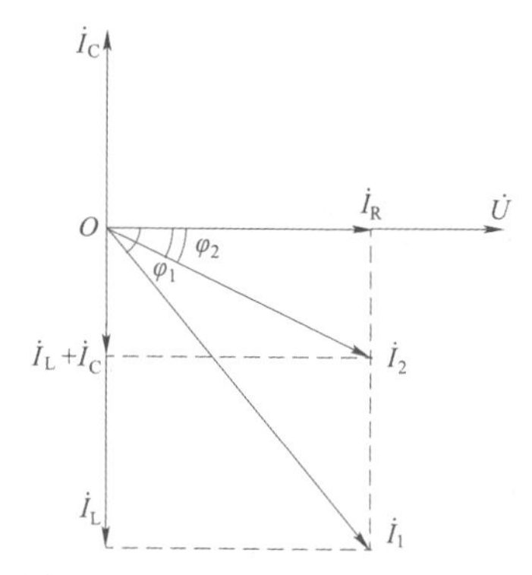

图 11－2　并联电容器补偿相量图

由图 11－2 可以看出，有了并联电容器后，功率因数角由 φ_1 减少为 φ_2，负荷电流由 $\dot{I}_1$ 下降为 $\dot{I}_2$，起到了提高电网功率因数、降低线路损耗的作用。同时由图 11－2 可以推出功率因数提高所需要的电容器容量，具体见式（11－1）。

$$Q_C = P(\tan\varphi_1 - \tan\varphi_2) = P\left(\sqrt{\frac{1}{\cos^2\varphi_1}-1} - \sqrt{\frac{1}{\cos^2\varphi_2}-1}\right) \tag{11-1}$$

式中　Q_C——提高电网功率因数所需要的电容器容量，kvar；

P——负荷的有功功率，kW；

$\cos\varphi_1$——装设无功补偿前电网的功率因数；

$\cos\varphi_2$——装设无功补偿后电网的功率因数。

11.1.2　并联电容器辅助调压的工作原理

图 11－3 所示的输电线路中，始节点为 1，终节点为 2。这个系统可以看成发电机通过串联阻抗为 $Z_L=R+jX_L$ 的输变电系统向负荷传输功率 $S=P+jQ$。

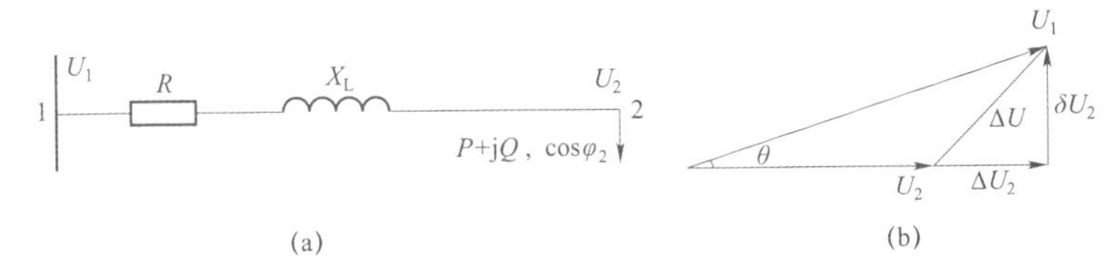

图 11－3　输电线路等效电路和相量图

（a）等效电路图；（b）相量图

沿传输线的电压降落为

$$\Delta U = \frac{PR+QX_L}{U_2} + j\frac{PX_L-QR}{U_2} = \Delta U_2 + j\delta U_2 \tag{11-2}$$

电压降落可分成两个分量：与 U_2 同相位的纵向分量$\Delta U_2=(PR+QX_L)/U_2$，与 U_2 正交的横向分量$\delta U_2=(PX_L-QR)/U_2$。

对于高压输电系统，因 $R\ll X_L$，电压降落的纵向分量主要取决于所输送的无功功率 Q，电压降落的横向分量主要取决于所输送的有功功率 P。纵向分量主要影响电压降落幅值的大小，横向分量主要影响两端电压$\dot{U}_1$与$\dot{U}_2$之间的相角差 θ。当线路两端之间电压差不大，功率传输角θ较小时，可忽略横向分量对电压降落的影响，把纵向分量近似看作电压降落。换言之，高压输电系统始节点和终节点之间的电压幅值差主要取决于所传输的无功功率。

在该系统中适当地装设并联电容器可以减少从电源传输给负荷的无功功率，减小输电系统的无功电流和系统阻抗的压降，使得发电机送电端至电容器安装点的系统电压升高，从而调整负荷母线的电压。

电容器安装在输电系统主母线上可提供大范围的电压支撑，安装在配电线路上可沿整条线路支撑电压，安装在配电母线上及直接安装在向用户送电的母线上，可向较小范围和单个电力用户提供电压支撑。

为调整负荷母线电压所安装的电容器，通常在负荷高峰期间或电压偏低情况下投入，而在轻负荷时或电压偏高情况下切除，这样可以在一定程度上将负荷母线电压维持在所要求的范围内。

11.1.3 串联电容器补偿的工作原理

交流输电系统中的串联电容器补偿技术是将电力电容器串联接入输电线路中，补偿输电线路的感抗，缩短交流输电线路的等效电气距离，减少功率输送引起的电压降和功率因数角差，提高电力系统稳定性及扩大线路输送容量。

1. 输配电线路用串联电容器补偿的等效电路图

输电线路中由于电阻和感抗的存在，当功率通过线路时将产生电压降落，见式（11－2）。当有串联电容器补偿时，等效电路图如图 11－4 所示。

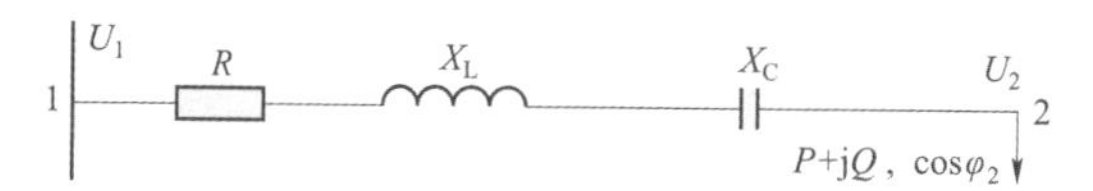

图 11－4 有串联电容器补偿的等效电路图

有串联电容器补偿时的电压降落值为

$$\Delta U=\frac{PR+Q(X_L-X_C)}{U_2}+\mathrm{j}\frac{P(X_L-X_C)-QR}{U_2} \tag{11-3}$$

式中 P——线路末端的有功功率，kW；

R——线路电阻，Ω；

Q——线路末端的无功功率，kvar；

X_L——线路感抗，Ω；

X_C——串联补偿装置的容抗，Ω；

U_2——线路末端电压，kV。

由式（11－3）可以看出，在加入串联电容器补偿后，其容抗 X_C 可以抵消一部分感抗，在维持线路始端电压为恒定的情况下，串联电容器使电压降落减少，因此线路末端的电压得以提高。同时，有效提高了电力系统的稳定性并增大了输送功率容量。

2. 各级电压线路的输送容量和输送距离（表 11－1）

表 11－1 各级电压线路的输送容量和输送距离

额定电压/kV	输送容量/MW	输送距离/km	额定电压/kV	输送容量/MW	输送距离/km
0.22	0.01～0.05	0.3 以下	220	150～300	100～200
0.38	0.1 以下	0.6 以下	330	300～700	200～350
10	0.2～3.0	6～20	500	1000～1500	250～400
35	2.0～10	20～50	750	1500～2500	300～450
66	6.0～40	20～60	1000	2500～3500	450～600
110	20～50	50～100			

表中给出各电压等级线路的合理供电半径和输送容量，当超出表中数值，计算出的电压损耗过大，应考虑较高一级的电压线路或采取补偿措施或增设串补装置。

3. 补偿度（K_C）

为了描述高压交流线路中串联电容器对线路电抗的补偿程度，定义了电容器的补偿度，一般用电容器容抗 X_C 与线路感抗 X_L 之比来表示电容器容抗对线路感抗的补偿程度，称为补偿度 K_C，即

$$K_C = \frac{X_C}{X_L} \tag{11-4}$$

式中 X_C——串联补偿装置的每相容抗，Ω；

X_L——输电线路的每相感抗，Ω。

为了提高线路的输送能力，应选用尽可能大的补偿度。但在实际应用中，受运行条件、经济性等的限制，而且在选择补偿度时，还应与设置串联电容器的地点相配合，高压输电线路最大的串联补偿度一般在 0.4～0.6 之间。

同样的补偿度，线路电阻与感抗之比越大，电压改善的效果就越差。在中低压配电线路中，由于电阻与感抗之比较大，为达到改善电压的目的，应选用较大的补偿度。

11.1.4 交流滤波器电容器的工作原理

无源滤波器，又称 LC 滤波器，是利用电感、电容和电阻的组合设计构成的滤波电路，可滤除某一次或多次谐波。常用的无源滤波器有单调谐滤波器、高通滤波器、C 形滤波器、双调谐滤波器、三调谐滤波器，如图 11－5 所示。单调谐滤波器主要用于吸收单一种频率的谐波（如单独滤除 3、5、7 次谐波）；高通滤波器是在单调谐滤波器的电抗器两端并接一电阻构成的，当频率升高时，电抗器上由于并接了电阻使得总阻抗在调谐频率以上维持一低阻抗而得到高通滤波的效果，但高通滤波器由于并接电阻而带来了较高的额外损耗，调谐频率越低，电阻的损耗越大，通常高通滤波器只适合 7 次及以上调谐频率的滤波器；C 形滤波器的作用和高通滤波器类似，其优点为基波电流不流过并联电阻而使电阻损耗大大降低，C 形滤波器适用于较低调谐频率（5 次及以下）的高通滤波器，常用于电弧炉负荷等产生低次谐波的谐波源；双调谐滤波器可以同时滤除两种不同频率的谐波（如 3 和 5、7 和 9、11 和 24）；三调谐滤波器等效于三个并联调谐滤波器，可以同时滤除三种不同频率的谐波。在无源滤波器中，交流滤波电容器是重要设备。

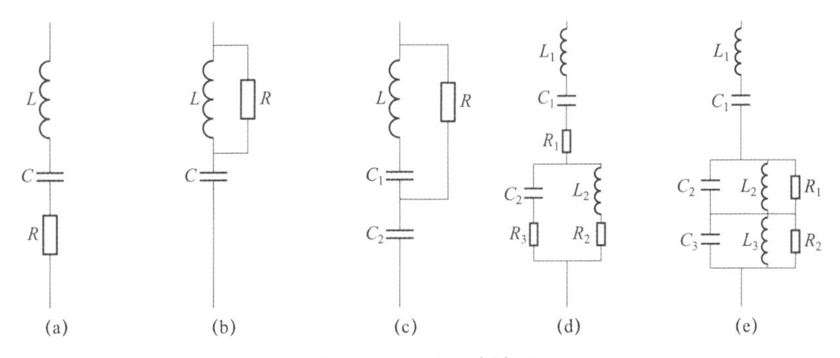

图 11－5 无源滤波器

（a）单调谐滤波器；（b）高通滤波器；（c）C 形滤波器；（d）双调谐滤波器；（e）三调谐滤波器

无源滤波器为某频率下极低阻抗，对相应频率谐波电流进行分流，其行为模式为提供谐波电流旁路通道。

无源滤波器只能滤除系统某频率范围内的谐波；无源滤波器受系统阻抗影响较大，存在谐波放大和共振的危险；系统频率的变化导致无源滤波器谐振点的偏移，使得滤波效果降低；无源滤波器也可能因为超载而损坏；无源滤波器补偿效果随着负荷的变化而变化。

无源滤波器广泛应用于电力、油田、钢铁、冶金、煤矿、石化、造船、汽车、电铁、新能源等行业。

11.1.5 自愈式电容器的工作原理

自愈式电容器又称金属化电容器，是以有机塑料薄膜为基膜做介质，以金属化薄膜（将铝、锌或锌铝复合在高真空状态下熔化、蒸发、沉淀到基膜上，在基膜表面形成一层极薄的金属层后的塑料薄膜）作为电极和介质，通过卷绕方式（叠片结构除外）制成的电容器。金属化电容器所使用的薄膜有聚丙烯、聚酯等，除了卷绕型之外，也有叠层型。其中以聚丙烯薄膜介质应用最广。

1. 自愈的概念

自愈式电容器有一种自我复原能力，即所谓的自愈特性。自愈特性就是薄膜介质由于在某点存在缺陷以及在过电压作用下出现击穿短路，而击穿点的金属化层可在电弧作用下瞬间熔化蒸发而形成一个很小的无金属区，使电容的两个极片重新相互绝缘而仍能继续工作，因此极大地提高了电容器工作的可靠性。

具体讲，电容器在外施电压作用下，由于介质中的杂质或是气隙等弱点的存在，引起介质击穿形成导电通路，接着在导电通路处附近很小范围内的金属层中流过一个前沿很陡的脉冲电流，使邻近击穿点处金属层上的电流突然上升，按照其离击穿点的距离成反比分布。在瞬间时刻 t，半径为 R_t 的区域内金属层的温度达到金属的熔点，于是在此范围内的金属熔化并产生电弧。电流使得电容器释放能量，在弧道局部区域温度突然升高。随着放电能量的作用，半径为 R_t 的区域内金属层剧烈蒸发并伴随喷溅。该区域半径增大的过程中电弧被拉断，金属被吹散并受到氧化和冷却，破坏了导电通道，在介质表面形成一个以击穿点为中心的失掉金属层的绝缘区域，这就是电容器的自愈过程。自愈的发生机理如图 11－6 所示。

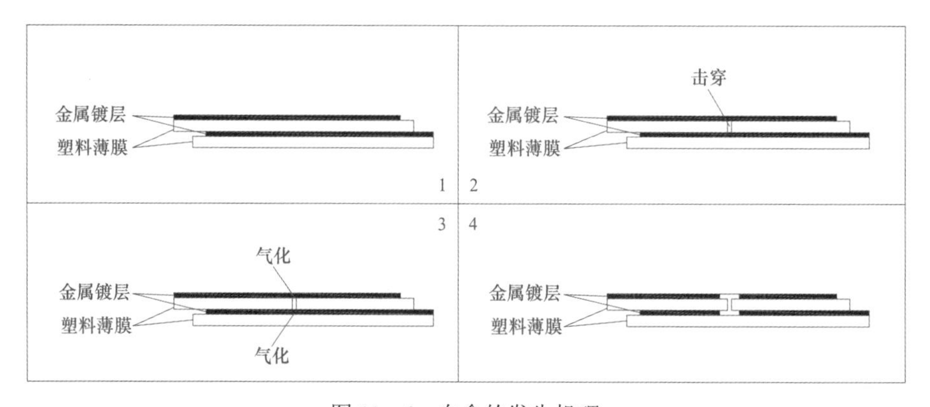

图 11－6 自愈的发生机理

失掉的金属层圆形绝缘区域被称为自愈晕区，它的面积通常在1～8mm^{2}范围内。自愈晕区金属层的蒸发不是靠弧道释放的热量而是靠电流通过金属层直接发热的热量。在自愈过程中，电流沿介质表面在气体媒质中通过，整个过程进行得很快，外施电压越高时对应的自愈恢复时间就越长。

自愈式电容器尽管有自愈功能，相对比较可靠，但是仍然存在自愈失败的情况，造成元件绝缘水平降低，甚至短路，产生鼓肚、爆裂等个别现象，因此需要采取保护措施。一般保护装置分为过压力保护、安全膜保护、温度保护。

2. 保护装置

（1）过压力保护。当电容器的某一元件绝缘强度下降时，必然会产生超常的热量，并且内压增大，致使电容器外壳膨胀、变形，产生的机械位移将防爆片（线）拉断。由于电源是通过防爆片（线）与电容器元件连接的，防爆片（线）的断开等于电源脱开。防爆效果的优劣取决于防爆结构的设计、安装位置及自愈式电容器的密封性等因素。

（2）安全膜保护。把金属化薄膜真空蒸镀成网状结构，即把电容器元件的电容划分成相当数量的小电容的并联。每个小电容真空蒸镀成具有熔丝的安全结构，在电容器元件的某一处小电容电弱点自愈失败时，这个小电容熔丝熔断，退出运行，而整个元件容量下降非常小。

（3）温度保护。电容器是由多个电容器元件组成的，每个元件设置有熔丝，当某一个元件因为自愈失败绝缘下降甚至短路时，就会产生热电流，促使熔丝动作，使该元件立即退出运行，而整台电容器仍然会继续运行，只是电容量有少量下降。

3. 方块电阻的概念

之所以自愈可以发生，是因为金属化薄膜上的金属层很薄，镀层电阻值很高，而金属层采用锌铝等导电材料。衡量金属层厚度的最好方法就是测试它们的方块电阻。

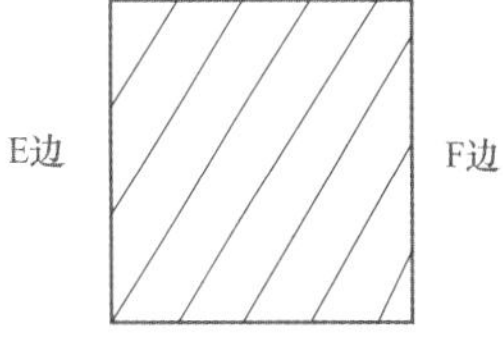

图11－7　方块电阻

金属化薄膜上的金属层在单位正方形面积的电阻值称为方块电阻，简称方阻，用Ω/□表示。它是指一个正方形的薄膜导电材料边到边之间的电阻，如图11－7所示，即E边到F边的电阻值。通常用方块电阻来表示金属镀层的厚度。方块电阻有一个特性，即任意大小的正方形边到边的电阻都是一样的，不管边长是1m还是0.1m，它们的方阻都是一样，这样方阻仅与导电膜的厚度及电阻率等因素有关。

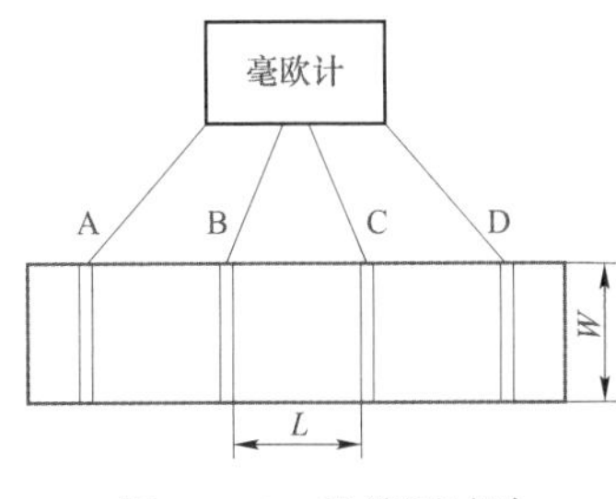

图11－8　四端测试法

要测试方块电阻，采用四端测试法，配备四根电阻比导电膜电阻小得多的圆铜棒，而且圆铜棒表面粗糙度要小，以便和导电膜接触良好。用四端测试的低电阻测试仪器，如毫欧计、微欧仪等。测试方法如下：用四根圆铜棒压在导电薄膜上，如图11－8所示。四根铜棒用A、B、C、D表示，它们上面焊有导线接到毫欧计上，使B、C之间的距离L等于导电薄膜的宽度W，至于A、B，C、D之间的距离没有要求，一般在10～20mm。接通毫欧计以后，毫欧计显示的阻值就是材料的方阻值。

11.2 电力电容器的性能及特点

11.2.1 正常使用条件

1. 海拔

一般不超过1000m。若海拔超过1000m，所有的外部绝缘应按照相关标准规定的海拔修正因数进行校正。

2. 环境空气温度类别

电容器按温度类别分类，每一类别用一个数字后跟一个字母来表示。数字表示电容器可以运行的最低环境温度；字母代表温度变化范围的上限，在表11－2中规定了最高值。温度类别覆盖的温度范围为（－50～＋55）℃。电容器可以运行的最低环境空气温度宜从＋5℃、－5℃、－25℃、－40℃、－50℃这5个优先值中选取。

经制造方同意，电容器可以在低于上述下限的温度下使用，但必须在等于或高于该极限温度下接通电源。表11－2是以电容器不影响环境空气温度这一使用条件（例如户外装置）为前提确定的。

表11－2　温度范围上限用字母代号

代号	环境温度/℃		
	最高值	24h平均最高值	年平均最高值
A	40	30	20
B	45	35	25
C	50	40	30
D	55	45	35

注：这些温度值可在安装地区的气象温度表中查得。

如果电容器影响空气温度，则应加强通风或另选电容器，以保持表11－2中的限值。在这样的装置中冷却空气温度不应超过表11－2的温度极限值加5℃。

任何最低和最高值的组合均可选作电容器的标准温度类别，例如：－40/A或－5/C。优先的标准温度类别为－40/A、－25/B或－5/C。

11.2.2 并联电容器的性能及特点

并联电容器经过多年的发展，技术获得了很大的进步，无论从设计结构还是制造工艺都得到全面提升。

下面对并联电容器的一些性能及特点进行介绍。

1. 过负荷性能

（1）稳态过电压。电容器可耐受而无明显损伤的过电压幅值取决于过电压的持续时间、施加的次数和电容器的温度。电容器单元的工频稳态过电压和相应的运行时间见表11－3。

表 11－3　　运行允许的电压水平

形式	电压因数[①]	最大持续时间		说　明
		GB/T 11024.1	DL/T 840	
工频	1.00	连 续		
工频	1.05		连 续	
工频	1.10	每 24h 中 12h		系统电压调整和波动
工频	1.15	每 24h 中 30min		系统电压调整和波动
工频	1.20	5min		轻负荷下电压升高
工频	1.30	1min		轻负荷下电压升高
工频加谐波	使电流不超过（3）稳态过电流中给出的值			

① 电压因数＝过电压值/U_N（方均根值），高于 $1.15U_N$ 的过电压是以在电容器寿命期之内发生不超过 200 次为前提确定的。

（2）操作过电压。投入运行之前，电容器上的剩余电压应不超过额定电压的 10%。用开关装置投入电容器组时，在无重击穿的情况下，通常会产生首个峰值不超过 $2\sqrt{2}$ 倍施加电压（方均根值）、持续时间不超过 1/2 周波的瞬态过电压。

在这些条件下，电容器每年可投切 1000 次（相应的瞬态过电流峰值可达 $100I_N$）。

在电容器投切更为频繁的场合，过电压的幅值和持续时间以及瞬态过电流均应限制到较低的水平。其限值或降低值应协商确定并在合同中写明。

（3）稳态过电流。电容器单元应能在电流方均根值 1.3 倍该单元在额定正弦电压和额定频率下产生的电流下连续运行。由于实际电容最大可达 $1.05C_N$，故最大电流能达 $1.37I_N$。

这些过电流因数是考虑到谐波和表 11－3 中 $1.10U_N$ 及以下的过电压共同作用的结果。

（4）耐受涌流。电容器应能承受 100 倍电容器额定电流的涌流冲击，每年这样的涌流冲击不超过 1000 次，其中若干次是在电容器内部温度低于 0℃与下限温度之间发生的。

2. 电容器损耗角正切（$\tan\delta$）

电容器在运行过程中，除了输出一定的无功功率 Q 外，其内部还会产生一定的有功功率 P，该有功功率 P 称为电容器的损耗。由于电容器的损耗与电容器的容量大小有关，难以直接判断电容器的质量优劣，而单位电容器容量的损耗则与电容器的容量无关，称之为电容器的损耗角正切（$\tan\delta$），即

$$\tan\delta=\frac{P}{Q} \tag{11-5}$$

式中　$\tan\delta$——电容器损耗角正切；

P——电容器的有功损耗，kW；

Q——电容器的无功功率，kvar。

电容器的串联等效电路图如图 11－9 所示，C_S 为无损耗电容器的理想电容，R_S 为电容器的等效串联电阻，电容器中流过电流为 $\dot{I}$。

图 11－9　电容器的串联等效电路图

根据串联等效电路图可得出

$$\tan\delta = \frac{P}{Q} = \frac{I^2 R_S}{I^2 X_C} = \frac{R_S}{X_C} \tag{11-6}$$

式中　I——流过电容器的电流，A；

R_S——电容器的等效串联电阻，Ω；

X_C——电容器的容抗，Ω。

国家标准 GB/T 11024.1 中，电容器的损耗角正切（$\tan\delta$）的定义为：在规定的正弦交流电压和频率下，电容器的等效串联电阻与容抗之比。

电容器的有功损耗主要由介质损耗、导体损耗、放电电阻损耗等几部分构成，其中以介质损耗为主。电容器在工频额定电压下，对于全膜电介质电容器的损耗角正切（$\tan\delta$），GB/T 11024.1 规定不应大于 0.0005，DL/T 840 规定 20℃时不应大于 0.0003。

并联等效电路损耗角正切（$\tan\delta$）及有功损耗 P 的计算公式推导及分析。

电容器的并联等效电路及相量图如图 11－10 所示，C_P 为无损耗电容器的理想电容，R_P 为电容器的等效并联电阻。在交流电压 U 作用下电容器中流过电流 I，电压 U 与电流 I 之间的夹角为 φ，φ 称为功率因数角，δ 为损耗角。根据图 11－10 可得式（11－7）和式（11－8）。

$$\tan\delta = \frac{I_R}{I_C} = \frac{1}{\omega C_P R_P} \tag{11-7}$$

$$P = UI_R = UI_C\tan\delta = U^2\omega C_P\tan\delta \tag{11-8}$$

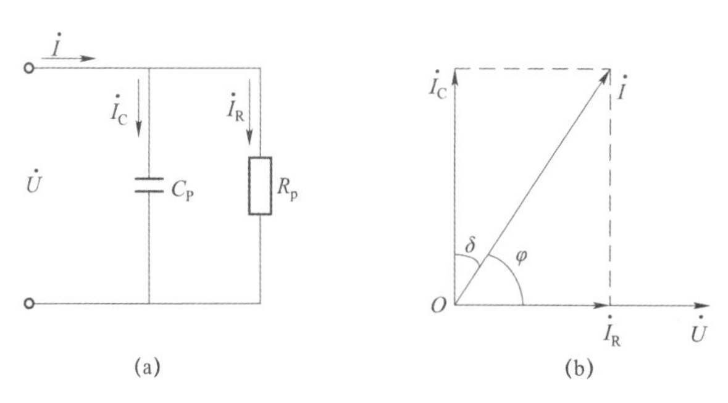

图 11－10　电容器的并联等效电路与相量图

（a）并联等效电路；（b）并联等效电路相量图

由式（11－8）可见，当电介质一定，外加电压及频率一定时，有功损耗 P 与 $\tan\delta$ 成正比，即可以用 $\tan\delta$ 来表示有功损耗的大小。电容器的绝缘性能优劣，可直接由 $\tan\delta$ 的大小来判断；而从同一产品 $\tan\delta$ 的历次数据记录分析，可掌握电容器绝缘性能的发展趋势。通过测量 $\tan\delta$ 可以发现绝缘缺陷，如绝缘受潮、劣化，绝缘气隙放电等质量问题，从而采取措施防止电容器产品发生严重故障。

3. 局部放电

（1）局部放电发生的因素及影响。

工频耐受电压、雷电冲击耐受电压和操作冲击耐受电压试验，其所施加的试验电压值，只是考核了产品能否经受住各种过电压的作用。但是，这种过电压值的试验与运行中长期工作电压的作用是有区别的，经受住了过电压试验的产品，能否在长期工作电压作用下保证安全运行，还需要进行局部放电试验。

所谓“局部”是指电气设备绝缘介质就其整个厚度上并非“贯穿”，只是在厚度的一个局部产生放电现象。

局部放电发生的几个因素：

1）电场过于集中于某点。

2）固体介质有气泡，有害杂质未除净。

3）油中含水、含气，有悬浮微粒。

4）不同的介质组合中，在界面处有严重的电场畸变。

局部放电测量值是确定绝缘系统结构可靠性的重要指标之一。局部放电测量的目的是证明设备内部有没有破坏性的放电源存在，同时还可分析设备内部是否存在介电强度过高的区域，因为这样的区域可能对设备长期安全运行造成危害。

由于局部放电的开始阶段能量小，它的放电并不立即引起绝缘击穿，电极之间尚未发生放电的完好绝缘仍可承受住设备的运行电压。但在长时间运行电压下，局部放电所引起的绝缘损坏继续发展，最终导致绝缘事故发生。所以测量设备局部放电是绝缘监督的重要手段之一，也是判断电气设备长期安全运行的较好方法。

（2）电容器局部放电分析。

电容器中的局部放电一般发生于：液体介质中由于工艺处理不彻底残存的微小气泡中，极板边缘电场分布不均匀处，极对壳不均匀电场中的电场集中处。下面对发生于液体介质中残存的微小气泡中的局部放电进行分析，图 11－11a 为含气泡的介质示意图。

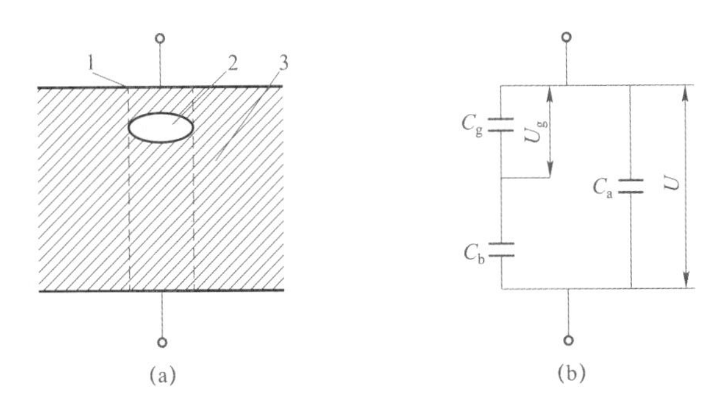

图 11－11　含气泡的介质及等效电路图

（a）含气泡的介质；（b）等效电路图

1—电极；2—气泡；3—电介质

在外施交流电压 U 作用下，当介质损耗很小加以忽略不计时，其等效电路如图 11－11b 所示。其中 C_g 表示气泡电容，C_b 是与气泡串联部分介质（虚线内）电容，C_a 是除 C_g、C_b 外其余介质的电容。因气泡很小，有 $C_g>C_b$，$C_a \gg C_b$，$C_a \gg C_g$。

根据等效电路可推导出局部放电起始电场强度为

$$E_i = \frac{U_g}{\varepsilon d_1}\left[1+\frac{d_1(\varepsilon-1)}{d}\right] \tag{11-9}$$

式中 U_g ——气泡的击穿电压，kV；

ε ——极间介质的介电系数；

d_1 ——气泡的厚度，mm；

d ——极间介质的厚度，mm。

当交流电压 U 施加于电极上时，如果介质内部气泡中电场达到气体的击穿电场强度时，就开始放电，放电过程使大量气体分子电离，结果产生大量的正、负电荷，它们在电场作用下各自向气泡上下壁移动形成空间电荷，这种空间电荷建立的反电场使总电场强度下降，因而放电熄灭。放电的持续时间很短，约为 0.01～0.1μs，因此，放电时气泡上的电压是瞬时的。当电压上升或空间电荷的泄漏使气泡再次达到足够的击穿强度时，又将发生放电。外施电压过峰值后，开始下降，若内部放电产生的空间电荷所建立的内部电压抵消外施电压达到 $-U_g$ 时又开始放电。因为外施电压是交变的，所以这种局部放电是脉冲性的，在一个周期中会重复多次。

对于外施直流电压，如果介质内部气泡中电场达到气体的击穿电场强度时，就开始放电，放电过程使大量气体分子电离，结果产生大量的正、负电荷，它们在电场作用下各自向气泡上下壁移动形成空间电荷，这种空间电荷建立的反电场使总电场强度下降，因而放电可能熄灭。只有经过较长时间，这些电荷经漏导而消失，或当外施电压更高时再次发生放电。而在交流下，如外施电压高于局部放电起始电压，每半周都将放电，因而交流电压对绝缘的损伤比直流电压下严重得多。

4. 外壳爆破能量

它是指电容器内部极间或极对外壳发生击穿时，电容器能耐受的不引起箱壳和套管破裂的最大能量。这是衡量电容器安全性的重要指标。国家标准 GB/T 11024.1 及电力行业标准 DL/T 840 规定电容器的耐爆能量不小于 15kW • s。

当电力电容器在运行中发生极间贯穿性击穿故障时，由于击穿时电压一般接近峰值，而工频电流为零，此时与之直接或间接并联的所有完好电容器向故障电容器进行脉冲放电，瞬间会注入大量能量，使电容器的外壳和出线套管承受了强力冲击。若这种冲击压力超过了电容器的外壳和套管能承受的机械强度时，电容器就会爆裂甚至起火，会损毁周边电气设备使故障进一步扩大，产生严重后果。

电容器发生极对壳击穿时，电容器组布置方式不同，故障状态不同，故障位置不同也可能有不同的短路放电电流。

注入故障电容器的能量主要有三部分：一是故障电容器本身储存的能量；二是与故障电容器直接并联的所有完好电容器的储存能量；三是与故障电容器所在支路相并联各支路电容器当故障电容器短路时，各电容器支路之间的电荷重新分配过程中，有一部分能量也将注入故障电容器，这部分能量的大小与电容器组的接线方式及框架结构的布置有关。其中第一条、

第二条是主要的能量来源，所产生的脉冲放电电流为高频、高幅值，且持续时间较短。

电力电容器设备是以成套装置的方式运行，电容器组是电容器单元通过串、并联电气连接组成的。对于全膜电容器，在并联能量通常被限制在 15kW・s 的情况下，即使电容器发生故障，外壳爆裂的概率通常也是可以接受的。这一限值基于电容器电压为额定电压峰值的 1.1 倍计算得出（当预期的工频过电压更高时，并联能量应相应降低），该限值相当于 60Hz 时并联 4650kvar 或 50Hz 时并联 3900kvar 的电容器。对于全纸或膜纸复合的电容器，该能量通常限制在 10kW・s。

因此，从以上分析可以看出，不仅要考虑电容器单元的外壳爆破能量，同时还要考虑电容器组的结构选型，并通过核算能够满足产品的安全运行。

11.2.3　自愈式低压并联电容器的性能及特点

自愈式低压并联电容器采用金属化聚丙烯薄膜作为电介质材料卷绕而成。为保证安全性，每个元件内部均装设保护装置，可以使每一个元件在故障时可靠地与电路分开。其主要用于电网中提高功率因数、降低线路损耗、改善电能质量。

为了保证电容器有良好的电气性能，元件经过真空处理，而且元件是在真空状态下用热固性树脂封装，隔离外界气体和水分对电容器电介质的危害，保证元件的电气性能。树脂使用导热较好的材料，以降低元件内部温度。

元件置于钢质壳体中，采用标准的连接方式提供三相或单相产品，产品内置放电电阻。自愈式低压并联电容器损耗小，损耗角正切值低，温升低。

采用干式结构设计，不会有液体泄漏或者造成环境污染。产品重量轻、体积小、安装方便。在要求无油化的环境中更有优势。

11.3　电力电容器的基本参数和型号规则

11.3.1　电力电容器的基本参数

电力电容器的基本参数有额定电容、电容偏差、额定电压、额定容量、比特性、比能、泄漏电流、绝缘电阻、时间常数、介质损耗角正切和电容温度系数等。

1. 额定电容

设计电容器时所规定的电容。电容值的基本单位是法拉，用字母 F 表示。在实际应用时，不同电容器的电容值可以用微法（μF）、皮法（pF）或是纳法（nF）来表示。

2. 电容偏差

电容偏差是指电容器的实际电容与额定电容之间的差值。电容器的电容偏差与电容器的介质、加工工艺以及环境温度等有关。相关标准及工程对电容器的电容偏差范围均有规定。

3. 额定电压

额定电压是指设计电容器时所规定的电压。不同类型的电容器都有最高允许电压要求，都是以额定电压为基准来衡量的，可以参照相应的标准。

4. 额定容量

额定容量是指设计电容器时所规定的无功功率，常用单位为kvar。

5. 比特性

比特性是表征电容器的技术经济指标的参数。对于交流电容器常以“电容器的重量与电容器的容量之比”或“电容器的体积与电容器的容量之比”来表示，分别称为重量比特性和体积比特性，其对应的单位分别为kg/kvar和L/kvar。

6. 比能

比能表示直流、脉冲电容器在直流电压下，电容器储存的能量与体积之比，单位为kJ/L。

7. 泄漏电流

泄漏电流是指在直流电压下通过电容器端子之间电介质的稳态电流。电容器的介质材料不是完全的绝缘体，在一定工作温度和电压条件下，会有电流通过，此电流就是所谓的泄漏电流。泄漏电流的大小因不同的电容器类型差异较大。

8. 绝缘电阻

绝缘电阻又称泄漏电阻，它与电容器的泄漏电流成反比。对于理想的电容器，对其加直流电压时，应该没有电流通过电容器，而实际上存在微小的泄漏电流。那么，加在电容器两端子之间的直流电压与通过端子的泄漏电流的比值即为电容器的绝缘电阻。

9. 时间常数

为恰当地评价大容量电容器的绝缘情况而引入了这个参数，其数值等于电容器的绝缘电阻与电容的乘积。

10. 损耗角正切（$\tan\delta$）

损耗角正切是指电容器的损耗与无功功率之比，即在规定正弦交流电压和频率下，电容器的等效串联电阻与容抗之比。当电容器接入交流电压时，大部分电流为容性电流，作为交换电场能量用；另一部分为介质损失引起的电流，则通过介质转换为热能消耗掉。

11. 电容温度系数

电容温度系数是指温度每变化1K时，电容器的电容变化量与电容 C_{20} 的比值（平均值）。

$$\alpha_{\mathrm{C}} = \frac{\Delta C}{C_{20}\Delta\theta} \tag{11-10}$$

式中　ΔC——在温度间隔$\Delta\theta$内所测得的电容变化量，μF；

　　　C_{20}——在温度20℃时所测得的电容量，μF。

11.3.2　电力电容器的型号规则

根据标准JB/T 7114.1，国内电力电容器产品的型号组成形式如下：

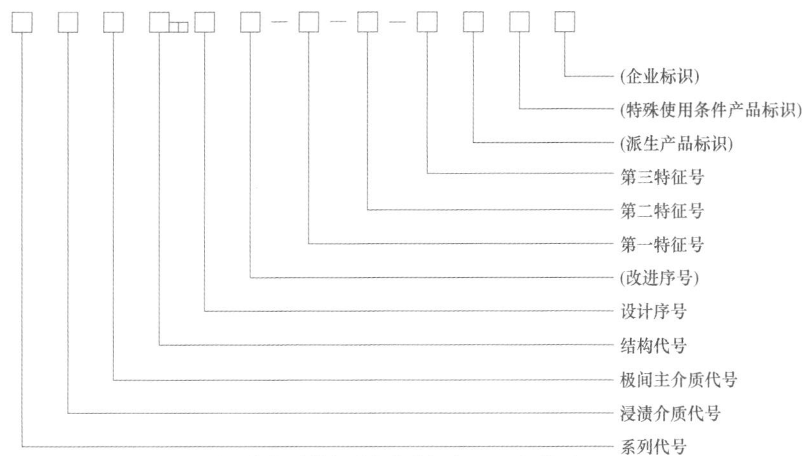

注：加括弧的代号在某些场合下可以不标出。

产品型号组成各要素代号的含义如下：

（1）系列代号。用以表示电容器所属的系列，其字母及其含义具体见表 11－4。

表 11－4　　电容器系列代号及其含义

系列代号	字母含义	系列代号	字母含义
A	交流滤波电容器	F	防护电容器
AP	直流输电用交流 PLC 滤波电容器	FZ	阀用阻尼电容器
B	并联电容器	FJ	换流阀均压电容器
C	串联电容器	J	交流断路器用均压电容器
CN	储能电容器	M	脉冲电容器
D	直流滤波电容器	O	耦合电容器
DP	直流 PLC 滤波电容器	R	感应加热装置用电容器
DX	直流断路器用谐振电容器	X	谐振电容器
E	交流电动机电容器	Y	标准电容器

注：1. A 系列代号指交流系统用交流滤波电容器、直流系统用交流滤波电容器和直流系统用直流滤波器的低压电容器。

2. AP 系列代号包括直流输电系统用组架式交流 PLC 滤波电容器和瓷套式交流 PLC 滤波及耦合电容器。

（2）浸渍介质代号。表示电容器所用浸渍介质的种类，其浸渍介质代号及其含义具体见表 11－5。

表 11－5　　电容器浸渍介质代号及其含义

浸渍介质代号	字母含义	浸渍介质代号	字母含义
A	苄基甲苯、SAS 系列	J	聚异丁烯
B	异丙基联苯	K	空气
C	蓖麻油	L	六氟化硫
D	氮气	S	蜡（如石蜡、微晶蜡、白蜡）
F	苯基二甲苯基乙烷、苯基乙苯基乙烷	W	烷基苯
G	硅油	Z	菜籽油

注：1. 若当浸渍介质为几种介质的混合物时，则只表示主要浸渍介质的代号。

2. 当浸渍介质有多个共同点，且性能相近时，采用相同浸渍介质代号表示。

（3）极间主介质代号。表示电容器所用极间主介质的形式，极间主介质代号及其含义具体见表 11－6。

表 11－6　电容器用极间主介质代号及其含义

极间主介质代号	字母含义	极间主介质代号	字母含义
D	氮气	M	全膜
F	膜纸复合	MJ	金属化膜
L	六氟化硫		

（4）结构代号。电容器单元不需要编注结构代号，充油集合式电容器的结构代号为 H，箱式电容器的结构代号为 X。电容器单元带有内熔丝和内放电电阻时，分别用 F 和 R 表示，并采用脚注形式。

（5）设计序号。产品型号中的设计序号，按产品型号证书发放的先后顺序用阿拉伯数字 1，2，3，…表示，由产品型号管理部门统一编排。

（6）改进序号。产品型号中的改进序号，按产品改进的先后顺序用 A，B，C，…表示，由产品型号管理部门统一编排。

（7）第一特征号。用以表示电容器的额定电压（直流或交流），单位为 kV。

注 1：当电容器含有一个或多个独立的电路（例如拟用于多相连接的单相单元电路或具有独立电路的多相单元电路）时，其额定电压为每一电路的额定电压。

对于相间在内部已有电气连接的多相电容器以及对于多相电容器组，其额定电压系指线电压。

注 2：当低压并联电容器为三相中性点引出的产品时，采用其额定相电压表示。

（8）第二特征号。用以表示电容器的额定容量或额定电容。额定容量的单位为千乏（kvar），额定电容的单位为微法（μF）[Y 和 J 系列产品的单位为皮乏（pF）]。对于三相电容器，其额定容量为三相容量的总和；对分相电容器，其容量以每相额定容量相加表示。

（9）第三特征号。用以表示电容器的相数、频率。

1）用以表示并联、串联、交流滤波电容器的相数。单相用“1”表示，三相用“3”表示。

2）用以表示感应加热装置用电容器的额定频率，单位为千赫（kHz）。

注：对于内部为Ⅲ形连接的三个独立相电容器，相数以“1×3”表示。

（10）派生产品标志。派生产品标志用大写字母 P 表示。

注：当不出现“第三特征号”时，派生产品标志应写在“第二特征号”的后面。

（11）特殊使用条件产品标志。用以表示产品的特殊使用条件。如果同时存在两种或两种以上特殊使用条件，则应将其相对应标志并列放在一起并按字母顺序排列。特殊使用条件产品标志的表示方法见表 11－7。

表 11－7 特殊使用条件产品标志

尾注号字母	字母含义	尾注号字母	字母含义
F	中性点非有效接地系统使用	TA	干热带地区使用
G	高原地区使用	TH	湿热带地区使用
H	污秽地区使用	W	户外使用（户内使用不用字母表示）
K	有防爆要求地区使用	X	化学腐蚀地区使用
N	凝露地区使用	Y	严寒地区使用
S	水冷式（自冷式不用字母表示）		

注：字母 F、H 仅耦合电容器使用。

（12）电力电容器产品型号表示示例。

1）产品 $AAM_R3B-12-334-1W$。表示为产品系列为交流滤波电容器，浸渍介质为苄基甲苯，极间主介质为全膜介质，结构为电容器单元带有内放电电阻，设计序号为 3，第二次改进，额定电压为 12kV，额定容量 334kvar，单相，特殊使用条件产品标志为户外使用。

2）产品 $BAM_{FR}2C-11/2-417-1W$。表示为产品系列为并联电容器，浸渍介质为苄基甲苯，极间主介质为全膜介质，结构为电容器单元带有内熔丝和内放电电阻，设计序号为 2，第三次改进，额定电压为 11/2kV，额定容量 417kvar，单相，特殊使用条件产品标志为户外使用。

3）产品 $BAMH_{FR}3B-12/\sqrt{3}-8000-1\times3W$。表示为产品系列为并联电容器，浸渍介质为苄基甲苯，极间主介质为全膜介质，结构为充油集合式电容器，电容器单元带有内熔丝和内放电电阻，设计序号为 3，第二次改进，额定电压为 $12/\sqrt{3}$ kV，额定容量 8000kvar，三相独立，特殊使用条件产品标志为户外使用。

4）产品 BZMJ2B－0.4－30－3。表示为产品系列为并联电容器，浸渍介质为菜籽油，极间主介质为金属化膜，设计序号为 2，第二次改进，额定电压为相电压 0.4kV（三相中性点引出），三相总额定容量为 30kvar，三相，户内使用。

5）产品 DPAM2－18.5－3.0PW。表示为产品系列为直流 PLC 滤波电容器，浸渍介质为苄基甲苯，极间主介质为全膜介质，设计序号为 2，额定电压为 18.5kV，额定电容为 3.0μF，为派生产品，特殊使用条件产品标志为户外使用。

第 12 章　电力电容器的结构

电力电容器的技术发展，除了产品设计和工艺的优化改进外，最重要的因素就是所使用原材料的技术进步、产量和质量的不断提高。由于有了优质的电工聚丙烯薄膜（厚度为 9～20μm）、优质的苄基甲苯绝缘油、优质的铝箔（厚度为 4.5～6.5μm），才能使电力电容器降低损耗、提高电场强度、改善比特性等成为可能。

12.1　电力电容器采用的主要原材料

12.1.1　电工聚丙烯薄膜

电工聚丙烯薄膜是一种电性能优异的电介质绝缘材料，对原料灰分的要求非常严格。可实现微薄化、粗面化；耐电强度高，介质损耗低，介电常数几乎不随频率变化而变化；防潮性能优良，不吸水。这些优点，使其成为重要的基础介质材料。

自 1960 年聚丙烯薄膜问世以来，电力电容器的固体介质就一直在用它，为双轴定向聚丙烯薄膜，质量也在不断改善和提高。从 20 世纪 70 年代起，电容器的固体介质以膜纸复合结构为主，采用的薄膜表面光滑被称之为“光膜”，随着电容器技术的发展，膜纸结构的电容器逐步被全膜电容器所取代，因而衍生出所谓的“粗化膜”，也称易浸型薄膜。表面的粗化，即使产品一面或两面粗化，产生一定深度的沟槽及凹凸面，在卷制成元件后就形成毛细管，使浸渍剂得以浸入，有效地解决了电容器绝缘油的浸渍问题。

通过大量的研究试验表明，聚丙烯薄膜电弱点的多少和性质对电容器寿命影响很大。老化击穿在很大程度上决定于电弱点处发生的变化，老化试验前后对介质测试结果表明，在薄膜电弱点处电压耐受值下降最大。要提高电容器的工作电场强度并确保电容器的使用寿命，主要研究方向是限制电弱点的数量。电弱点（如导电粒子、杂质颗粒、空隙、不纯物、结晶缺陷或其他化学不规则）的存在不仅与材料的纯度有关，还与制造工艺和质量控制有关。

另外，国外很早把聚丙烯薄膜的等规度、结晶度等参数与薄膜的主要电气性能联系在一起进行研究，并且取得一定的研究成果。等规度是描述有规异构所占比例的物理量，即有规异构体占全部高分子的百分数。结晶度用来表示聚合物中结晶区域所占的比例，同一种材料，一般结晶度越高，熔点越高。聚丙烯原料的等规度越高，聚丙烯的结晶度越高，分子链排列越规整，熔点、拉伸强度、弯曲模量、冲击强度等性能越好。综合考虑，一般聚丙烯薄膜要求原材料的等规度控制在 95%～97%，结晶度约为 45%～50%。

目前，电工聚丙烯薄膜的生产，主要有平膜法和管膜法两种方法，都是双向拉伸膜。平膜法双向均采用机械方法，一步步将厚膜片拉伸成薄膜；管膜法则是横向靠聚丙烯薄膜管内气体的压力来拉伸，纵向也采用机械拉伸。这两种薄膜，由于加工工艺不同，存在一定的区别。从生产角度讲，管膜法投资省、生产速度慢，平膜法则投资大、生产速度快。从薄膜与油的相容性比较，管膜法生产的聚丙烯薄膜在油中溶胀较大，平膜法在油中溶胀较小。另外，管膜法生产条件调整难，平整性差，纵横向性能均衡，而平膜法则相反。从产品的规格看，管膜法适合生产厚度为 9μm 以上的薄膜，极厚薄膜难生产，平膜法则可生产厚度为 4μm 以上和极厚的薄膜。

GB/T 13542.2 对聚丙烯薄膜的厚度测量有规定的方法和要求，主要有机械法和重量法（质量密度法）。机械法测量分为单层法和叠层法。单层法是用精密千分尺或立式光学计或其他仪器测量单张试样的厚度，当薄膜厚度小于 100μm 时，用立式光学计或其他合适的测厚仪测量；薄膜厚度大于或等于 100μm 时，可用千分尺测量。在试样上等距离共测量 27 点，两测量点间距不小于 50mm，对未切边的膜卷，测量点应离薄膜边缘 50mm；对已切边的膜卷，测量点应离薄膜边缘 2mm。取 27 个测量点的中值作为试验结果。叠层法是取四个薄膜叠层试样，每个叠层试样由 12 层薄膜组成，在测量之前去掉叠层的最外层和最内层（实际测量 10 层）用千分尺测量厚度，叠层试样测量厚度除以 10，得到单层薄膜厚度，取其平均值作为试验结果。重量法则是根据测定的质量、面积和密度计算样品的厚度。

机械法测量和重量法测量可以通过空隙率（SF）这个参数来说明两者之间的关系，具体见式（12－1）。

$$\mathrm{SF}=\frac{t_b-t_g}{t_g}\times 100 \tag{12-1}$$

式中　SF——空隙率，%；

t_b——叠层法（千分尺）测得的厚度，μm；

t_g——重量法（质量密度法）测得的厚度，μm。

电力电容器用粗化聚丙烯薄膜性能指标见表 12－1。

表 12－1　　电力电容器用粗化聚丙烯薄膜性能指标

<table>
<tr><th>序号</th><th colspan="2">项目名称</th><th>单位</th><th colspan="2">指标值</th></tr>
<tr><td>1</td><td colspan="2">厚度</td><td>μm</td><td>≤12</td><td>＞12</td></tr>
<tr><td>2</td><td colspan="2">密度</td><td>g/cm³</td><td colspan="2">0.91±0.01</td></tr>
<tr><td>3</td><td colspan="2">熔点</td><td>℃</td><td colspan="2">165～175</td></tr>
<tr><td rowspan="2">4</td><td rowspan="2">拉伸强度</td><td>纵向</td><td rowspan="2">MPa</td><td colspan="2">≥120</td></tr>
<tr><td>横向</td><td colspan="2">≥130</td></tr>
<tr><td rowspan="2">5</td><td rowspan="2">断裂伸长率</td><td>纵向</td><td rowspan="2">%</td><td colspan="2">≥30</td></tr>
<tr><td>横向</td><td colspan="2">≥30</td></tr>
<tr><td rowspan="2">6</td><td rowspan="2">断面收缩率</td><td>纵向</td><td rowspan="2">%</td><td>≤5</td><td>≤4</td></tr>
<tr><td>横向</td><td colspan="2">≤3</td></tr>
</table>

续表

序号	项目名称		单位	指标值	
7	介电强度（50 点电极法，DC）	平均值	V/μm	≥500	
		最低值		≥400	
8	体积电阻率（23℃±2℃）		Ω·m	≥1.0×10^{15}	
9	介质损耗因数（23℃±2℃，48～62Hz）			≤3.0×10^{-4}	
10	相对介电常数（23℃±2℃，48～62Hz）			2.2±0.2	
11	表面粗糙度 R_a		μm	0.20～0.60	0.25～0.65

12.1.2　液体介质

液体电介质是电力电容器所用的最为重要的原材料之一，它在电容器中作为浸渍剂，用来填充固体电介质中的空隙，提高介质的介电强度和电容量，改善电容器的局部放电性能和散热条件等。对电力电容器使用的液体介质要求理化性能优良，介质损耗因数小，凝固点低，黏度小，击穿强度和体积电阻率高；热和电的稳定性好；与接触的材料相容性好；材料来源充足，合成及处理工艺简单易操作，价格相对低廉；无毒或是低毒性，能生物降解，不污染环境，不危害人类健康等。

随着电力电容器的发展及应用的扩大，对液体介质的要求也越来越高。电容器的技术进步在很大程度上依赖于液体介质的技术发展，除具有与电工聚丙烯薄膜等有良好的相容性外，液体介质要具备芳香度（也称芳香指数）高、黏度（特别是低温下的黏度）小、凝固点低等特点，这样才能改善电力电容器的浸渍性能和低温局部放电性能，提高产品比特性和运行可靠性。

自从 1984 年法国开发出苄基甲苯（商品名 C100，化学成分 M/DBT）以来，市场迅速扩大，到 20 世纪 90 年代中期已逐渐在国际上上升到主导地位，取代了异丙基联苯（IPB）、二芳基乙烷（PXE）。随后又进行了改进，为改善老化性能，加入 1%以下的脂环族环氧添加剂后商品名叫 C101；为降低气味对人的刺激，加入掩味剂后商品名叫 C101D。20 世纪 90 年代中期日本人在美国生产出 SAS-40 绝缘油，其性能与 C101 相同或稍好，在国外和国内均有应用。

目前国外各著名电容器公司多采用法国 C101 油，或者与其他油混合使用，牌号各异，如 Faradol 600、Edisol XT、Dielektrol IV 等，实际成分全部或主要是苄基甲苯。

国外自愈式电容器用油主要是以植物油为主，与金属化膜相容性好，燃点高，易降解，环境适应性好。

我国研究及应用的电容器绝缘油也是一代一代发展起来的，从矿物油—氯化联苯—硅油、十二烷基苯—IPB、PXE 及 PEPE—苄基甲苯。目前主要以苄基甲苯（M/DBT）为主。M/DBT

的优点在于化学成分上芳香度高（0.645），低温下黏度低，吸气性好，表现在电容器上是局部放电性能好（尤其是低温下），抗老化性能好，可以提高电场强度，改善比特性，经济效益显著。

国内常用的有苯基二甲苯基乙烷（PXE）、苯基乙苯基乙烷（PEPE）浸渍剂，二者都属于二芳基乙烷系列；还有苄基甲苯（M/DBT）及十二烷基苯（DDB）等浸渍剂。目前用的最多的是苄基甲苯。电力电容器用浸渍剂性能指标见表 12-2。

表 12-2　电力电容器用浸渍剂性能指标

序号	名称		十二烷基苯（DDB）	苯基二甲苯基乙烷（PXE）	苯基乙苯基乙烷（PEPE）	苄基甲苯（M/DBT）
1	密度/（g/cm³，20℃）		0.850～0.880	0.950～0.999	0.950～0.999	0.980～1.020
2	闪点/℃		≥135	≥140	≥136	≥130
3	倾点/℃		≤-45	≤-40	≤-60	≤-60
4	折射率（η_D^{25}）		1.480～1.495	1.560～1.570	1.550～1.570	1.570～1.580
5	比色散（25℃）		≥125	≥180	≥180	≥200
6	运动黏度	mm²/s，40℃	≤11	≤7	≤4	≤4
		mm²/s，-40℃	300（-30℃）	1525.3	80	243.1
7	中和值 /（mg KOH/g）		≤0.015	≤0.015	≤0.015	≤0.015
8	芳香度		0.17	0.44	0.50	0.645
9	击穿电压/kV（2.5mm 间隙，48～62Hz）		≥50	≥55	≥60	≥60
10	体积电阻率 /（Ω·m，90℃）		≥1.0×10¹²	≥1.0×10¹²	≥1.0×10¹²	≥1.0×10¹²
11	介质损耗因数（90℃，40～60Hz）		≤0.002	≤0.001	≤0.001	≤0.002
12	相对介电常数（25℃，40～60Hz）		2.10～2.30	2.40～2.60	2.40～2.60	2.45～2.65
13	吸气性/（μL/min）		≥20	≥100	≥100	≥130

12.1.3　铝箔

铝箔主要用来作为电容器元件中的极板，其理化性能的好坏会影响电容器的质量。要求铝箔材料表面应平整、洁净；不允许有腐蚀、辊印、擦伤、划伤、暗面亮点、油斑、起皱、孔洞、霉变、开缝等影响使用的缺陷；不允许有起棱、起鼓、亮线、条纹及影响使用的碰伤；铝箔卷应易于展开，箔卷展开后不得有折叠、粘结和撕裂现象。电力电容器常用铝箔性能指标见表 12-3。

表 12－3　　电力电容器常用铝箔性能指标

<table>
<tr><th>厚度 T/μm</th><th>厚度允许偏差</th><th>宽度/mm</th><th>状态</th><th>抗拉强度/（N/mm^2）</th><th>伸长率（%）</th></tr>
<tr><td>4.5</td><td rowspan="2">±6% T</td><td rowspan="7">±1</td><td rowspan="7">O</td><td rowspan="7">50～100</td><td rowspan="4">≥0.5</td></tr>
<tr><td>5.0</td></tr>
<tr><td>5.5</td><td rowspan="5">$^{+4}_{-6}$% T</td></tr>
<tr><td>6.0</td></tr>
<tr><td>6.3</td><td rowspan="3">≥1.0</td></tr>
<tr><td>6.5</td></tr>
<tr><td>7.0</td></tr>
</table>

国外一些电容器厂家使用厚度为 4.5μm 的铝箔；国内电容器厂家目前广泛使用厚度为 5.0～6.0μm 的铝箔，个别企业采用厚度为 4.5μm 的铝箔。

为改善电容器元件边缘电场分布，目前国内外普遍采用铝箔折边技术，也有国外公司采用激光切割铝箔技术，也能达到同样的效果。

12.2　电力电容器的结构及特点

12.2.1　铁壳式电力电容器单元的结构及特点

1. 铁壳式电力电容器单元的结构

目前高压电力电容器以油浸式为主，电容器的基本结构大体相同，主要由心子、绝缘包封、绝缘油、外壳及出线套管等组成，根据需要设置内熔丝。其中心子由多个元件通过串并联方式组成，心子包绕绝缘纸形成器身，器身装入不锈钢外壳，通过一体化套管将引线引出，经过真空干燥、浸渍绝缘油处理后成为合格的电容器单元。图 12－1 为电力电容器单元的结构示意图，图 12－2 所示为铁壳式系列电力电容器单元系列。

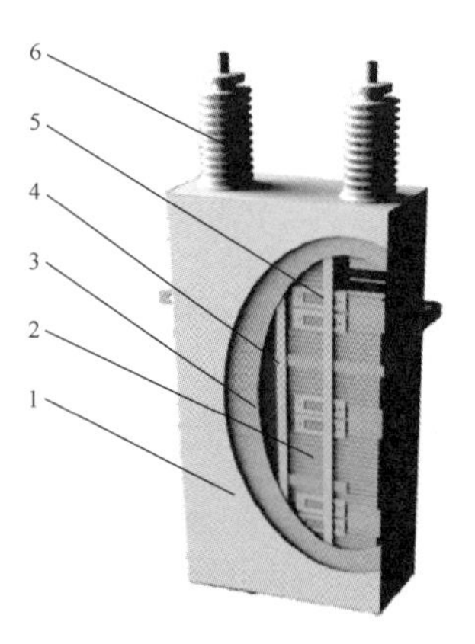

图 12－1　电力电容器的结构示意图

1—箱壳；2—元件；3—绝缘件；4—紧箍；5—放电电阻；6—出线套管

（1）电容器的心子。电容器的心子是电容器的主要组成部分，由元件、绝缘件、连接片和紧箍等组装而成。其基础部件是元件，一个元件就是一个基本的单元。

（2）元件。元件是由电介质和被它隔开的两个电极所构成的部件。其中电介质材料是聚丙烯薄膜，极板的材料为铝箔。将极板和电介质按适当的组合形式，卷绕成单个部件，然后从卷制机取下压扁成为一个元件。压扁元件示意图如图 12－3 所示。

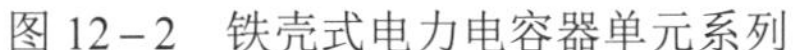

图 12－2　铁壳式电力电容器单元系列

图 12－3　压扁元件示意图

元件的极间介质根据具体设计采用两层或三层聚丙烯薄膜。极板铝箔以前为不折边也不突出，通过插引线片来实现电容器元件的极板引出和元件的串并联连接；现在极板铝箔一般采用一边突出另一边折边结构，通过突出的铝箔部位直接实现串并联连接；也有国外厂家采用铝箔一边突出，另一边不折边用激光切割铝箔。通过元件的串并联连接，满足对电容器电压和容量的要求。图 12－4a 为铝箔突出折边元件结构，图 12－4b 为引线片元件结构。另外，元件根据要求可以设置内熔丝。

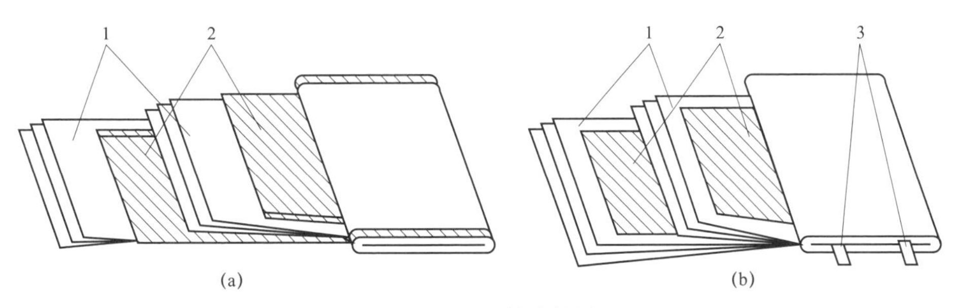

图 12－4　元件结构图

（a）铝箔突出折边元件结构；（b）引线片元件结构

1—薄膜；2—铝箔；3—引线片

极板采用铝箔折边结构，使极板边缘的电场得到改善，可大幅度降低元件端部电场强度的不均匀程度，对改善局部放电性能和降低损耗效果十分明显，提高了产品运行的可靠性。大量的试验表明，电容器局部放电主要发生在元件极板的边缘，因为极板边缘处的电场最为集中，尤其是在极板边缘有尖角的地方，电场集中更为严重。将铝箔边缘折边使电极边缘厚度增大，可提高极板边缘的局部放电起始电场强度；同时将铝箔折边使电极边缘光滑，有效消除了尖角，使电极边缘的电场分布趋于均匀，进一步改善了电容器的局部放电性能。

与引线片结构相比，采用铝箔突出结构，使得极板直接连接，不存在接触电阻，并且电流路径短，降低了损耗。

为解决铝箔折边部位压紧系数过大的问题，在元件外包封的结构上采取了措施，使铝箔折边部位的压紧程度与元件大面相同，从而解决了由于折边部位压力过大造成的击穿点集中的问题。

（3）内熔丝。电力电容器内部采用元件串联熔丝已有多年历史，其目的是当个别元件在运行中击穿时，熔丝动作，切断该元件，使整台电容器可继续运行。过去的内熔丝是缠绕型或直线型的，布置在元件端部，这种传统的内熔丝结构，在运行中暴露出其不足之处，有时一根熔丝的动作会损坏临近的熔丝，甚至会引起“熔丝群爆”现象。现在普遍采用了先进的“隔离式”内熔丝结构，即内熔丝放置在元件之间，熔丝与熔丝之间是完全隔离的，以防止熔丝动作时相互影响造成“熔丝群爆”现象。由于一个熔丝的动作不会影响到另外一个熔丝，当然也就不会发生群爆的问题了。既防止了熔丝的群爆，又防止了熔丝动作造成对电容器内绝缘油的污染，提高了产品运行的可靠性。

（4）放电电阻。电力电容器内部通常都装有放电电阻，采用高压玻璃釉电阻。高压并联电容器依据相关标准，电阻值满足 10min 内将端子间电压由初始峰值电压 $\sqrt{2}\,U_N$ 降低到 75V（GB/T 11024.1 的规定）或 50V（DL/T 840 的规定）以下。放电电阻会产生一定的附加损耗，使得电力电容器的 $\tan\delta$ 值增加。电力电容器用内部放电电阻必须具有与浸渍剂相容性好、电压过载能力强、电阻温度系数小、焊接性好、使用寿命长、稳定度等级高等特性。

装设放电电阻的作用是：释放剩余电荷，保护人身的安全。当电容器与电网断开后，在人员接触电容器设备之前，由内部电阻将电容器上的剩余电荷释放掉。但还要注意，在人体接触电容器之前，还要用放电器具将电容器两端子间短接放电，并用导线将两端子短路并接地，进一步提高安全性。

对于内熔丝结构的电力电容器，放电电阻通常分布在每一个串联段上，用以释放在内熔丝动作瞬间的积累电荷，降低暂态过电压。对于外熔丝和无熔丝电容器，放电电阻则集中装于心子的两引出线之间。

对于直流滤波电容器内部装有均压电阻，高压直流滤波电容器由于其运行的工况和条件不同于并联电容器、交流滤波电容器，直流滤波电容器上的电压是按电阻分配的（谐波电压除外），电容器的电阻由均压电阻（内放电电阻）和套管绝缘电阻并联而成。因此在直流滤波电容器中，放电电阻不仅仅用于放电，而且还要使电容器的电压在每个串联段上均匀分布。适当降低均压电阻的阻值和控制电阻的偏差范围可使电容器的电压分布更趋均匀，但是均压电阻选取太小则会导致发热量大，使电容器内部温度升高。选取合理的电阻参数，才能够确保直流滤波电容器产品长期安全运行。

（5）绝缘油。绝缘油液体电介质在电容器中作为浸渍剂，主要用来填充固体电介质中的空隙，提高介质的介电强度和电容量，改善电容器的局部放电性能和散热条件等。同时还要符合环保要求，不能对环境造成污染，不危害人类健康。

（6）绝缘件。绝缘件的使用，是为了保证元件之间、元件组间、心子与外壳之间、导体之间等的绝缘，保证产品的绝缘性能。

（7）连接片。连接片是用于心子内部连接及心子与引出瓷套之间的连接。

（8）紧箍。主要是用于心子各组部件的固定并保证所设计的压紧系数。

（9）外壳。电容器的外壳为矩形，一般采用 1.5～2mm 厚的不锈钢板。用于电容器器身封装并浸渍绝缘油，要求具有良好的密封性、散热性和机械强度，能补偿绝缘油体积的变化。

电容器外壳采用不锈钢板制作，提高了产品的耐腐蚀能力和整体外观，采用自动氩弧焊接以及纵缝对接焊接，提高了焊接质量，防止了渗漏油，从而确保产品的可靠运行。

（10）出线套管。用于将内部连接线引出，并实现外部电气连接，满足出线间及出线对外壳的绝缘要求。

早期国内的电容器套管采用锡焊套管，使得产品在运行过程中容易出现套管或套管根部法兰与箱盖焊接处漏油现象，影响了产品的运行安全。目前，国内已经普遍采用一体式套管，其特点是接线端子与瓷套之间、瓷套与盖子之间都采用滚压式密封连接，不需要任何焊接，这种结构能有效避免锡焊存在的虚焊等缺陷，解决了产品漏油的问题。

根据设计及工程运行需要，一体式套管一般可分为 6 伞结构、10 伞结构、13 伞结构，若有特殊要求，可以进行特殊设计。

2. 铁壳式电力电容器单元的分类

电容器根据是否设置熔丝可以分为内熔丝、外熔丝和无熔丝电容器三类，如图 12－5 所示。

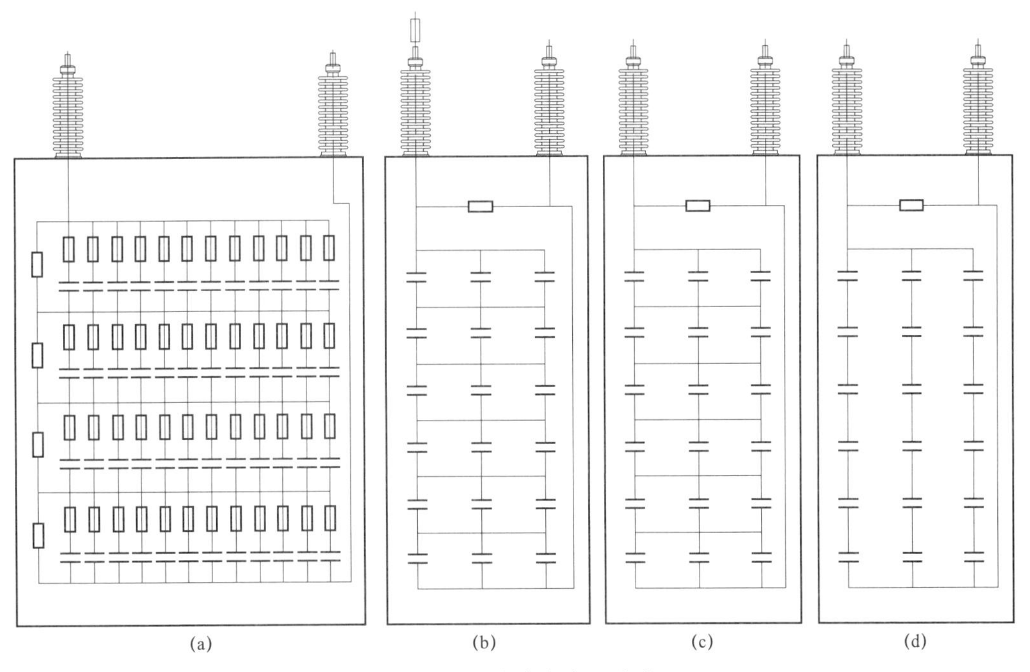

图 12－5　电力电容器种类

（a）内熔丝电容器；（b）外熔丝电容器；（c）内部元件先并联后串联的无熔丝电容器；（d）内部元件先串联后并联的无熔丝电容器

（1）内熔丝电容器。

电容器的内熔丝保护是电容器内部每个元件串接 1 根熔丝，元件先并联后串联，如图 12－5a 所示。电容器间进行并联和串联连接，电容器的容量较大。优点是少量元件击穿，电容器仍可继续运行；缺点是损耗相对大一些，电容器工艺相对复杂。

内熔丝的保护机理：当某一个元件因故障击穿时，与之并联的其他元件将向其放电，即利用此高频的放电电流使其熔断。此时，完好元件的熔丝不应熔断，电容器中的完好元件仍可继续运行。电容量的损失之所以很小，是由于元件数量众多的缘故，电容器组内其他电容器单元不受影响，只将电容器组的一个极小部分切除，所以无功功率输出损失可忽略不计。一个电容器元件的故障通常在接近电压波峰处发生，即电流趋向于零时，由于储存于并联元件中的能量释放，使熔丝动作极快，故障元件在瞬间断开，一般在几毫秒以下。故障发生后，流经熔丝的电流大大增强至标称电流的15～20倍左右。

内熔丝动作之后，由于串联段有众多元件并联，其余元件上的电压只是有限度地增高，因此，受影响不大，电容器可继续正常运行。由于将内熔丝嵌置于相邻元件之间，因此其他熔丝不受发生动作内熔丝的影响，不会加大损失率。

由于内熔丝在瞬间将故障元件断开，电容器内部不会产生持续电弧，因而排除了外壳爆裂的危险。外壳爆裂一般是由于电弧产生气体累积膨胀造成的。内熔丝电容器的熔丝动作范围在外壳破裂曲线安全区域范围内。

使用内熔丝最大的优点是熔丝断开和不平衡保护相协调，检测故障可以设置预警和跳闸水平，内熔丝电容器应用较广，可靠性较高。

对于并联电容器装设的内熔丝，要满足元件在 $0.9U_{Ne}$（U_{Ne} 为元件的额定电压）的下限交流元件电压和 $2.5U_{Ne}$ 上限交流元件电压范围内击穿时，熔丝应能将损坏的元件隔离出来。对于交流滤波电容器装设的内熔丝，要满足元件在 $0.9U_{Ne}$ 的下限交流元件电压和 $2.2U_{Ne}$ 上限交流元件电压范围内击穿时，熔丝应能将损坏的元件隔离出来。对于串联电容器装设的内熔丝，要满足元件在 $0.5U_{Ne}$ 的下限交流电压和 $1.1U_{lim}/n$（U_{lim} 为电容器的极限电压，n 为电容器内部串联段数）上限交流电压范围内击穿时，熔丝应能将损坏的元件隔离出来。如果以上产品试验采用直流进行，则试验电压应为相应交流试验电压的 $\sqrt{2}$ 倍。

高压直流滤波电容器装设内熔丝，元件在下限电压 $0.7U_{DC}/(S \cdot n)$（U_{DC} 为电容器组的最大持续直流电压，S 为电容器组中电容器单元的串联段数）和上限电压 $S_{SIPL}/(S \cdot n)$ 范围内击穿时，熔丝应能将损坏的元件隔离出来。计算下限电压时不含谐波电压，因此，下限电压低，而上限电压高，要求内熔丝开断范围大。

目前，电力电容器采用的内熔丝材料为电解铜材料，根据设计需要，选取的直径及长度不同。

（2）外熔丝（外熔断器）电容器。

电容器元件通常先并联后串联，每个电容器单元串接外熔断器，如图12－5b所示。优点是电容器单元结构简单，易发现故障电容器单元；缺点是电容器内部个别元件击穿后，整台电容器就须过早地退出运行。

外熔断器电容器用的熔断器为喷射式熔断器，主要适用于单台电容器的过电流保护，用来切断故障电容器，以保证无故障电容器的正常运行。外熔断器电容器为元件先并联后再串联，如果某台电容器的一个元件击穿，与它并联的元件都会被短路，该台电容器的电容量会发生较大变化，变化比内熔丝电容器大得多。由于元件短路，电容器会出现过电流和过电压现象，为了避免当某一电容器故障时，其他完好的与其并联的电容器的电压增加量超过10%，外熔断器电容器成套装置还会设置继电保护，避免事故的扩大。

在串接外熔断器的电容器中，故障元件是不可能断开的，而电流将持续流经短路故障区域。电容器电流虽有所增强，但不足以将外熔丝熔断，电容器会继续运行。初始故障可能继续发展而引起串联段相继发生故障，随着每个串联段的短路，正常串联段上电压增高，这导致电容器的电流增大，最终使外熔断器动作。外熔断器动作时，整台电容器断开退出运行。

在使用外熔断器电容器时，由于电容器内部故障使外熔断器熔断，电弧产生的气体在电容器内累积所形成的压力可能会造成电容器外壳爆裂的危险，因此，在电容器选型及电容器组电气连接时要考虑耐爆能量的限制，以免引起外壳爆裂，发生诸如火灾的恶性事故。

（3）无熔丝电容器。

聚丙烯薄膜绝缘介质的电弱点在运行中被加速老化，造成元件击穿，电容器元件的故障导致电容器单元中相关的串联段短路，引起该单元中剩余元件上以及其所在电容器串中的其他电容器单元上通过的电流增大和电压升高。增大和升高程度取决于电容器单元串中串联元件的总数。由于电容器单元通常采用非直接并联连接，故放电能量和电流增量都不大。存在短路元件的电容器单元仍保持继续运行。作为无熔丝应用的电容器单元应具有全膜电介质系统，这种电介质系统构成的元件内发生的故障会形成电阻值很小的熔焊短路。以上特性就构成了无熔丝电容器的基本工作原理。

无熔丝电容器内部元件有两种连接方式，一种为元件先并联后串联，如图12－5c所示；另一种为元件先串联后并联，如图12－5d所示。

无熔丝电容器的介质和内部结构要进行特定设计，单元内外都不装设熔丝。优点是电容器结构简单，损耗小，允许个别元件击穿、串联段短路；缺点是确认故障电容器的时间较长，使用范围仅限35kV及以上高电压等级。

目前在美国，无熔丝电容器为广大用户所青睐，在市场上占有重要地位，在欧洲和世界其他地区，无熔丝电容器也有大量应用。

12.2.2　集合式电容器的结构及特点

1. 集合式电容器的结构

集合式电容器是在20世纪80年代中期发展起来的产品，这类产品的出现是我国电力电容器制造技术领域的进步。传统的电容器由于受散热条件等因素的影响，单台容量不可能做得太大，集合式电容器通过设置循环散热的油道，大容量产品加装散热器等，解决了散热问题，使电容器的单台容量得以大幅度提高。

这类产品与日本箱式电容器不同，日本由于人口密集大，土地狭小，箱式电容器得到了广泛使用，其产品采用了特大容量元件，元件不带内熔丝，因一个元件的容量太大，击穿一个元件产品一般就得退出运行，内部单元无小壳，产品工作电场强度较低。而国内企业根据自身的生产条件和国内电网的特点，开发的集合式电容器与日本箱式电容器主要不同之处在于内部电容器单元带小箱壳和元件带内熔丝保护。图12－6为35kV单相集合式并联电容器。

图 12－6　35kV 单相集合式并联电容器

集合式电容器结构主要由电容器单元、固定电容器单元的支架、绝缘油、绝缘件、连接线、出线套管、油箱、油补偿装置、压力式温控计、压力释放阀等组成。由适当数量带铁壳的全密封电容器单元通过支架固定于充满绝缘油的箱体内，绝缘件和绝缘油保证电容器裸露端子对外壳的绝缘，绝缘油将电容器所发出的热量及时传导出去。

集合式电容器绝缘冷却油的绝缘和传热性能好，单元之间的距离较在空气中小得多，一般为 20～30mm，电容器单元的接线端子与箱壳之间及导电体之间等的绝缘距离与空气中相比，可大幅度减少。与框架式电容器相比，集合式电容器容量大，体积较小，占地面积少。另外，集合式电容器安装就位后只需对外部的几个线路端子进行连接即可投运，所以安装方便，维护简单。

2. 集合式电容器的特点

国内运行的集合式电容器单台容量范围为 600～20 000kvar，其中 6～10kV 电压等级产品一般为三相共体产品，35kV 及以上电压等级产品一般为单相产品。

（1）箱壳内的介质。分为充油式和充气式两种，以充油式为主。

1）充油式充注的是绝缘冷却油，一般为变压器油。

2）充气式充注的通常是六氟化硫（SF_6）或是氮气（N_2）。

（2）油补偿器的形式。分为非全密封结构和全密封结构。

1）非全密封结构的充油集合式电容器在箱盖上方装设储油柜，作为绝缘油补偿装置，储油柜上部设有气室，通过盛有干燥剂的呼吸器与外部大气相通。

2）全密封结构的充油集合式电容器设置金属膨胀器，通过金属膨胀器对油进行补偿，其内部与外部大气是完全隔绝的。

（3）安装方式。分为非落地安装结构和落地安装结构。

非落地安装式一般用于系统标称电压比较高的场合，为了降低线路端子及内部单元对箱壳的绝缘水平，把集合式电容器安装在绝缘支架上，通过内部电容器单元串联的中间点与箱壳固定连接，产品运行时箱壳带电。这种结构具有一定的经济性。

目前运行在 66kV 及以下电压等级的集合式电容器都可设计成落地安装结构，外壳不带电，从而提高了运行的安全性，安装维护方便。

（4）容量可调。集合式电容器可带容量抽头，能够实现不同容量的无功转换。由于用户新建的变电站，主变压器的负荷较小，全部投入电容器时会出现过补偿的现象；周期性负荷变动，当高峰及高峰过后需投入的电容器容量不相同。考虑以上原因，集合式电容器可以带 1/2，1/3、2/3，2/5、3/5 等容量抽头，方便用户的使用。还有一种带内置调容开关的可调容量集合式电容器，将调容开关及其控制器和集合式电容器集成于一体，便于用户远程控制。

上面提到，集合式电容器的优点是相对于框架式电容器单台容量大、体积小、占地面积少、安装方便、维护工作量小等。而缺点是不能随时直观地观察电容器的变化情况，使得小故障不能及时消缺，累积到一定程度可能会引发一些大的质量事故。另外，集合式电容器的有些故障，不能就地及时处理，需返回厂家维修，导致维修周期长。

12.2.3　箱式电容器的结构及特点

箱式电容器与集合式电容器相比，内部电容器单元去掉了小铁壳，通过串并联形成电容器的器身，需要对整台电容器进行真空处理。日本的箱式电容器采用了特大容量元件，无内熔丝结构，通过降低设计电场强度，提高其运行可靠性。国内有些厂家采用了小元件，带内熔丝结构，保证其运行的可靠性。

箱式电容器与集合式电容器相比，体积更小，重量更轻，结构更加紧凑，但要求可靠性更高，故产品的电场强度选取低于集合式电容器，产品为全密封结构，不需要定期对电容器进行油样化验。国内 35kV 绝缘等级集合式电容器均为单相产品，因为成本太高，所以未开发三相共体产品，但是 35kV 绝缘等级的箱式电容器可以实现三相共体，经济性相对较高。图 12－7 所示为 35kV 三相共体箱式并联电容器。

图 12－7　35kV 三相共体箱式并联电容器

12.2.4　自愈式低压并联电容器的结构及特点

1. 自愈式低压并联电容器的结构

自愈式低压电容器主要由电容器心子、接线端子和外壳等组部件组成。

自愈式低压并联电容器是以电工聚丙烯膜为介质，单面蒸镀金属层作为极板，通过卷绕形成元件，元件是电容器的核心。在其两端面进行喷金处理，将极板引出。电容器元件通过两根硬铜线作为电极，其中一根电极通过元件中间的空心管引出，中间有保护装置。元件经过真空处理，将电容器元件薄膜层间的水分、空气排出，提高电容器的电气性能，并在真空状态下用热固性树脂封装。根据容量的要求，将一定数量的元件用导线连接组合起来形成心子，元件采用标准的连接方式提供三相或单相产品，相邻元件之间留有间隙，有利于散热和

图 12－8　自愈式低压并联电容器系列

避免故障时的相互影响。心子与上盖通过紧固件连接，在引出线一侧有绝缘件，固定于经过喷涂工艺处理的钢质壳体中，壳体设计有暗道通风结构，接线端子采用铜导杆或铜排。图 12－8 为自愈式低压并联电容器系列。

2. 自愈式低压并联电容器的特点

（1）自愈特性。元件的金属化膜由于在某点存在缺陷以及在过电压作用下出现击穿短路，而击穿点的金属化层可在电弧作用下瞬间熔化蒸发而形成一个很小的无金属区，使元件的两个极片重新相互绝缘而仍能继续工作。

（2）每个元件单独保护，安装安全保护装置（过温度、过电流、过压力），可以确保每一个元件在寿命终结时可靠地与电路分开，只将此元件退出运行，不影响其他元件的正常运行。

（3）内部设置防爆装置，避免了产品爆裂着火，提高了产品运行的安全性。

（4）干式结构，即使有元件损坏，也不会有任何液体渗漏而造成环境污染。

（5）产品重量轻，体积小，安装方便。

第 13 章　电力电容器的关键制造技术

在我国，电力电容器制造业始于 20 世纪，经历了从无到有，从早期的原始手工作坊式生产逐步发展到目前自动化程度相当高的规模化生产；从国内只有一家电力电容器制造厂家（即西安电力电容器厂，现为西安西电电力电容器有限责任公司）发展到目前有数十家电容器制造厂家。电力电容器生产能力已位居世界第一，生产技术水平也达到世界先进水平。

本章对电力电容器制造的工艺进行介绍，以便了解电力电容器的主要加工过程。主要对油浸式和低压自愈式两类电容器产品的制造工艺进行介绍。

电力电容器的制造包括元件卷制、心子加工、箱壳制造、真空处理、表面处理等过程，每个加工过程都有完善的工艺装备来实现，并有相应的工艺文件规定。

经过新一轮的技术改造，国内电力电容器行业上规模的生产厂家，其电力电容器主要工序都拥有先进、高效、性能稳定的设备。如全自动卷制机（含元件自动耐压设备）、真空处理系统、自动弯壳机、箱壳焊接机器人或自动氩弧焊机、心子自动包绕机、器身自动装箱机、机器人静电喷涂系统及全自动电桥等设备。电力电容器行业以技术先进的电容器生产工艺装备为支撑，大幅度提高了电力电容器的制造水平，产品技术达到了国际先进水平。满足了我国高压、超高压、特高压电网建设和发展的需要。

13.1　油浸式电力电容器的制造工艺过程

13.1.1　元件卷制

电力电容器的基础是元件，是由电介质和被它所隔开的两个电极所构成的部件。将极板和电介质按适当的组合形式，在卷制机上卷绕成单个部件，然后从卷制机上取下压扁成为一个元件。

目前，电力电容器元件采用全膜介质。元件的固体介质采用粗化型薄膜材料，这样可以使元件有良好的浸渍性能，而浸渍效果则直接影响元件的电气性能。粗化型薄膜材料一般分为单面粗化薄膜、双面粗化薄膜两种，是元件卷制的固体介质材料。

为了提高元件的卷绕质量，电力电容器行业厂家普遍采用了全自动元件卷制机（含元件自动耐压设备）。该设备除人工上料外，所有程序、动作均为自动控制、数字化显示，具有元件极板长度自动控制、料轴卷绕张力连续调控、元件极板边缘自动折边、元件首尾（元件起头和收尾）极板（铝箔）自动断铝折边、双心轴轮换卷绕、元件卷绕后自动送入耐压机进行耐压试验。耐压合格的元件外包绝缘件，根据需要进行内熔丝粘贴。图 13－1 为全自动卷制机。

图 13-1 全自动卷制机

元件卷制过程中要考虑生产环境的影响。

（1）元件卷制间净化度要求。一般高于万级水平，有的厂家达到千级。确保把元件生产环境中所含的尘埃粒数降低到允许的最低限度，以保证电容器元件的生产质量。

（2）卷制间必须保持适当的温度。空气的温度在一定程度上影响着材料的物理性能，尤其是薄膜对温度比较敏感，因此卷制间的生产环境应保持在合适的温度范围内。

（3）卷制间的空气必须保持一定的相对湿度。生产环境干燥或潮湿都会影响元件的卷绕质量，因此卷制间的生产环境应保持在合适的相对湿度范围内。

13.1.2 箱壳制作

电容器的箱壳制作主要包括箱壳、油箱盖、油箱底的制作及油箱焊接过程。

1. 箱壳制作

电容器外壳多采用 1.5～2.0mm 的不锈钢板制作，由箱壳数控成型机完成。

2. 油箱盖制作及与套管滚压工艺

油箱盖的制作采用冲压、拉伸模具，一次冲压、拉伸成型，从而保证了加工尺寸的精度。油箱盖制作完成后，将套管与盖子在一体式滚压机上进行滚压装配，避免了以前套管与箱盖焊接过程中产生的焊接变形问题。

3. 油箱底的制作

采用冲压、拉伸模具，一次冲压、拉伸成型，从而保证了加工尺寸的精度。

4. 油箱焊接

可采用机器人对不锈钢板外壳进行自动焊接。纵缝采用对接焊接，机器人先对油箱纵缝进行焊接，然后焊接底与箱壁，再进行吊攀焊接。机器人焊接过程中焊枪行进平稳，四角焊接过渡均匀，焊接时无弧坑等缺陷。图 13-2 为油箱机器人自动焊接设备。

5. 油箱清洗

油箱加工完后，送入自动清洗机进行清洗、烘干。

图 13－2　油箱机器人自动焊接设备

13.1.3　电容器心子的制造、包绕、器身装箱及箱盖自动焊接

1. 心子制造

电力电容器心子主要是由元件、绝缘件、连接片和紧箍等组装而成，并进行适当的电气连接，形成电容器的主体部件，电容器心子结构示意图如图 13－3 所示。具体加工过程有以下几个步骤：

（1）心子压装。

电力电容器心子压装在半自动卧式心子压床上进行，在水平状态下对心子施加一定的压力。心子由绝缘件、元件在心子压床上叠放压装打包而成。

心子压装时元件衬垫等要求摆放整齐，避免给后面的装箱造成困难，给连接片的焊接造成困难。所有零件、工具必须清洁，不能有灰尘、杂质、锈迹或污物。

（2）心子焊接。

电容器心子焊接过程包括元件并联、串联连接；内熔丝与熔丝连接片的焊接、内熔丝与元件铝箔突面焊接；引出连接片的焊接、放电电阻的焊接等。图 13－4 为心子焊接生产线。

心子焊接对焊料的基本要求，主要体现在焊料的熔点、润湿性、线膨胀系数、塑性等。

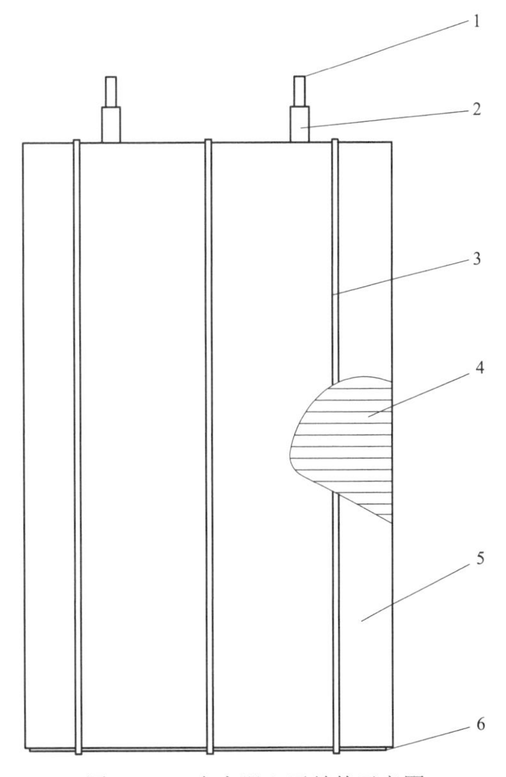

图 13－3　电容器心子结构示意图

1—引出线；2—绝缘管；3—紧箍；4—元件；5—外包绝缘；6—衬垫

电容器常用的两种焊料为锡铅焊料和锌基焊料。锡铅焊料的熔点为183℃，由于熔点低，润湿性好，耐蚀性优越；锡铅焊料可以加工成丝、条、带等各种形状，也可加工成松香芯管状焊料，使用方便。锌基焊料适用于铝及铝合金的焊接，纯锌的熔点为 419℃，由于其在铝表面上的润湿性及流动性都很差，并且对铝有强烈的熔蚀性，所以纯锌不适宜作为焊料，通常是在锌中加入适量的锡，这能够显著降低锌的熔点，用于元件铝箔突出端面的焊接。

在焊接过程中需要助焊剂，一般选用松香（又名松油脂），主要是去除焊接金属液体表面的氧化层，保护焊接金属和焊料在加热过程中不继续氧化，改善焊料对焊接金属表面的润湿性能。

焊接时通常采用的工具是电烙铁或燃气烙铁。心子在焊接过程中应注意以下问题：

1）焊接面应为连续焊且表面光滑，不得有虚焊、漏焊。

2）焊接时焊料应充分熔化，焊接表面不得有明显尖角、毛刺。

3）焊接过程中应防止焊渣掉入心子中烫伤元件、衬垫等。

4）焊接速度要尽可能快，以免烫伤薄膜，影响产品质量。

图 13-4 心子焊接生产线

2. 心子包绕

心子包绕是通过心子自动包绕机将绝缘纸包绕在心子外部形成器身的过程。心子外包层材料一般选用一定规格的电缆纸。心子外包包封件的层数要满足设计要求。

3. 器身装箱

器身装箱是将器身使用器身装箱机装入箱壳中的过程。一般都是通过自动装箱机来完成的。

4. 箱盖自动焊接

箱盖采用数控自动氩弧焊，其焊缝光滑，密封性能好，焊接强度高。图 13-5 为箱盖与外壳的自动氩弧焊设备。

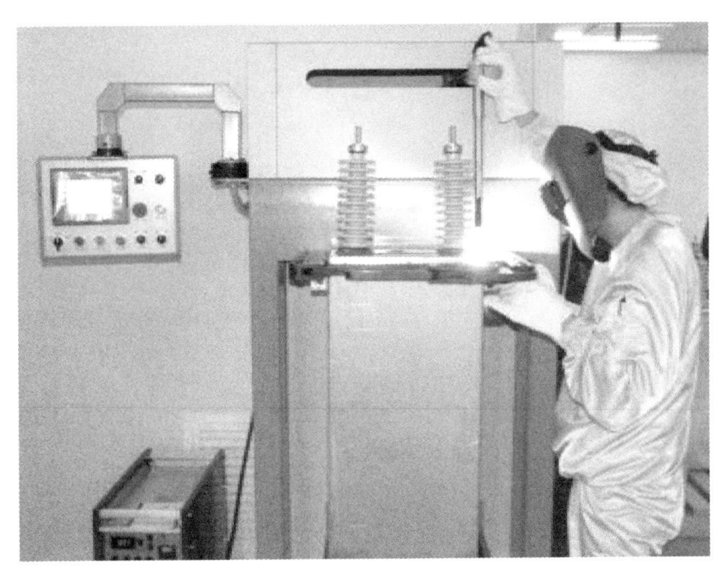

图 13－5 箱盖与外壳的自动氩弧焊设备

13.1.4 真空处理

在处理电力电容器过程中，涉及真空技术的应用。例如，一个电容器的真空系统需包括真空罐（也就是箱体）、真空泵、真空计、阀门、管道及加热系统等。这些设备包括了真空技术中的真空获得、真空测量及真空应用技术。

抽除气体使容器内变成负压状态，这就是真空获得；而检验负压的程度就称之为真空测量；真空应用就是对真空获得和测量提出要求。

电容器的真空干燥、浸渍处理是电容器产品制造过程中的关键技术，其对电容器的介质绝缘性能、介质损耗角正切（$\tan\delta$）、局部放电特性和产品寿命等有很大的影响。该生产工艺能够最大限度地排除电容器心子和其他介质及空隙中的水分和气体，然后用经过净化处理而且绝缘性能良好的浸渍剂填充电容器内部的所有空隙，以提高电容器产品的电气性能。

电容器的真空干燥浸渍处理过程一般分为加热、低真空、高真空、注油及浸渍等几个阶段。

1. 加热阶段

目前电容器所使用的固体绝缘材料是聚丙烯薄膜、电缆纸、绝缘纸板等，其表面或材料内部含有一定的水分，水分的存在严重影响了电容器的绝缘性能。

加热的目的是为了快速地将绝缘材料表面及毛细孔中的水分转化成水蒸气，并扩散、迁移出去，从而使绝缘材料干燥。

目前通用的工艺是通过热风循环来对电容器进行加热，利用空气的对流、热传导和辐射来加热电容器，主要靠气体分子间的热传导而使电容器心子内温度上升。对于介质材料，温度越高越易干燥，但是最高干燥温度由介质材料允许的温度而定。全膜电容器的聚丙烯薄膜本身不像电容器纸那样含有较多水分，但其在加工或储存过程中表面吸附的微量水分，对全膜电容器的损耗角正切（$\tan\delta$）也有影响。

2. 低真空阶段

低真空阶段主要是排除心子中蒸发出来的水分及气体。抽真空时应分成几个阶段逐步抽出，因为真空度过高，气体分子之间热传导机会降低，电容器的内部温度很难达到工艺要求的温度。虽然在较低温度下，依靠超高的真空度心子内水分也能蒸发，但是干燥时间太长，不利于电容器的生产。由于低真空阶段心子中排出的水分较多，因此必须采用冷凝器，以免水分进入前级泵而使泵油劣化。

3. 高真空阶段

高真空阶段主要是最大限度地除去电容器内的气体及微量水分。由于聚丙烯薄膜的透气性能较差，薄膜层间相互粘贴，不利于水分和气体的排出，因此全膜电容器真空干燥浸渍处理的真空度要求比较高，随着真空度的不断提高，电容器内固体介质间的气体、纸纤维管内的气体、固体表面的放气等逐步逸出，并被泵抽走。在高真空阶段后期应逐渐降温，做好注油的准备。

值得注意的是，如果罐内的真空度遭到破坏，以前排出的气体会因此返回去，造成再次处理的困难。因此要求在电容器注油前的连续真空阶段严禁破空。

4. 注油阶段

真空干燥阶段结束后，用经过净化处理并试验合格的浸渍剂，加压注油，填充产品内部固体间的所有空隙，以提高产品的电气性能。

电容器注油主要为单台注油。注油时要注意控制速度，以免把气体封在纸纤维的毛细管和固体介质层之间。

目前，电力电容器行业普遍使用的浸渍剂（绝缘油）是苄基甲苯（M/DBT）。使用前浸渍剂都应经过净化处理，以除去油中的水分、气体、氧化物及其他杂质。浸渍剂净化处理过程主要分为粗过滤、加热处理、精过滤、脱气、再精过滤和储存等。

5. 浸渍阶段

在注油过程基本结束后转入浸渍阶段，以使浸渍剂能更好地渗透到介质层之间。注油和浸渍均在高真空条件下进行。如果部分浸渍在罐外完成，则用于浸渍的绝缘油要尽量处于密封环境下，以防止水分渗入到电容器内。

6. 真空干燥浸渍系统

目前电力电容器行业普遍使用的真空干燥浸渍设备，主要是借助导热油加热罐体的方式，实现了罐体温度的自动控制，采用世界先进的真空泵组提高了系统的极限真空度。实现了产品受热均匀、逐级抽真空、注油及油位控制、浸渍、油净化处理等全过程自动控制，同时可实现工艺参数（时间、温度、真空度、油量等）的精确曲线自动记录，为产品质量控制提供了保证。

上述先进的真空干燥浸渍系统在电容器行业已获得了普遍应用，应用情况表明，其明显提高了电容器的处理能力和产品的性能质量。图 13－6 为全自动真空干燥浸渍处理系统。

图 13－6 全自动真空干燥浸渍处理系统

13.1.5 电容器产品表面处理

电容器完成出厂试验后，需要对产品表面进行处理，表面处理方式为喷漆。喷漆工艺由喷漆前处理、抛丸处理、吹净、喷漆处理等工序组成。

1. 喷漆前的表面处理

为了要获得优质的表面处理效果，在喷漆前对电容器产品表面进行清洗，将真空处理过程中残留在电容器油箱表面的油渍清洗掉，从而保证涂层具有优良的防蚀、防腐性能以及涂层与电容器箱壳具有良好的附着力。如果箱壳表面存在油污未清洗净就喷漆，则对漆膜与箱壳的结合力会产生有害影响，严重时漆膜能成片脱落。因此在喷漆前电容器箱壳表面必须清洗干净。

2. 抛丸处理

为了获得喷漆所需的表面粗糙度，同时消除电容器外壳表面缺陷，以提高油漆的附着力，对电容器油箱表面要进行抛丸处理。

3. 吹净

将抛丸处理后的电容器油箱使用压缩空气进行吹净，吹去抛丸过程留在表面的灰尘或污垢。

4. 喷漆处理

（1）喷底漆。直接在电容器箱壳表面喷涂油漆称为喷底漆（俗称打底）。喷底漆的基本目的是在电容器油箱表面与面漆之间产生良好的结合力，喷底漆应紧接前道工序（抛丸）进行，两工序之间的间隙时间应尽可能短。

（2）喷面漆。面漆应具有较好的耐受外界条件的作用，必须具有良好的外观。电容器产品面漆一般采用机器人静电喷涂。

（3）喷漆质量要求。漆膜应平整、牢固，表面应美观、光滑，具有较好的光泽。相同批

图 13－7 自动喷漆机器人

号产品颜色要一致，无肉眼观察到的色差，不得有皱纹、流痕、针孔、起泡、露底等缺陷，也不应有肉眼可见的机械杂质或修整痕迹。漆膜厚度要完全符合工艺要求。

表面处理自动线适用于不锈钢外壳表面处理。产品上线后先进行喷丸粗化处理，然后进行吹净，通过静电喷涂底漆后借助积放链传送至热烘房。热烘后产品传至喷漆间由机器人自动喷涂面漆。面漆的调试、配漆等均由机器人自动配制。机器人喷漆层厚度均匀、表面糙度小、附着力强，无流挂现象。图 13－7 为自动喷漆机器人。

13.2 自愈式电容器的制造工艺过程

自愈式电容器的制造工艺主要由元件卷制、喷金、赋能、引线焊接、热处理、真空处理、封装和电容器装配等环节组成。

13.2.1 元件卷制

自愈式电容器以金属化薄膜为主要电介质材料，通过卷制机，将薄膜卷绕成圆柱状，以两个圆柱面作为电极引出。元件卷制要求在有温度、湿度、洁净度控制的净化间进行，防止金属化膜发生氧化和尘埃粒子的污染。图 13－8 为全自动卷绕机。

图 13－8 全自动卷制机

13.2.2 喷金

卷绕形成的元件在两侧虽然有电极，但此时并不能进行直接焊接。为了使其能够焊接，需在圆柱形电容器元件的两端面进行喷金处理以形成可供焊接的金属面，通过喷金处理，元件能够承受更大的浪涌电流，保障电容器安全并延长寿命。图 13－9 为元件喷金示意图，图 13－10 为喷金机外形。

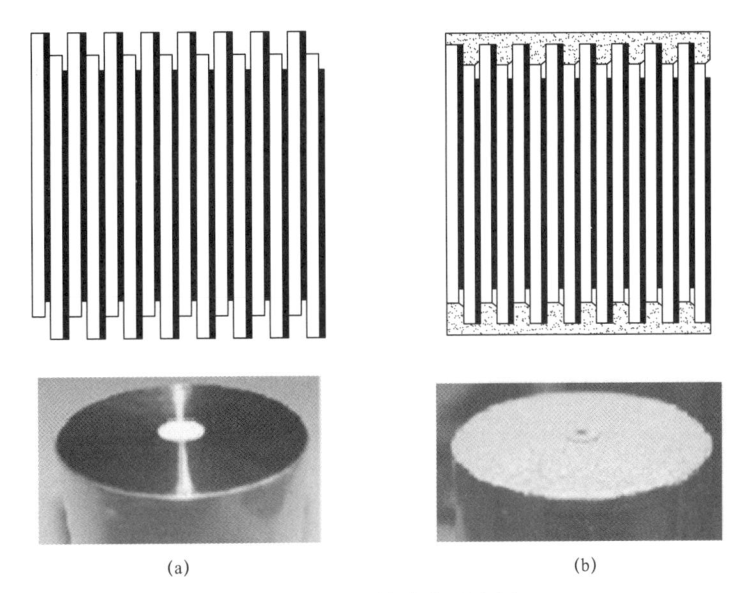

(a)　　(b)

图 13－9　元件喷金示意图

(a) 喷金前；(b) 喷金后

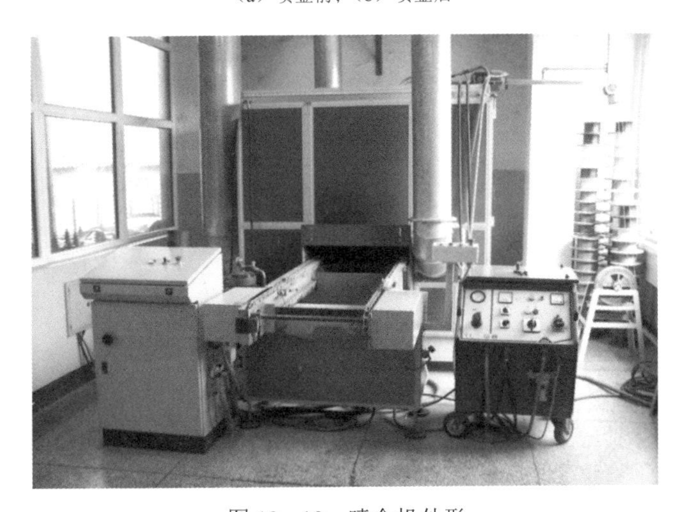

图 13－10　喷金机外形

13.2.3　赋能

赋能是指在生产制造中，通过对元件施加高电压，将元件中电性能比较薄弱的介质表面金属层通过高电压短路气化掉(自愈)，提高产品的绝缘电阻和可靠性。赋能一般采用预赋能、次赋能及再赋能。通过赋能处理后的产品以额定电压运行时，可以确保其电容量的稳定并进而延长电容器的寿命。图 13－11 为全自动赋能机。

图 13－11　全自动赋能机

13.2.4　引线焊接

电容器元件通过两根硬铜线作为电极引出线，其中一根引出线通过元件中间的空心管引出，中间有保护装置。引线焊接要注意温度的控制并把握好焊接时间，由于设有过温度、过压力、过电流的保护装置，焊接时要采取散热措施，使热量及时散去，确保保护装置的安全。图 13－12 为引线焊接机。

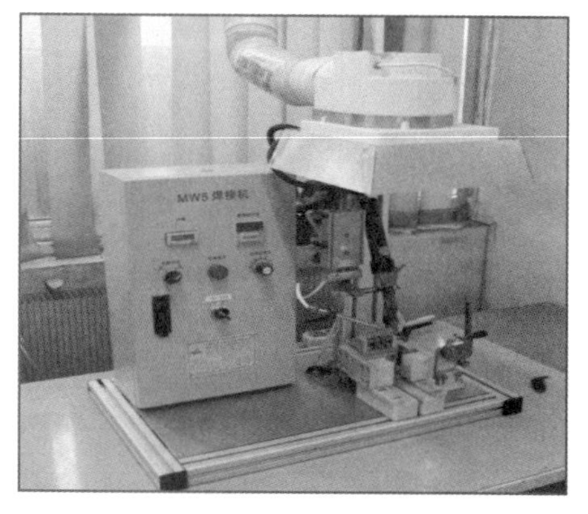

图 13－12　引线焊接机

13.2.5　热处理

通过加热并维持一定的时间，对元件进行聚合处理，同时蒸发内部水分，并在一定程度上消除元件的卷绕应力。

13.2.6　真空处理

将电容器元件薄膜层间的水分、空气通过高真空排出，再以浸渍剂浸渍，提高自愈式电容器的电气性能，确保电容器薄膜不受氧化与腐蚀的影响。通过真空处理，改善了电容器内部介质的质量，提高了局部放电性能。图 13－13 为真空处理示意图。

13.2.7　封装

将真空处理过的元件装入绝缘塑料筒中；进入真空室，抽真空；在真空状态下注入环氧树脂；出真空室，置入烘箱使树脂固化。选用导热较好的树脂，有利于元件运行时的散热。真空封装工艺彻底隔离外界气体和水分对电容器电介质的危害，能够大幅度地提高电容器性能，延长电容器寿命。

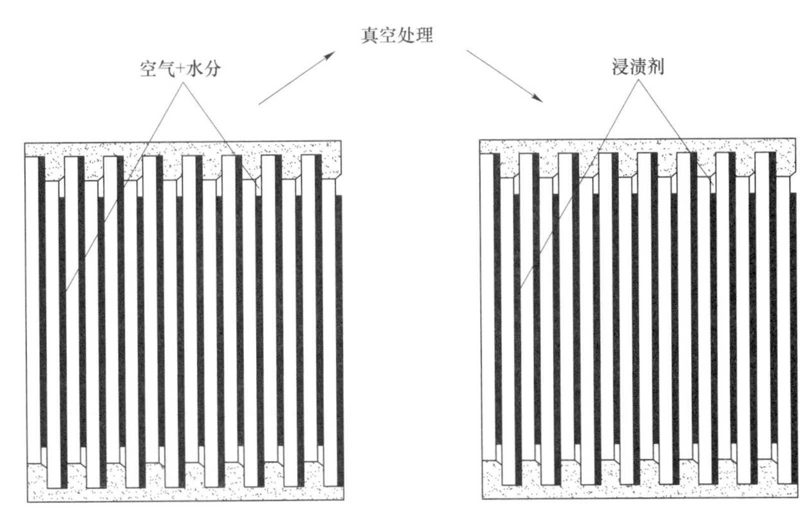

图 13－13　真空处理示意图

13.2.8　电容器装配

心子与上盖通过紧固件连接，在引出线一侧有绝缘件，固定于经过喷涂工艺处理的钢质壳体中，壳体设计有暗道通风结构。接线端子采用铜导杆或铜排，元件引出线若为单独的铜线，可保证元件引线电流密度的均衡性，焊接一致性好，可靠性高。图 13－14 为电容器装配图。

图 13－14　电容器装配图

第 14 章　电力电容器的试验

14.1　概述

电力电容器由于种类很多，性能不同，适应的工况也有所差异，因此电容器的试验设备、试验项目也不完全一致。本章对常用的并联电容器、集合式高电压并联电容器、串联电容器、高压直流输电系统用并联电容器及交流滤波电容器、高压直流输电系统用直流滤波电容器、自愈式低压并联电容器的试验进行介绍。

14.1.1　试验条件

上述所提及的各类电力电容器在进行试验时的条件如下：

（1）电力电容器电介质的温度控制在 5～35℃范围内进行试验，对于特定的试验或测量另有规定的除外。

（2）当电容器试验数据需要进行校正时，采用的参考温度为+20℃，如果制造方和购买方之间另有协议时除外。

（3）如果电容器处于不通电状态，在恒定环境温度中放置了适当长的时间，则可认为电容器的电介质温度与环境温度相同。

（4）如果没有其他规定，则无论电容器的额定频率如何，交流试验和测量均应在 50Hz 或 60Hz 的频率下进行。试验电压的波形和偏差应符合 GB/T 16927.1 的要求。

（5）对于自愈式并联电容器还要求，如果没有其他规定，额定频率低于 50Hz 的电容器均应在 50Hz 或 60Hz 的频率下试验和测量。

14.1.2　试验依据的标准

1. 并联电容器

GB/T 11024.1《标称电压 1000V 以上交流电力系统用并联电容器　第 1 部分：总则》。

GB/T 11024.2《标称电压 1000V 以上交流电力系统用并联电容器　第 2 部分：老化试验》。

GB/T 11024.4《标称电压 1000V 以上交流电力系统用并联电容器　第 4 部分：内部熔丝》。

DL/T 840《高压并联电容器使用技术条件》。

2. 集合式高电压并联电容器

JB/T 7112《集合式高电压并联电容器》。

DL/T 628《集合式高压并联电容器订货技术条件》。

3. 串联电容器

GB/T 6115.1《电力系统用串联电容器　第 1 部分：总则》。

GB/T 6115.3《电力系统用串联电容器　第 3 部分：内部熔丝》。

4. 高压直流输电系统用并联电容器及交流滤波电容器

GB/T 20994《高压直流输电系统用并联电容器及交流滤波电容器》。

DL/T 840《高压并联电容器使用技术条件》。

5. 高压直流输电系统用直流滤波电容器

GB/T 20993《高压直流输电系统用直流滤波电容器及中性母线冲击电容器》。

6. 自愈式低压并联电容器

GB/T 12747.1《标称电压 1000V 及以下交流电力系统用自愈式并联电容器　第 1 部分：总则　性能、试验和定额　安全要求　安装和运行导则》。

GB/T 12747.2《标称电压 1000V 及以下交流电力系统用自愈式并联电容器　第 2 部分：老化试验、自愈性试验和破坏试验》。

14.1.3　电力电容器的试验分类

电容器的试验包括例行试验、型式试验、特殊试验、交接试验及预防性试验等。

例行试验：每台电容器承受的试验，是为了反映制造上的缺陷，这些试验不损伤产品的特性和可靠性。

型式试验：用以验证同一技术规范制造的电容器应满足的、在例行试验中未包括的各项要求。

特殊试验：型式试验或例行试验之外经制造方与用户协商同意的试验。

交接试验：产品由制造方交付用户时进行的相关试验项目。

预防性试验：为了发现运行中设备的隐患，预防发生事故或设备损坏，对设备进行的检查、试验或监测。

14.2　电力电容器的例行试验

产品的例行试验由制造方在交货前对每一台电容器进行，以确保产品的质量满足规定的要求。

14.2.1　并联电容器的例行试验项目（见表 14－1）

表 14－1　　并联电容器的例行试验项目

序号	试验项目	依据标准
1	外观检查	GB/T 11024.1 GB/T 11024.4 DL/T 840
2	电容测量	
3	电容器损耗角正切（$\tan\delta$）测量	
4	端子间电压试验	
5	端子与外壳间交流电压试验	

续表

序号	试验项目	依据标准
6	局部放电试验	GB/T 11024.1 GB/T 11024.4 DL/T 840
7	复测电容	
8	内部放电器件试验	
9	密封性试验	
10	内部熔丝的放电试验	

14.2.2 集合式高电压并联电容器的例行试验项目（见表 14－2）

表 14－2 集合式高电压并联电容器的例行试验项目

序号	试验项目	依据标准
1	外观及配套器件检验	JB/T 7112 DL/T 628
2	密封性试验	
3	初测电容	
4	极间耐压试验	
5	极对油箱及相间工频耐压试验（干试）	
6	复测电容	
7	放电器件检验	
8	损耗角正切（$\tan\delta$）测量	
9	绝缘油试验	
10	内部电容器单元的试验	

14.2.3 串联电容器的例行试验项目（见表 14－3）

表 14－3 串联电容器的例行试验项日

序号	试验项目	依据标准
1	外观检查	GB/T 6115.1 GB/T 6115.3
2	电容测量	
3	电容器损耗角正切（$\tan\delta$）测量	
4	端子间电压试验	
5	端子与外壳间交流电压试验	
6	内部放电器件试验	
7	密封性试验	
8	内部熔丝的放电试验	

14.2.4 高压直流输电系统用并联电容器及交流滤波电容器的例行试验项目（见表 14－4）

表 14－4　　高压直流输电系统用并联电容器及交流滤波电容器的例行试验项目

序号	试验项目	依据标准
1	外观检查	GB/T 20994 DL/T 840
2	电容测量	
3	电容器损耗角正切（$\tan\delta$）测量	
4	端子间电压试验	
5	端子与外壳间交流电压试验	
6	内部放电器件检验	
7	密封性试验	
8	内部熔丝的放电试验	
9	局部放电试验	

14.2.5 高压直流输电系统用直流滤波电容器的例行试验项目（见表 14－5）

表 14－5　　高压直流输电系统用直流滤波电容器的例行试验项目

序号	试验项目	依据标准
1	外观检查	GB/T 20993
2	电容测量	
3	电容器损耗角正切（$\tan\delta$）测量	
4	端子间电压试验	
5	端子与外壳间交流电压试验	
6	内部均压电阻测量	
7	密封性试验	
8	内部熔丝的放电试验	

14.2.6 自愈式低压并联电容器的例行试验项目（见表 14－6）

表 14－6　　自愈式低压并联电容器的例行试验项目

序号	试验项目	依据标准
1	电容测量和容量计算	GB/T 12747.1
2	电容器损耗角正切（$\tan\delta$）测量	
3	端子间电压试验	
4	端子与外壳间电压试验	
5	内部放电器件试验	
6	密封性试验	

14.3 电力电容器的型式试验

进行型式试验的试品应是经例行试验合格的电容器。

14.3.1 并联电容器的型式试验项目（见表 14－7）

表 14－7　　并联电容器的型式试验项目

序号	试验项目	依据标准
1	热稳定性试验	GB/T 11024.1 GB/T 11024.4 DL/T 840
2	高温下电容器损耗角正切（$\tan\delta$）测量	
3	端子与外壳间交流电压试验	
4	端子与外壳间雷电冲击电压试验	
5	过电压试验	
6	短路放电试验	
7	内部熔丝的隔离试验	
8	损耗角正切值（$\tan\delta$）与温度的关系曲线测定	
9	局部放电测量	
10	低温下局部放电试验	
11	极对壳局部放电熄灭电压测量	
12	套管受力试验	

14.3.2 集合式高电压并联电容器的型式试验项目（见表 14－8）

表 14－8　　集合式高电压并联电容器的型式试验项目

序号	试验项目	依据标准
1	放电试验	JB/T 7112 DL/T 628
2	极对油箱及相间工频耐压试验（湿试）	
3	极对油箱及相间雷电冲击电压试验	
4	温升试验	
5	套管机械强度试验	
6	外壳机械强度试验	
7	电容器内部单元的试验	

14.3.3　串联电容器的型式试验项目（见表 14－9）

表 14－9　串联电容器的型式试验项目

序号	试验项目	依据标准
1	热稳定性试验	GB/T 6115.1 GB/T 6115.3
2	端子与箱壳间交流电压试验	
3	端子与箱壳间雷电冲击电压试验	
4	冷工作状态试验	
5	放电电流试验	
6	内部熔丝的隔离试验	

14.3.4　高压直流输电系统用并联电容器及交流滤波电容器的型式试验项目（见表 14－10）

表 14－10　高压直流输电系统用并联电容器及交流滤波电容器的型式试验项目

序号	试验项目	依据标准
1	热稳定性试验	GB/T 20994 DL/T 840
2	高温下电容器损耗角正切（$\tan\delta$）测量	
3	端子与外壳间交流电压试验	
4	端子与外壳间雷电冲击电压试验	
5	短路放电试验	
6	内部熔丝的隔离试验	
7	电容随频率和温度的变化曲线测量	
8	损耗角正切值（$\tan\delta$）与温度的关系曲线测定	
9	局部放电测量	
10	低温下局部放电试验	
11	极对壳局部放电熄灭电压测量	
12	套管及导电杆受力试验	

14.3.5　高压直流输电系统用直流滤波电容器的型式试验项目（见表 14－11）

表 14－11　高压直流输电系统用直流滤波电容器的型式试验项目

序号	试验项目	依据标准
1	热稳定性试验	GB/T 20993
2	端子与外壳间交流电压试验	

续表

序号	试验项目	依据标准
3	端子与外壳间雷电冲击电压试验	GB/T 20993
4	短路放电试验	
5	电容随温度的变化曲线测量	
6	极性反转试验	
7	电容器损耗角正切（tanδ）随温度变化曲线测量	
8	局部放电试验	
9	内部熔丝的隔离试验	
10	套管及导电杆受力试验	

14.3.6 自愈式低压并联电容器的型式试验项目（见表 14－12）

表 14－12　　自愈式低压并联电容器的型式试验项目

序号	试验项目	依据标准
1	热稳定性试验	GB/T 12747.1 GB/T 12747.2
2	高温下电容器损耗角正切（tanδ）测量	
3	端子间电压试验	
4	端子与外壳间电压试验	
5	端子与外壳间雷电冲击电压试验	
6	放电试验	
7	老化试验	
8	自愈性试验	
9	破坏试验	

14.4 电力电容器的特殊试验

14.4.1 各类电力电容器的特殊试验项目（见表 14－13）

表 14－13　　各类电力电容器的特殊试验项目

序号	电容器类型	试验项目	依据标准
1	并联电容器	老化试验	GB/T 11024.1 GB/T 11024.2 DL/T 840
		耐受爆破能量试验	

续表

序号	电容器类型	试验项目	依据标准
2	串联电容器	耐久性试验	GB/T 6115.1 GB/T 11024.2
3	高压直流输电系统用并联电容器及交流滤波电容器	热稳定试验的附加试验	GB/T 20994 GB/T 11024.2 DL/T 840
		最高内部热点温度试验	
		低温下局部放电试验	
		外壳耐爆能量试验	
		抗震试验	
		耐久性试验	
4	高压直流输电系统用直流滤波电容器	最高内部热点温度试验	GB/T 20993
5	自愈式低压并联电容器	/	/

14.4.2　电容器的特殊试验中两个试验项目说明

1. 老化试验

对于并联电容器及交流滤波电容器，老化试验是对元件其电介质设计及其组合以及将这些元件组装进电容器单元的制造工艺（元件卷绕、干燥和浸渍）的一种试验。主要用来验证在升高的温度下提高试验电压所造成的老化进程不至于引起电介质过早击穿。该试验可以覆盖一定范围的电容器设计（具体参考见 GB/T 11024.2）。

老化试验应作为特殊试验由制造方对一特定电介质系统进行，即不是对每一特定额定值的电容器。该试验结果适用于所规定限度内的各类额定值的电容器。

2. 耐受爆破能量试验

全膜电容器单元外壳所能耐受的爆破能量不应小于 15kW·s。

（1）为使试验结果具有可比性，用于耐爆试验的电力电容器样品的设置应一致。

1）对于 4 串及以上的电容器（不加内熔丝和放电电阻），靠近套管的第 1 个串联段完好，其他串联段各包含 1 个故障元件（由制造厂用电击穿法预击穿）。

2）对于 3 串及以下的电容器（不加内熔丝和放电电阻），所有串联段各包含 1 个故障元件（由制造厂用电击穿法预击穿）。

3）试验试品 3 台，另需 1 台样品兼作放电参数调整用，送检试品不应少于 4 台。

（2）试验时，首先采用短接被试电容器的方法确定回路阻抗；其次计算出储能电容器的预期能量，减去回路消耗的能量后，其值应不小于 15kJ；试验回路中，被试电容器与储能电容器间的连线应尽可能短，以减少回路阻抗的影响。

（3）通过耐爆试验的判据：试验后电容器外壳及套管未出现爆裂或漏油；实测注入电容器内部能量不小于额定耐受爆破能量。

（4）耐爆试验属于特殊试验。对于材料、工艺（特别是套管结构、箱壳结构）一致，外壳尺寸相近（长、宽偏差范围为−10%～+10%，高度偏差范围为−20%～+20%）的电容器产品，耐爆试验结果可以覆盖，详见 DL/T 840。

14.5　电力电容器的部分试验方法

这里只对电力系统常用的并联电容器、集合式高电压并联电容器、串联电容器、高压直流输电系统用并联电容器及交流滤波电容器、高压直流输电系统用直流滤波电容器的试验方法进行介绍。

14.5.1　电容测量（例行试验）

1. 测量要求

电容应在 0.9～1.1 倍额定电压下用能排除由谐波引起的误差的方法进行测量。

为了揭示是否有诸如一个元件击穿或一根内部熔丝动作所导致的电容变化，应在其他电气例行试验之前初测电容，初测应在不高于 $0.15U_N$ 的电压下进行。

测量方法的准确度应能满足要求的电容偏差。测量方法的重复性应能检测出一个元件击穿或一根内部熔丝动作。对于多相电容器，应调整测量电压使每一相均能经受到 0.9～1.1 倍的额定电压。

2. 电容偏差

（1）并联电容器。

1）国标 GB/T 11024.1 规定，电容与额定电容的偏差不应超过：对于电容器单元，−5%～+5%；对于总容量在 3Mvar 及以下的电容器组，−5%～+5%；对于总容量在 3Mvar 以上的电容器组，0～+5%。

在三相电容器单元中，任意两线路端子之间测得的电容的最大值与最小值之比不应超过 1.05；在三相电容器组中，任意两线路端子之间测得的电容的最大值与最小值之比不应超过 1.02。

2）行业标准 DL/T 840 规定，电容器单元的实测电容值与额定值之差不应超过额定值的−3%～+5%。

（2）集合式高电压并联电容器。

1）行业标准 JB/T 7112 规定，集合式电容器测得的电容与额定电容的偏差不应超过 0～+10%；三相电容器任意两线路端子之间测得的电容的最大值与最小值之比不应超过 1.06（对Ⅲ形出线，接成 Y 联结测量时应不超过 1.06，对其每个单相测量时，应不超过 1.10）。

2）行业标准 DL/T 628 规定，集合式电容器的电容偏差应不超过其额定值的 0～+5%；用于集合式电容器的电容器单元的电容偏差应不超过其额定值的−5%～+5%。三相电容器的任意两相实测电容值中最大值与最小值之比应符合的要求：10kV 电压等级，$(C_{max}/C_{min})\leqslant1.02$；35kV 电压等级，$(C_{max}/C_{min})\leqslant1.01$。电容器的每相中任意两段实测电容值之比，与规定的电容值之比的允许偏差不大于 0.5%；单相供货时，组成一组的三台电容器，按三相电容器的要求。

（3）串联电容器。

按照 GB/T 6115.1 规定，电容与额定电容的偏差不应超过：对于电容器单元，−5%～+5%；对于额定容量在 30Mvar 以下的电容器组，−5%～+5%；对于额定容量在 30Mvar 及以上的电容器组，−3%～+3%。对于额定容量小于 30Mvar 的电容器组中，任何两个相间或同一级中的任何两个段之间的电容偏差应不大于 2.0%；对于额定容量为 30Mvar 及以上的电容器组中，任何两个相间或同一级中的任何两个段之间的电容偏差应不大于 1.0%。

（4）高压直流输电系统用并联电容器及交流滤波电容器。

国标 GB/T 20994 规定，电容和额定电容的相差不超过：对于并联电容器单元，−2%～+4%；对于交流滤波电容器单元，−3%～+3%；对于并联电容器组，0～+2%；对于交流滤波电容器组，−1%～+1%。电容器组各串联段的最大与最小电容之比应不超过 1.05。

（5）高压直流输电系统用直流滤波电容器。

国标 GB/T 20993 规定，电容和额定电容的偏差不超过：对于电容器单元，−3%～+3%；对于电容器组，−1%～+1%。电容器组各串联段的电容的最大值与最小值之比应不超过 1.05。

以上偏差为标准规定的最低要求，如果有特殊要求的产品，可以依据供货商与用户签订的技术协议来约定。

14.5.2　电容器损耗角正切（$\tan\delta$）测量（例行试验）

1. 测量程序

电容器损耗角正切（$\tan\delta$）应在 0.9～1.1 倍额定电压下用能排除由谐波引起的误差的方法进行测量，应给出测量系统的准确度。对于多相电容器，应调整测量电压使每一相均能经受 0.9～1.1 倍的额定电压。测量装置应按 JB/T 8957 或其他能提供相同或更高准确度的方法进行校准。

2. 损耗角正切要求

（1）并联电容器。

1）国标 GB/T 11024.1 规定，电容器损耗角正切（$\tan\delta$）对于全膜电介质电容器，不应大于 0.0005。

2）行业标准 DL/T 840 规定，全膜电介质的电容器在工频交流额定电压下，20℃时损耗角正切（$\tan\delta$）不应大于 0.0003。

（2）集合式高电压并联电容器。

1）行业标准 JB/T 7112 规定的损耗角正切（$\tan\delta$）（见表 14−14）。

表 14−14　集合式高电压并联电容器损耗角正切（$\tan\delta$）

介质结构	损耗角正切（$\tan\delta$）	
	不带内熔丝	带内熔丝
全膜	0.0005	0.0008

注：上述损耗角正切不包括内放电线圈的损耗。

2）行业标准 DL/T 628 规定，集合式电容器及其内部的电容器单元，在额定电压下，环境温度 20℃时测得的损耗角正切（$\tan\delta$）应符合如下要求：全膜电容器 $\tan\delta \leqslant 0.0005$ 的。

（3）串联电容器。GB/T 6115.1 规定，损耗角正切（$\tan\delta$）的要求可由制造方和购买方协商确定。

（4）高压直流输电系统用并联电容器及交流滤波电容器。GB/T 20994 规定，损耗角正切（$\tan\delta$）的要求可由制造方和购买方协商确定。

（5）高压直流输电系统用直流滤波电容器。GB/T 20993 规定，损耗角正切（$\tan\delta$）的要求可由制造方和购买方协商确定。

14.5.3 端子间电压试验（例行试验）

每一台电容器均应能承受交流或直流的试验，历时 10s。在没有协议的情况下，由制造方选择。试验期间，应既不发生击穿，也不发生闪络。

如果电容器再次进行试验，则第二次试验推荐采用 $0.75U_t$ 的电压。对于多相电容器，可调整试验电压使每一相均能经受规定的电压。

（1）并联电容器。

1）GB/T 11024.1 规定，对于交流试验，试验电压应为 $U_t=2.0U_N$；对于直流试验，试验电压应为 $U_t=4.0U_N$。

2）DL/T 840 规定，电容器极间介质应能承受工频交流电压 U_t 等于 $2.15U_N$ 的试验电压。

（2）集合式高电压并联电容器。

1）JB/T 7112 规定，对于交流试验，试验电压应为 $U_t=2.15U_N$；对于直流试验，试验电压应为 $U_t=4.3U_N$。

2）DL/T 628 规定，电容器极间应能承受工频交流电压 $U_t=2.15U_N$ 的试验电压。

（3）串联电容器。

GB/T 6115.1 规定，当采用 K 型和 M 型过电压保护装置时，电容器单元应经受 $1.7U_{lim}$（即 $1.2\times\sqrt{2}\,U_{lim}$，$U_{lim}$ 为电容器的极限电压）直流电压试验。试验电压值应不低于 $4.3U_N$。

（4）高压直流输电系统用并联电容器及交流滤波电容器。

GB/T 20994 规定，对于交流试验，试验电压应为 $U_t=2.15U_N$；对于直流试验，试验电压应为 $U_t=4.3U_N$。

（5）高压直流输电系统用直流滤波电容器。GB/T 20993 规定，对于直流试验，试验电压应为 $U_t=2.6U_N$。

14.5.4 并联电容器的内部熔丝的放电试验（例行试验）

带有内部熔丝的电容器应能承受一次短路放电试验，用 $1.7U_N$ 的直流电压通过尽可能靠近电容器的、电路中不带任何外加阻抗的间隙进行试验。

放电试验前后应测量电容。两次测得值之差应小于相当于一根内部熔丝熔断所引起的变化量。

14.5.5　并联电容器的热稳定性试验（型式试验）

1. 概述

本试验的目的是确定电容器在过负载状态下的热稳定性，确定使电容器能够获得损耗测量可再现的条件。

2. 测量程序

被试电容器单元应放置在另外两台具有相同额定值并施加与被试电容器相同电压的单元之间。也可采用两台内装电阻器的模拟电容器作为被试单元，调节电阻器的损耗使得模拟电容器内侧面靠近顶部的外壳温度大于或等于被试电容器相应处的温度。单元之间的间距应小于或等于正常间距。此试验组应放置于无强迫通风的加热封闭箱中，并应处于制造方现场安装说明书中规定的最不利的热位置。环境空气温度应保持在或高于表 14－15 所列代号的相应温度（DL/T 840 规定，环境温度加 10℃）。

表 14－15　　热稳定试验的环境空气温度

代　　号	环境空气温度/℃	代　　号	环境空气温度/℃
A	40	C	50
B	45	D	55

对被试电容器施加近似正弦波的交流电压，历时不低于 48h。在整个试验期间应调整电压值，使得根据实测电容计算得到的容量至少为 1.44 倍额定容量。在最后 6h 内，测量外壳接近顶部处的温度至少 4 次。在此整个 6h 内温度的变化不得大于 1K。

只要达到规定的试验容量，拟用于 60Hz 装置的单元能在 50Hz 下进行试验，拟用于 50Hz 的单元也能在 60Hz 下进行试验。对于额定频率低于 50Hz 的单元，试验条件由购买方和制造方协商确定。

3. 电容器心子最热点温度的要求

电容器在做热稳定试验时，心子最热点的温度不应高于 80℃。

14.5.6　并联电容器的高温下损耗角正切（$\tan\delta$）测量（型式试验）

（1）测量程序。电容器损耗角正切（$\tan\delta$）在热稳定性试验结束时测量，测量电压应为热稳定性试验的电压。

（2）按上述测量程序测得的 $\tan\delta$ 值应符合相关标准的要求。

14.5.7　并联电容器的端子与外壳间交流电压试验（型式试验）

所有端子均与外壳绝缘的电容器单元，试验电压应施加在端子（连接在一起）与外壳之间，历时 1min。

用在中性点绝缘的电容器组中且外壳接地的单元，应按标准绝缘水平施加试验电压；用在所有以其他方式连接的电容器组中的单元，试验电压与额定电压成正比，其值按电容器组的电气接线进行计算。

有一个端子固定连接到外壳上的单元，应在端子之间施加试验电压，以检验对壳绝缘是否足够。试验电压与额定电压成正比，其值根据电容器组的电气接线进行计算。当此试验电压超出电介质试验要求时，可改变试验单元的电介质结构，例如增加串联元件数来避免电介质损坏，但对壳绝缘不能改变。另外，也可使用一台对壳绝缘相同、带有两个分隔开的端子的模拟单元来进行此项试验。

各相不相连接的单元，相间应承受和端子对外壳试验相同值的试验电压。

本试验对户内使用的单元为干试，对户外使用的单元在淋雨条件（见 GB/T 16927.1）下进行。在淋雨条件下进行试验时，套管的位置与运行时的位置要一致。试验期间，应既不发生击穿也不发生闪络。

如果制造单位能提供表明该套管能承受 1min 湿试验电压的单独的型式试验报告，则拟安装在户外的单元可以只进行干试。在这个单独的型式试验中，套管的位置与运行时的位置要一致。

14.5.8　并联电容器的端子与外壳间雷电冲击电压试验（型式试验）

雷电冲击电压试验适用于拟与中性点绝缘且与架空线相连接的电容器组中的电容器单元。

所有端子均与外壳绝缘且外壳接地的单元应经受下列试验：

在连接在一起的端子与外壳之间施加 15 次正极性冲击之后，接着再施加 15 次负极性冲击。改变极性后，在施加试验冲击前允许先施加几次较低幅值的冲击。

如果满足下列要求，则认为电容器通过了试验：

（1）未发生击穿。

（2）在每一极性下未发生多于两次的外部闪络。

（3）波形未显示不规则性，或与在降低了的试验电压下记录的波形无显著差异。

雷电冲击电压试验应按 GB/T 16927.1 进行，但其波形为 1.2/50～5/50μs，峰值为标准绝缘水平试验要求中的相应值。

有一个端子固定连接到外壳上的单元，不进行此项试验。

14.5.9　并联电容器的过电压试验（型式试验）

1. 概述

过电压试验是对电容器单元电介质设计及其组合，以及将该电介质组装进电容器单元的制造工艺的一种检验。

试验单元应采用常规产品的生产材料和工艺流程来制造。试验单元应通过例行试验，其额定容量不小于 100kvar。

2. 试验前试验单元的处理

试验单元应在不低于其额定电压下进行稳定化处理，处理时的环境温度应在 15～35℃之间，时间不少于 12h。处理后，应在额定电压下测量试验单元的电容。

3. 试验程序

（1）将试验单元置于冷冻箱内，温度小于或等于电容器设计的温度类别最低值，时间不少于 12h。

（2）将试验单元移出，置于 15～35℃环境温度的无强迫通风的空气中。试验单元从冷冻箱中移出后 5min 内应施加 $1.1U_N$ 的试验电压；施加该电压 5min 内，在不间断电压的情况下施加 $2.25U_N$ 的过电压，持续 15 个周波；此后在不间断电压的情况下，将电压再次保持在 $1.1U_N$；在 $1.1U_N$ 下历时 1.5～2min 后，再次施加 $2.25U_N$ 的过电压，且重复该过程直至一天内合计完成 60 次的过电压施加。

（3）重复上述步骤（1）和（2），历时 4 天以上，$2.25U_N$ 的过电压组合施加数应总计达 300 次。

（4）在完成上述步骤（3）1h 内，继续施加电压 $1.4U_N$，历时 96h，试验环境温度应在 15～35℃之间。

（5）在额定电压下复测电容值。

对于更关注对试验单元延长连续的过电压操作时间，以验证其电介质耐受能力的购买方而言，购买方和制造方可以商定增加每天 $2.25U_N$ 过电压施加的次数，然后按照总共完成施加 300 次计算，相应减少试验天数。

4. 验收准则

本试验的试验单元数量为一台。验收准则为不应发生击穿，根据电容测量值来判断。若有击穿发生，则再试验两台试验单元，均不应有击穿。

5. 试验的有效性

（1）概述。

每一次对试验单元的过电压试验也覆盖了其他电容器的设计，这些电容器与试验单元的设计差异应在限制范围之内。

（2）试验单元元件设计。

如果满足下列必要条件，则认为试验单元元件的设计与生产单元中的元件是可比的。与生产单元的元件相比：

1）试验单元元件电介质中固体材料的基本型号、层数应相同，且应用同一种液体浸渍。

2）试验单元元件的额定电压和电场强度水平均应相同或较高一些。

3）铝箔（电极）边缘设计应相同。

4）元件连接方式应相同，例如焊接、压接等。

（3）试验单元设计。

如果满足下列条件，则认为试验单元与生产单元是可比的：

1）与生产单元相比，满足上述试验单元元件设计的试验单元元件应按照相同的方式组装，元件间绝缘应相同或较薄，元件应在制造偏差内以同样的方式压紧。

2）连接的试验单元元件应不少于 4 个，并使试验单元在额定电压下的容量不小于 100kvar。所有接入的元件应彼此相邻地放置，且应至少装设一个元件间绝缘（至少有两个元件串联段）。

3）应采用制造方标准设计的外壳，其高度不应低于生产单元高度的 20%，宽度和长度不应小于生产单元宽度和长度的 50%。

4）干燥和浸渍工艺应与正常生产工艺相同。

14.5.10　并联电容器的短路放电试验（型式试验）

短路放电试验的目的是为了揭示内部连接的设计弱点。

单元充以直流电，然后通过电容器端子间最短的间隙放电。电容器应在 10min 内经受 5 次这样的放电，试验电压应为 $2.5U_N$。

在放电试验前后均应测量电容。两次测得值之差应小于相当于一个元件击穿或一根内部熔丝动作之量。

14.5.11　并联电容器的内部熔丝的隔离试验（型式试验）

熔丝的隔离试验应在一台完整的电容器单元或在两台单元上进行，由制造方选择。按照标准要求，在两单元上进行试验时，一单元在下限电压下试验，另一单元在上限电压下试验。

熔丝的隔离试验应在 $0.9U_{Ne}$ 的下限交流元件电压和 $2.5U_{Ne}$（U_{Ne} 为电容器元件电压，对于交流滤波电容器为 $2.2U_{Ne}$）的上限交流元件电压或在购买方与制造方所协商的其他电压值下进行。

如果试验用直流进行，则试验电压应为相应交流试验电压的 $\sqrt{2}$ 倍。

通常介质只能在极其有限的一段时间内耐受 $2.5U_N$ 的交流试验电压，因此在大多数情况下优先选择直流试验。如果试验用交流进行，则对于下限电压下的试验不必用峰值电压来触发元件损坏。

试验后应测量电容，以证明熔丝已经断开。所采用的测量方法要具有足够的灵敏度，足以检测出由一根熔丝断开所引起的电容变化。每次试验前后电容量变化不应大于一根内熔丝熔断的变化量。在上限电压下允许有一根额外的接在完好元件上的熔丝（或接有熔丝的直接并联的元件的十分之一）损坏。在上限电压下试验时，熔断了的熔丝两端的电压降（除过渡过程外）不应超过 30%。

在击穿的元件与其熔断后的熔丝间隙之间施加 $3.5U_{Ne}$ 的直流电压，历时 10s。

14.5.12　并联电容器的局部放电试验（例行试验和型式试验）

试验在常温下进行，测量探头粘贴在电容器的两个大面，取两探头中的测量高值作为局部放电量。

进行型式试验时，在电容器单元极间加压至局部放电起始后历时 1s，降压至 1.35 倍额定电压保持 10min，然后升压至 1.6 倍额定电压保持 10min，在最后 1min 内不应观察到局部放电水平增加，记录此时局部放电量不应大于 50pC。

进行例行试验时，给电容器单元极间加压至 $2.15U_N$ 保持 1s，降压至 $1.2U_N$ 并保持 1min，然后再将电压升到 $1.5U_N$ 保持 1min，记录此时局部放电量不应大于 50pC。

14.5.13　并联电容器的低温下局部放电试验（型式试验）

将电容器置于温度类别下限值环境中保持 24h，在电容器单元极间加压至局部放电起始后历时 1s，降压至局部放电熄灭，局部放电熄灭电压不应低于 $1.2U_N$。

14.5.14　并联电容器的极对壳局部放电熄灭电压测量（型式试验）

可在极对壳交流耐压试验时进行，极对壳局部放电熄灭电压应满足要求：对外壳处于地电位的电容器，不应低于 $1.2\times1.1\times\sqrt{3}\times U_N$；对安装在处于中间电位台架上的电容器，不应低于 $1.2\times1.1\times n\times U_N$。式中，$n$ 为相对于外壳连接电位的最大串联单元数。

14.5.15　并联电容器的套管受力试验（型式试验）

（1）在瓷套顶部施加与瓷套垂直的静止拉力 1min，重复 5 次。引出端子的瓷套及导电杆的机械强度应满足要求：200kvar 以下的电容器套管应能承受 400N 的水平拉力；200～1000kvar 的电容器套管应能承受 500N 的水平拉力；1000kvar 以上的电容器套管应能承受 900N 的水平拉力。

（2）在瓷套顶部导电杆施加表 14－16 规定的扭矩 10s。

表 14－16　　电容器的导电杆承受的扭矩

接线头螺纹	螺母扳手的扭矩/（N・m）	
	最大值	最小值
M10	10	5.0
M12	15	7.5
M16	30	15
M20	52	26

14.5.16　集合式高电压并联电容器的温升试验（型式试验）

对整台集合式并联电容器在室温下连续施加额定频率的实际正弦波的电压，使其容量达到 $1.35Q_N$。

试验时应有足够的时间使温度上升达到稳定，每隔 1～2h 以热时间常数约为 1h 的温度计测量上层油温度。当 6h 内的连续 4 次测量温升的变化不超过 1K 时，即认为温度达到稳定。集合式并联电容器上层油温升应不超过 15K。

14.5.17　串联电容器的放电电流试验（型式试验）

本试验包括在两组不同参数下的放电试验。第一个试验是用来证明单元能耐受住在发生闪络时将阻尼电路旁路这样少有的情况下产生的应力；第二个试验是用来证明单元能耐受住由间隙动作或旁路开关闭合所产生的放电电流（放电频率应与应用的频率相近似）。

对于第一个试验，电容器单元应充电到直流 $\sqrt{2}U_{lim}$ 电压，然后通过一个具有尽可能低的阻抗的回路放电一次。放电回路可以用一个小熔丝或短路开关来构成。

对于第二个试验，同一个单元应接着被充电到 $1.6U_{lim}$ 的直流电压（即 $1.1\times\sqrt{2}U_{lim}$），并通过满足下列条件的回路放电：

（1）放电电流的峰值应该不低于由间隙导通或旁路开关闭合引起的电流的110%。

（2）放电电流的I^2t应至少比由间隙导通或旁路开关闭合引起的I^2t大10%。这种放电应以小于20s的时间间隔重复10次。在最后的一次放电后的10min内，单元应经受一次规定的端子间的电压试验。

试验前后按照要求测量电容，两次测量值应校正到同一介质温度。试验前后所测得的电容应无明显差别，在任何情况下，其差别均应小于一个元件击穿或一根内部熔丝动作引起的电容变化。

14.5.18　高压直流输电系统用并联电容器及交流滤波电容器的电容随频率和温度的变化曲线测量（型式试验）

电容器单元应分别在工频（50Hz或60Hz）和额定谐振频率下进行测量。测量时试品温度至少包括在环境温度下限施加排除谐波后的电容器最低运行电压时的值，以及在环境温度上限施加最大负荷运行时的值，但不仅局限于这两点。测量应在电容器单元的温升稳定后才能进行测量。

尽可能选择足够多的点，以便建立电容随温度的变化曲线，并由此获得运行中可能出现的最大、最小电容值。

14.5.19　高压直流输电系统用直流滤波电容器的极性反转试验（型式试验）

该试验仅用于直流滤波器C_1中的电容器单元。电容器单元应能承受1.1倍的最大持续直流电压（U_d）并保持2h，然后在10ms内改变电压极性并保持相同的幅值，同样再保持2h，之后再进行一次电压极性反转并保持2h。电容器应能承受3个循环电压极性反转。

在试验前后均要求测量电容。两次测得值之差应小于一个元件击穿或一根内部熔丝动作之量。

14.6　电力电容器的交接试验及预防性试验

14.6.1　交接试验

各类电力电容器的交接试验项目见表14－17。

表14－17　各类电力电容器的交接试验项目

序号	电容器类型	试验项目	依据标准
1	并联电容器	端子与外壳间绝缘电阻测量	DL/T 840
		电容测量（采用电容表或不拆线电容电桥测量）	
		极对壳交流耐压试验（试验电压按例行试验电压值的75%选取）	

续表

序号	电容器类型	试验项目	依据标准
2	集合式高电压并联电容器	外观检验	JB/T 7112 DL/T 628
		测量电容	
		耐受电压试验（试验电压按例行试验电压值的 75%选取）	
		绝缘冷却油试验	
3	串联电容器	外观检查	DL/T 1220
		极对外壳绝缘电阻测量	
		极对外壳交流耐压试验（试验电压按例行试验电压值的 75%选取）	
		电容测量	
4	高压直流输电系统用并联电容器及交流滤波电容器	外观检查	GB/T 20994 DL/T 840
		绝缘电阻测量	
		电容测量	
		耐压试验（包括端子间电压试验和端子与外壳间交流电压试验；端子间电压试验电压按例行试验电压值的 75%选取，历时 10s；端子与外壳间交流电压试验电压按例行试验电压值的 75%选取，历时 1min）	
		电容器损耗角正切（$\tan\delta$）测量	
		耐压后复测电容值	
5	高压直流输电系统用直流滤波电容器	外观检查	GB/T 20993
		端子与外壳间绝缘电阻测量	
		电容测量	
		端子与外壳间交流电压试验（试验电压按例行试验电压值的 75%选取）	
6	自愈式并联电容器	例行试验和/型式试验，或其中的某些试验项目，可由制造方根据与购买方签订的合同重复进行。做这些重复试验的试验类别、试品数量和验收准则应由制造方与购买方协商确定并应在合同中规定	GB/T 12747.1

14.6.2　预防性试验

1. 依据的规程

DL/T 596《电力设备预防性试验规程》。

2. 各类电力电容器的预防性试验项目（见表 14–18）

表 14–18　　各类电力电容器的预防性试验项目

序号	电容器类型	试验项目	依据标准
1	并联电容器 串联电容器 交流滤波电容器	极对壳绝缘电阻测量	DL/T 596
		电容值测量	
		并联电阻值测量	
		渗漏油检查	
2	集合式高电压 并联电容器	极间和极对壳绝缘电阻测量	DL/T 596
		电容值测量	
		相间和极对壳交流耐压试验（试验电压按例行试验电压值的75%选取）	
		绝缘油击穿电压试验	
		渗漏油检查	

第 15 章　电容器装置及配套设备

电容器装置是由电容器（组）和所有附件，如开关设备、电抗器、避雷器、保护装置、控制器等按照设计要求组装的装置。它可以在运行地点装配集成，也可以是部分或全部在制造工厂装配集成。

15.1　电容器装置的类型及电气接线图

15.1.1　电容器装置的设备选型

根据下列条件确定：

（1）电网电压、电容器运行工况。

（2）电网谐波水平。

（3）母线短路电流。

（4）电容器对短路电流的助增效应。

（5）补偿容量和扩建规划、接线、保护及电容器组投切方式。

（6）海拔、气温、湿度、污秽和地震烈度等环境条件。

（7）布置与安装方式。

（8）产品技术条件和产品标准。

15.1.2　电容器装置的分类

根据电容器装置的用途不同，可以分为并联电容器装置、高压交流滤波电容器装置、直流滤波电容器装置、串联电容器补偿装置等。

1. 并联电容器装置

并联电容器装置与输配电系统负荷连接，用以提高电网功率因数，改善和提高电力系统电压质量，充分发挥输变电设备的经济效能，减少因远距离输送无功功率而引起的网络损耗。并联电容器装置运行图如图 15－1 所示。

（1）并联电容器装置分类。

1）按补偿地点，可分为变电站、柱上式及电动机就地补偿三类装置。

2）按安装场所，可分为户内型、户外型两种。

3）按结构形式，可分为采用电容器单元组合而成的框（台）架式、柜式和预装式（箱式）装置，采用集合式、箱式电容器构成的装置。

4）按投切方式，可分为手动投切和自动投切两类装置。

(a)

(b)

图 15－1 并联电容器装置

（a）框架式并联电容器装置；（b）集合式高压并联电容器装置

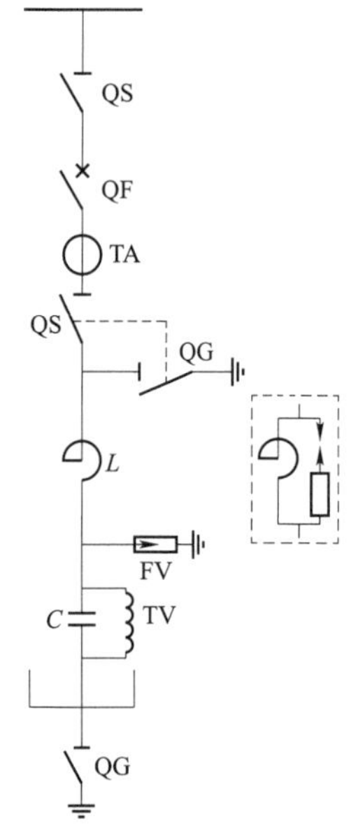

图 15－2 变电站用装置典型主接线原理图

QS—隔离开关；QF—断路器；TA—电流互感器；*L*—串联电抗器或阻尼式限流器，虚线框内为阻尼式限流器；FV—避雷器；*C*—电容器（组）；TV—放电线圈；QG—接地开关

（2）典型的主接线原理图。并联电容器装置典型的主接线原理图，分别如图 15－2 所示变电站用装置典型主接线原理图，图 15－3 柱上式装置典型主接线原理图，图 15－4 电动机就地补偿装置典型主接线原理图。

2. 高压交流滤波电容器装置

高压交流滤波电容器装置适用于频率 50Hz 或 60Hz，系统电压为 6～1000kV 的交流电力系统中。降低系统的谐波含量，并兼有提高功率因数，降低线路损耗的作用。其运行图如图 15－5 所示。

在一个理想的电力系统中，电能是以单一固定的频率（50Hz 或 60Hz）、正弦波电压和电流向用户输送的。但若有非线性负荷或冲击性负荷，如整流设备、变频设备、电弧炉、电气化铁道等接入系统，会产生大量谐波电流导致系统电压和电流波形畸变，造成电力系统谐波污染，对电力设备和用电设备造成危害。当电压畸变率超出标准要求时，则要采取滤波措施对谐波进行治理。高压交流滤波装置便是一种经济实用的解决方案。

高压交流滤波装置主要包含高压滤波电容器、滤波电抗器、阻尼电阻、放电线圈、氧化锌避雷器、隔离接地开关、框架、连接线、支柱绝缘子、母线和围栏等设备。

高压交流滤波装置可根据测试数据，设计可滤除某一次或多次谐波的滤波回路，主要包括单调谐滤波器、高通滤波器、C 形谐滤波器、双调谐滤波器和三调谐滤波器。

高压交流滤波电容器装置可以兼作无功补偿的作用。

高压交流滤波电容器、滤波电抗器、阻尼电阻器是滤波装置的主要部件，组成谐波的低阻抗通道。

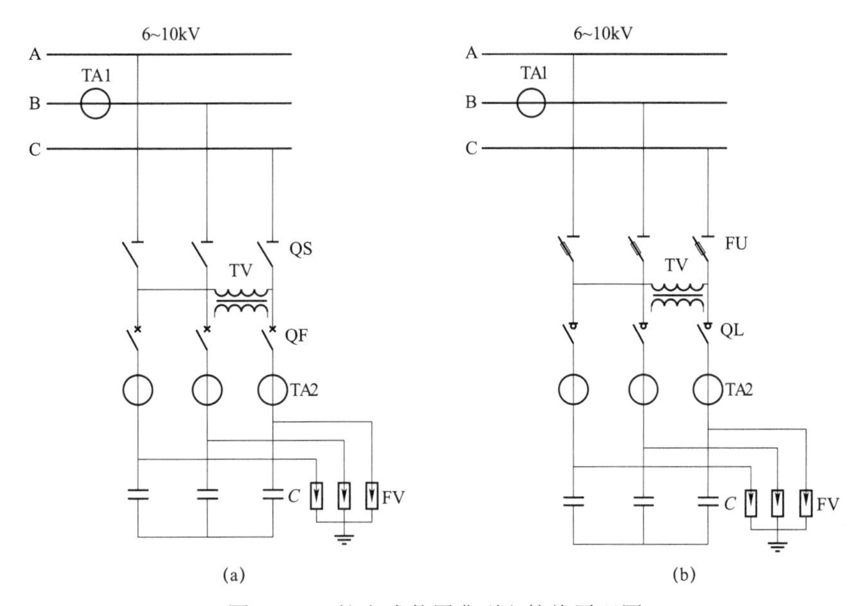

图 15－3 柱上式装置典型主接线原理图

（a）断路器投切；（b）负荷开关或真空接触器投切

QS—隔离开关；QF—断路器；FU—跌落式熔断器；QL—负荷开关或真空接触器；

TV—控制电源变压器兼电压互感器；TA1、TA2—电流互感器；FV—避雷器；C—电容器（组）

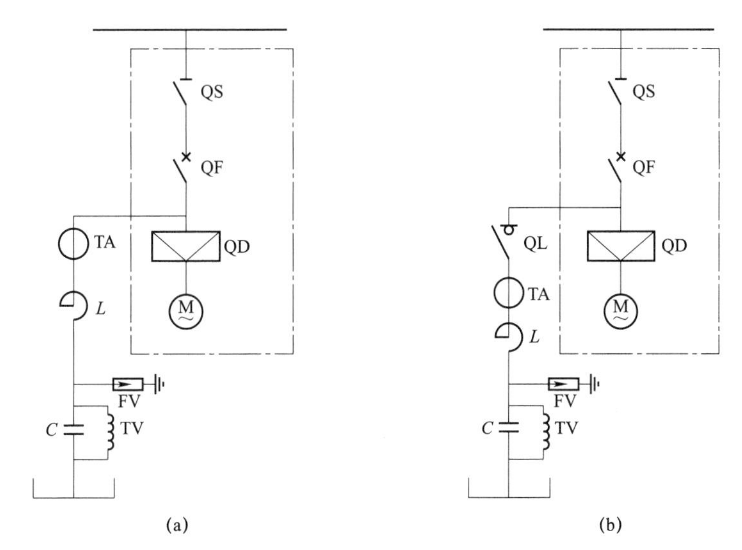

图 15－4 电动机就地补偿装置典型主接线原理图

（a）不带负荷开关或真空接触器；（b）带负荷开关或真空接触器

QS—隔离开关；QF—断路器；QD—起动器；M—电动机；QL—负荷开关或真空接触器；

TA—电流互感器；L—串联电抗器；FV—避雷器；C—电容器（组）；TV—放电线圈

(a)

(b)

图 15－5 高压交流滤波电容器装置运行图

（a）500kV 高压交流滤波电容器装置；（b）1000kV 高压交流滤波电容器装置

3. 直流滤波电容器装置

直流滤波电容器装置适用于高压、超高压、特高压直流输电系统中。由电容器、电抗器和电阻器等连接在一起组成直流滤波器，用来给直流输电系统直流侧的交流谐波分量提供低阻抗通道。图 15－6 为直流滤波电容器装置运行图。

高压直流滤波装置主要包含高压直流滤波电容器、滤波电抗器、阻尼电阻器、隔离接地开关、不平衡保护用电流互感器、框架、连接线、支柱绝缘子、母线和围栏等设备。

(a)

(b)

图 15－6 直流滤波电容器装置运行图

（a）±800kV 直流滤波电容器装置；（b）±1100kV 直流滤波电容器装置

4. 串联电容器补偿装置

（1）串联电容器补偿装置的作用。

在输电线路上采用串联补偿电容器装置来提高系统的稳定输送容量，改善线路电气参数，用容性无功功率抵消线路的部分感性无功功率，从而增大线路实际可传输容量。可以实现 2 条线路输送 3 条线路的功率，减少线路架设，节省一次投资，提高电网建设的经济性，同时减少线路损耗。

在长距离输电线路中，可以使用串联电容器来抵消线路电感的影响。由于串联电容器与线路电感串联在一起电流相同，电容器的电压滞后电流 90°，电感的电压超前电流 90°，因此电容电压就与电感电压正好反向可以互相抵消。其主要作用是从补偿（减少）感抗的角度来改善系统电压，以减少电能损耗，提高系统的稳定性。串联电容器只能应用在高压系统中，在低压系统中由于电流太大无法应用。串联电容器是用于补偿线路电感的无功电压，而不是补偿无功电流。也就是说，不管线路中有没有无功电流，串联电容器都可以起到补偿作用。串联电容器所提供的补偿量与线路电流的二次方成正比，与线路的电压无关。图 15－7 为 1000kV 串联电容器补偿装置运行图。

图 15－7　1000kV 串联电容器补偿装置运行图

（2）串联电容器补偿装置的典型设计。

串联电容器在电力系统中的应用是以成套装置的形式实现的，除串联电容器作为基本设备外，还有一系列的配套设备，共同组成用于电力系统的串联电容器补偿装置。到目前为止，串联电容器补偿技术采用的典型设计方案按保护方式可归纳为六种，其电气图如图 15－8 所示。

1）单火花间隙保护方案。这是串联电容器最基本的保护方案，其设计原理如图 15－8a 所示。与电容器组 C 并联着一个火花间隙 G1，它能够旁路电容器组，电力系统一旦发生故障时，短路电流通过放电间隙而不通过电容器组，因此限制了电容器组上的过电压幅值，并且为电容器组放电提供了一个通道；阻尼电路 D 为放电回路提供必要的阻尼；旁路断路器 QF 可控制电容器的投入与退出。

单火花间隙方案的特点是结构简单，采用非自灭弧放电间隙保护可靠，故障恢复时间在 200～400ms，能满足大多数运行情况。

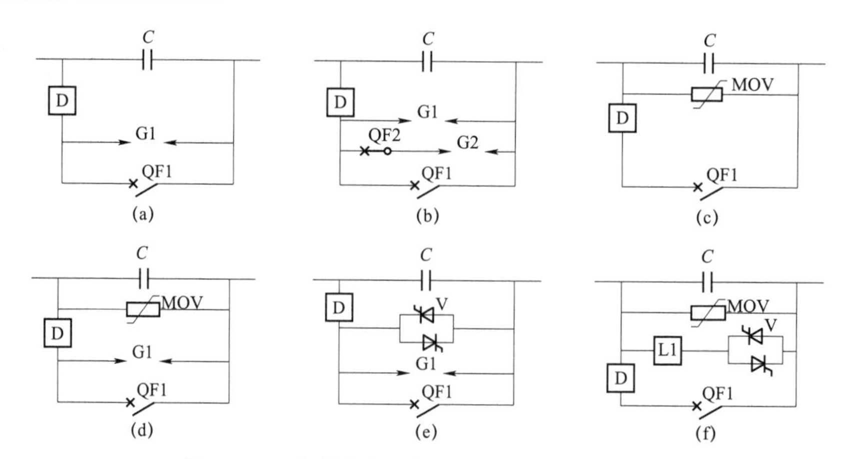

图 15-8　串联电容器补偿装置典型设计电气图

（a）单火花间隙保护方案；（b）双火花间隙保护方案；（c）非线性电阻器保护方案；
（d）带旁路间隙的非线性电阻器保护方案；（e）晶闸管保护型方案；（f）晶闸管控制型方案
C—串联电容器组；D—限流阻尼设备；L1—电抗器；G1—火花间隙，高设置；G2—火花间隙，低设置；
QF1—旁路断路器；QF2—恢复断路器；MOV—非线性电阻器；V—晶闸管

2）双火花间隙保护方案。其设计原理如图 15-8b 所示，此方案是在单火花间隙保护方案的基础上，增加了一个旁路支路，该支路由恢复断路器 QF2 和低设置火花间隙 G2 串联构成。当电力系统发生故障时火花间隙 G1 首先动作，G1 动作启动 QF2 操作闭合，同时使 G2 动作，G2 动作后 G1 自动熄弧，当故障排除后 QF2 立即断开，并使电容器组重新投入电力系统。双火花间隙保护方案的特点是它将单火花间隙保护方案的故障恢复时间缩短到 60～80ms；G1 还可作为后备保护功能。

3）非线性电阻器保护方案。其设计原理如图 15-8c 所示，非线性电阻器跨接在电容器的端子间。一旦其线路保护失灵，则外部故障将长时间存在，这时非线性电阻器将处于过热状态。另外，在被补偿线路上的短路会产生很大的电流。这种情况下，为了保护非线性电阻器，可以用一个开关或一个强制触发的火花间隙进行旁路。

4）带旁路间隙的非线性电阻器保护方案。其设计原理如图 15-8d 所示。它是在单火花间隙保护方案的基础上增加了一个 MOV 旁路支路。在电力系统发生短路故障时，MOV 限制了电容器两端上的电压幅值，起到保护电容器的作用，此时放电间隙 G1 不动作，仅作为辅助性保护装置，故障排除后，电容器立即恢复正常工作。这个方案的特点是具有静态的保护电路，故障排除后具有瞬时恢复性能，改善补偿效果。

5）晶闸管保护型方案。其设计原理如图 15-8e 所示，它靠晶闸管支路旁路故障电流，达到限制电容器两端的过电压幅值，起到保护电容器的作用。

6）晶闸管控制型方案。其设计原理如图 15-8f 所示，晶闸管支路串联着一个电抗器 L1，在正常工作时，通过改变晶闸管的触发相位来调节电抗器支路的电流，由此来调节串联电容器装置的补偿度，因此这种串联电容器补偿形式也被称为可控型串补（TCSC），其控制方式可以是全部可控或部分可控，它是灵活交流输电技术（FACTS）的重要组成部分。

上述串联电容器补偿形式都已经在国内外的电力系统中有成功运行的经验，目前最常用的是带旁路间隙的非线性电阻器保护和晶闸管可控串补两种形式。

串联电容器补偿技术是以串联电容器技术为基础的成套技术，包括断路器、隔离开关、火花间隙、非线性电阻器、限流阻尼设备、电流互感器等辅助设备（在可控串补中还包括晶闸管和电抗器）的综合应用技术。一般来说，除断路器和隔离开关外，其他设备均安装在一个绝缘平台上。绝缘平台除了与该电力系统的绝缘配合相适应外，还要满足机械性能的要求。

我国自 1954 年开始应用串联电容器补偿技术，经过 60 多年的发展，不论是成套设计技术还是相关设备的制造技术都已经达到了当代世界上的技术先进水平，在电力系统中为提高输电通道输送容量、减少电压波动、降低损耗和改善系统的稳定性发挥了重要作用。

15.2 电容器装置型号的表示方法

电容器装置的种类很多，用途功能不同，使用的环境条件也不一样，其型号通常的表示形式如下：

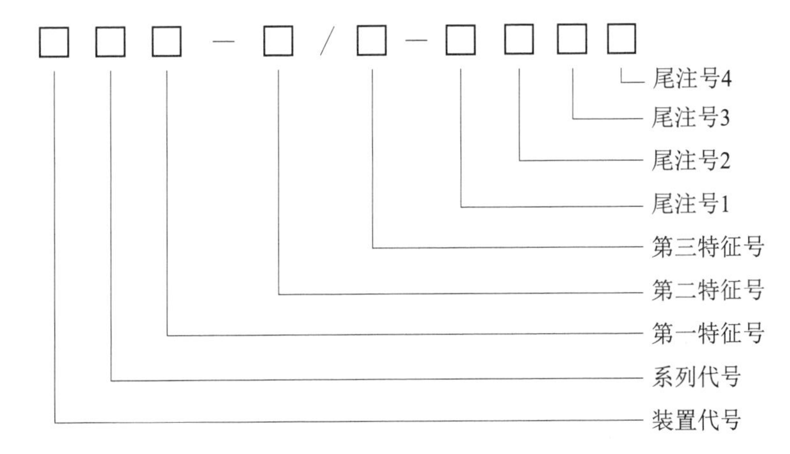

15.2.1 装置代号

用以表示电容器装置，用“T”表示。

15.2.2 系列代号

用以表示装置所属系列：

BB——并联电容器装置；

AL——交流滤波电容器装置；

DL——直流滤波电容器装置；

CB——串联电容器装置。

15.2.3 特征号

第一特征号——装置的额定电压，单位为 kV。

第二特征号——一般表示装置的额定容量，单位为 kvar；对直流滤波电容器装置表示额定电容，单位为μF。

第三特征号——一般表示单台电容器的额定容量，单位为 kvar；对直流滤波电容器装置表示单台额定电容，单位为μF。

15.2.4 尾注号

尾注号 1——电容器装置的相数，单相以“1”表示，三相不表示。

尾注号 2——主接线方式，A 表示单星形，B 表示双星形，C 表示三星形。

尾注号 3——继电保护方式，C 表示电压差动保护，L 表示中性点不平衡电流保护，K 表示开口三角电压保护，Q 表示桥式差电流保护，Y 表示中性点不平衡电压保护。

尾注号 4——使用环境，W 表示户外使用（户内使用不用字母表示），G 表示高原地区使用。

例如，TBB10－10008/417－BLW，表示为并联电容器装置，额定电压 10kV，装置的额定容量 10 008kvar，单台电容器容量 417kvar，三相，主接线方式为双星形，中性点不平衡电流保护，户外使用。

15.3 各类高压并联电容器装置、静止无功补偿装置及静止无功发生器的特点及应用范围

目前有多种类型的高压并联电容器装置及静止无功补偿装置，其特点和应用范围见表 15－1。

表 15－1 各类高压并联电容器装置、静止无功补偿装置及静止无功发生器的特点及应用范围

序号	装置类型	特　点	应用范围
1	框架式并联电容器装置	（1）电容器单元以串并联方式组装到构架上 （2）单元额定电压：11/2～24kV 单元额定容量：100～667kvar （3）配套设备：熔断器、投切开关、串联电抗器、放电线圈、避雷器、隔离及接地开关等。户外优先选用干式空心电抗器，户内选用干式铁心电抗器或油浸式电抗器 （4）用机械开关（真空、SF_6）投切，利用综合控制装置可实现电压无功分级综合调整。 （5）装置额定电压：6～110kV 额定容量：1～240Mvar （6）投资低，单元更换方便；安装、维护和故障检测工作量较大	（1）广泛应用于 6～1000kV 交流变电站，提高功率因数，降低线路损耗，辅助调压 （2）可用于户内、外 （3）是应用量最大的类型，占总补偿容量的 60%以上
2	塔架式并联电容器装置	（1）很多电容器单元组装到 6 层及以上的塔架上，每相 1～2 塔；采用桥式差电流保护 （2）装置额定电压 220～1000kV 额定容量 30～600Mvar （3）通过电容器单元串并联满足装置的电压和容量要求，单元额定容量一般为 300～800kvar，带内熔丝，不用外熔断器 （4）电容器承受较高的谐波电压 （5）用 SF_6 断路器进行投切 （6）故障检测用不拆线测电容电桥，测试工作量较大。测试和更换电容器单元需配备专用工具及工程机械设备	用于直流输电换流站，进行无功补偿

续表

序号	装置类型	特　点	使用范围
3	柜式无功补偿装置	（1）电容器单元与配套设备干式铁心电抗器、放电线圈、避雷器、开关装置、投切控制器等组合在同一柜体内 （2）用真空接触器或真空断路器等进行自动投切 （3）额定电压 6～35kV，额定容量 300～10 000kvar，可以分组 （4）可以实现集中补偿、分散补偿及就地补偿 （5）整体性好，外形美观，结构紧凑，占地面积小	适用于负荷波动较大但不频繁的负荷特性，主要用于电力系统末端用户，用于户内
4	箱式无功补偿装置	（1）电容器与配套设备干式铁心电抗器、放电线圈、避雷器、开关装置、投切控制器等组合在同一箱体内，箱体上有百叶窗通风换气 （2）用真空断路器等进行投切 （3）额定电压 6～35kV 额定容量 1000～10 000kvar （4）整体性好，外形美观，结构紧凑，占地面积小，维修方便。但设备投资较高	补偿容量较小的 6～110kV 变电站。主要用于户内，也可户外安装，适用污秽严重的场合
5	柱上式高压无功补偿装置	（1）电容器及配套设备开关、避雷器、互感器、电源变压器、控制器等组装于 6～10kV 线路的柱上，单组容量 100～1200kvar （2）可按电压、无功、时间或其组合参数，用机械开关进行投切	主要用于户外6～10kV线路无功分散补偿，以调整电压，降低线路损耗，提高输送功率
6	采用集合式或箱式并联电容器的无功补偿装置	（1）采用集合式或箱式并联电容器 （2）配套设备：投切开关、串联电抗器、放电线圈、避雷器、隔离及接地开关等 （3）额定电压 6～66kV，额定容量 600～20 000kvar （4）具有体积小、占地面积小、安装和维护方便、耐污秽及防鸟害等优点，内部单元不带小外壳的箱式电容器占地面积更小 （5）设备投资略高，单元更换不方便	一般用于6～500kV变电站，特别适用于场地较小的场合
7	一体化集合式或箱式高压并联电容器装置	（1）由集合式或箱式并联电容器、串联电抗器、放电线圈、避雷器、进线柜体、控制系统等组成 （2）额定电压 6～35kV，额定容量 600～20 000kvar （3）一体式、高度集成，占地比框架式装置减少 50%以上 （4）全密封，无裸露导体，防鸟害、防风沙，对环境条件适应性强 （5）安装简单，接线方便，现场施工周期短，运行维护量小 （6）设备投资略高、维修不方便	一般用于6～500kV变电站，特别适用于场地较小的场合
8	静止无功补偿装置（SVC）	（1）SVC 有多种形式，但它们所发出的无功功率都来自并联电容器，无功功率的吸收都是由各种形式的并联电抗器或特殊设计的变压器来实现 （2）容性和感性无功功率叠加，满足电网对迅速变动无功的需求，并可进行无功潮流控制 （3）装置的额定电压 6～66kV，容量为±（5～240）Mvar （4）与同步调相机相比，设备投资和运行费用低，是其替代设备 （5）SVC 的主要类型有晶闸管控制电抗器（TCR）型、晶闸管投切电容器（TSC）型、晶闸管投切电抗器（TSR）型、磁控电抗器型（MCR）等，上述 SVC 既可单独使用，也可根据需要组合使用，有的也可与传统的固定电容器（FC）结合起来构成组合式 SVC	（1）在 220～500kV 变电站替代调相机，用以补偿变动的无功，调节电压波动和无功潮流控制 （2）在冶金、化工、电气化铁道等负荷迅速变化的领域，用以补偿无功，防止电压波动和闪变

续表

序号	装置类型	特　点	使用范围
9	静止无功发生器（SVG）	（1）核心是一个基于IGBT控制的逆变器，可以实现动态快速连续的无功调节 （2）装置的额定电压6～35kV，容量为±（1～100）Mvar （3）具有 5ms 以内的快速输出无功特性，对快速的冲击负荷具有更好的补偿效果，对闪变有更好的抑制效果 （4）SVG中的谐波特性好。TCR及MCR运行过程中都产生较大的谐波，而SVG只产生很少的谐波，同时还能滤除系统谐波 （5）TCR及MCR是阻抗型特性，输出无功容量与母线电压的二次方成正比；SVG具有电流源的特性，输出容量与母线电压成线性关系。在母线电压偏低的情况下，SVG出力大，补偿效果更好	适用于电网枢纽变电站、风力发电场、冶金行业、石化行业、矿山及电气化铁道等。可有效地提高电网电压暂态稳定性，抑制母线电压闪变，补偿不平衡负荷，滤除负荷谐波及提高负荷功率因数

15.4　电容器装置配套件的选型及作用

15.4.1　并联电容器装置配套件的选型及作用

装置电器和导体的选择，要满足环境条件下正常运行、过电压状态、谐波电流水平和短路故障的要求。

装置总回路和分组回路的电器和导体选择时，回路工作电流应按稳态过电流最大值确定。装置中电气设备的绝缘水平，不应低于变电站、配电站（室）中同级电压的其他电气设备。制造生产的成套装置，其组合结构要便于运输、现场安装、运行检修和试验，并应使组装后的整体技术性能满足使用要求。

1. 投切开关

装置应选取适合于电容器（组）投切的开关电器，其技术性能除符合开关电器通用技术要求外，还应满足下列要求：

（1）应具备频繁操作的性能。

（2）合、分时触头弹跳不应大于限定值，开断时不应出现重击穿。

（3）应能承受电容器组的关合涌流和工频短路电流，以及电容器高频涌流的联合作用。

（4）装置总回路中的断路器，应具有切除所连接的全部电容器组和开断总回路短路电流的能力。分组回路可采用不承担开断短路电流的负荷开关或真空接触器等开关电器。

（5）装置所选用的断路器，其开合电容器组的性能应满足GB 1984中C_2级断路器的要求，机械寿命应满足GB 1984中M_2级断路器的要求。

（6）柱上式装置选用的开关如果不能满足短路开断要求时，可用性能合格的、能满足短路开断要求的高压熔断器作为保护开断电器。

2. 电容器单元保护用外熔断器

（1）电容器单元保护用外熔断器采用电容器专用熔断器。

（2）当电容器采用内部熔丝时，不宜同时采用外部熔断器作为电容器内部故障保护。

（3）外熔断器熔丝的额定电流，应按电容器单元额定电流的 1.37～1.50 倍进行选择。

（4）外熔断器的耐爆能量不小于 15kW・s。

（5）外熔断器的技术参数和保护性能：额定电压、耐受电压、开断性能、熔断性能、抗涌流能力、机械性能和电气寿命等，要满足现行相关标准的规定。

（6）外熔断器的安装一定要符合厂家的使用说明书的要求，管体与水平方向的夹角θ要符合厂家的使用说明书要求。外熔断器安装示意图如图 15－9 所示。

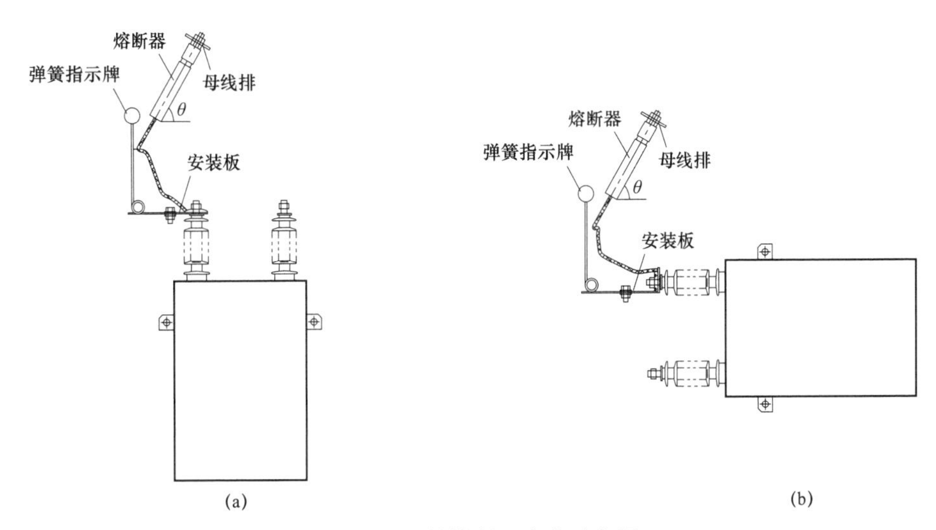

图 15－9　外熔断器安装示意图

（a）电容器立放；（b）电容器卧放

3. 串联电抗器

（1）串联电抗器选型，要根据工程项目条件并经技术经济比较确定采用干式空心电抗器、油浸式电抗器或干式铁心电抗器。安装在屋内的串联电抗器，宜采用设备外漏磁场较弱的干式铁心电抗器或类似产品。

（2）串联电抗器电抗率选择，要根据电网条件与电容器参数经相关计算分析确定。电抗率取值范围符合下列规定。

1）仅用于限制涌流时，电抗率宜取 0.1%～1%。

2）用于抑制谐波时，电抗率应根据电容器装置接入电网处的背景谐波含量的测量值选择。当谐波为 5 次及以上时，电抗率宜取 5%；当谐波为 3 次及以上时，电抗率宜取 12%，亦可采用 5%与 12%两种电抗率混装方式。

（3）并联电容器装置的合闸涌流限值，宜取电容器组额定电流的 20 倍；当超过时，应采用装设串联电抗器予以限制。

（4）串联电抗器的额定电压和绝缘水平，应符合接入处的电网电压要求。

（5）串联电抗器的额定电流应等于所连接的电容器组的额定电流，其允许的过电流应不小于电容器组允许的最大过电流值。

（6）干式空心电抗器宜装设在电容器组的电源侧；干式铁心电抗器宜装设在电容器组的中性点侧。

（7）并联电容器装置总回路装设限流电抗器时，应计入其对电容器分组回路电抗率和母线电压的影响。

4. 放电器件

（1）电容器单元内部应装设放电电阻，其放电性能应能满足电容器组断开电源后，在10min 内将电容器单元的剩余电压从 $\sqrt{2}\,U_N$ 降低到 75V（GB/T 11024.1 的规定）或 50V（DL/T 840 的规定）以下。

（2）放电线圈采用电容器专用的油浸式或干式放电线圈。油浸式放电线圈应为全密封结构，其内部压力应满足使用环境温度变化的要求，在最低环境温度下不得出现负压。

（3）放电线圈的额定一次电压应与所并联的电容器（组）的额定电压一致。三相放电线圈的励磁特性应基本一致。

（4）放电线圈的额定绝缘水平应根据安装方式确定。安装在地面上的放电线圈，额定绝缘水平应不低于同电压等级电气设备的额定绝缘水平；安装在绝缘框（台）架上的放电线圈，其额定绝缘水平应与安装在同一绝缘框（台）上的电容器的额定绝缘水平一致。

（5）放电线圈的最大配套电容器容量（放电容量），应不小于与其并联的电容器（组）容量。放电线圈的放电性能应能满足电容器组断开电源后，在 5s 内将电容器组的剩余电压降至50V 及以下的要求。

（6）放电线圈带有二次绕组时，其额定输出、准确级应满足保护和测量的要求。

（7）仅作为放电用的放电线圈可不设二次绕组。

（8）低压并联电容器装置的放电器件应满足电容器断电后，在 3min 内将电容器的剩余电压降至 50V 及以下；当电容器再次投入时，电容器端子上的剩余电压不应超过额定电压的0.1 倍。

5. 避雷器

（1）装置中电容器的操作过电压保护，采用无间隙金属氧化物避雷器（MOV），或选用过电压保护器。

（2）避雷器的参数根据电容器组参数和避雷器接线方式确定。接于线–地之间的避雷器可用来抑制断路器单相重击穿过电压。

（3）对于 10kV 电压等级、容量在 4000kvar 及以下的电容器组所配用的避雷器，其 2ms方波通流能力不小于 300A；电容器组容量每增加 2000kvar，避雷器 2ms 方波通流能力增加值为 100A。

（4）对于 35kV 电压等级、容量在 24 000kvar 及以下的电容器组所配用的避雷器，其 2ms方波通流能力不小于 600A；电容器组容量每增加 20 000kvar，避雷器 2ms 方波通流能力增加值为 300A。

（5）对于 66kV 电压等级、容量在 24 000kvar 及以下的电容器组所配用的避雷器，其 2ms方波通流能力不小于 600A；电容器组容量每增加 20 000kvar，避雷器 2ms 方波通流能力增加值为 200A。

（6）对于 110kV 电压等级、容量在 120 000kvar 及以下的电容器组所配用的避雷器，其 2ms 方波通流能力不小于 1400A；电容器组的容量每增加 40 000kvar，避雷器 2ms 方波通流能力增加值为 200A。

6. 导体及其他

（1）电容器单元至母线或熔断器的连接线应采用软导线，其长期允许电流不宜小于电容器单元额定电流的 1.5 倍。

（2）电容器组可采用单星形或双星形接线，根据具体工程情况，选取合适的继电保护方式。在中性点非直接接地的电网中，星形接线电容器组的中性点不应接地。

（3）装置的分组回路，回路导体截面应按并联电容器组额定电流的 1.3 倍选择，并联电容器组的汇流母线和均压线导线截面应与分组回路的导体截面相同。

（4）装置的所有连接导体除了应满足长期允许电流的要求外，还应满足动稳定和热稳定要求。

（5）用于装置的支柱绝缘子，应根据电压等级、爬电距离、机械荷载等技术条件，以及运行中可能承受的最高电压进行选择和校验。

（6）电容器装置不平衡保护用的电流互感器应符合下列要求：

1）额定电压应按装置接入处电网电压选择。

2）额定一次电流应不小于最大稳态不平衡电流。

3）能承受电容器极间短路故障状态下的短路电流和高频涌放电流而不损坏，并可以加装保护装置。

4）准确等级应满足继电保护要求。

（7）电容器装置的接线方式，应符合电容器单元并联的总能量（含计及所有与故障电容器两端构成并联回路的电容器注入的能量）必须不超过该单元的外壳耐受爆破能量的要求。

7. 并联电容器补偿装置的保护

主要包括并联电容器内部故障保护、整体装置的继电保护。电容器内部故障保护方式有内熔丝保护、外熔断器保护和继电保护。电容器装置的继电保护方式有电流速断保护、过电流保护、过电压保护和失电压保护。

电容器的各种保护器件应按规定顺序动作。通常第一级是外熔断器或内熔丝动作，第二级是电容器组的继电保护（不平衡保护或过电流保护）动作，第三级则是电网或设备的保护动作。

（1）电容器组不平衡保护分类。

高压并联电容器组（内熔丝、外熔断器和无熔丝）均应设置不平衡保护。不平衡保护既是单台电容器内部故障的保护（如元件击穿、部分串联段击穿、单台电容器内部短路、单台电容器极对壳击穿等），也是电容器组内部故障的保护（如单台电容器套管闪络、台架支柱绝缘子闪络等）。

不平衡保护主要包括单星形电容器组开口三角电压保护、单星形电容器组相电压差动保护、双星形电容器组中性点不平衡电流保护、单星形电容器组桥式差电流保护。

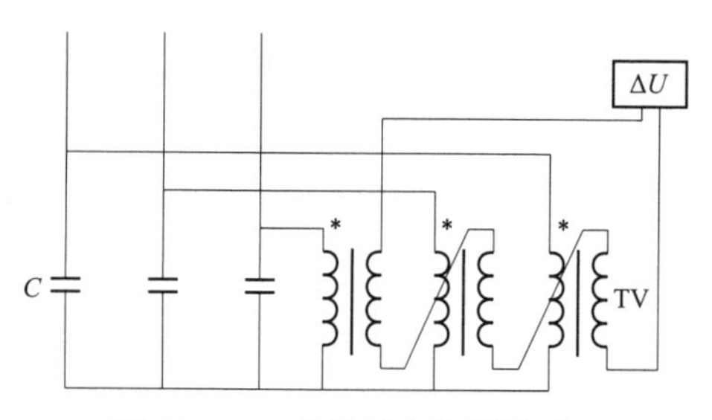

图 15－10　单星形电容器组开口三角电压保护接线原理图

1）单星形电容器组开口三角电压保护。电容器组每相各并联一台放电线圈，放电线圈的二次侧接成开口三角。电容器故障引起电容器组的三相电容不平衡，使得电容器装置的中性点电位偏移，导致放电线圈（TV）二次电压的相量和即开口三角电压不再等于零，输出一个不平衡电压ΔU，通过检测ΔU实现对装置的保护。接线原理如图 15－10 所示。

2）单星形电容器组相电压差动保护。单星形电容器组串联段数为两段及以上时，可采用相电压差动保护。电容器组每相各并联一台放电线圈，放电线圈的一次侧有抽头，两个二次绕组的首端和首端连接，末端分别与电压继电器连接。电容器故障引起电容器两个串联段之间的容抗之比发生变化，使得两个串联段的电压发生变化，这种变化在放电线圈二次出现差压值ΔU，通过检测ΔU 实现对装置的保护。单星形电压差动保护接线原理如图 15－11 所示。

3）双星形电容器组中性点不平衡电流保护。在双星形电容器组的中性点之间接一台电流互感器。若电压三相对称，每一个星形接线中三相电容值相等时，中性点间电流为零，电流互感器中无电流流过。当某个星形接线中有电容器发生故障时，三相电容不平衡，中性点电位偏移，中性点间的电流互感器中有电流 I_0流过，通过检测 I_0 实现对装置的保护。双星形电容器组中性点不平衡电流保护接线原理如图 15－12 所示。

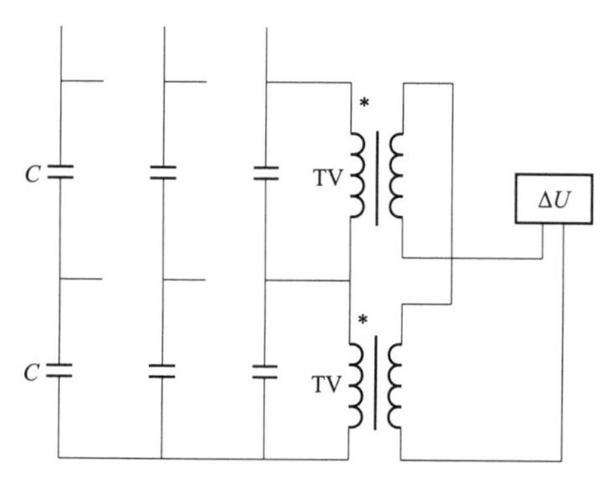

图 15－11　单星形电压差动保护接线原理图

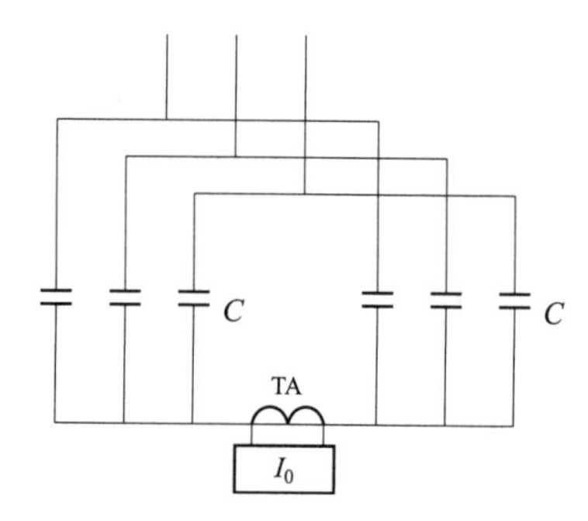

图 15－12　双星形电容器组中性点不平衡电流保护接线原理图

4）单星形电容器组桥式差电流保护。单星形电容器组，每相能接成四个桥臂时，可采用桥式差电流保护，电流互感器连接在两支路之间。当电容器装置的某一个臂出现故障时，电桥不再平衡，电流互感器中流过不平衡电流ΔI，通过检测ΔI 实现对装置的保护。其接线原理如图 15－13 所示。

图 15－13a 所示为单桥式差电流保护接线原理图，有的电容器装置通过单桥式差电流保护接线方式计算出的保护整定值较小，系统稍有波动就会引起继电保护的误动作，不利于装置运行。为了提高继电保护的灵敏度，可以采用双桥式差电流保护方式，如图 15－13b 所示，可以有效避免装置的误动问题，提高装置的运行质量。

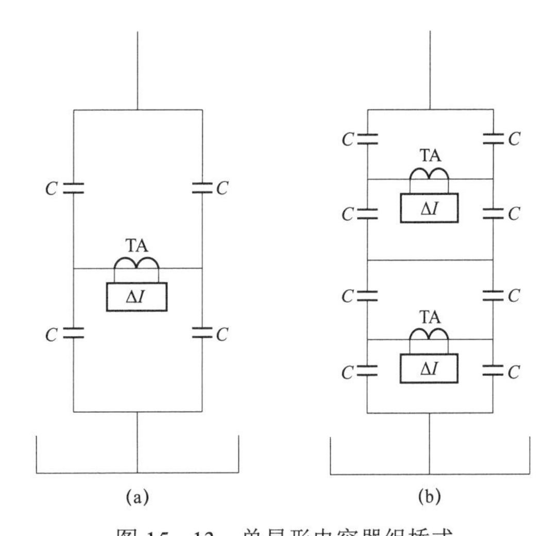

图 15－13　单星形电容器组桥式差电流保护接线原理图

（a）单桥式差电流保护；（b）双桥式差电流保护

不平衡保护整定值应以确保电容器组运行安全性为目标，按电容器内部故障保护顺序、保护动作可靠性和灵敏度，根据不同保护方式进行计算确定。

另外，电容器装置的保护配合还要遵循以下整定原则：采用外熔断器保护的电容器组，其不平衡保护应按电容器单元过电压允许值整定；采用内熔丝保护和无熔丝保护的电容器组，其不平衡保护应按电容器内部元件过电压允许值及电容器单元过电压允许值整定；当有两种及以上保护方案并存时，整定值取较小值。

（2）电容器装置的继电保护功能。

1）电流速断保护。是电容器装置相间短路故障时的保护，保护动作于跳闸。速断保护的动作电流值，应按最小运行方式下，在电容器组端部引线发生两相短路时，保护的灵敏系数符合继电保护要求进行整定；速断保护的动作时限，应大于电容器组的合闸涌流时间。

2）过电流保护。保护动作于跳闸，过电流保护的动作电流值，应按大于电容器组的长期允许最大过电流整定值。在每相单台电容器不超过两个串联段时，可作为电容器装置单台电容器内部短路故障情况下不平衡保护的后备保护。

3）母线过电压保护。是避免电容器装置所连接的母线电压升高超过规定而危害电容器的保护，保护应带时限动作于信号或跳闸。

4）母线失电压保护。用作电容器装置母线失电压时的保护，保护应带时限动作于跳闸。因为空载变压器带电容器装置合闸操作时，变压器的励磁涌流中包含大量的谐波，可能在其中的某次谐波下与电容器发生铁磁谐振。此外，若电容器剩余电压较高或系统轻载时，再次合闸，电容器可能会承受较高的过电压。

15.4.2　串联电容器补偿装置配套件的选型及作用

1. 限流阻尼设备

用于在火花间隙或旁路断路器导通时，限制电容器组的放电电流的峰值和放电电流频率，防止电容器组因放电过快而损坏。主要有电抗型、电抗加电阻型、电抗加间隙串电阻型、电抗加 MOV 串电阻型四种。要求其额定电流与电容器回路电流一致（持续运行），并应能同时承受电容器的放电电流和最大故障电流之和（暂态运行）。

2. 火花间隙

在系统发生短路故障时，快速触发导通来旁路掉短路电流，以防止电容器单元过电压或 MOV 吸收过多的热量而发生爆炸。要求火花间隙不触发下自放电电压高于 MOV 的过电压保护水平。按火花间隙导通原理分为电压击穿导通间隙、触发导通间隙。为防止串联电容器单元过电压，采用电压击穿导通间隙；为防止金属氧化物可变电阻器过载，采用触发导通间隙。

3. 旁路断路器

用来退出或投入串联电容器组（断路器闭合退出，开断投入）。断口耐压大于串联电容器补偿装置的最大保护电压，具有一定短路容量，开断后不重燃，应能承受电容器放电电流和最大工频故障电流。

4. MOV

MOV 保护水平要求考虑系统各种故障情况（区内、外故障，线路摇摆电流），故障形式一般有单相接地、两相接地和三相短路故障。具体保护水平设计参数以工程实际运行工况选取。

5. 串联电容器补偿装置的保护功能

（1）MOV 保护。MOV 电流保护、MOV 能量保护、MOV 温度保护、火花间隙拒触发保护和火花间隙误触发保护（动作旁路断路器）。

（2）电容器保护。

1）电容器不平衡保护包括告警段、低定值旁路段和高定值旁路段。低定值旁路段和高定值旁路段动作后，旁路断路器三相合闸，永久闭锁。

2）电容器过负荷保护。通过检测电容器的电流，以反时限特性衡量电容器的过负荷情况，当时间和电流值都达到定值时，则电容器过负荷保护动作。

（3）旁路断路器三相不一致保护。动作三相旁路断路器永久闭锁，上报 SOE（事件顺序记录）。

（4）旁路断路器合闸失灵保护。动作三相旁路合闸，跳开线路，永久闭锁。

（5）低次谐波保护。串联电容器补偿装置后有大容量感应电动机起动或投入空载、轻载变压器时，往往会产生低次谐波，使感应电动机只能在低速运转而达不到额定转速或使变压器铁心严重饱和发生异响，使电灯闪烁等。消除方法之一是暂时短接退出串联电容器组。

15.5　静止无功补偿装置和静止无功发生器

15.5.1　静止无功补偿装置

1. 静止无功补偿装置的定义

静止无功补偿装置（Static Var Compensator，SVC），一种并联连接的静止无功补偿器，通过对其感性或容性电流的自动调整，来维持或控制其与电网连接点的某种参数（典型情况为控制母线电压）。它是由电容器及各种电抗器元件构成与系统并联并向系统提供或从系统吸收无功功率的装置。输出的无功功率可以快速改变以达到维持或控制电力系统某些参数的目的。

2. SVC 的简介

虽然传统的 SVC 有多种形式，但它们所发出的无功功率都来自并联电容器，无功功率的吸收都是由各种形式的并联电抗器或特殊设计的变压器来实现的。其总输出无功功率的改变，一是通过投切并联电容器组、电抗器，或是通过改变并联电抗元件的电抗值来达到。通常 SVC 是由多个并联支路，多种补偿形式组合而成的。

投切电容器组或电抗器是改变 SVC 总无功最直接的方法，可用断路器或晶闸管阀来实现。晶闸管阀比断路器成本高，但其响应速度快，投切操作对系统的冲击小，维修的频度也远比断路器的低。投切方式只能做到级差调节，做不到连续调节。TCR（晶闸管控制电抗器）型 SVC 采用反向并联晶闸管阀与电抗器串联，利用晶闸管阀相位角控制导通的功能，使得电抗器所吸收的无功电流得到连续性控制：触发角为 90° 时全导通，触发角的继续增大，该电抗支路所吸收的无功电流逐渐减小；触发角为 180° 时，晶闸管阀全关闭。控制触发导通的相位角会导致谐波的发生。同样的相控技术还可以用在高漏抗变压器的二次绕组控制上，成为 TCT（晶闸管控制高阻抗变压器）型 SVC。而饱和电抗器型 SVC 则是利用其饱和特性曲线自有的调节特性实现控制功能。

3. SVC 的特性参数

SVC 的主要特性参数如下：

（1）额定电压。指 SVC 连接点（母线）的标称电压。

（2）额定容量。SVC 在额定条件下能输出的、晶闸管控制的最大基波无功功率。

（3）动态调节范围。在额定电压下 SVC 无功功率变化的最大范围。

（4）斜率。在 SVC 的电压–电流特性曲线上的容性与感性线性可控范围内，电压变化的标幺值与电流变化的标幺值的比值。一般以百分数表示，一般在 0.5%～10%范围内可调。

（5）响应时间。输入阶跃控制信号后，SVC 输出达到要求输出值的 90%所用的时间，且期间没有产生过冲。

（6）过负荷能力。SVC 能达到的过负荷倍数和持续时间。

（7）额定感性无功。SVC 在额定状态下连续运行所能输出的最大感性无功功率。

（8）额定容性无功。SVC 在额定状态下连续运行所能输出的最大容性无功功率。

4. SVC 的应用领域

在输电系统中，SVC 的功能特性主要有：

（1）正常情况下调相调压（即无功控制和电压偏差调节）和故障情况下电压支撑。

（2）抑制工频过电压及减少电压波动。

（3）改善系统稳定性，提高输电功率和减少输电损耗。

（4）抑制谐波电流。

（5）其他附加功能（阻尼系统功率振荡、抑制次同步振荡等）。

在配电系统和工业用户中，SVC 的功能特性主要有：

（1）抑制电压波动和闪变。

（2）校正三相负荷不平衡。

（3）抑制谐波电流和减少谐波电压畸变率。

（4）改善功率因数。

5. SVC 的分类

目前，SVC 的主要类型有晶闸管控制电抗器（TCR）型、晶闸管投切电容器（TSC）型、晶闸管投切电抗器（TSR）型、磁控电抗器型（MCR）等。这些 SVC 既可单独使用，也可根据需要组合使用，有的还可与传统的固定电容器（FC）结合起来构成组合式 SVC。

TCR（TSR）支路可以单独设置一台断路器，也可以和全部或部分固定电容器支路共用一台断路器。TCR 的电抗器一般每相分成上、下相同的两组，每相晶闸管阀组两侧各连接一组，三组整体上采用三角形接线。

TSC 晶闸管阀一般置于电容器和电抗器之间，采用三角形接线。

固定电容器可根据 SVC 的容量、支路数量，通过技术经济比较，确定由一台断路器带一条支路或多条支路。

TCR 加 FC 型 SVC 对无功的连续调节通过由固定的电抗器和反并联晶闸管串联组成的 TCR 支路来完成，既能输出容性无功，又能输出感性无功。滤波网络在基频下等效为容抗，而在特定频段内表现为低阻抗，从而能对滤除 TCR 产生的谐波分量起作用。TCR 加 FC 型 SVC 响应速度快且具有平衡负荷的能力，但由于 FC 工作时产生的容性无功需要 TCR 的感性无功来平衡，因此在需要实现输出从额定容性无功到额定感性无功调节时，TCR 的容量是额定容量的 2 倍，导致器件和容量上的浪费。通过采用将固定电容器一部分或全部改为分组投切电容器，在一定程度上克服了这种缺点。当电容器的投切开关为机械断路器时为 TCR+MSC（机械开关投切电容器）型，当电容器的投切开关为晶闸管时为 TCR+TSC 型。但电容器组频繁的投切，尤其是投切开关为机械断路器时，会减少系统的寿命，所以应尽量避免频繁地投切电容器组。

TSC 具有无机械磨损、响应速度快和良好的综合补偿效果等特点，主要用于性能要求较高的动态无功补偿场合。TSC 装置不产生谐波，但只能以阶梯方式满足系统对无功的需求。

TSC+TCR 型 SVC 可以克服 TCR+FC 型 SVC 器件和容量浪费较大的缺点，还可以弥补 TSC 只能以阶梯方式满足系统无功需求的不足，具有更好的灵活性，并有利于减少损耗。

磁阀式可控电抗器，简称磁控电抗器（MCR），是基于磁放大器原理工作的，它是一种交直流同时磁化的可控其饱和度的铁心电抗器，工作时可以用极小的直流功率（约为电抗器额定功率的 0.1%～0.5%）控制铁心的工作点（即铁心的饱和度或者说改变铁心的磁导率）来改变其感抗值，从而达到调节电抗电流的大小并平滑调节无功功率的目的。

MCR 型 SVC 由并联电容器支路（或滤波支路）和 MCR 支路并联组成，并联连接于交流网络中，主要用于 6～500kV 交流电力系统中。可以提供正、负连续可调的无功功率。通过调节磁控电抗器输出的感性无功功率，以此感性无功功率来抵消电容器组的容性无功功率，实现装置感性或容性无功功率的柔性输出。

几种主要类型的 SVC 技术性能对比见表 15－2。

表 15－2　　几种主要类型的 SVC 技术性能对比

类型	TCR（＋FC 或 TSC 或 MSC）	TSC	TSR	MCR （＋FC）
动态响应速度	快	快	快	较慢
无功输出	连续感性/容性	级差容性	级差感性	连续感性/容性
限制过电压	好	不能	好	好
抑制闪变	可以	可以，但能力不足	可以	可以
产生谐波情况	有	无	无	小
损耗（%）	中	小	中	稍大
噪声/dB	中	小	中	稍大
控制灵活性	好	好	好	好
线性度	好	好	好	好
运行维护	较复杂	较复杂	较复杂	简单
应用情况	应用广泛	较为广泛	较为广泛	较为广泛

15.5.2　静止无功发生器

随着当代电力电子设备技术的飞速发展，越来越多的冲击型负荷注入到电网中，由此带来的谐波污染和无功功率的增加已经成为影响电能质量的主要因素。尤其是在采矿领域，电石炉等冶炼设备，绞车等带有变频驱动的运输设备，更是给供电网络带来巨大的无功冲击和谐波污染，严重影响了供电质量。

无功冲击和谐波污染带来的直接后果就是严重降低了输变电设备的供电能力，降低用电设备效率，加速电力电缆绝缘老化，使机电设备产生振动噪声，减少其寿命，干扰继保通信等弱电回路。

静止无功发生器（Static Var Generator，SVG）为“动态补偿装置”，不仅能动态补偿无功，也可以动态补偿瞬时有功或者进行相间功率交换。国际上通常称为静止同步补偿器，即 STATCOM（Static Synchronous Compensator）。当 SVG 用于输电网时，主要用于电网快速无功补偿与动态电压支撑，以提高输电系统的稳定性；当 SVG 用于配电网时，称为 DSTATCOM（Distributed STATCOM），主要用于电能质量控制，通过动态无功快速补偿维持母线电压，通过电流跟踪补偿实现对冲击型负载或谐波负载的实时动态补偿。

1. SVG 基本原理

SVG 的基本原理是将电压源型逆变器经过电抗器并联在电网上。电压源型逆变器包括直流电容器和逆变桥两个部分，其中逆变桥由可关断的半导体器件 IGBT（绝缘栅双极型晶体管，可实现快速的导通/关断控制，开关频率可达到 3500Hz 以上）组成。

工作中，通过调节逆变桥中 IGBT 器件的开关，可以控制直流逆变到交流电压的幅值和相位，因此，整个装置相当于一个调相电源。通过检测系统中所需的无功，可以快速发出大小相等、相位相反的无功，实现无功的就地平衡，保持系统实时高功率因数运行。

其工作原理如图 15－14 所示。将系统看作一个电压源，SVG 可以看作一个可控电压源，连接电抗器可以等效成一个线形阻抗元件。表 15－3 给出了 SVG 三种运行模式的原理说明。

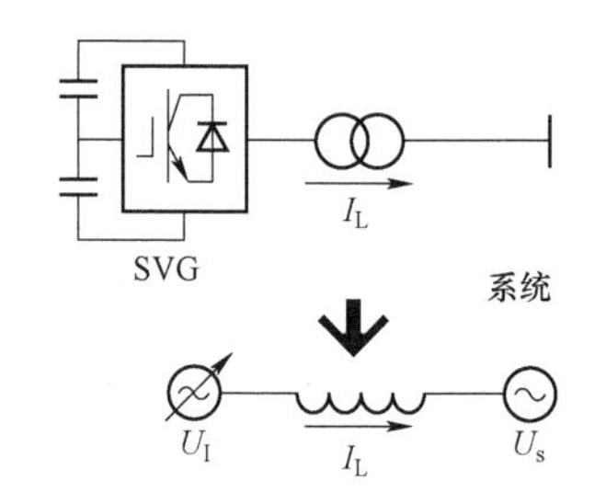

图 15－14　SVG 工作原理示意图

表 15－3　　SVG 的三种运行模式

运行模式	波形和相量图	说　明
空载运行模式	U_I 没有电流 U_s $\dot{U}_s$ $\dot{U}_I$ $U_I=U_s$	$U_I=U_s$，$I_L=0$，SVG 不吸收或发出无功
容性运行模式	U_I $\dot{I}_L$ U_s $\dot{U}_s$ $jX\dot{I}_L$ I_L 超前的电流 $\dot{U}_I$ $U_I>U_s$	$U_I>U_s$，I_L 为超前的电流，其幅值可以通过调节 U_I 来连续控制，从而连续调节 SVG 发出的无功
感性运行模式	U_s 滞后的电流 I_L $\dot{U}_s$ U_I $\dot{U}_I$ $jX\dot{I}_L$ $\dot{I}_L$ $U_I<U_s$	$U_I<U_s$，I_L 为滞后的电流。此时 SVG 吸收的无功可以连续控制

注：U_I 为 SVG 的输出电压，kV；U_s 为系统电压，kV；X 为连接电抗器的电抗，Ω；I_L 为线路电流，A。

SVG 可以补偿基波无功电流，也可同时对谐波电流进行补偿，在中低压动态无功补偿与谐波治理领域得到广泛应用。

2. SVG 的技术创新

（1）补偿技术的创新。传统的 FC 或 SVC 补偿方式本质上是通过电容器和电抗器的容量来实现无功补偿的，但 SVG 的工作原理是颠覆性的改变，其核心是一个基于 IGBT 控制的逆变器，可以实现动态快速连续的无功调节。

（2）结构方案的创新。由于电力电子器件容量的限制，若要提高装置容量并保障装置能够正常运行，交换电路需要设计复杂的主电路结构。解决的主要方法包括器件并联、桥臂并联、增加脉波数、采用多电平变换器、变换器组并联等。SVG 则是把上述这些技术有机地结合起来，创新设计出一种多电平逆变器结构，实现逆变器串联，提高装置容量，并尽可能减少装置的造价。

（3）控制策略的创新。SVG 在控制策略上实现器件级控制、装置级控制和系统级控制。器件级控制指的是电路拓扑结构和脉冲控制方法；装置级控制是解决从脉冲控制到系统无功电流需求之间的模型和控制问题；系统级控制是从电力系统的潮流与稳定等宏观角度来控制 SVG 的运行。这种分层控制使得 SVG 的控制功能具有高精度、自适应能力强等特点。

SVG 在系统级控制策略上实现变换电路中最先进的多目标控制策略，其中过电压控制和次同步振荡阻尼控制是直接通过控制功能输入来实现的，其他控制目标如暂稳控制、无功储备控制都是在 AVR（自动电压调节器）的基础上，进行加权求和之后作为电压调节环的参考输入来实现的。多目标控制策略使得 SVG 在提高系统电压调节精度，增强电压稳定性和暂态稳定性上有着无可比拟的优势。

3. SVG 和 SVC 的比较

SVG 的核心技术是基于可关断电力电子器件 IGBT 的电压源型逆变技术。它可以快速、连续、平滑地调节输出无功，且可实现无功的感性与容性双向调节。

在构成上，TCR 是通过斩波控制，实现电抗器的等效阻抗调节；MCR 是通过晶闸管励磁装置控制铁心饱和度，从而改变等效电抗的装置，两者都属于阻抗型补偿装置；SVG 是通过逆变器的控制实现无功的快速调节，不再需要大容量的交流电容/电抗器件，是属于电源型的主动式补偿装置。

与相控电抗器 TCR 和磁阀控制电抗器 MCR 相比，SVG 具有明显的性能优势：

（1）SVG 能耗小，相同调节范围下，SVG 的损耗只有 MCR 的 1/4，TCR 的 1/2，运行费用低，更节能环保。

（2）SVG 是电流源型装置，主动式跟踪补偿系统所需无功；从机理上避免了大容量电容/电抗元器件并联在电网中可能发生的谐振现象；在电网薄弱的末端使用，其安全性比阻抗型装置更高。

（3）SVG 的响应速度更快，整体装置的动态无功响应速度小于 5ms，而 TCR 型 SVC 的响应时间约为 10ms。

（4）SVG 中的谐波特性更好。TCR 及 MCR 运行过程中都产生较大的谐波，尤其是 TCR，最大谐波电流含量达到 20%以上；而 SVG 只产生很少的谐波，同时还能滤除系统谐波，保证运行安全性。

（5）SVG 采用模块化设计和柜式安装，工程设计和安装工作量小。

（6）TCR 及 MCR 是阻抗型特性，输出的无功与母线电压的二次方成正比；SVG 具有电流源的特性，输出容量与母线电压成线性关系。在母线电压偏低的情况下，SVG 出力大，补偿效果更好。

（7）SVG 的噪声很小（45dB），更符合国家节能环保的设计理念。

SVG 与 TCR 型 SVC 的技术性能对比见表 15－4。

表 15-4　　SVG 与 TCR 型 SVC 的技术性能对比

对比项目	SVG	TCR 型 SVC	SVG 的优势与特点
补偿原理	电压源型逆变器	晶闸管调节电抗	可动态快速连续调节无功输出，最大限度满足功率因数补偿要求，任意时刻的功率因数达到 0.98～1.0。SVG 的补偿原理和具体实现方式都更为先进
无功补偿能力	感性/容性双向可调	只能提供感性无功	和 TCR 相比，SVG 只需要配一半容量的电容器，就可达到同样的容性无功补偿范围，且无需配置滤波支路。由于无需滤波，任何时候都可对 SVG 配套电容器组进行扩容或改造，满足可能的工况变化带来的新需求
谐波特性	不需增加滤波支路，具备滤除谐波的能力	TCR 自身产生较大谐波，必须配备各次滤波支路	SVG 在不需要增加滤波支路情况下，对背景谐波具备治理能力。可完全滤除 13 次及以下谐波，可滤除风机产生的谐波，或滤除背景谐波，防止其对风机的影响 TCR 自身产生谐波，必须配备滤波器组滤除自身谐波才能工作；若需要同时滤除背景谐波，还需要增加滤波器容量
占地面积	小	大	TCR 由控制、晶闸管阀体、相控电抗器和滤波装置构成；SVG 由控制、启动、IGBT 阀体、连接变压器等装置构成；SVG 的占地面积比 TCR 型 SVC 小一半以上
运行安全性	可控电流源	阻抗型，易谐振	SVG 是直接电流控制，电流输出可以限幅，不会发生谐振或谐波电压放大，安全性高。TCR 是阻抗型补偿，在长期运行过程中，系统运行情况改变，SVC 中的电抗器、电容器参数发生变化，都易导致谐波电压放大，影响系统安全性
闭环响应速度	5ms 以内	约 10ms	响应速度快，具备很强的无功补偿与谐波滤除作用。SVG 采用新型电力电子器件 IGBT，开断时间小于 10μs，而 TCR 采用晶闸管的开断时间 10ms，后者是前者的 1000 倍，所以 SVG 响应速度更快
损耗	小（0.8%）	较大（1.2%）	SVG 运行损耗低，主要是连接变压器损耗和 IGBT 损耗，成套装置的运行损耗约 0.8%左右，而 SVC 中仅相控电抗器的损耗就达 0.9%～1%，加上晶闸管损耗、滤波支路损耗，总损耗达到 1.2%左右
无功调节方式	直接控制输出无功电流	调节并联阻抗	输出无功补偿电流不随母线电压下降而下降。加上 SVG 的响应速度快，使得同容量的 SVG 的动态补偿及电压稳定控制能力是同容量 TCR 或 MCR 的 1.2 倍以上
噪声	小（45dB）	较大（75dB）	由于没有相控电抗器，谐波特性好，SVG 的噪声比 TCR 型 SVC 的要小
可靠性、可维护性	模块化设计，可靠性高，维护方便	可靠性差，维护复杂	SVG 可靠性高，维护量小。满足 IGBT 功率模块 $N-1$ 运行方式，即一个功率模块故障后，整个设备仍可继续运行在额定容量。TCR 型 SVC 采用晶闸管串联，易发生晶闸管成组损坏

第16章　电力电容器的安装、运行、故障诊断及处理

16.1　电力电容器的安装与日常维护

16.1.1　电力电容器的安装

1. 设备及材料要求

（1）电容器所装的铭牌要求注明制造厂名、型号、额定容量、额定电压等技术参数，备品备件齐全，并有产品合格证、出厂检验报告及技术文件。

（2）容量规格及型号符合具体工程设计规范。

（3）电容器及其他电气元件外表无锈蚀及坏损现象。

（4）出线套管的引出线端子附件齐全，压接紧密；外壳无缺陷及渗油现象。

（5）安装用材料符合设计要求，无明显锈蚀，紧固件符合标准规定。

（6）其他电气设备均要符合各自的设计规定，并提供产品合格证。

2. 安装前准备

（1）设备到货检查由安装建设单位和供货单位共同进行，并做好记录。

（2）按照设备清单对设备及零部件、备品备件逐个清点检查，应符合设计图纸要求，完好无损。

（3）清点无误后，对电容器按照规定进行验收交接试验，再次确定产品的质量是否合格。

（4）施工图纸及技术资料要求齐全。

3. 安装

（1）电容器一般使用在周围环境空气温度为（−40～+45）℃的场所，安装地区海拔不超过1000m；型号中带尾注“G”的产品可使用在海拔为1000m以上地区使用；若有特殊订货要求时，应特别加以说明。

（2）电容器的安装地点无侵蚀性蒸汽和气体、无导电性或爆炸性尘埃侵袭且通风良好。

（3）电容器可安装在钢构架上，一排或两排，当电容器直立放置时，上下放置不宜超过三层，层间应有足够的绝缘距离，每层中电容器之间的距离应不小于 70mm；电容器也可卧放安装。为了保持通风良好和工作人员巡回检查及维护方便，电容器装置应设置检修维护通道，其宽度不应小于1.2m。

（4）不允许安装妨碍空气流通的水平层间隔板，冷却空气的出风口应安装在每组电容器上方。

（5）电容器在上架之前需进行电容器的配平，使其相间电容平衡，相与相之间的最大值与最小值之比以及串联段的最大值与最小值之比要满足技术要求。

（6）电容器的连线应采用软连线，连接时采用两个扳手（最好采用力矩扳手）上、下卡紧的方法进行，扳手扭矩要符合电容器的导电杆可以承受的扭矩。电容器的布置应使标牌向外，以便于工作人员检查。

（7）线路的电压波形和特性应该在装设电容器前后进行确定，并采取相应措施，特别是有谐波源（整流器等）的线路。

（8）电容器直接接在感应电动机出线端，当电动机从线路断开时，可能发生自激励，使电容器的电压可能升高至大于额定值，因此，在选择电容器时，必须使电容器的额定电流小于电动机空载电流的90%。

16.1.2　电力电容器的日常维护

电力电容器由于系统过电流、长期过电压、环境过高的温度等因素的影响，会出现内部元件击穿、密封不良、渗漏油、电容器鼓肚、爆炸等不良现象，严重影响电力系统的安全运行。因此，对电力电容器运行的日常维护有着重要意义。下面主要介绍高压并联电容器和串联电容器的日常维护。滤波电容器的日常维护可以参考并联电容器的相关内容。

1. 高压并联电容器的保护

（1）电容器组应采用适当保护措施。电容器组可采用单星形或双星形接线，根据具体工程需要，保护方式可以分为单星形电容器组开口三角电压保护、单星形电容器组相电压差动保护、单星形电容器组桥式差电流保护、双星形电容器组中性点不平衡电流保护等。根据电容器设计选型不同，产品可以设置内熔丝保护或外熔断器保护，对于设置外熔断器保护的产品，熔断器的额定电流应按熔丝的特性和接通时的涌流来选定，一般为 1.5 倍电容器的额定电流为宜，以防止电容器外壳爆裂。

（2）除上述保护外，系统还应设置电流速断保护、过电流保护、过电压保护和失电压保护等保护。

2. 高压并联电容器的接通和断开

（1）电力电容器组在接通前应用绝缘电阻表检查电容器的绝缘电阻。

（2）接通和断开电容器组时，必须考虑以下几点：

1）当汇流排（母线）上的电压超过 1.1 倍额定电压时，禁止将电容器组接入电网。

2）在接通和断开电容器组时，要选用重击穿概率非常低的断路器，并且断路器的额定电容电流不应低于 1.5 倍电容器组的额定电流。对于要求切除短路故障的高压断路器，其额定开断电流应大于电容器装置安装地点系统的短路电流。

3）电容器不允许装设自动重合闸装置，相反应装设无压释放自动跳闸装置。主要是因电容器放电需要一定时间，当电容器组的开关跳闸后，如果马上重合闸，电容器不能将剩余电荷及时放掉，在电容器中就可能残存着与重合闸电压极性相反的电荷，这将使合闸瞬间产生很大的冲击电流，从而造成电容器的外壳膨胀、喷油甚至爆裂。

4）电容器组重新投入前，剩余电压应低于 $0.1U_N$。

3. 高压并联电容器的放电

（1）电容器组必须接有放电装置，每次从电网中断开后，应自动进行放电。对于配有放电线圈的电容器装置，在电容器组从电网上断开后，在5s内将其从额定电压峰值降到50V以下。

（2）在电容器单元或电容器组与放电器件之间不得有开关、熔断器或任何其他隔离器件（内部熔丝或电容器单元保护用的外部熔断器除外）。

（3）在接触从电网断开的电容器的导电部分前，即使电容器已经自动放电，还必须用绝缘的接地金属杆短接电容器的出线端，进行单独放电。

4. 高压并联电容器装置及交流滤波电容器装置的运行维护要求

本部分内容的编写参考了国家电网有限公司的相关规定。高压并联电容器装置及交流滤波电容器装置的运行维护内容见表16－1。

表16－1　　高压并联电容器装置及交流滤波电容器装置的运行维护内容

序号	内　　容
1	做好设备运行情况记录
2	经常对运行的电容器组进行外观检查，如果发现箱壳明显膨胀应停止使用，以免故障发生
3	检查电容器组每相的负荷可用无功电能表进行
4	电容器组投入时温度条件，不能低于电容器的下限温度。运行时环境上限温度（A类：＋40℃，B类：＋45℃，C类：＋50℃），24h平均温度不得超过规定值（A类：＋30℃，B类：＋35℃，C类：＋40℃）以及一年平均温度不得超过规定值（A类：＋20℃，B类：＋25℃，C类：＋30℃）。如超过时，应采用人工冷却（安装风扇等）或将电容器与网路断开
5	安装地点和电容器外壳上最热点的温度检查可以通过红外线温度测量仪进行，并且做好温度记录，尤其是在夏季
6	电容器的工作电压和电流在使用时不得超过国标及电力行业标准的规定，电容器的过电压倍数及持续时间按照国家标准及电力行业标准执行
7	电容器投入运行后将引起网络电压的升高，当电容器端子间电压超过$1.1U_n$时，应将部分电容器或全部电容器从网路断开
8	电容器套管表面、电容器外壳、固定电容器的构架上面应没有灰尘和其他脏物
9	与电容器组的电气线路上所有连接处（通用的汇流排、接地线、断路器、开关等）的接触应可靠。因为如果线路上一个连接处出了故障，甚至螺母旋得不紧都可能使电容器早期损坏，使整组设备发生事故
10	电容器的引线与端子间连接应使用专用线夹，电容器之间的连接线应采用软连接并带有绝缘护套
11	并联电容器组更换外熔断器时应注意选择相同型号及参数的外熔断器
12	室内电容器组应有良好的通风
13	电容器室不宜设置采光玻璃，门应向外开启，相邻两电容器室的门应能向两个方向开启。电容器室的进、出风口应有防止风雨和小动物进入的措施
14	室内布置电容器装置必须按照有关消防规定设置消防设施，并设有总的消防通道，应定期检查设施是否完好，通道不得堵塞
15	电容器围栏若采用导磁材料应设置断开点，防止形成环流，造成围栏发热；围栏设计也可以采用非金属材料

续表

序号	内　　容
16	非全密封结构的集合式电容器应装有储油柜，油位指示正常，油位计内部无油垢，油位清晰可见，储油柜外观良好，无渗油、漏油现象
17	吸湿器（集合式电容器）的玻璃罩杯应完好无破损，能起到长期呼吸作用，使用变色硅胶，罐装至距顶部位置1/6～1/5处，受潮硅胶不超过2/3，并标志2/3位置，硅胶不应自上而下变色，上部不应被油浸润，无碎裂、粉化现象。油封应完好，呼或吸状态下，内油面或外油面应高于呼吸管口
18	密封结构的集合式电容器应装有膨胀器，油压不允许超过膨胀器工作压力上限；在下限温度下未投入运行时，油压不允许出现负压
19	系统电压波动、本体有异常（如振荡、接地、低周或铁磁谐振），应检查电容器紧固件有无松动，各部件相对位置有无变化，电容器有无放电及焦味，电容器外壳有无膨胀变形
20	对于接入谐波源用户的变电站电容器，每年应安排一次谐波测试，谐波超标时应采取相应的消谐措施
21	对电容器电容、极对壳绝缘电阻和熔断器的检查，每年不得少于一次
22	由于继电器动作使电容器组的开关跳闸，此时在未找出跳闸的原因之前，不得重新合上开关。检修时必须停电10min，停电后合上接地隔离开关。检修完毕将接地线拆除，并将接地隔离开关打开
23	当系统发生单相接地时，不准带电检查该系统上的电容器

5. 对于串联电容器补偿装置的运行维护要求

串联电容器补偿装置的运行维护内容见表16－2。

表16－2　串联电容器补偿装置的运行维护内容

序号	内　　容
1	做好设备运行情况记录
2	对运行的电容器单元进行外观检查，如果发现箱壳明显膨胀，应停止使用，以免故障发生
3	电容器组投入时温度条件，不能低于电容器的下限温度
4	安装地点和电容器外壳上最热点的温度检查，可以通过红外线温度测量仪进行，应做好温度记录，尤其是在夏季
5	电容器的工作电压和电流在使用时不得超过相关规定
6	电容器套管表面、电容器外壳、固定电容器的构架上面不应有灰尘和其他脏物
7	电容器的引线与端子间连接应使用专用线夹，电容器之间的连接线应采用软连接并带有绝缘护套
8	串联电容器补偿装置运行过程中主要存在四种工作方式，正常、热备用、冷备用和检修方式
9	串联电容器补偿装置正常运行过程中，电容器组不平衡电流、MOV能量等运行数据应在正常范围，可控串联电容器补偿装置阀冷却系统的压力、流量、温度、电导率等指示值应正常
10	串联电容器补偿装置的旁路断路器及隔离开关应采用遥控操作
11	一般情况下，带串联电容器补偿装置的线路停电时，应先停串补、后停线路，送电时应先送线路、后投串补

续表

序号	内　容
12	一般情况下，可控串联电容器补偿装置投入时，应先投入可控部分、后投入固定部分；可控串联电容器补偿装置退出时，应先退出固定部分、后退出可控部分
13	串联电容器补偿装置检修时，应先合上串补平台两侧接地开关，接地放电时间不少于 15min，接触电容器前还需对电容器再次进行充分放电
14	串联电容器补偿装置在运行过程中，不论发生区内故障还是区外故障，均应仔细检查串联电容器补偿装置监控系统动作信息及一次设备运行状况
15	串联电容器补偿装置围栏及围栏内设备应视为运行设备，并纳入五防管理系统
16	串联电容器补偿装置按规程要求配置足量的消防器具，并保证其状态完好
17	对于存在缺陷的串联电容器补偿装置，应缩短巡视周期，加强带电检测，根据缺陷发展趋势制订处理计划

16.2　电力电容器装置的巡视、检修、停运及故障处理

本部分内容的编写参考了国家电网有限公司的相关规定。

16.2.1　巡视

电力电容器装置在运行过程中，需要进行定期巡视，通过对电力电容器装置的巡视，监控并掌握运行情况，根据具体情况进行必要的处理，避免电力事故的发生，以提高电容器装置的运行质量。

1. 高压并联电容器装置及交流滤波电容器装置的巡视要求（见表 16-3）

表 16-3　　　高压并联电容器装置及交流滤波电容器装置的巡视要求

序号	设备名称	巡视内容
1	电容器单元	（1）电容器单元的出线套管表面是否清洁，有无裂纹，有无闪络放电和破损 （2）电容器单元有无渗漏油，外壳是否膨胀变形，有无过热现象 （3）电容器单元的外壳油漆是否完好，有无锈蚀
2	外熔断器	（1）熔丝有无熔断，排列是否整齐，与熔管有无接触 （2）固定螺栓有无松动，是否存在发热及锈蚀现象 （3）安装角度、弹簧拉紧位置是否符合制造厂的产品说明书
3	避雷器	（1）避雷器是否垂直和牢固，外绝缘有无破损、裂纹及放电痕迹 （2）外表面是否清洁，有无变形破损，接线是否正确，接触是否良好 （3）放电计数器或在线检测装置观察孔是否清晰，指示是否正常，内部有无受潮、积水 （4）接地部分是否牢靠完好

续表

序号	设备名称	巡视内容
4	电抗器	（1）支柱瓷瓶是否完好，有无放电痕迹 （2）是否存在松动、过热、异常声响等现象 （3）接地装置部分是否牢靠完好 （4）干式电抗器表面有无裂纹、变形，外部绝缘漆是否完好 （5）干式空心电抗器支撑条有无明显下坠或上移现象 （6）油浸式电抗器温度指示是否正常，油位是否正常，有无渗漏油
5	放电线圈	（1）表面是否清洁，有无闪络放电和破损 （2）油浸式放电线圈有无渗漏油
6	集合式电容器	（1）呼吸器玻璃罩杯油封是否完好，受潮硅胶不超过2/3 （2）储油柜油位指示是否正常，油位是否清晰可见 （3）油箱外观有无锈蚀，产品有无渗漏油 （4）充气式设备应检查气体压力指示是否正常 （5）本体及各连接处有无过热 （6）电容器温控表计及压力释放装置有无异常
7	其他部件	（1）各连接部件连接是否牢固，螺栓有无松动 （2）支架、基座等铁质部件有无锈蚀 （3）瓷瓶是否完好，有无放电痕迹 （4）母线是否平整无弯曲，相序标示应清晰可识别 （5）构架是否可靠接地且有接地标志 （6）电容器之间的软连接导线有无熔断或过热现象 （7）充油式互感器油位是否正常，有无渗漏

2. 串联电容器补偿装置的巡视要求（见表16-4）

表16-4　　串联电容器补偿装置的巡视要求

序号	设备名称	巡视内容
1	串补平台	（1）电容器单元外壳有无鼓肚、渗漏油 （2）引线接头、电容器单元外壳以及电流流过的其他主要设备是否异常发热 （3）瓷瓶表面是否清洁，有无裂纹、破损和放电痕迹 （4）电容器组、金属氧化物限压器上有无鸟巢及其他异物 （5）串联电容器补偿装置有无异常声响 （6）通过监控系统监视串联电容器补偿装置的运行数据是否处于正常范围内

续表

序号	设备名称	巡视内容
2	阀冷却系统	（1）阀冷却系统的压力、流量、温度、电导率等仪表的指示值应正常，无渗漏 （2）水位应正常，水位过低需补充冷却水 （3）循环水泵无异常声响，温度应正常 （4）户外散热器风机转动应正常 （5）户外散热器通道应无堵塞，无异物 （6）各阀门开闭正确，无渗漏，等电位线连接良好 （7）交流电源屏各开关位置正确，接线牢固，无异常发热
3	载流导体	（1）软连接线有无断股、散股及锈蚀 （2）硬母线本体或焊接面有无开裂、变形、脱焊 （3）硬母线封端球有无脱落 （4）引线、接头及线夹是否过热 （5）连接金具有无变形、锈蚀及裂纹 （6）无异物悬挂
4	绝缘子	（1）支柱绝缘子表面是否清洁，有无损伤，垂直度是否符合厂家要求 （2）支柱绝缘子基础是否倾斜下沉 （3）斜拉绝缘子表面应有无破损、老化变形、脱落现象 （4）斜拉绝缘子拉力适中，有无明显松动 （5）均压环安装是否牢固、平整 （6）绝缘子各连接部位有无松动，金具和螺栓有无锈蚀 （7）防污闪涂料是否脱落

16.2.2 检修

1. 高压并联电容器装置及交流滤波电容器装置的检修要求（见表 16－5）

表 16－5　　高压并联电容器装置及交流滤波电容器装置的检修要求

序号	检修内容
1	清洁瓷套外观，无破损
2	紧固各电容器框架的连接部件，保证螺栓紧固无松动
3	对支架、基座等铁质组部件进行除锈防腐处理
4	电容器框架应双接地并且接地可靠
5	按要求处理电气接触面，并按厂家力矩要求紧固电容器连接线，使其接触良好，若有铜铝过渡，应采用过渡板或过渡片
6	检查支柱绝缘子铸铁法兰、胶接处，必要时进行更换
7	电容器母排及分支线应标以相色，焊接部位涂防锈漆及面漆

续表

序号	检修内容
8	处理接线板表面的氧化、划痕、脏污，确保接触良好
9	重新紧固电容器外壳与固定电位的连接线
10	对铝母排与铜接线端子连接采用的过渡措施进行处理，确保连接可靠
11	清洁电容器的出线套管及外壳，紧固电容器套管连接线，对锈蚀的紧固件进行更换，若有漏油、外壳变形异常、电容超差等问题，则需要进行更换
12	外熔断器存在熔丝断裂、虚接，有明显锈蚀，熔丝与熔管接触，安装角度变化等现象，需进行更换处理
13	空心电抗器周边金属结构件及地下接地体不能形成金属闭合环路状态
14	清洁放电线圈的出线套管及外壳，重新紧固套管连接线，对锈蚀的紧固件进行更换，若有漏油、油位异常、本体破损等问题，则需要进行更换
15	清洁避雷器的外绝缘表面，重新紧固连接线及接地线，对锈蚀的紧固件进行更换，若有破损，可进行修复，必要时则需要进行更换；计数器计数统一归零
16	清洁集合式电容器的出线套管及外壳表面，紧固电容器套管连接线，对锈蚀的紧固件进行更换，若有漏油、外壳异常、电容超差等问题，则需要厂家配合处理；外壳接地端子与设备底座可靠连接，并从底座接地螺栓用两根接地引线与地网不同点可靠连接；充油集合式电容器储油柜油位指示正常，油位清晰可见，储油柜外观应良好，无渗漏油；充气集合式电容器气体压力应符合厂家规定，气体微水含量应小于或等于 250μL/L

2. 串联电容器补偿装置的检修要求（见表 16－6）

表 16－6　　串联电容器补偿装置的检修要求

序号	检修内容
1	对串联电容器补偿平台进行清洁，保证平台格栅及护栏平整、牢固
2	对支柱绝缘子、斜拉绝缘子表面进行清洁，表面无损伤、变形；斜拉绝缘子调整后的拉力要符合制造厂要求；防污闪涂料应完好，无脱落，厚度满足要求
3	均压环安装牢固、平整
4	清洁电容器的出线套管及外壳，紧固电容器套管连接线，对锈蚀的紧固件进行更换，若有漏油、外壳变形异常、电容超差等问题，则需要进行更换
5	重新紧固电容器与支架之间连接线及固定电位连接线
6	清洁金属氧化物限压器（MOV）的外绝缘表面，重新紧固连接线，对锈蚀的紧固件进行更换；高、低压引线排的连接不能使端子受到额外的应力
7	处理接线板表面的氧化、划痕、脏污，确保接触良好
8	触发型间隙的石墨电极属易碎品，检修时应注意避免损伤；清洁主间隙的间隙外壳、支撑绝缘子、穿墙套管、各电极及均压电容等部件表面；调节闪络间隙时，间隙距离调节值与整定值间误差应符合制造厂要求；触发型间隙触发功能应正常
9	清洁电流互感器的外绝缘表面，重新紧固连接线，对锈蚀的紧固件进行更换；确保电流互感器接地端，一、二次接线端子接触良好，无锈蚀，标志清晰；电流互感器外壳接地牢固；电流互感器油位正常、无渗漏；电流互感器膨胀器工作正常

续表

序号	检修内容
10	硬母线固定器一定要牢靠，应与母线型号配套，保证母线可自由伸缩；插接母线的母线槽终端球、封端盖应完全插入母线管内，固定紧固，并对尖角打磨光滑，防止尖端放电；软引线切割前在端口两侧各 50mm 处绑扎好，防止散股，同一截面处损伤面积不超过导电部分总截面的 5%；母线与固定金具固定应平整牢固，不应使其所支持的母线受额外应力；母线与导电设备连接的接触面要清洁并涂复合脂
11	避免阻尼电抗器绕组各层通风道有异物或堵塞；阻尼电抗器表面绝缘漆应无龟裂、变色、脱落；阻尼电抗器上下汇流排应无变形和裂纹；阻尼电抗器绕组应无断裂、松焊；阻尼电抗器包封与支架间紧固带应无松动、断裂；带 MOV 的阻尼装置应检查 MOV 瓷套外观无损伤、裂纹

16.2.3　停运

运行中的电力电容器有下列情况时，应立即申请停运，停运前应远离设备：

（1）电容器发生爆炸、喷油或起火。

（2）接头严重发热。

（3）电容器套管发生破裂或有闪络放电。

（4）电容器、放电线圈严重渗漏油时。

（5）电容器壳体明显膨胀，电容器、放电线圈或电抗器内部有异常声响。

（6）集合式并联电容器压力释放阀动作时。

（7）当电容器两个及以上外熔断器熔断时。

（8）电容器的配套设备有明显损坏，危及安全运行时。

（9）其他根据现场实际认为应紧急停运的情况。

16.2.4　故障处理

1. 并联电容器装置典型故障和异常处理

（1）电容器故障跳闸。

1）现象。

① 事故音响启动。

② 监控系统显示电容器装置断路器跳闸，电流、功率显示为零。

③ 保护装置发出保护动作信息。

2）处理原则。

① 联系调控人员停用该电容器 AVC（自动电压控制）功能，由运维人员至现场检查。

② 检查保护动作情况，记录保护动作信息。

③ 检查电容器有无喷油、变形、放电、损坏等现象。

④ 检查外熔断器的通断情况。

⑤ 集合式电容器需检查油位及压力释放阀动作情况。

⑥ 检查电容器装置内其他设备（电抗器、避雷器等）有无损坏、放电等故障现象。

⑦ 联系检修人员抢修。

⑧ 由于故障电容器可能发生引线接触不良，内部断线或熔丝熔断，存在剩余电荷，在接

触故障电容器前，应戴绝缘手套，用短路线将故障电容器的两极短接接地。对双星形接线电容器的中性线及多个电容器的串接线，还应单独放电。

（2）不平衡保护告警。

1）现象。电容器不平衡保护告警，但未发生跳闸。

2）处理原则。

① 检查保护装置情况，是否存在误告警现象。

② 检查外熔断器的通断情况。

③ 检查电容器有无喷油、变形、放电、损坏等故障现象。

④ 检查中性点回路内设备及电容器间引线是否损坏。

⑤ 现场无法判断时，联系检修人员检查处理。

（3）壳体破裂、漏油、膨胀变形。

1）现象。

① 框架式电容器壳体破裂、漏油、膨胀、变形。

② 集合式电容器壳体严重漏油。

2）处理原则。

① 发现框架式电容器壳体有破裂、漏油、膨胀、变形现象后，记录该电容器所在位置编号，并查看电容器不平衡保护读数（不平衡电压或电流）是否有异常，立即汇报调控人员，做紧急停运处理。

② 发现集合式电容器壳体有漏油时，应根据相关规程判断其严重程度，并按照缺陷处理流程进行登记和消缺。

③ 发现集合式电容器压力释放阀动作时应立即汇报调控人员，做紧急停运处理。

④ 现场无法判断时，联系检修人员检查处理。

（4）声音异常。

1）现象。

① 电容器伴有异常振动声、漏气声、放电声。

② 异常声响与正常运行时对比有明显增大。

2）处理原则。

① 有异常振动声时，应检查金属构架是否有螺栓松动脱落等现象。

② 有异常声音时，应检查电容器有无渗漏、喷油等现象。

③ 有异常放电声时，应检查电容器套管有无爬电现象，接地是否良好。

④ 现场无法判断时，联系检修人员检查处理。

（5）瓷套异常。

1）现象。

① 瓷套外表面严重污秽，伴有一定程度电晕或放电。

② 瓷套有开裂、破损现象。

2）处理原则。

① 瓷套表面污秽较严重并伴有一定程度电晕，有条件时可先采用带电清扫。

② 瓷套表面有明显放电或较严重电晕现象的，应立即汇报调控人员，做紧急停运处理。

③ 电容器瓷套有开裂、破损现象的，应立即汇报调控人员，做紧急停运处理。

④ 现场无法判断时，应联系检修人员检查处理。

（6）温度异常。

1）现象。

① 电容器壳体温度异常。

② 电容器金属连接部分温度异常。

③ 集合式电容器油温高报警。

2）处理原则。

① 红外测温发现电容器壳体热点温度或相对温差超过规定值，可先采取轴流风扇等降温措施。若降温措施无效时，应立即做紧急停运处理。

② 红外测温发现电容器金属连接部分热点温度或相对温差超过规定值，应检查相应的接头、引线、螺栓有无松动，引线端子板有无变形、开裂，并联系检修人员检查处理。

③ 集合式电容器油温高报警后，先检查温度计指示是否正确，电容器室通风装置是否正常。若确认温度较平时升高明显，应联系检修人员处理。

（7）冒烟着火。

1）现象。

① 监控系统相关继电保护动作信号发出，断路器跳闸信号发出，相关电流、电压、功率无指示。

② 变电站现场相关继电保护装置动作，相关断路器跳闸。

③ 电容器本体冒烟着火。

2）处理原则。

① 检查现场监控系统告警及动作信息，如相关电流、电压数据。

② 检查记录继电保护及自动装置动作信息，核对设备动作情况，查找故障点。

③ 在确认各侧电源已断开且保证人身安全的前提下，用灭火器材灭火。

④ 立即向上级主管部门汇报，及时报警。

⑤ 及时将现场检查情况汇报值班调控人员及有关部门。

⑥ 根据值班调控人员指令，进行故障设备的隔离操作。

2. 串联电容器补偿装置典型故障和异常处理

（1）电容器不平衡保护动作。

1）现象。

① 监控系统发出电容器组不平衡保护动作信息，旁路断路器三相合闸，永久闭锁。

② 主画面显示串联电容器补偿装置旁路断路器合闸，电容电流显示为零。

2）处理原则。

① 记录不平衡电流值及持续时间，判断保护动作原因是低值旁路还是高值旁路。

② 检查核对串联电容器补偿装置保护动作信息，同时检查其他设备保护动作信号。

③ 现场检查一次设备，重点检查电容器有无喷油、漏油，检查电容器连接引线有无断股。

④ 检查故障发生时现场是否存在检修作业，是否存在引起电容器不平衡保护动作的可能因素。确认无故障后，应查明保护是否误动及误动原因。

⑤ 记录保护动作时间及一、二次设备检查结果并向上级主管部门汇报。

⑥ 综合串联电容器补偿装置电容器及电容器组检查结果和继电保护装置动作信息，分析确认故障设备，依据调度命令将故障设备隔离。

⑦ 应提前布置检修试验工作的安全措施。

⑧ 串联电容器补偿装置运行时，如果出现保护动作将串联电容器补偿装置永久旁路，应查明保护动作原因，再将串联电容器补偿装置恢复运行。

（2）电容器过负荷保护动作。

1）现象。

① 监控系统发出串联电容器补偿装置过负荷保护动作信息，串联电容器补偿装置旁路断路器合闸，电容电流显示为零。

② 电容器电流小于规定电流时，监控显示电容器过负荷保护动作信号返回。

③ 电容器过负荷保护动作后，旁路断路器暂时闭锁，经延时后旁路断路器重投，电容器保护在规定的时间内超过重投次数，旁路断路器发永久闭锁信号。

2）处理原则。

① 记录电容器电容电流值，记录持续时间。

② 检查核对串联电容器补偿装置过负荷保护动作信息，同时检查其他设备保护动作信号。

③ 现场检查串联电容器补偿装置电容器本体及连接引线有无过热、放电现象。

④ 检查故障发生时现场是否存在检修作业，是否存在引起电容器过负荷保护动作的可能因素。确认保护动作不是过负荷引起后，应查明保护是否误动及误动原因。

⑤ 记录保护动作时间及一、二次设备检查结果并汇报。

⑥ 过负荷保护动作发旁路断路器永久闭锁信号时，应汇报值班调控人员转移负荷。

⑦ 根据调度命令重新投入串联电容器补偿装置。

（3）MOV 不平衡保护动作。

1）现象。

① 监控系统发出 MOV 不平衡保护动作、间隙触发、旁路断路器合闸、永久闭锁等信息。

② 主画面显示串联电容器补偿装置旁路断路器三相合闸，电容器电流、MOV 电流显示为零。

2）处理原则。

① 记录串联电容器补偿装置 MOV 各支路电流值。

② 检查核对 MOV 不平衡保护动作信息，同时检查有无电容器过电压等保护动作信号。

③ 现场检查所有 MOV 有无破损、引线断开及压力释放装置释放压力等现象。

④ 检查故障发生时现场是否存在检修作业，是否存在引起 MOV 不平衡保护动作的可能因素，确认无故障后，应查明保护是否误动及误动原因。

⑤ 记录保护动作时间及一、二次设备检查结果，并将 MOV 故障情况汇报值班调控人员后，按照指令处理。

（4）MOV 过电流保护动作。

1）现象。

① 监控系统发出电容器组过电压、MOV 过电流保护动作、间隙触发、旁路断路器合闸，暂时闭锁等信息。

② 主画面显示串联电容器补偿装置旁路断路器三相合闸，电容器电流、MOV 电流显示为零。

③ MOV 电流小于规定电流时，监控显示 MOV 过电流保护返回。

④ MOV 过电流保护动作后，旁路断路器暂时闭锁，经延时后旁路断路器重投。

2）处理原则。

① 记录串联电容器补偿装置 MOV 各支路电流值。

② 检查核对 MOV 过电流保护动作信息，同时检查设备保护动作信号。

③ 现场检查所有 MOV 有无破损、引线断开及压力释放装置释放压力等现象。

④ 检查故障发生时现场是否存在检修作业，是否存在引起 MOV 过电流保护动作的可能因素，确认无故障后，应查明保护是否误动及误动原因。

⑤ 记录保护动作时间及一、二次设备检查结果并汇报。

⑥ 将 MOV 故障情况及保护动作信息汇报值班调控人员后，按照指令处理。

（5）平台闪络保护动作。

1）现象。

① 监控系统发出平台闪络保护动作、间隙触发、旁路断路器合闸、永久闭锁等信息。

② 主画面显示串联电容器补偿装置旁路断路器三相合闸，电容器电流、MOV 电流显示为零。

2）处理原则。

① 记录串联电容器补偿装置平台闪络电流值。

② 检查核对平台闪络保护动作信息，同时检查有无其他设备保护动作信号。

③ 现场检查所有平台设备绝缘子有无闪络放电现象，检查平台有无放电痕迹。

④ 检查故障发生时现场是否存在检修作业，是否存在引起平台闪络保护动作的可能因素。

⑤ 记录保护动作时间及一、二次设备检查结果并汇报。

⑥ 将故障情况及保护动作信息汇报值班调控人员后，按照指令处理。

（6）电容器着火。

1）现象。

① 监控系统发出不平衡保护动作、平台闪络保护动作、间隙触发、旁路断路器合闸、永久闭锁等信息。

② 主画面显示串联电容器补偿装置旁路断路器合闸，电容器电流显示为零。

2）处理原则。

① 现场检查串联电容器补偿装置电容器有无着火、爆炸、喷油、漏油等。

② 检查串联电容器补偿装置旁路断路器是否合闸，保护是否正确动作。

③ 串联电容器补偿装置电容器保护未动作或者旁路断路器未合闸时，应立即合上串联电容器补偿装置旁路断路器。

④ 将现场串联电容器补偿装置检查情况及保护动作情况汇报值班调控人员，按照指令将串联电容器补偿装置迅速隔离。

⑤ 待串联电容器补偿装置电容器充分放电后，使用沙或干式灭火器进行灭火，防止火灾蔓延。

⑥ 灭火后，及时布置现场检修试验工作的安全措施。

⑦ 电容器着火时应立即汇报上级管理部门，及时报警。

（7）电容器本体或引线接头发热。

1）现象。

① 红外检测发现电容器本体或引线接头发热。

② 电容器引线接头过热。

2）处理原则。

① 依据红外测温导则确定发热缺陷性质。

② 现场检查发热部位有无漏油等现象。

③ 查看并记录监控系统电容器不平衡电流值，同时检查有无其他保护信号。

④ 向调度和主管部门汇报，并记录缺陷，密切监视缺陷发展情况，必要时可迅速按调度命令将串联电容器补偿装置退出运行。

（8）阀冷却系统水冷管路及其部件破裂、漏水。

1）现象。

① 监控系统发出冷却系统压力异常告警信息。

② 水冷管路或阀室底部有渗水。

2）处理原则。

① 现场检查晶闸管阀室底部、水冷绝缘子或水冷管路有破裂漏水，检查冷却系统冷却水压力、水位等情况。

② 检查并记录冷却系统告警信息，同时检查其他设备保护动作信号。

③ 向调度和主管部门汇报，并记录缺陷，密切监视缺陷发展情况，必要时可迅速按调度命令将串联电容器补偿装置退出运行。

16.3 电力电容器装置的故障预防措施

为预防电力电容器装置发生事故，保障电力系统安全、可靠运行，要结合设备的评估分析、运行情况、设备以往运行经验和现行的“国家电网有限公司十八项电网重大反事故措施”的相关要求，制定具体的预防措施。

16.3.1 防止高压并联电容器装置事故的技术措施

1. 并联电容器装置用断路器

（1）加强电容器装置用断路器的选型管理工作。所选用断路器型式试验项目齐全，型式试验项目必须包括投切电容器组试验。

（2）新装置禁止选用断路器序号小于12的真空断路器投切电容器组。已运行的电容器组若所用断路器为12序号以下的真空断路器应积极更换，避免断路器重击穿率偏高而导致电容器组故障。

（3）用于电容器组的真空断路器宜进行老炼处理，以降低真空断路器的重击穿率，提高电容器组的运行可靠性。可要求断路器生产厂进行真空断路器老炼试验，或电力部门自己用单相试验回路进行老炼试验。具体方法是将真空断路器带容性负荷进行30次投切，无重击穿即为合格。若中间出现一次重击穿，则从该次算起的以后30次无重击穿即为合格，否则不得用于电容器组投切。有条件时也可在现场进行35次电容器组投切试验。

（4）定期对真空断路器的合闸弹跳和分闸弹跳进行检测。40.5kV以下真空断路器合闸弹跳时间不应大于2ms，40.5kV及以上真空断路器合闸弹跳时间不应大于3ms；分闸弹跳应小于断口间距的20%。一旦发现断路器弹跳过大，应及时调整。

（5）定期对真空断路器的真空度进行检测或进行耐压试验。真空度发生破坏时，应及时更换。

（6）禁止采用断路器装在中性点侧的接线方式，避免在故障条件下断路器虽已开断，却不能隔离故障而导致扩大性事故发生。

（7）将高一级电压等级的断路器用于低一级电压等级的电容器装置时，必须在使用电压下进行电容器装置的投切试验。

2. 高压并联电容器组

（1）单台电容器耐爆能量不低于15kW•s。

（2）电容器单元选型时应优先采用内熔丝结构，单台电容器保护应避免同时采用外熔断器和内熔丝保护。

（3）高压并联电容器组禁止使用三角形接线方式。三角形接线和星形接线相比，在有故障的情况下，三角形接线的电容器组直接承受线电压，任何一相电容器被击穿时，将形成相间短路，产生很大的故障电流，易造成电容器油箱爆裂。而在星形接线的情况下，当电容器组的一相被击穿时，由于两非故障相的阻抗限制，产生的故障电流不会太大，因此，高压并联电容器组采用星形接线方式。

（4）电容器端子间或端子与汇流母线间的连接应采用带绝缘护套的软铜线。避免电容器因连接线的热胀冷缩使套管受力而发生渗漏油故障。

（5）应逐个对电容器接头用力矩扳手进行紧固，确保接头和连接导线有足够的接触面积且接触完好。

（6）电容器例行停电试验时应逐台进行单台电容器电容量的测量，应使用不拆连接线的测量方法，避免因拆、装连接线条件下，导致套管受力而发生套管漏油的故障。

（7）对于内熔丝电容器，当电容量减少超过铭牌标注电容量的3%时，应退出运行，避免因电容器带故障运行而发展成扩大性故障。对于无内熔丝的电容器，一旦发现电容量增大超过一个串段击穿所引起的电容量增大时，应立即退出运行，避免因电容器带故障运行而发展成扩大性故障。

3. 外熔断器

外熔断器的开断性能不好是导致电容器单元损坏甚至外壳爆裂的重要原因之一。电容器单元保护使用的熔断器属于喷射式熔断器，它的工作原理主要靠熔断电流自身的能量产生气体熄灭电弧并开断故障电流，在一些电容器装置中作为内部故障的一种主保护。如果外熔断器能成功开断故障电容器，电容器是不会损坏的。外熔断器在长期运行中灭弧管受潮发胀会将管道堵塞，使得开断性能不良引起故障。此外，安装方法不当或弹簧安装角度不到位，熔丝熔断后尾线不能迅速及时弹出等原因也会影响电弧开断。

因此，要加强外熔断器的管理工作，对安装5年以上的外熔断器应及时更换。

4. 电抗器

（1）并联电容器用串联电抗器用于抑制谐波时，电抗率应根据并联电容器装置接入电网处的背景谐波含量的测试值配置，避免发生谐振或谐波过度放大。

（2）35kV及以下户内串联电抗器应选用干式铁心或油浸式电抗器。户外串联电抗器应优先选用干式空心电抗器，当户外现场安装环境受限而无法采用干式空心电抗器时，应选用油浸式电抗器。

（3）35kV及以上干式空心串联电抗器不应采用叠装结构，10kV干式空心串联电抗器应采取有效措施防止电抗器单相事故发展为相间事故。

（4）干式空心串联电抗器应安装在电容器组的前端，并应校核其动、热稳定性，满足系统短路电流的要求。

（5）户外使用的干式空心电抗器，包封外表面应有防污和防紫外线措施。电抗器外露金属部位应有良好的耐腐蚀涂层。

（6）干式空心电抗器下方接地线不应构成闭合回路，当围栏采用金属材料时，金属围栏禁止连接成闭合回路，应有明显的隔离断开段，并不应通过接地线构成闭合回路。

（7）干式铁心电抗器在户内安装时，应有防振动措施。

（8）干式空心电抗器出厂应进行匝间耐压试验，出厂试验报告应含有匝间耐压试验项目。330kV及以上变电站新安装的干式空心电抗器交接时，具备试验条件时应进行匝间耐压试验。

（9）配置了抑制谐波用串联电抗器的电容器装置，禁止减少电容器运行。

5. 避雷器

（1）电容器组过电压保护用金属氧化物避雷器接线方式应采用星形接线、中性点直接接地的方式。

（2）电容器组过电压保护用金属氧化物避雷器应安装在紧靠电容器组高压侧入口处的位置。

（3）选用电容器组用金属氧化物避雷器时，充分考虑其通流容量。避雷器的2ms方波通流能力应满足标准中通流容量的要求。

（4）禁止将带间隙氧化锌避雷器用于电容器保护。

6. 放电线圈部分

（1）放电线圈应采用全密封结构，放电线圈首、末端必须与电容器首、末端相连接。

（2）对于已运行的非全密封放电线圈应加强绝缘监督，发现受潮现象时应及时更换。

7. 并联电容器装置

（1）框架式并联电容器装置户内安装时，应按照生产厂家提供的发热功率对电容器室（柜）进行通风设计。

（2）电容器室进风口和出风口应对侧对角布置。

（3）电容器装置生产厂家应提供电容器组保护计算方法和保护整定值。用户对保护定值应进行核算，避免因电容器组保护定值错误而引发事故。

（4）并联电容器装置正式投运时，应进行冲击合闸试验，投切次数为 3 次，每次合闸时间间隔应不少于 5min。

（5）采用 AVC 等自动投切系统控制的多组电容器投切策略时，应保持各组投切次数均衡，避免反复投切同一组，而其他组长时间闲置。电容器装置半年内未投切或近 1 个年度内投切次数达到 1000 次时，自动投切系统应闭锁投切。对投切次数达到 1000 次的电容器装置连同其断路器均应及时进行例行检查及试验，确认设备状态完好后应及时解锁。

（6）电容器装置保护动作后，应对电容器装置进行检测，确认无故障后方可再投运。未经检测核实确无故障，不得再投运，避免带伤再投运而引起爆炸起火。

（7）防止电容器室或串联电抗器室通风不畅造成并联电容器或串联电抗器因环境温度过高而引起的损坏。

16.3.2　防止串联电容器补偿装置事故的技术措施

在进行串联电容器补偿装置设计时要关注的问题有：第一，串联电容器补偿装置的接入对电力系统的潜供电流、恢复电压、工频过电压、操作过电压等系统特性的影响分析，确定串联电容器补偿装置的电气主接线、绝缘配合与过电压保护措施、主设备规范与控制策略等；第二，考虑串联电容器补偿装置接入后对差动保护、距离保护、重合闸等继电保护功能的影响；第三，当电源送出系统装设串联电容器补偿装置时，要分析串联电容器补偿装置接入对发电机组次同步振荡的影响，当存在次同步振荡风险时，要有抑制次同步振荡的措施；第四，应对电力系统区内外故障、暂态过载、短时过载和持续运行等顺序事件要进行校核，以验证串联电容器补偿装置的耐受能力。

下面对串联电容器补偿装置的各组部件的技术措施进行说明。

1. 电容器组

（1）串补电容器采用双套管结构。

（2）在压紧系数为 1（即 $K=1$）的条件下，电容器单元绝缘介质的平均电场强度不应高于 57kV/mm。

（3）电容器单元的耐爆能量不小于 18kJ。电容器装置接线宜采用先串后并的接线方式。若采用串并结构，电容器的同一串段并联数量应考虑电容器的耐爆能力，一个串段不应超过 3900kvar。

（4）应逐台进行电容器单元的电容量测试，并通过电容量实测值计算每个 H 桥的不平衡电流，不平衡电流计算值应不超过告警值的 30%。

（5）电容器端子间或端子与汇流母线间的连接，应采用带绝缘护套的软铜线。

2. 金属氧化物限压器（MOV）

（1）金属氧化物限压器（MOV）的能耗计算应考虑系统发生区内和区外故障（包括单相接地故障、两相短路故障、两相接地故障和三相接地故障）以及故障后线路摇摆电流流过MOV过程中积累的能量，还应计及线路保护的动作时间与重合闸时间对MOV能量积累的影响。

（2）新建串联电容器补偿装置的MOV热备用容量应大于10%，且不少于3单元/平台。

（3）MOV的电阻片应具备一致性，整组MOV应在相同的工艺和技术条件下生产加工而成，并经过配片计算以降低不平衡电流，同一平台每单元之间的分流系数宜不大于1.03，同一单元每柱之间的分流系数宜不大于1.05，同一平台每柱之间的分流系数应不大于1.1。

（4）金属氧化物限压器（MOV）进行直流参考电压试验时，直流参考电流应取1mA/柱。

（5）按三年的基准周期进行MOV的1mA/柱直流参考电流下直流参考电压试验及0.75倍直流参考电压下的泄漏电流试验。

3. 火花间隙

（1）火花间隙的强迫触发电压应不高于1.8（p.u.），无强迫触发命令时拉合串联电容器补偿相关隔离开关不应出现间隙误触发。220～750kV串联电容器补偿装置火花间隙的自放电电压不应低于保护水平的1.05倍，1000kV串联电容器补偿装置火花间隙的自放电电压不应低于保护水平的1.1倍。

（2）敞开式火花间隙距离，设计时应考虑海拔的影响。

（3）火花间隙交接时进行触发回路功能验证试验，火花间隙的距离应符合生产厂家的规定。

（4）应结合其他设备检修计划，按三年的基准周期进行火花间隙距离检查、表面清洁及触发回路功能试验。

4. 串联电容器补偿装置

（1）线路故障时，对串联电容器补偿平台上控制保护设备的供电应不受影响。

（2）光纤柱中包含的信号光纤和激光供能光纤不宜采用光纤转接设备，并应有足够的备用芯数量，备用芯数量应不少于使用芯数量。

（3）串联电容器补偿平台上测量及控制箱的箱体应采用密闭良好的金属壳体，箱门四边金属应与箱体可靠接触，尽量降低外部电磁辐射对控制箱内元器件的干扰及影响。

（4）串联电容器补偿平台上各种电缆应采取有效的一、二次设备间的隔离和防护措施，电磁式电流互感器电缆应外穿与串联电容器补偿平台及所连接设备外壳可靠连接的金属屏蔽管；串联电容器补偿平台上采用的电缆绝缘强度应高于控制室内控制保护设备采用的电缆绝缘强度；对接入串联电容器补偿平台上的测量及控制箱的电缆，应增加防干扰措施。

（5）对串联电容器补偿平台下方地面应硬化处理，防止草木生长。

（6）串联电容器补偿平台上的控制保护设备应提供电磁兼容性能检测报告，其所采用的电磁干扰防护等级应高于控制室内的控制保护设备。

（7）在线路保护跳闸经长电缆联跳旁路开关的回路中，应在串联电容器补偿控制保护开入量前一级采取防止直流接地或交直流混线时引起串联电容器补偿控制保护开入量误动作的措施。

（8）串联电容器补偿装置应配置符合电网系统要求的故障录波装置。

（9）串联电容器补偿装置平台到控制保护小室的光纤损耗不应超过 3dB。

（10）串联电容器补偿平台上控制保护设备电源采取激光电源和平台取能方式时，应能在激光电源供电、平台取能设备供电之间平滑切换。

（11）串联电容器补偿装置停电检修时，运行人员应将二次操作电源断开，将相关联跳线路保护的压板断开。

（12）运行中应特别关注电容器组不平衡电流值，当达到告警值时，应尽早安排串联电容器补偿装置检修。

（13）串联电容器补偿装置某一套控制保护系统（含火花间隙控制系统）出现故障时，应尽早安排检修，消除故障隐患。

参 考 文 献

[1] 全国互感器标准化技术委员会. GB 20840.1—2010 互感器 第1部分：通用技术要求［S］. 北京：中国标准出版社，2010.

[2] 全国互感器标准化技术委员会. GB 20840.2—2014 互感器 第2部分：电流互感器的补充技术要求[S]. 北京：中国标准出版社，2014.

[3] 全国互感器标准化技术委员会. GB 20840.3—2013 互感器 第3部分：电磁式电压互感器的补充技术要求［S］. 北京：中国标准出版社，2013.

[4] 全国互感器标准化技术委员会. GB/T 22071.1—2018 互感器试验导则 第1部分：电流互感器［S］. 北京：中国标准出版社，2019.

[5] 全国互感器标准化技术委员会. GB/T 22071.2—2017 互感器试验导则 第2部分：电磁式电压互感器［S］. 北京：中国标准出版社，2018.

[6] 全国电工术语标准化技术委员会. GB/T 2900. 94—2015 电工术语 互感器［S］. 北京：中国标准出版社，2016.

[7] 电力行业电力变压器标准化技术委员会. DL/T 727—2013 互感器运行检修导则［S］. 北京：中国电力出版社，2014.

[8] 中华人民共和国电力行业标准. DL/T 596—1996 电力设备预防性试验规程［S］. 北京：中国电力出版社，1997.

[9] 凌子恕. 高压互感器技术手册［M］. 北京：中国电力出版社，2005.

[10] 郭晓东. 电力互感器产品选型、设计、技术参数与设备运行检修及事故防范处理技术手册［M］. 北京：中国知识出版社，2005.

[11] 肖耀荣，高祖绵. 互感器原理与设计基础［M］. 沈阳：辽宁科学技术出版社，2003.

[12] 谢毓城. 电力变压器手册［M］. 北京：机械工业出版社，2003.

[13] 刘延冰，李红斌，余春雨，叶国雄，王晓琪. 电子式互感器原理、技术及应用［M］. 北京：科学出版社，2009.

[14] 国家电网公司. 国家电网公司物资采购标准 交流电流互感器卷［M］. 北京：中国电力出版社，2014.

[15] 全国绝缘子标准化技术委员会. GB/T 26218. 1—2010 污秽条件下使用的高压绝缘子的选择和尺寸确定 第1部分：定义、信息和一般原则［S］. 北京：中国标准出版社，2011.

[16] 全国电气化学标准化技术委员会. GB/T 7595—2017 运行中变压器油质量［S］. 北京：中国标准出版社，2017.

[17] 全国石油产品和润滑剂标准化技术委员会石油燃料和润滑剂分技术委员会. GB 2536—2011 电工流体 变压器和开关用的未使用过的矿物绝缘油［S］. 北京：中国标准出版社，2012.

[18] 全国变压器标准化技术委员会. JB/T 3837—2016 变压器类产品型号编制方法［S］. 北京：机械工业出版社，2017.

[19] 朱洁. 电容式电压互感器——理论与实践续［J］. 电力电容器，1986，4：29－33.

[20] 全国互感器标准化技术委员会. GB/T 20840.5—2013 互感器 第5部分：电容式电压互感器的补充技术要求［S］. 北京：中国标准出版社，2013.

[21] 全国互感器标准化技术委员会. GB/T 19749.1—2016 耦合电容器及电容分压器 第1部分：总则［S］. 北京：中国标准出版社，2016.

[22] 陈乔夫，李湘生. 互感器电抗器的理论与计算［M］. 武汉：华中理工大学出版社，1992.

[23] 机械工程手册、电机工程手册编辑委员会. 电机工程手册输变电、配电设备卷［M］. 2版. 北京：机械工业出版社，1997.

[24] 中国电力企业联合会. GB 50150—2016 电气装置安装工程 电气设备交接试验标准［S］. 北京：中国计划出版社，2016.

[25] 张猛. 智能高压开关设备设计及工程应用［M］. 北京：机械工业出版社，2014.

[26] 全国电力系统管理及其信息交换标准化技术委员会. DL/T 282—2012 合并单元技术条件［S］. 北京：中国电力出版社，2012.

[27] 国家电网公司科技部. Q/GDW 441—2010 智能变电站继电保护技术规范［S］. 北京：中国电力出版社，2010.

[28] 全国互感器标准化技术委员会. GB/T 20840. 7—2007 互感器 第7部分：电子式电压互感器［S］. 北京：中国标准出版社，2007.

[29] 全国互感器标准化技术委员会. GB/T 20840. 8—2007 互感器 第8部分：电子式电流互感器［S］. 北京：中国标准出版社，2007.

[30] 全国高压直流输电设备标准化技术委员会. GB/T 26216. 1—2019 高压直流输电系统直流电流测量装置 第1部分：电子式直流电流测量装置［S］. 北京：中国标准出版社，2020.

[31] 全国高压直流输电设备标准化技术委员会. GB/T 26217—2019 高压直流输电系统直流电压测量装置［S］. 北京：中国标准出版社，2020.

[32] 闫少俊. GIS智能变电站电子式互感器技术［M］. 北京：中国电力出版社，2015.

[33] 林传伟，刘仁和，陈盼，蔡小玲，王礼伟. 罗氏线圈型电子式互感器抗VFTO方案探讨［J］. 南方电网技术，2014，8（3）：87－90.

[34] 曾智翔，房博一，吕洋，蒋利军. 一起直流电压互感器电压异常分析及处理［J］. 电力电容器与无功补偿，2017，38（5）：87－91.

[35] 刘忠战，任稳柱. 电子式互感器原理与应用［M］. 北京：中国电力出版社，2014.

[36] 罗承沐，张贵新. 电子式互感器与数字化变电站［M］. 北京：中国电力出版社，2012.

[37] 揭秉信. 大电流测量［M］. 北京：机械工业出版社，1987.

[38] 揭秉信. 磁调制器的理论分析与计算［J］. 仪器仪表学报，1982，3（1）：57－63.

[39] 国家电网公司. Q/GDW 1168—2013 输变电设备状态检修试验规程［S］. 北京. 中国电力出版社，2014.

[40] 全国高压直流输电设备标准化技术委员会. GB/T 26216.2—2019 高压直流输电系统直流电流测量装置 第2部分：电磁式直流电流测量装置［S］. 北京：中国标准出版社，2020.

[41] 全国电力电容器标准化技术委员会. GB/T 11024.1—2019 标称电压1000V以上交流电力系统用并联电

容器 第1部分：总则［S］. 北京：中国标准出版社，2019.

［42］全国电力电容器标准化技术委员会. GB/T 11024.2—2019 标称电压1000V以上交流电力系统用并联电容器 第2部分：老化试验［S］. 北京：中国标准出版社，2019.

［43］全国电力电容器标准化技术委员会. GB/T 11024.3—2019 标称电压1000V以上交流电力系统用并联电容器 第3部分：并联电容器和并联电容器组的保护［S］. 北京：中国标准出版社，2019.

［44］全国电力电容器标准化技术委员会. GB/T 11024.4—2019 标称电压1000V以上交流电力系统用并联电容器 第4部分：内部熔丝［S］. 北京：中国标准出版社，2019.

［45］全国电力电容器标准化技术委员会. GB/T 6115.1—2008 电力系统用串联电容器 第1部分：总则［S］. 北京：中国标准出版社，2008.

［46］全国电力电容器标准化技术委员会. GB/T 6115.2—2017 电力系统用串联电容器 第2部分：串联电容器组用保护设备［S］. 北京：中国标准出版社，2017.

［47］全国电力电容器标准化技术委员会. GB/T 6115.3—2002 电力系统用串联电容器 第3部分：内部熔丝［S］. 北京：中国标准出版社，2003.

［48］全国电力电容器标准化技术委员会. GB/T 20994—2007 高压直流输电系统用并联电容器及交流滤波电容器［S］. 北京：中国标准出版社，2007.

［49］全国电力电容器标准化技术委员会. GB/T 20993—2012 高压直流输电系统用直流滤波电容器及中性母线冲击电容器［S］. 北京：中国标准出版社，2012.

［50］全国绝缘材料标准化技术委员会. GB/T 13542.2—2009 电气绝缘用薄膜 第2部分：试验方法［S］. 北京：中国标准出版社，2009.

［51］全国绝缘材料标准化技术委员会. GB/T 13542.3—2006 电气绝缘用薄膜 第3部分：电容器用双轴定向聚丙烯薄膜［S］. 北京：中国标准出版社，2006.

［52］全国电力电容器标准化技术委员会. GB/T 12747. 1—2017 标称电压1000V及以下交流电力系统用自愈式并联电容器 第1部分：总则 性能、试验和定额 安全要求 安装和运行导则［S］. 北京：中国标准出版社，2017.

［53］全国电力电容器标准化技术委员会. GB/T 12747. 2—2017 标称电压1000V及以下交流电力系统用自愈式并联电容器 第2部分：老化试验、自愈性试验和破坏试验［S］. 北京：中国标准出版社，2017.

［54］电力行业电力电容器标准化技术委员会. DL/T 840—2016 高压并联电容器使用技术条件［S］. 北京：中国电力出版社，2017.

［55］电力工业部电力电容器标准化技术委员会. DL/T 628—1997 集合式高压并联电容器订货技术条件［S］. 北京：中国电力出版社，1998.

［56］电力行业电能质量及柔性输电标准化技术委员会. DL/T 1220—2013 串联电容器补偿装置 交接试验及验收规范［S］. 北京：中国电力出版社，2013.

［57］全国电力电容器标准化技术委员会. JB/T 7114. 1—2013 电力电容器产品型号编制方法 第1部分：电容器单元、集合式电容器及箱式电容器［S］. 北京：机械工业出版社，2014.

［58］全国电力电容器标准化技术委员会. JB 7112—2000 集合式高电压并联电容器［S］. 北京：机械工业出版社，2000.

［59］电力行业电力电容器标准化技术委员会. DL/T 1774—2017 电力电容器外壳耐受爆破能量试验导则［S］. 北京：中国电力出版社，2019.

［60］全国电力电容器标准化技术委员会. GB/T 30841—2014 高压并联电容器装置的通用技术要求［S］. 北京：中国标准出版社，2014.

［61］中国电力企业联合会. GB 50227—2017 并联电容器装置设计规范［S］. 北京：中国计划出版社，2017.

［62］周志敏，周纪海，纪爱华. 无功补偿电容器配置·运行·维护［M］. 北京：电子工业出版社，2009.

［63］严璋，朱德恒. 高电压绝缘技术［M］. 3 版. 北京：中国电力出版社，2015.

［64］周存和. 并联电容器及其成套装置［M］. 北京：中国电力出版社，2008.

［65］周存和. 并联电容器补偿装置技术问答［M］. 南宁：广西科学技术出版社，2012.

［66］电力行业电力电容器标准化技术委员会. 并联电容器装置技术及应用［M］. 北京：中国电力出版社，2011.

［67］Ramasamy Natarajan. 徐政，译. 电力电容器［M］. 北京：机械工业出版社，2007.

索　引